Motorrad-Reparaturanleitung Band 5332

Piaggio
MP3

Baujahre 2007 bis 2021

1-Zylinder-Motoren

125 cm³ - 11 kW (15 PS)
250 cm³ - 16 kW (22,5 PS)
300 cm³ - 18,2 kW (25 PS)
350 cm³ - 22,5 kW (30,6 PS)
400 cm³ - 24 kW (32,6 PS)
400 cm³ - 26 kW (35,3 PS)
493 cm³ - 28,5 kW (39 PS)
493 cm³ - 32,5 kW (44,2 PS)

bucheli verlag

IMPRESSUM

ISBN 978-3-7168-2336-1

Motorrad-Reparaturanleitung
Band 5332

Text und redaktionelle Bearbeitung:
Christoph Pandikow

Bilder/Zeichnungen:
Christoph Pandikow; Datona BV, HT Haulerwijk (NL); FLEX-Elektrowerkzeuge GmbH, Steinheim; MOTO-DROM Motorradmarkt, Merenberg; PROFI PRODUCTS, Trippstadt; Piaggio Pressestelle

Herstellung: Silke Pandikow, 65554 Limburg/Lahn

Druck und Bindung:
DZS GRAFIK d.o.o,
1210 Ljubljana, Slovenia

Lizenznehmer ist der Motorbuch Verlag, Postfach 103743, 70032 Stuttgart.
Ein Unternehmen der Paul Pietsch Verlage GmbH & Co. KG.

Sie finden uns im Internet unter
www.motorbuch.de und
www.bucheli-verlag.de

1. Auflage 2026

Inhalt

Laservermessung im Kapitel 18 zur Kontrolle von Spur, Sturz und Lage der Lenkachsen (Neigungen der beiden Lenkrohre).

Folgende Symbole verdienen im Laufe der Arbeit besondere Beachtung:

Sichtprüfung
Teil genau ansehen; besonders beachten.

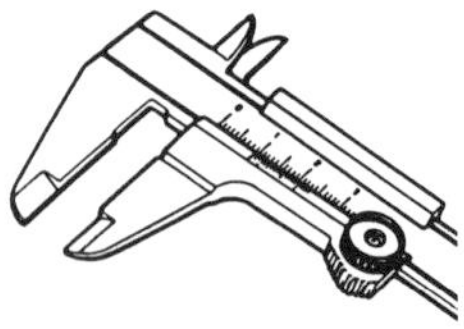

Messen
Schieblehre oder anderes Messwerkzeug nötig.

Achtung
Besondere Vorsicht geboten; Sicherheitshinweise beachten!

Tipp
Wertvoller Hinweis für einfacheres Schrauben; Erläuterung von Bauteilen und Begriffen.

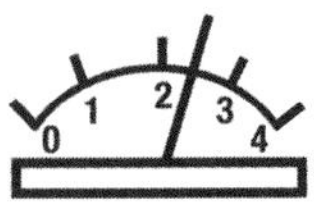

Messen mit elektr. Messgeräten
Multimeter- oder Diagnosegeräte-Einsatz erforderlich.

1 Einleitung

Warum dieses Buch wichtig ist

Es gibt ganz unterschiedliche Gründe, warum Sie diese Reparaturanleitung erworben haben könnten. Zum einen können Sie in diesem Band neben den technischen Daten leicht auf die Informationen zu den unterschiedlichen Montagearbeiten zugreifen. Zum anderen können Sie durchaus den Umfang einer anstehenden Reparatur, Wartung oder Demontage selbst einschätzen. So werden Sie sich bewusst entscheiden, ob Sie sich die Arbeiten selbst zutrauen oder einen genau beschriebenen Auftrag an den Mechaniker Ihres Vertrauens übergeben.

Sie halten ein Buch in der Hand, das Lernstoff, Informationsquelle und Nachschlagewerk ist. Es soll die praktische Arbeit am Fahrzeug erleichtern und Sie ermutigen sich »Know-how« anzueignen, auch als Ungeübter den ersten Schritt zu machen oder als Erfahrener sich recht tiefgehend mit der Diagnose auseinanderzusetzen.

Auf das Zerlegen des Motors haben wir bei diesem modernen Einzylinder-Motor der Piaggio bewusst verzichtet. Schon die Montagebeschreibungen würden den Rahmen dieses Buches sprengen. Zudem fallen diese Arbeiten im Alltag kaum ins Gewicht. Der Schwerpunkt liegt in Pflege, Wartung und typischen Montagearbeiten, die helfen sollen, Ihr Motorrad betriebsbereit und betriebssicher zu halten.

Einige Grundsätze zu den beschriebenen Arbeiten in diesem Buch:

- Die Lektüre dieses Buches kann weder die Ausbildung zum Zweiradmechaniker noch mehrjährige praktische Erfahrung im Zweirad-Bereich ersetzen.
- Als interessierter Laie sollten Sie die Arbeiten an Ihrem Motorrad am besten in Begleitung eines erfahrenen Schraubers angehen. Die Tipps zur Pflege (Kapitel 4) und zur Wartung (Kapitel 5) Ihres Fahrzeugs werden dafür sorgen, dass Sie Ihr Motorrad besser kennenlernen und seinen Wert erhalten. Vielleicht werden Sie bald durch die ständige Durchsicht Veränderung frühzeitig selbst erkennen und dann erforderliche Reparaturen frühzeitig durchführen oder beauftragen.
- Die Arbeiten an Ihrem Motorrad setzen grundsätzlich gutes Werkzeug voraus. Die wichtigsten Werkzeuge und Hilfsmittel stellen wir Ihnen ausführlich im Kapitel 3 vor.
- Arbeitsschritte mit 3, 4 oder sogar 5 Schraubenschlüsseln (siehe Seitenrand auf Seite 5), fordern bereits spezielle Grundkenntnisse für die Fahrzeugtechnik ein.
- Lassen Sie sich nur dann auf die Arbeiten am Motorrad ein, wenn Sie bereits Erfahrungen gesammelt haben. Nicht nur, dass das Schrauben selbst bereits Gefahren birgt, können durch unsachgemäßen Umgang mit Werkzeug und Material schnell Schäden am Motorrad oder sogar Lebensgefahr beim Betrieb des Motorrads entstehen.

Wenn es um Bauteile der Fahrwerkstechnik oder der Motorentechnik geht, suchen Sie sich grundsätzlich einen erfahrenen Spezialisten in Sachen Motorrad. Nicht nur, dass die Anschaffung der erforderlichen Werkzeuge oft schon den Kostenrahmen sprengt, können hier schnell Schäden entstehen, die empfindlich und unnötig das Portemonnaie belasten. Es gibt aber auch so noch genügend Arbeiten, die Sie durchaus in Eigenregie angehen können.

Sinn oder Unsinn moderner Messtechnik
Natürlich kann man sich auf die einfachsten Handgriffe am Motorrad beschränken. Viele werden schon gut nachvollziehbar im Fahrerhandbuch beschrieben. Mit diesem Buch möchten wir einen Schritt weitergehen. Natürlich spielen alle verfügbaren Informationen schon in der Wartung eine gewichtige Rolle. Es gibt somit keinen Grund, auf die abgelegten Informationen im Steuergerät zu verzichten oder die Messwerte im Steuergerät nicht für Kontrollen zu verwenden. Die Bedienung ist jedenfalls sehr einfach, wie wir Ihnen an vielen Beispielen vorstellen werden. »Die Tester kann sich keiner leisten!«, ist auch eine These, die wir widerlegen werden. Anhand der Beschreibungen der Spezialwerkzeuge und deren ungefähren Preisen lassen sich hier die Kosten leicht überschauen. Die notwendige Ausrüstung ist bei den meisten Schraubern

oftmals schon vorhanden. Andere Teile sind gar nicht so teuer und lassen sich sinnvoll als Geburtstagsgeschenkidee an die Lieben weitergeben.

Arbeiten mit diesem Buch

Ein Reparaturhandbuch ist dann ein Reparaturhandbuch, wenn es bei Reparaturen zur Hand gehen kann. Es soll also helfen, Ihre Piaggio MP3 wieder »in die Gänge« zu bringen.

Informationen zum Inhalt
Schon der Aufbau des Buches soll den Zugang zu den gesuchten Informationen erleichtern.

- Sie können über das Inhaltsverzeichnis am Anfang dieses Buches die gesuchte Information über die angegebene Seitenzahl im Inhaltsverzeichnis finden.
- Es gibt aber auch die Möglichkeit, über die oberste Zeile der Seite die gewünschte Information zu finden. Auf der linken Seite ist hier grundsätzlich die Kapitelbezeichnung, auf der rechten Seite ein kurzer Hinweis auf den Inhalt der beiden Seiten beschrieben.

Warnungen, Tipps und Hinweise
Ganz klar, als blutiger Laie werden Sie nur mit einiger Hilfe gezielt arbeiten können. Bedenken Sie, dass Ihr Fahrzeug in jedem (oder zumindest in fast jedem) Teil etwas mit Sicherheit im Straßenverkehr zu tun hat. Jede einzelne Sekunde, in der Ihr Fahrzeug in Betrieb ist. Nehmen Sie die Fehler deshalb immer ernst. Gerade Anfänger übersehen oft Kleinigkeiten, die nachher durchaus größere oder zumindest schwer aufzufindende Fehler ergeben. Bei einer Fehlersuche am eigenen Fahrzeug unterhielten sich zwei angehende Kfz-Mechatroniker: »... was hast du denn zuletzt repariert?«, letztendlich fand sich dort dann auch der Fehler. Diese Anekdote zeigt sehr deutlich, dass zum einen die eigene Arbeit, zum anderen der Ablauf der Arbeiten, die Kenntnisse über den Funktionszusammenhang der Systeme und natürlich auch über die Informationsquellen, die zur Verfügung stehen, immer hinterfragt werden müssen.
Im laufenden Text für einzelne Arbeitsschritte werden Sie durch die am linken Seitenrand vorgestellten Symbole auf Besonderheiten oder Gefahren hingewiesen.

Das Symbol für die »Sichtprüfung« weist auf Besonderheiten hin, die Sie durch genaues Hinsehen kontrollieren oder beachten müssen.

Das Symbol für das »Messen« weist auf erforderliche Messungen mit den klassischen Mess- und Prüfgeräten hin. Hier geht es um den Einsatz von Werkzeugen, von der Fühlerlehre bis zur Bügelmessschraube oder einer Messuhr.

Das Symbol für »Achtung« weist auf Gefahren hin, die Beschädigungen am Fahrzeug verursachen können oder durch die Sie verletzt werden können.

Das Symbol für den »Tipp« weist auf Tricks und Kniffe hin, die beachtet werden sollten, um die Arbeit zu erleichtern.

Das Symbol für »elektrisches Messen« weist auf erforderliche Messungen mit Multimeter, Oszilloskop oder Arbeiten mit einem OBD-Tester hin. In den einzelnen Kapiteln wird, soweit sinnvoll und erforderlich, der Umgang mit den Test- und Messgeräten genauer vorgestellt. Es handelt sich um getestete Übungen, die Sie problemlos nachvollziehen können.

Einschätzung der Arbeiten zu Fachkenntnissen und Werkstattausrüstung
»An modernen Motorrädern kann man gar nichts mehr selber machen!«, das ist ein typischer Satz, der weder richtig ist, noch die motivierten Schrauber unter den Lesern von der Reparatur abhalten wird. Betrachtet man sich die Probleme genauer, die mit der Fehlerdiagnose entstehen, stellt sich ein einfaches Prinzip heraus. Grundsätzlich sind Bauteile, deren Funktionsabläufe nachvollzogen und im wahrsten Sinne des Wortes »begriffen« werden können, leicht zu prüfen. Wir haben in diesem Buch die beschriebenen Arbeiten über die Anzahl der Schraubenschlüssel (am rechten Bildrand dieser Seite) klassifiziert. Die Anforderung steigen mit der dargestellten Anzahl der Schraubenschlüssel. So können Sie leicht überblicken, ob die beschriebenen Arbeitsschritte eventuell aufwendiger ausfallen, als Sie erwarten. Sie sollten sich aber auf keinen Fall abschrecken lassen. Sehen Sie die beschrie-

Die Anzahl der Schlüssel verdeutlicht die Anforderungen an Fachkenntnissen und Werkstattausstattung.

Ein Schlüssel:
Einfache Arbeiten, für die handwerkliches Geschick und Bordwerkzeug ausreichen.

Zwei Schlüssel:
Anspruchsvollere Arbeiten, für die extra Werkzeug benötigt wird.

Drei Schlüssel:
Arbeiten, für die Grundkenntnisse der Fahrzeugtechnik und ein erweitertes Werkzeugsortiment erforderlich sind.

Vier Schlüssel:
Arbeiten, für die Fachwissen in der Fahrzeugtechnik und ein erweitertes Werkzeugsortiment vorausgesetzt wird.

Fünf Schlüssel:
Arbeiten für die Spezialisten mit Ausrüstung und Kenntnisstand einer Fachwerkstatt.

Bild 1
Gehörschutz: Bei Blecharbeiten mit Winkelschleifer u. Ä. notwendig.

Bild 2
Schutzbrille: Besonders beim Bohren, Schleifen und Meißeln tragen.

Bild 3
Atemschutzmaske mit auswechselbaren Filterelementen: Bei Arbeiten mit atemgängigen Stäuben unerlässlich.

Bild 4
PSA-Persönliche Schutzausrüstung natürlich auch mit Hautschutz und Pflege.

Bild 5
Nicht rauchen: Das sollte eigentlich bei Arbeiten gerade an der Kraftstoffanlage die Regel sein.

Bild 6
Arbeitshandschuhe: Bei vielen Arbeiten angebracht, beim Umgang mit Bohrmaschinen jedoch sehr gefährlich.

Bild 7
Lassen den Motor nicht in geschlossen Räumen laufen oder saugen Sie die Abgase ab.

Bild 8
Durchgebrannte Sicherungen niemals mit Alufolie, Büroklammern o. Ä. flicken.

Bild 9
Hochspannung: Vorsicht bei laufendem Motor oder eingeschalteter Zündung.

benen Arbeitsschritte an und entscheiden, inwieweit Sie die Arbeiten hinbekommen, ob Sie Hilfe benötigen oder die Arbeit an die Profis der Fachwerkstatt abgeben wollen.

Diagnose nachvollziehbar
Leuchtet eine Glühlampe nicht, wird sie in der Regel demontiert und der Zustand des Glühfadens gegen das Licht kontrolliert. Über die Glühlampe, beziehungsweise ihren Aufbau, ist jedem bekannt, dass sie ohne den Glühfaden nicht funktionieren kann. Könnte man in alle Bauteile hineinsehen und den Funktionsablauf und den Aufbau auf diese Art kontrollieren, würde kaum ein Mechaniker über die immer komplizierter werdende Technik schimpfen. Hier kommt die Messtechnik zum Zuge. Es ist möglich, die Funktionsabläufe und die Funktion optisch zu überprüfen. Es ist auch möglich, das Bauteil selbst zu prüfen. Auch dafür werden keine teuren Spezialgeräte gebraucht. Sie oder Ihr Mechaniker müssen sich lediglich bereit erklären, die Technik und dazugehörige Prüfmethoden anzunehmen und gelegentlich auch etwas dazuzulernen.

Sicherheit geht immer vor

Sicherheit hat beim Heimwerken absolute Priorität. Sie sollten nur Arbeiten anpacken, die Sie wirklich beherrschen.

Nehmen Sie die Gefährdung durch Stäube, Partikel, Gas und Dämpfe, Lärm und auch durch den elektrischen Strom grundsätzlich sehr ernst. Sie können schnell langwierige oder und schwerwiegende Verletzungen oder Schäden erleiden, die sich leicht vermeiden lassen (Bilder 1 - 9).

Handwerkliche Tätigkeiten, mit denen man in der Praxis bislang wenig oder gar keine Erfahrung hatte, sollte man niemals auf die leichte Schulter nehmen. Unsachgemäß ausgeführte Arbeiten können früher oder später fatale Folgen haben.

Verwenden Sie beim Heben, beim Abstellen und allen Arbeiten, die es erforderlich machen, dass Sie sich unter oder neben dem Motorrad befinden oder sogar Teile ausbauen, die die Standsicherheit des Motorrades beeinflussen, entsprechende Hebegeräte und Motorradständer, die wir Ihnen im Kapitel 3 vorstellen werden.

Bild 1

Bild 2

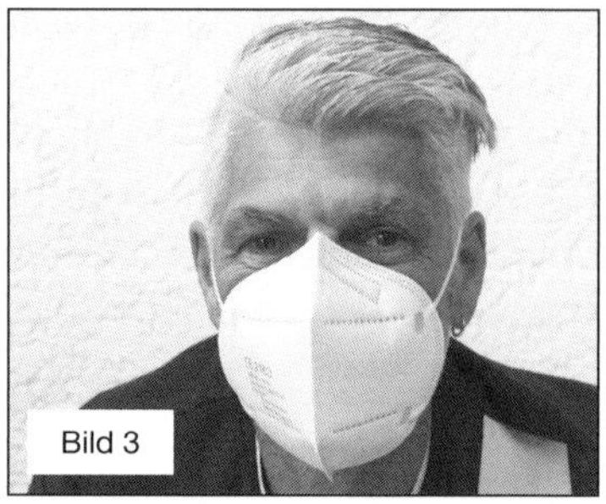
Bild 3

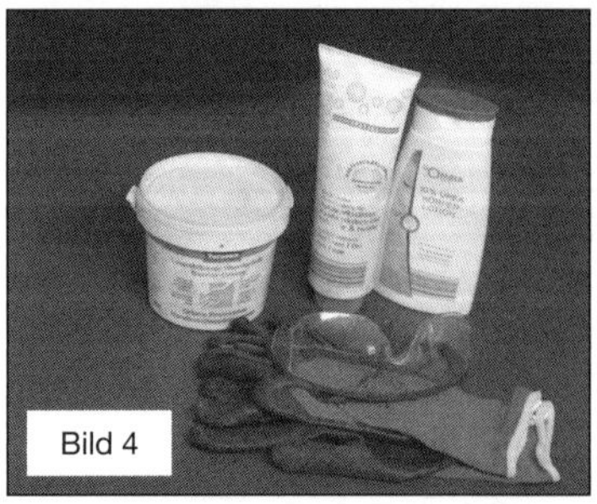
Bild 4

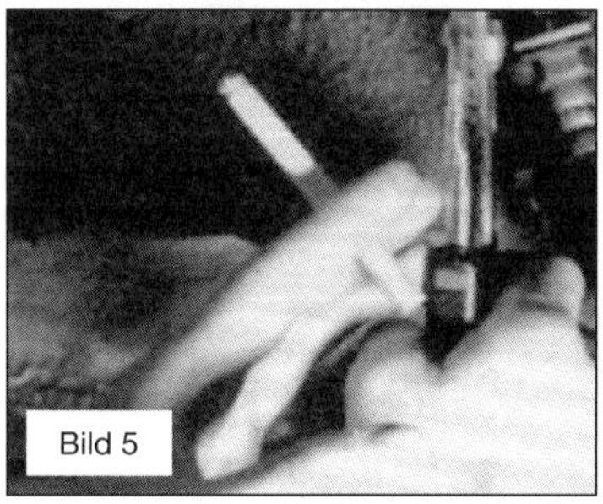
Bild 5

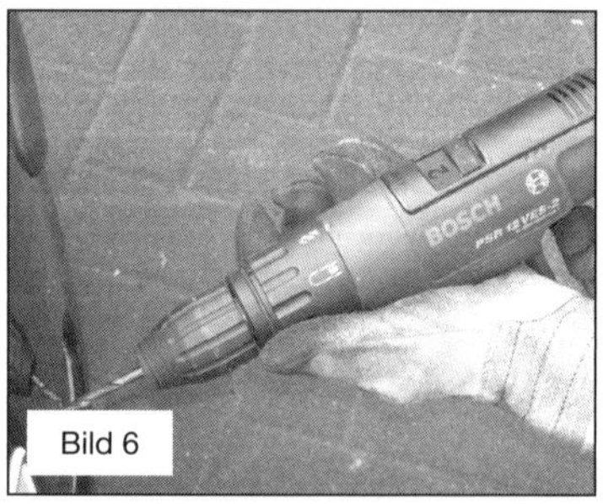

Bild 6

Bild 7

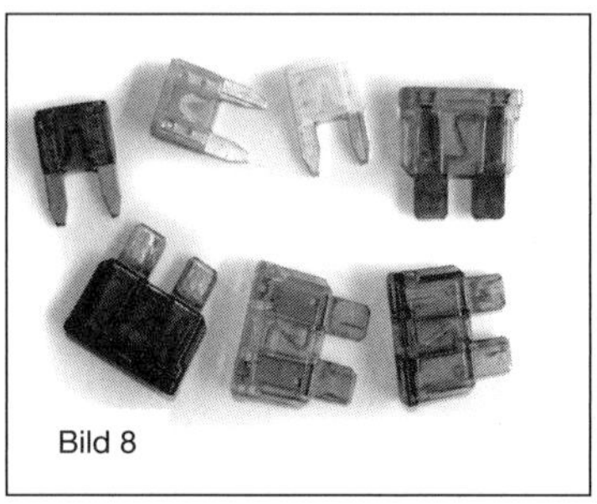
Bild 8

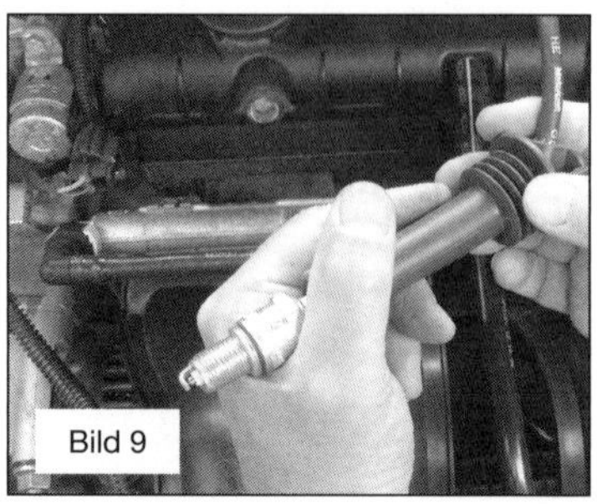
Bild 9

2 Das Fahrzeug

Typen und Besonderheiten

Der MP3 Roller

Der Piaggio MP3 ist in mehrfacher Hinsicht etwas Besonderes. Rechtliches, aber auch die Systeme für Brems- und Antriebstechnik sowie die Konstruktion der Vorderachse machen eine tiefer gehende Betrachtung erforderlich.

Auffällig sind die beiden Vorderräder:

■ Ab einem Abstand der beiden Vorderräder (von Radebene zu Radebene) von 46 cm wurden die Großroller als mehrspurige Fahrzeuge angesehen und konnten somit mit dem Autoführerschein gefahren werden. Mit dem Einzug der EG-Regelungen zu den Fahrzeug- und Führerscheinklassen ergab sich dann wieder die Zuordnung zu den Motorrädern. Unter den Gesichtspunkt des Bestandsrechts wurde der alte Status wieder eingeklagt und im nationalen Führerscheinrecht verankert.

Sie sollten also grundsätzlich mit der Führerscheinstelle Ihres Landes Rücksprache halten, welcher Führerschein für Ihren MP3 erforderlich ist. Die sich ständig wandelnden Rechtsgrundlagen und Erweiterungen oder Ersatzvorschriften machen eine klare Aussage wirklich schwierig bis unmöglich.

■ Grundsätzlich erreichen die beiden Vorderräder eine verbesserte Bodenhaftung und Kippsicherheit bei rutschigem oder losem Untergrund. Durch die recht aufwendige Mechanik (Bild 1) ist trotz der gemeinsamen Radführung ein Neigungswinkel bis zu 40° möglich. Die technischen Details dazu und den Umgang in Sachen Wartung und Reparaturen werden wir im Kapitel 18 darstellen.

■ Auch die elektronische Umsetzung ist neben dem ABS/ASR-System, dem Einspritzsystem und dem Roll-Lock-System recht umfangreich.

Unterschiedliche Baureihen

Schon 2006 wurde das Konzept der Piaggio MP3 Roller auf dem Markt vorgestellt. Drei

Bild 1

Bild 1
Markante Vorderachse der MP3 Roller:
1 Rahmenlenkrohr
2 Roll-Lock-Scheibe
3 Querlenker
4 Spurstangenkopf
5 Spurhebel
6 Achsführungsrohr
7 Schwingarm
8 Stoßdämpfer
9 Spurstange

Jahre später kam die neue Generation des MP3 auf den Markt. Die aktuelle Version ist seit 2022 auf dem Markt. Zwischen 2011 und 2015 kam der MP3 Yourban dazu. Er zeichnet sich durch eine schmalere Bauform der Verkleidung aus. Die markante Vorderachstechnik wurde bis heute übernommen. Auch ohne die optischen Veränderungen stellt die Evolution der MP3- Generationen eine Herausforderung für eine Reparaturanleitung dar. Viele der Arbeiten unterscheiden sich aber nicht wesentlich für die beiden ersten Generationen des Großrollers. Wir haben uns entschlossen, Ihnen die Arbeiten an dem MP3 an einer 500er aus der zweiten Baureihe vorzustellen und die Arbeiten an den Fahrzeugen der älteren Generation soweit erforderlich abzuleiten.

Motor und Antrieb

Verbaut sind grundsätzlich Rollermotoren der Piaggioeigenen Motorenschmiede. In der ersten Generation waren Motoren mit 125 cm³, 250 cm³ und 400 cm³ verbaut. Der 250 cm³ Motor wurde dann durch den 300 cm³ Motor ersetzt, der 400 cm³ Motor durch den 500 cm³ Motor.

Zum Einsatz kommen im Piaggio MP3 drei Motorenbauarten. Die Vergaser wurden durch Einspritzsysteme ersetzt.

■ Der »LEADER« (**L**ow **E**mission **AD**vanced **E**ngine **R**ange = Fortschrittliche Motorenbaureihe mit niedrigen Emissionen). Der Motor wurde mit 4 Ventilen, 125 cm³ und 250 cm³ Hubraum gebaut.

■ Der »QUASAR« (**QUA**rter liter **S**mooth **A**ugmented **R**ange = reibungsarme Viertelliter Motorbaureihe mit großer Reichweite). Die Basis dieser Motorbaureihe war der

Bild 2
Frontansicht MP3 400
Generation 1:
A Fahrzeugbreite
B Fahrzeughöhe
C Spurweite Vorderachse

Bild 3
Seitenansicht MP3
400 Generation 1:
B Fahrzeughöhe
D Sitzhöhe
E Radstand
F Fahrzeuglänge

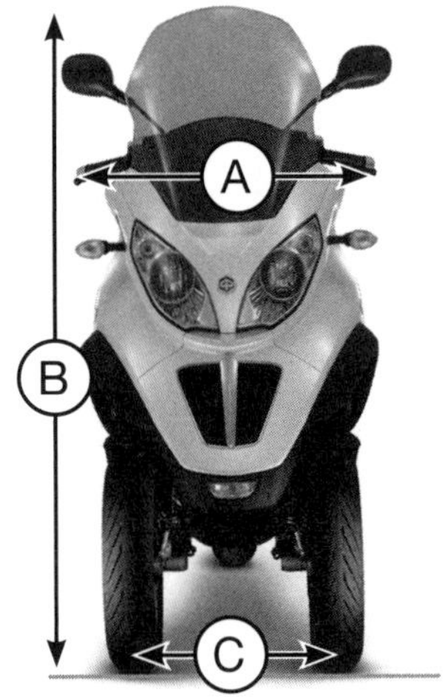

Bild 2

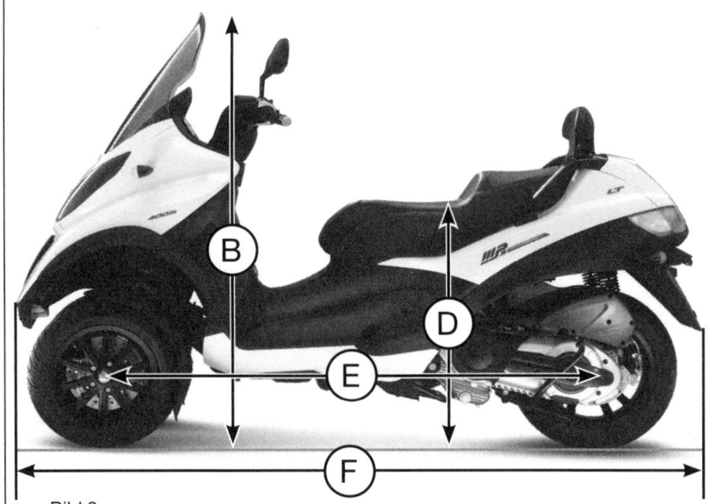

Bild 3

»LEADER« und sollte diesen ablösen und die Hubraumpalette nach oben abrunden. Der Vierventilmotor wurde mit 125 cm³, 250 cm³ und 300 cm³ gebaut.

■ Der »MASTER« (**M**ultivalve **A**dvanced **S**uper **T**orque **E**ngine **R**ange). Diese Motorbaureihe beinhaltet Motoren mit 300 cm³, 400 cm³ und 500 cm³.

Generation 1: Abmessungen

Kürzel	*Bezeichnung*	*Abmessung*
A	Fahrzeugbreite	745 mm
B	Fahrzeughöhe	1255 mm
C	Spurweite	420 mm
D	Sitzhöhe	810 mm
E	Radstand	1550 mm
F	Fahrzeuglänge	2180 mm

Generation 2: Abmessungen

Kürzel	*Bezeichnung*	*Abmessung*
A	Fahrzeugbreite	800 mm
B	Fahrzeughöhe	1405-1460 mm
C	Spurweite	465 mm
D	Sitzhöhe	810 mm
E	Radstand	1540 mm
F	Fahrzeuglänge	2225 mm

Assistenzsysteme

Fahrassistenzsysteme gehören heute fast zur Standardausrüstung am Motorrad. Ein ABS/ASR-System gehörte schon früh zur Grundausstattung.

Bremssysteme:

Neben dem Radbremssystem für die beiden

Bild 4
Frontansicht MP3 500
Generation 2:
A Fahrzeugbreite
B Fahrzeughöhe
C Spurweite Vorderachse

Bild 5
Seitenansicht MP3
500 Generation 2:
B Fahrzeughöhe
D Sitzhöhe
E Fahrzeuglänge

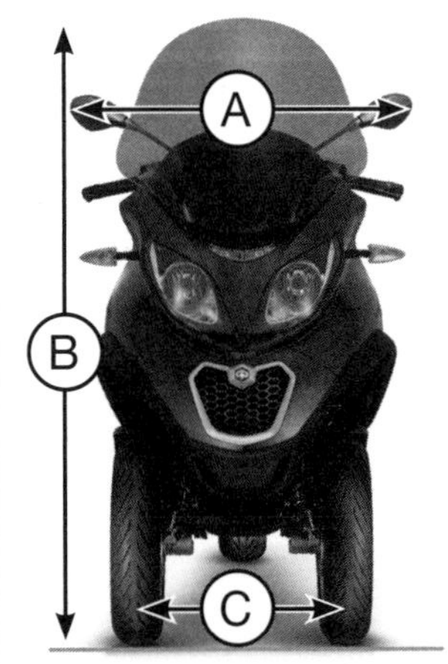

Bild 4

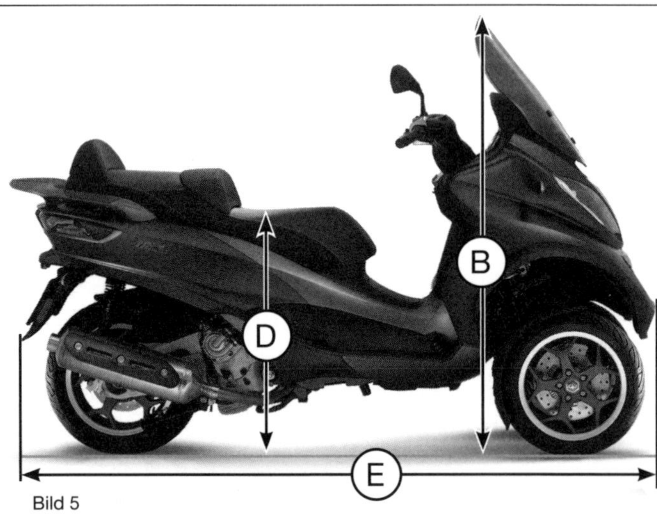

Bild 5

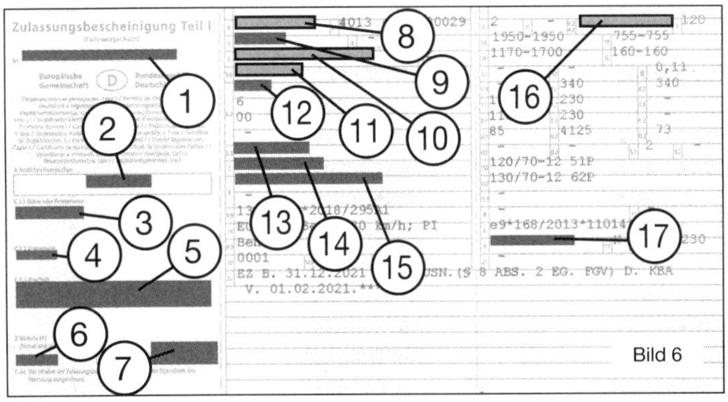

Bild 6

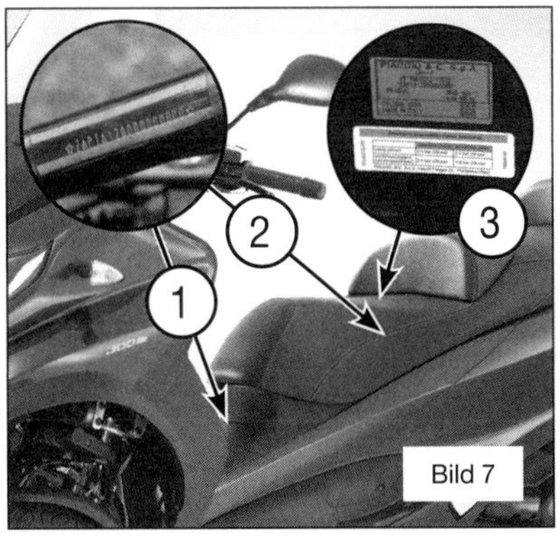

Bild 7

Bild 6
Zulassungsbescheinigung Teil 1 »Fahrzeugschein«.
1 Nummer Fahrzeugschein
2 Kennzeichen
3 Nachname des Halters
4 Vorname des Halters
5 Adresse des Halters
6 TÜV - bei Zulassung
7 Ort der Zulassung
8 Datum Erstzulassung
9 Fahrzeugklasse
10 Fahrgestellnummer
11 Fahrzeughersteller
12 Fahrzeugtyp
13 Handelsbezeichnung
14 Hersteller Kurzbezeichnung
15 Fahrzeugklasse
16 Leistung und Drehzahl
17 Erstellungsdatum der EG-ABE

Bild 7
Identifizierung am Motorrad.
1 Fahrgestellnummer
2 Typenschild (Aufkleber)
3 Motornummer

vorderen und das hintere Rad kommt ein Fußpedal als Zentralbremse, ein Handbremssystem und ein System im Roll-Lock-System zum Einsatz, das die Stoßdämpfer vorne blockiert.

Schein, Brief und COC

Wir stellen Ihnen die Fahrzeugpapiere am Beispiel der typischen Fahrzeugpapiere der Bundesrepublik Deutschland vor.

Zulassungsbescheinigung Teil 1 (Bild 6)

Die Zulassungsbescheinigung Teil 1 der »Fahrzeugschein«, beinhaltet die gleichen Daten wie der Fahrzeugbrief (Teil 2).

■ Er muss bei einer Verkehrskontrolle zur Verfügung stehen und mitgeführt werden.

■ Zur Identifizierung bei der Teilebeschaffung werden die Fahrgestellnummer (10), die Erstzulassung (8) und meist auch die Motorleistung (16) benötigt.

Zulassungsbescheinigung Teil 2

Die Zulassungsbescheinigung Teil 2 ist der im Volksmund sogenannte »Fahrzeugbrief«,

■ Die Zulassungsbescheinigung Teil 2 stellt mit der COC (Certificate Of Conformity) den zweiten Teil der Fahrzeugdokumente dar, die den Besitz des Fahrzeugs ausweisen.

■ Zur Identifizierung bei der Teilebeschaffung werden die Fahrgestellnummer (E), die Erstzulassung (I) und meist auch die Motorleistung (P.2) benötigt.

COC (Certificate Of Conformity)

Die »Übereinstimmungserklärung« wird vom Hersteller ausgestellt. Sie darf in der Landessprache oder in Englisch ausgeführt werden. Die Übereinstimmungserklärung ist die Daten- und Besitzurkunde nach EG-Recht.

Fahrgestell- und Motornummer

Die Identifizierung von Motor und Fahrzeug ist über die Fahrgestellnummer (Typenschild oder Rahmeneinschlag) und die Motornummer (am Motorblock) möglich.

Fahrgestellnummer (Bild 7)

Die Fahrzeug-Identifizierungsnummer ist im Helmfach (2) unter einem Deckel oder in der Tankklappe (1) (Generation 3) zugänglich.

Das Typenschild (2 im Bild 7)

Das Typenschild finden Sie als Aufkleber im Helmfach. Neben der EG-Prüfnummer, der Fahrgestellnummer, dem Schallpegel mit der entsprechenden Drehzahl ist hier das zulässige Gesamtgewicht angegeben.

Die Motornummer

Die Motornummer finden Sie als Einschlag oder Fräszahlen auf einer Fläche von schräg unten auf der Rückseite des Motorblocks im Bereich des Radgetriebes.

Eintragung und Ergänzung

Sie sollten jede Veränderung am Serienfahrzeug hinterfragen und darauf achten, dass sich in Kombination mit anderen Umbauten keine negativen Einflüsse auf das Fahrverhalten ergeben.

Teile mit einer EG- oder ECE Genehmigung sowie Teile mit einer ABE oder ABG benötigen in der Regel keine Änderungsabnahme beim TüV. Genehmigungsunterlagen und Einbauanleitung der Anbauteile zusammen mit den Fahrzeugpapieren mitführen und gut aufbewahren.

Teile mit einem TGA oder komplette Eigenbauten müssen durch den TüV begutachtet und abgenommen werden.

Übersicht der Abkürzung.
ABE: Allgemeine Betriebserlaubnis
ABG: Allgemeine Bauartgenehmigung
EG / ECE Genehmigung: Europäische ABE
TGA: Teilegutachten

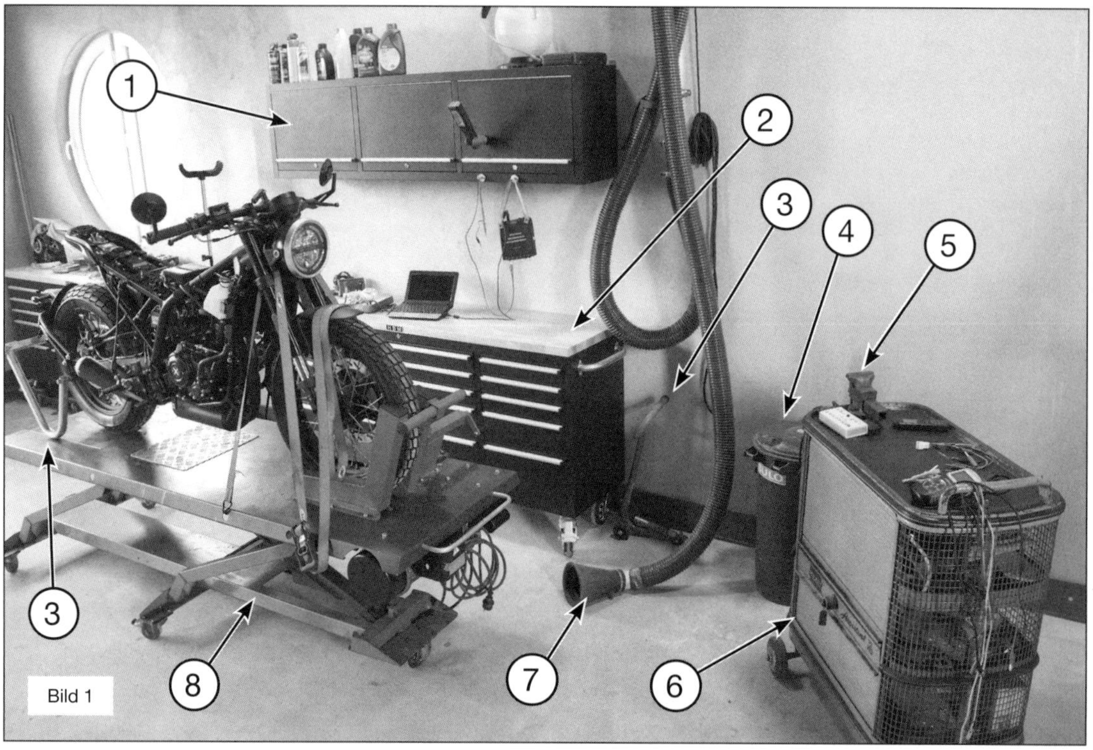

Bild 1

Bild 1
Schrauberecke für das Motorrad.
1 Wandschrank
2 Werkbank mit ausreichenden Staufächern
3 Motorradheber
4 Mülltonne mit Deckel
5 Schraubstock
6 Werkzeugwagen
7 Absauganlage
8 Motorradhebebühne

3 Ausrüstung der Werkstatt

Basics für den Einstieg

Werkzeugsätze oder komplette Kiste?
Gerade dann, wenn Sie die Chance haben, als Schrauber anzufangen, macht es Sinn, sich das Werkzeug in einem Ordnungssystem zu kaufen. Die Werkzeugsätze kann man einzeln, im Set mit den passenden Einlagen oder auch als komplette Werkzeugkiste erstehen. Die Preisspanne liegt hier zwischen 150 und mehreren Tausend Euro. Es muss nicht immer gleich die teuerste Variante angeschafft werden. Auch günstige Werkzeugsätze sind grundsätzlich einsatzfähig. Sicherlich werden Sie im Laufe der Zeit die Knarren durch Markenprodukte ersetzen oder es wird noch das eine oder andere Spezialwerkzeug hinzukommen. Aus diesem Grund ist es wichtig, noch ausreichend Platz im Werkzeugwagen zu haben, um auch die zukünftigen Neuzugänge ordentlich einpacken zu können.

Stecknusssätze (Ratschenkästen)
Bei Arbeiten am Motorrad müssen Schrauben mit hohem Drehmoment genauso gelöst werden können, wie kleine Schrauben, die recht schwer zu erreichen sind. Die unterschiedlichen Anforderungen sind die Begründung für die unterschiedlichen Knarrengrößen im Bild 2. Unterschiedliche Verlängerungen, Gelenkstücke und die Knebel für höhere Drehmomente sind wichtig.

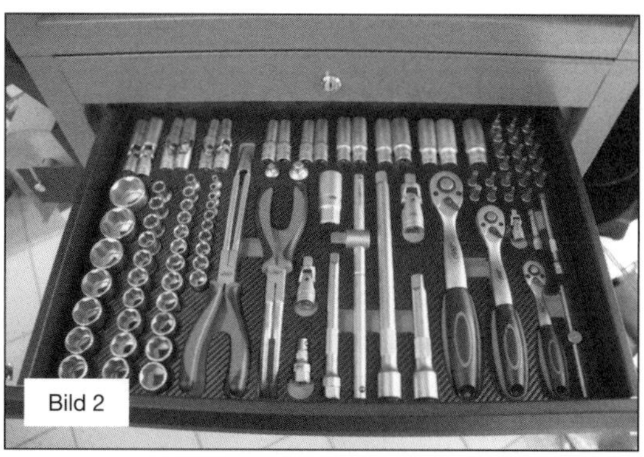
Bild 2

Bild 2
Stecknusssätze in unterschiedlichen Formaten. 1/4 Zoll, 3/8 Zoll und 1/2 Zoll mit kurzen und langen Stecknüssen.

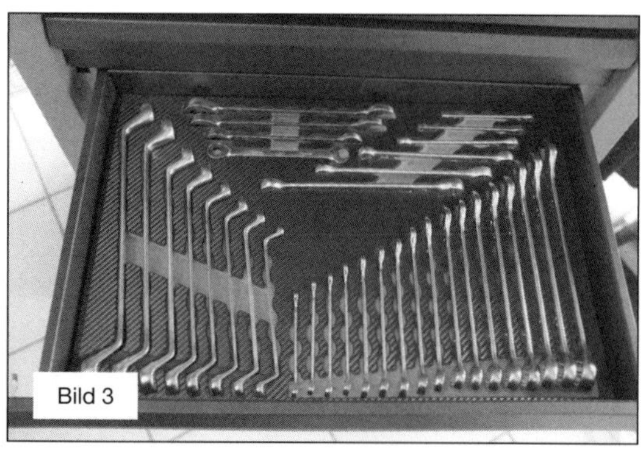
Bild 3

Bild 3
Schlüsselsätze. Gekröpfte Ringschlüssel, Gabelschlüssel und Ratschenschlüssel.

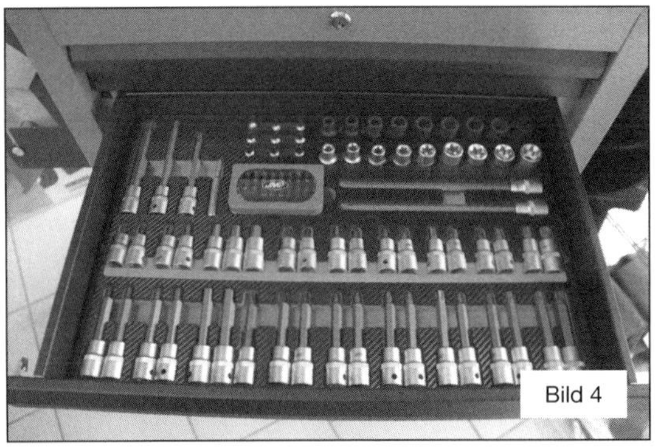
Bild 4

Bild 4
Innensechskant, Vielzahn-, Torx- und Sonderstecknüsse.

Innensechskant, Vielzahn und Torx (Bild 4)
Zunehmend werden Sie bei einigen Motorrädern unterschiedliche Schrauben auffinden. Das schlagende Argument für Torx und Vielzahn ist die Möglichkeit, höhere Drehmomente übertragen zu können.

Einige Schrauben werden fast wie Schlossschrauben mit einem Pin in der Mitte der Schraubenaufnahme gegen unbefugtes Lösen gesichert. Diese Einsätze sind auch im Werkzeughandel zu erwerben.

Feilen, Messer und Schlagwerkzeug (Bild 5)
Für die Metallbearbeitung, die meist eher ungeplant anfällt, ist gutes Werkzeug erforderlich. Zumeist geht es darum, vermurkste Schraubenköpfe zumindest zum Lösen nochmal drehbar zu machen oder zu entfernen. Um die Sicherungsstifte für den Belaghalter im Bremssattel zu lösen, ist ein gut passender Durchschlag erforderlich, der weder verformt noch verbogen ist.

Schraubendreher (Bild 6)
Gleichgültig, welches Schraubenkonzept verwendet wurde, genau passende Schraubendreher (ersatzweise ein genau passender Stecknusseinsatz) ermöglichen schadfreies Lösen und Befestigen der Schrauben.

Gerade bei Kreuzschlitzschraubendrehern ist es ratsam, auf Markenschraubendreher zurückzugreifen.

Zangen zum Greifen und Schneiden (Bild 7)
Die Seegerringzangen (1) sind unersetzlich für die Demontage von Sicherungsringen. Die Abisolierzange (3) ermöglicht das Abisolieren von Kabeln ohne Beschädigung der Litze. Ein Seitenschneider (5) eignet sich zum Abschneiden von Bowdenzügen und Kabeln. Kombi- und Spitzzange eignen sich zum Festhalten oder hilfsweise zum Schneiden.

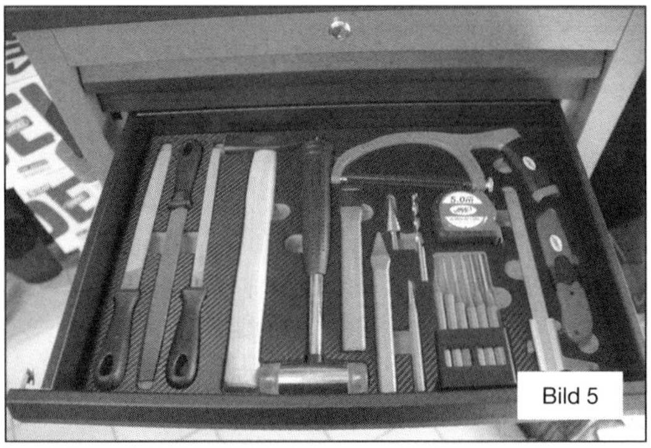
Bild 5

Bild 5
Feilen, Sägen, Messer, Meißel und Durchschläge.

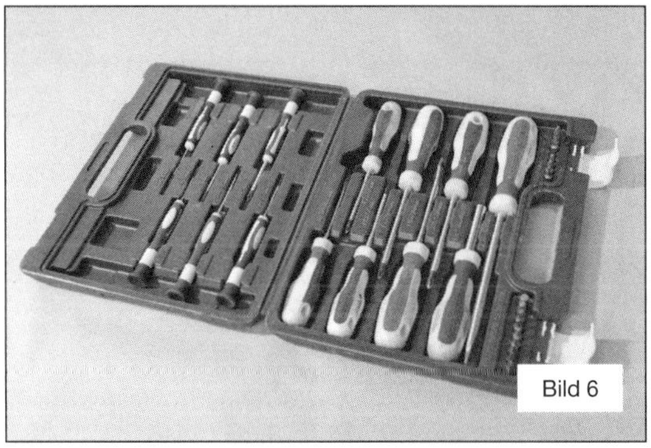
Bild 6

Bild 6
Schraubendreher und T-Griffe in unterschiedlichen Ausführungen.

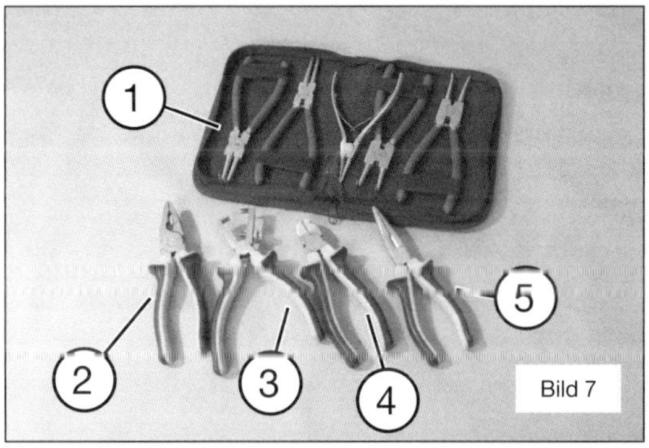

Bild 7

Bild 7
Die wichtigsten Zangen.
1 Seegerringzangenset
2 Kombizange
3 Abisolierzange
4 Seitenschneider
5 Spitzzange

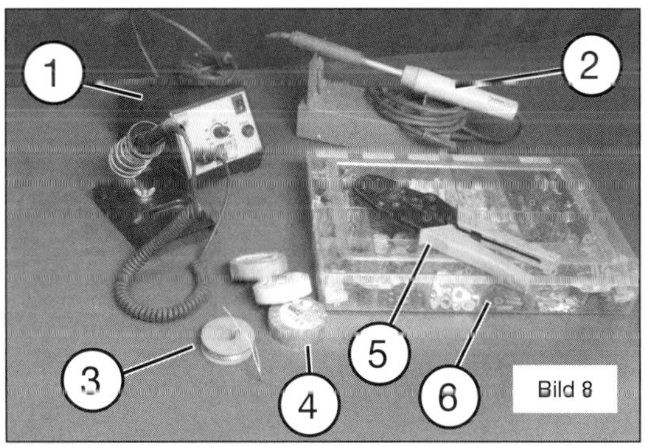

Bild 8

Bild 8
Ergänzendes Elektrowerkzeug.
1 Lötstation
2 Lötkolben
3 Lötzinn
4 Isolierband
5 Crimpzange
6 Crimpstecker

Erweiterung für die Elektrik (Bild 8)
Um sachgerechte Reparaturen an Steckern und Kabeln durchführen zu können, ist die Erweiterung des Werkzeugsatzes um das im Bild 8 vorgestellte Werkzeug notwendig. Eine Sortimentsbox mit den gängigsten Crimpsteckern ist im Werkzeughandel oder auch online zu erwerben.

Bild 9
MP3 rückwärts auf der Motorradhebebühne.

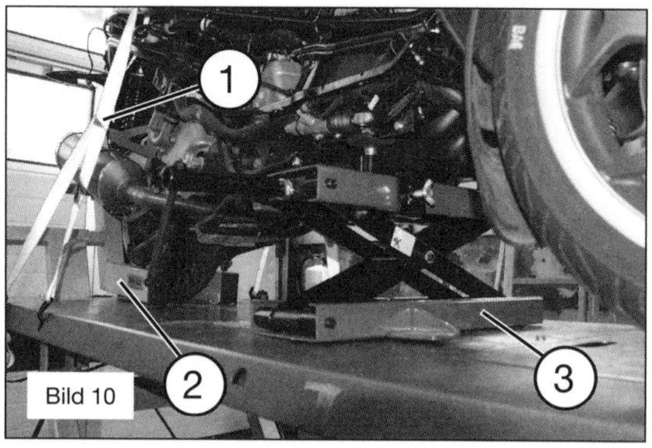

Bild 10
Sicher und standfest.
1 Spanngurte hinten
2 Radklemme am Hinterrad
3 Hubplattform am Rahmen neben dem Tank

Bild 11
Montage am Boden.
1 Rahmen neben dem Tank
2 Stütze unter dem Halter für den Fußbremszylinder
3 Stütze unter dem Kühlschlauch auf dem Rahmenträger neben dem Tank
4 Hubplattform
5 Hauptständer

Heben und Abstellen

⚠ Aufgrund des hohen Gewichtes des Motorrades sollten Sie grundsätzlich sehr penibel darauf achten, dass es sicher abgestellt ist. Nicht nur, dass das Motorrad beim Umfallen Schaden nehmen kann, können Sie schwere Verletzungen davontragen.

Die Motorradhebebühne (8 im Bild 1)
Eine Motorradhebebühne ist je nach Ausstattung, Marke und Hubkraft ab etwa 600 Euro zu erwerben. Der Preis kann aber durchaus auch leicht 3000 Euro erreichen. Hier ist es wichtig, die eigenen Anforderungen abzustecken und den erforderlichen Stellplatz für die Bühne einzuplanen.

Den MP3 aufbocken
☞ Für die Demontage des Lenkkopflagers sollten Sie das Motorrad mit einer Motorradhebebühne anheben und wie im Bild 10 gezeigt mit einer Radklemme (2) und Spanngurten (1) sichern.
☞ Ob nun für die Montage auf der Hebebühne oder auf dem Werkstattboden: Erst der Hauptständer und eine Hubplattform (3 im Bild 11) erlauben es, alle Räder sicher zu demontieren.

Druckluftwerkzeuge

Die Palette der Druckluftwerkzeuge ist sehr umfangreich. Allerdings ist Pressluft der teuerste Energieträger in der Werkstatt. Das liegt meist nicht am Werkzeug selbst, sondern an der Erzeugung und der Versorgung. Ein brauchbarer Kompressor ist eben leider nicht der kleine günstige aus dem Baumarkt. Er wird schnell an seine Grenzen geraten, wenn es darum geht, Luftgeräte mit hohen Verbrauchsvolumen zu betreiben.
☞ Ein Schlagschrauber liegt beispielsweise bei etwa 350 l/min. Schon nach wenigen Minuten ist der Druck aus dem Kessel verbraucht.

Die Schrauber (Bild 12)
Zuerst einmal fällt einem der Schlagschrauber (3) ein. Er kann schnell und kraftvoll Schrauben lösen und anziehen. Dies leider aber unkontrolliert, was schnell und unmerklich leicht zu Schäden an Gewinden und Schrauben führen kann. Der Einsatz sollte also grundsätzlich nur mit Vorsicht erfolgen.
☞ Aufgrund der neuen Akkutechnologien können Sie hier leicht auf das Medium Druckluft verzichten und einen Akku-Schlagschrauber verwenden. Eine luftbetriebene Ratsche (4) sollten Sie nur dann in Betracht ziehen, wenn Sie einen Kompressor mit ausreichendem Fördervolumen besitzen.

Reinigen und Ausblasen
Zum Lösen von Verschmutzungen und zum Abwaschen auf einer begrenzten Fläche, eignen sich die Sprühlanzen mit Waschbehälter (1 im Bild 12) sehr gut. In dem Behälter lassen sich lösungsmittelhaltige sowie auch Kaltreiniger oder einfach Wasser mit Seife auch im heißen Zustand einfüllen.

Die Reinigungskraft liegt deutlich unter der eines Hochdruckreinigers. Grundsätzlich sollten Sie nie in die Richtung von Lagern mit Druck arbeiten. Sie können leicht Verschmutzungen und auch die Reinigungsmittel in das Lager hineindrücken.
Zum Ausblasen und zum Trocknen ist die Luftpistole (2) im Werkstattalltag vielseitig einsetzbar und unersetzlich.

Vermeiden Sie es feine Stäube, wie beispielsweise von der Bremsanlage, ohne Schutzmaske aufzuwirbeln. Tragen Sie hierbei grundsätzlich Augen- und Mundschutz.

Der Luftprüfer (Reifenfüller)
Um den Reifenluftdruck zu überprüfen, abzulassen oder zu ergänzen ist der Luftprüfer das wohl am meisten eingesetzte Druckluftwerkzeug. Einfache Luftprüfer sind bereits im Starterset beim Neukauf eines kleinen Kompressors im Lieferumfang enthalten.

Messwerkzeuge Mechanik

Sicherlich werden Sie nicht alle der vorgestellten Messwerkzeuge für die Mechanik an Ihrem Motorrad einsetzen müssen. Jedenfalls möchten wir hoffen, dass Ihnen das möglichst erspart bleibt.
Wir stellen Sie trotzdem vor, da es wichtig ist, den Einsatz der einzelnen Werkzeuge zumindest einordnen zu können.

Die Bügelmessschraube (1 im Bild 14)
Die Bügelmessschraube wird zum Messen der Außenabmessung von Bauteilen verwendet. Die Bügelmessschraube kann auf 1/100 mm genau messen. Typische Anwendungen sind das Feststellen des Lagerspiels für Wellen, zum Messen der Kolben und zum Einrichten des Innenmessgerätes zum Messen der Zylinderlaufbahnen und zum Feststellen der Stärke der Ventilspielausgleichsplättchen (Shims) beim Einstellen des Ventilspiels, was wir Ihnen im Kapitel 10 vorstellen werden.

Der Messschieber (2 im Bild 14)
Der Messschieber eignet sich für das Messen von Außen- und Innendurchmesser gleichermaßen. Er kann eine Messgenauigkeit von 1/10 mm beziehungsweise 1/20 mm je nach Bauart des Messschiebers anzeigen. In der Werkstatt werden mit dem Messschieber Durchmesser von Schrauben und Bohrungen gemessen.

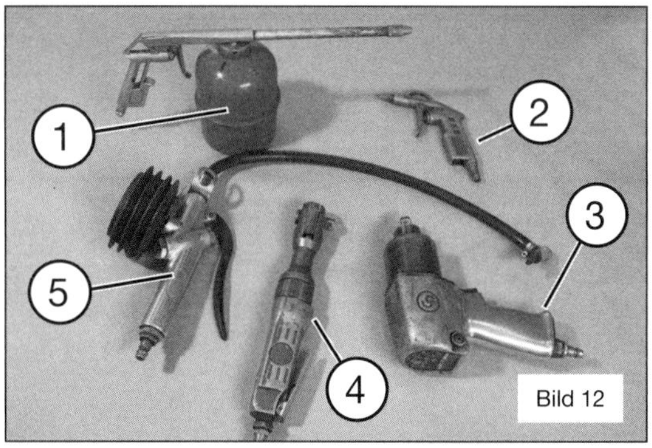

Bild 12

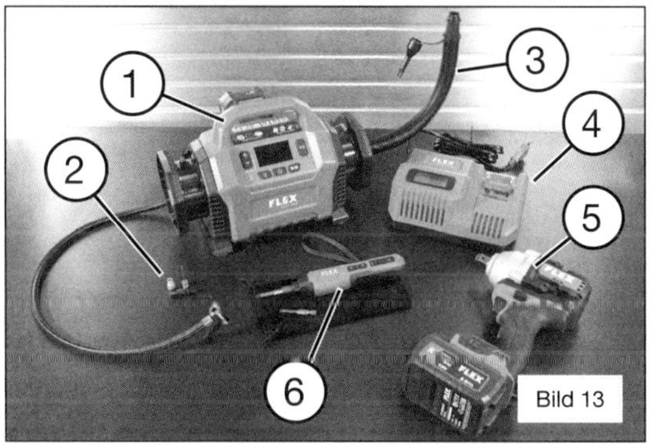

Bild 13

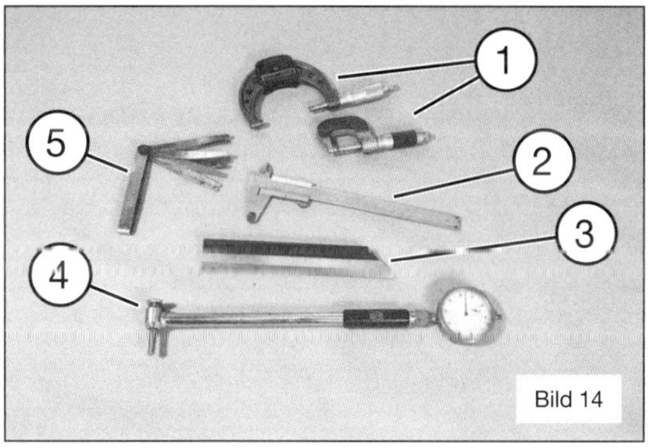

Bild 14

Das Haarlineal (3 im Bild 14)
Mit dem Haarlineal wird geprüft, ob Planflächen wie beispielsweise die Dichtfläche des Zylinderkopfes eben sind. Mit Hilfe der Fühlerlehre (5) kann der Verzug erfasst werden. Die Fühlerlehre wird dann zwischen die Planfläche und das Haarlineal eingeschoben.

Messuhr mit Innentaster (4 im Bild 14)
Der Innentaster wird üblicherweise für die Verschleißmessung des Zylinders verwendet. Die Messuhr kann mit einem Halter versehen den Schlag von Wellen wie beispielsweise den Radachsen messen.

Bild 12
Druckluftwerkzeuge.
1 Sprühlanze mit Behälter
2 Ausblaspistole
3 Schlagschrauber
4 Druckluftratsche
5 Luftprüfer (Reifenfüller)

Bild 13
Alternativen zum Kompressorwerkzeug.
1 Kleinkompressor und Luftpumpe
2 Anschlussstücke
3 Gebläseschlauch
4 Schnellladegerät
5 Schlagschrauber
6 Elektrischer Schraubendreher

Bild 14
Messwerkzeuge für die Mechanik.
1 Bügelmessschrauben
2 Messschieber
3 Haarlineal
4 Innentaster mit Messuhr
5 Fühlerlehre

Fühlerlehre (5 im Bild 14)
Die Fühlerlehre wird, wie schon im Text zuvor beschrieben, für die Beurteilung von Planflächen und das Einmessen des Ventilspiels verwendet. Den Einsatz werden Sie im Kapitel 10 im Detail kennenlernen.

Messwerkzeuge Elektrik

Die Messwerkzeuge für die elektrische Anlage sind nicht zu ersetzen. Sie müssen aber für die jeweilige Aufgabe entsprechend ausgewählt werden, um ein verwertbares Ergebnis ausgeben zu können.

Wir werden Ihnen in den Kapiteln dieses Buchs, wo Messungen erfolgen sollten, die Messungen in einzelnen Schritten mit der erforderlichen Einstellung des Messgerätes beschreiben.

Ungeeignete Prüfwerkzeuge
Vor einigen Jahrzehnten war die Prüflampe noch die Allround-Bewaffnung für die Fehlersuche an der elektrischen Anlage. Die gute alte Prüflampe war mit einer Glühlampe ausgestattet, die leuchtete, sobald eine Spannung zwischen Anschluss und Spitze anlag. Allerdings hat diese Glühlampe eine Stromaufnahme, die, so klein sie auch ist, elektronische Bauteile schädigen kann. Hinzu kommt noch, dass eine optische Anzeige in Form der Leuchtkraft einer Glühlampe zumeist kein ein auswertbares Ergebnis liefert. Auch wenn die Varianten mit LED-Leuchten eine deutlich bessere Variante darstellen, liefern sie für die Fehlersuche auch nur bedingt auswertbare Ergebnisse.

Das Multimeter (1 im Bild 15)
Das Multifunktionsmessgerät, kurz Multimeter, ermöglicht mit einem Gerät die Spannung (V = Volt), den Strom (A = Ampere), den Widerstand (Ω = Ohm) und noch einige Sonderfunktionen wie den Durchgang, die Diodenprüfung und oft auch die Temperatur zu messen. Um die Messergebnisse als Zahlenwert ablesbar zu machen, erfassen die meisten Multimeter die Messungen etwa dreimal je Sekunde und errechnen dann einen Mittelwert, der auf dem Display angezeigt wird. Für Messungen, deren Veränderung recht träge stattfindet, ist das ausreichend, für schnelle Signale aber nicht.

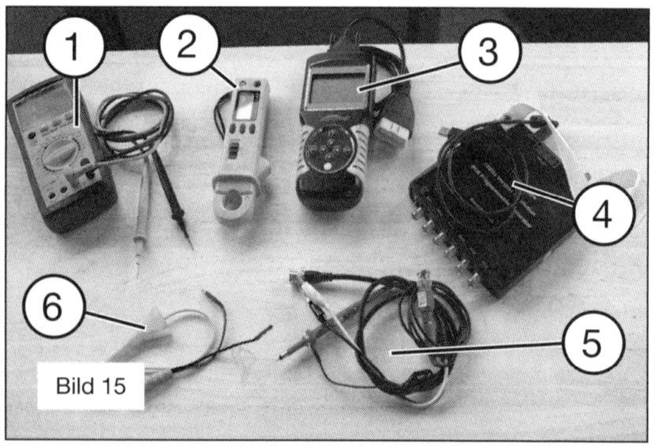

Bild 15
Messwerkzeuge für die Elektrik.
1 Multimeter
2 Amperezange
3 Handdiagnosetester
4 Oszilloskopvorsatz für das Laptop
5 Vorsätze und Messadapter
6 Anschlusskabel und Adapter

Die Amperezange (2 im Bild 15)
Die Strommesszange kommt nur bei wenigen Messungen zum Einsatz. Zumeist geht es dann um die Überprüfung des Ruhestroms, also der Stromaufnahme, die bei abgeschalteter Zündung in einzelnen Stromkreisen noch messbar ist. Natürlich kann auch die Stromaufnahme des Starters (Anlasser) geprüft werden. Die Messungen rund um den Starter (Anlasser) werden wir Ihnen im Kapitel 7 näher vorstellen.

Das Oszilloskop (4 im Bild 15)
Die meisten Spannungssignale an Ihrem Motorrad sind sehr schnell. Sogar so schnell, dass sie nicht von dem Multimeter richtig erfasst werden können. Das Oszilloskop stellt die Spannungsverläufe oder mit entsprechendem Messvorsatz auch den Verlauf für einen Stromfluss oder einen Widerstand grafisch dar. Jede Veränderung in der Spannungshöhe, aber auch in der Flussrichtung (bei einer Wechselspannung) wird auf dem Bildschirm mit einer Abweichung nach oben oder unten dargestellt. Das Bild entsteht von links nach rechts auf dem Bildschirm. Das ist der Zeitverlauf. Sowohl die Ansicht für den Zeitverlauf als auch die Messwertanzeige können durch die Einstellung verändert werden. Vereinfacht ist es möglich, in das Bild »hinein oder heraus zu zoomen«. Die Messungen werden wir Ihnen aber in den Kapiteln im Detail vorstellen.

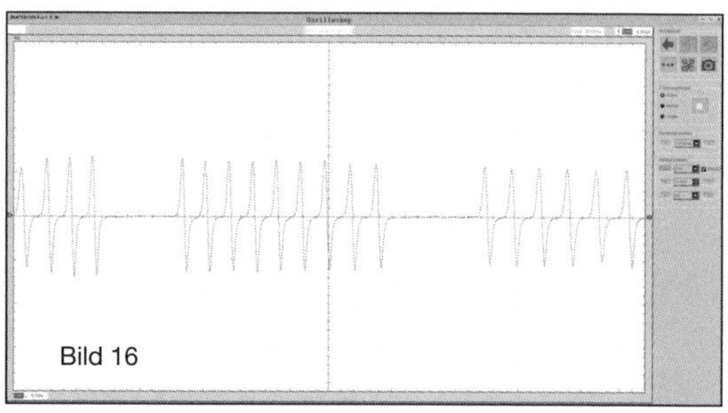

Bild 16
Signalbild eines OT-Gebers. Der Bildschirm zeigt eine Wechselspannung von etwa 5 V in einem Zeitrahmen von 0,1 Sekunden.

Diagnosewerkzeug

Mit dem Diagnosewerkzeug ist es möglich, den Fehlerspeicher des Motorsteuergerätes einzusehen und auszuwerten. Für das ABS-Steuergerät ist hier das Piaggio-Diagnosetool oder ein professionelles Werkstattdiagnosegerät, was für die freien Werkstätten angeboten wird, erforderlich.

Das Steuergerät als Messwertgeber
Was bei den OBD-Systemen heute schon zur guten Gewohnheit geworden ist, muss in diesem Einspritzsystem über verschiedene Messungen erfasst werden. In vielen Fällen tritt ein Fehler nur bei bestimmten Begebenheiten auf. Ein Temperaturfühler, der aufgrund von Korrosion falsche Messwerte an das Motorsteuergerät liefert, fällt kaum auf, wenn sich die Messwerte nicht als »Istwert« darstellen lassen. So fällt die gemessene Temperatur über die Istwerte eines Steuergerätes mit -35 °C in der sommerlich aufgeheizten Werkstatt sofort ins Auge. Der Zugriff auf die Messwerte ist über einen OBD-Tester recht einfach:

- Schließen Sie einen passenden Adapter (4 im Bild 17) an die Diagnosebuchse (6) an.
- Schließen Sie an den Adapter einen OBD-Tester an. Für die Spannungsversorgung des Testers müssen noch die Anschlussklemmen (5 und 7) angeschlossen werden.
- Folgen Sie den Anweisungen auf dem Bildschirm (Bild 18) und wählen Sie den Menüpunkt »Diagnose« (Bild 19) an.

In der nächsten Bildmaske (Bild 20) können Sie die eventuell abgelegten Fehlercodes des Motorsteuergeräts auslesen (1), nach dem Auslesen löschen (2) oder die Messwerte rund um das Motorsteuergerät ablesen und je nach Tester auch den Verlauf grafisch darstellen.

Ohne OBD müssen die Messwerte über ein Multimeter oder über das Oszilloskop erfasst werden und dann über die Kennlinien, Messergebnisse oder Signalbilder zu den entsprechenden Bauteilen ausgewertet werden.

Messgeräte und Werkzeuge zur Diagnose
Wir werden Ihnen die Messgeräte, die Einstellung und den Umgang im Zusammenhang mit den Bauteilen vorstellen, an denen

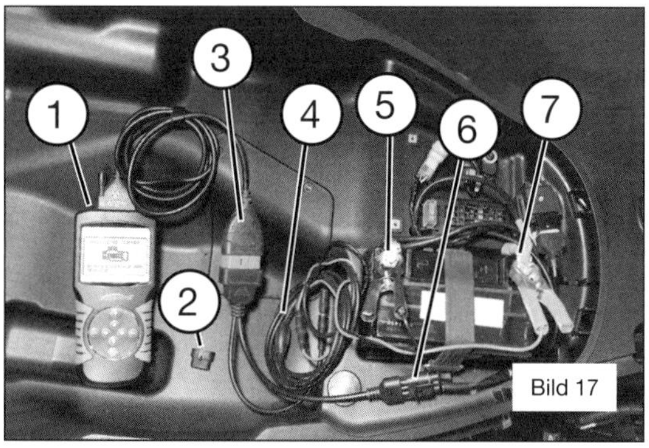

Bild 17
Anschluss Diagnosegerät.
1 Diagnosegerät
2 Schutz für den Diagnosestecker
3 16-poliger Diagnoseanschluss
4 Adapter 16-polig auf 3-polig + Spannungsversorgung
5 Spannungsversorgung Klemme am Pluspol
6 Diagnoseanschlussbuchse (3-polig)
7 Spannungsversorgung Klemme am Minuspol

eine Bauteilprüfung sinnvoll durchgeführt werden kann. Gerade dann, wenn ein Bauteil ein sehr präzises Signal zu einem bestimmten Zeitpunkt liefern muss, kommt natürlich auch ein Oszilloskop (4 im Bild 15) zum Einsatz. Die Messungen nur auf ein Multimeter zu beschränken, schränkt die Fehlersuche und Funktionsbewertung stark ein.

Bild 18
Startbildschirm des Diagnosegerätes.

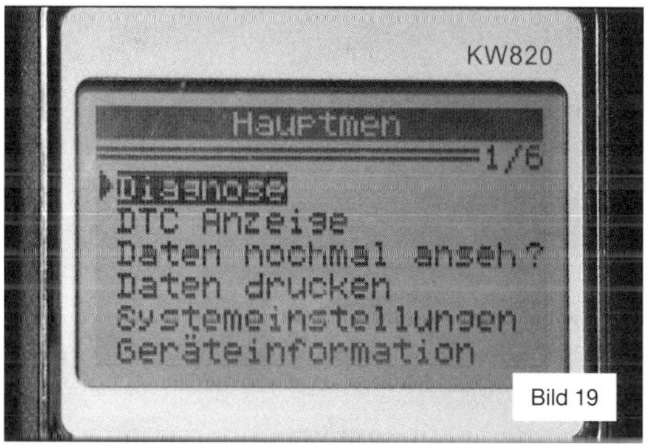

Bild 19
Anwahl des Diagnosemenüs über den Bildschirm und die Bedientasten.

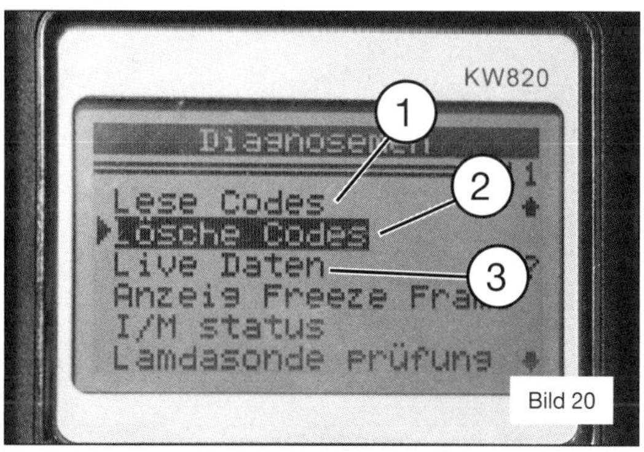

Bild 20
Anwahlmöglichkeiten im Diagnosemenü.
1 Fehlerspeicher lesen
2 Fehlerspeicher löschen
3 Messwerte über das Motorsteuergerät darstellen

4 Fahrzeugreinigung

Waschen und Konservieren

Bild 1
Reiniger und wichtige Waschutensilien.
1 Schwamm
2 Waschhandschuh
3 Shampoo
4 Shampoo mit Pflegezusätzen
5 Felgenreiniger
6 Motorrad-Universal-Reinigungsgel
7 Haushaltsbürste
8 Pinsel
9 Waschbürste

Bild 2
Auffrischen und die Reinigung zwischendrin.
1 Schnellreiniger im Taschenformat auch für unterwegs
2 Farbauffrischer für unlackierte Kunststoffteile
3 Schnellwachs zum Sprühen
4 Spraywachs für Mattlacke
5 Politur für Lack und Kunststoff
6 Schnellreiniger zum Reinigen ohne Wasser
7 Politur für Chrom und Aluminiumteile
8 Unterschiedliche Mikrofaserlappen

Motorradwäsche

☞ Grundsätzlich dürfen Sie davon ausgehen, dass die Motorradwäsche auf dem Privatgelände oder auf der Straße nicht erlaubt ist. Genauer erfahren Sie das bei Ihrer Gemeinde, die das Wasserhaushaltsgesetz umsetzen muss. Zulässig ist es auf speziellen Waschplätzen, die dann über einen Ölabscheider und oft sogar eine Wasseraufbereitungsanlage verfügen.

⚠ Waschen Sie Ihr Motorrad niemals mit einem Hochdruckreiniger oder Dampfstrahler. Der hohe Wasserdruck löst zwar hervorragend die Schmutzpartikel, drückt diese aber auch genauso gut zusammen mit Wasser in die Schmierstellen wie Schwingen und Lenkkopflager hinein.

⚠ Reinigen Sie Ihr Motorrad niemals in der prallen Sonne.

■ Waschen Sie das Motorrad mit Wasser und lösen Sie die Verschmutzungen an.
■ Sprühen Sie einen Motorradreiniger auf und lassen Sie ihn nach den Herstellervorgaben einwirken.
■ Vermeiden Sie es, Reifen und Bremsen mit Reiniger oder Shampoo zu behandeln.

⚠ Rückstände können Einfluss auf die Haftung der Reifen oder das Bremsverhalten haben.

■ Lösen Sie in der Einwirkphase mit der Haushaltsbürste (7 im Bild 1) und dem Pinsel (8) die stark anhaftenden Verschmutzungen mechanisch an.
■ Waschen Sie nach der Einwirkzeit das Motorrad von oben nach unten gründlich mit klarem Wasser ab.
■ Trocknen Sie die Lack- und Glasflächen mit einem sauberen Mikrofasertuch ab, um Wasserflecken zu vermeiden.

Die Wäsche zwischendurch

Sicherlich ist es nicht sinnvoll, ein vollständig verdrecktes Motorrad mit Schnellreiniger wieder auf Vordermann zu bringen. Die Schnellreiniger (1 und 6 im Bild 2) haben die Aufgabe, die Lackflächen mit wenigen Handgriffen von Flecken zu befreien und die Oberfläche optisch ansprechend zu versiegeln.

■ Sprühen Sie den Reiniger gleichmäßig vernebelt auf die Oberfläche auf.
■ Lassen Sie den Reiniger kurz einwirken und wischen Sie ihn mit einem sauberen Mikrofasertuch ab.

⚠ Tragen Sie keinen Schnellreiniger auf die Sitzbank auf.

☞ Falten Sie das Mikrofasertuch zweimal in der Hälfte zusammen. Die nutzbare Fläche ist noch immer groß genug und Ihnen stehen 8 Flächen zur Reinigung und zum Polieren zur Verfügung.

■ Polieren Sie die Oberfläche leicht ab.

Konservieren

Aluminiumteile und Salz sind von jeher sehr schlecht miteinander verträglich. Gelöste Salze im Wasser finden kleinste Lücken oder Schäden im Lack und hinterwandern sogar pulverbeschichtete Bauteile. Regelmäßige Kontrolle und frühzeitiges Erkennen und Handeln ist unbedingt erforderlich.

☞ Mit Korrosionsschutzwachs für Motorräder können Sie schwer zu erreichende Stellen dauerhaft schützen. Die so behandelten Stellen sollten Sie auch regelmäßig reinigen und neu mit Korrosionsschutz versehen.

Polieren der Lackteile

Polieren mit der Poliermaschine (Bild 3)

- Reinigen Sie die Lackoberflächen mit Wasser und einem sauberen Lappen.
- Tragen Sie etwas (2 bis 3 Fingerkuppen) Politur auf den Polierschwamm auf.
- Fangen Sie mit einer niedrigen Drehzahl an die Fläche auszupolieren.

Tipp: Wechseln Sie die Polierrichtung, um Hologramme zu vermeiden.

- Kontrollieren Sie zwischendrin das Polierergebnis, indem Sie die Polierstelle mit einem Lappen reinigen.
- Polieren Sie abschließend die Politurreste mit einem sauberen Mikrofasertuch aus und versiegeln Sie die Oberfläche.

Polieren von Hand (Bild 4)

- Reinigen Sie die Lackoberfläche mit Wasser und einem sauberen Lappen.
- Tragen Sie etwas (2 bis 3 Fingerkuppen) Politur auf die Polierfläche auf.
- Polieren Sie mit kreisenden Bewegungen und gleichmäßigem Druck die Polierfläche ab.

Versiegeln mit Wachs

Soweit Ihre Politur eine reine Schleifpolitur ist, tragen Sie zum Abschluss ein Wachs auf und polieren Sie es in der Oberfläche ein.

Kunststoffpflege

- Reinigen Sie die Kunststoffoberfläche mit Wasser und einem sauberen Lappen.
- Sprühen Sie den Farbauffrischer (Bild 5) gleichmäßig vernebelt auf die Oberfläche auf.
- Lassen Sie den Farbauffrischer nach Herstellervorgaben einziehen und reiben Sie die Oberfläche mit einem sauberen Tuch ab.

Smart Repair

Zumindest das Problem mit Dellen im Tank entfällt für die MP3s. Dellen und Beulen gehören nicht zum Schadensprofil von Kunststoffteilen, zu denen hier auch der Kraftstofftank zählt. Kleinere Schäden an Bauteilen mit glänzender Oberfläche lassen sich wie bereits oben beschrieben auspolieren. An Mattlackteilen sollten Sie jegliche Polierversuche unterlassen. Polieren ist grundsätzlich sehr feines Schleifen, was die planmäßige Oberflächenrauigkeit des Mattlacks zerstört. Kleine Kratzer lassen sich aber mit einem Mattwachs zumindest etwas kaschieren. Tiefere Schäden schon im Klarlack machen eine Neulackierung zumindest der Klarlackschicht (Mattklarlack) erforderlich, um wieder eine gleichmäßige Lackoberfläche erzielen zu können.

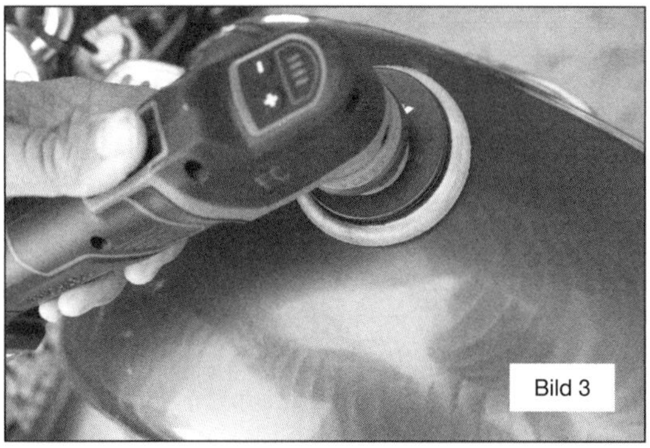

Bild 3
Mini-Poliermaschine im Einsatz. Gerade bei reinen Rotationsmaschinen auf die Lacktemperatur beim Polieren achten.

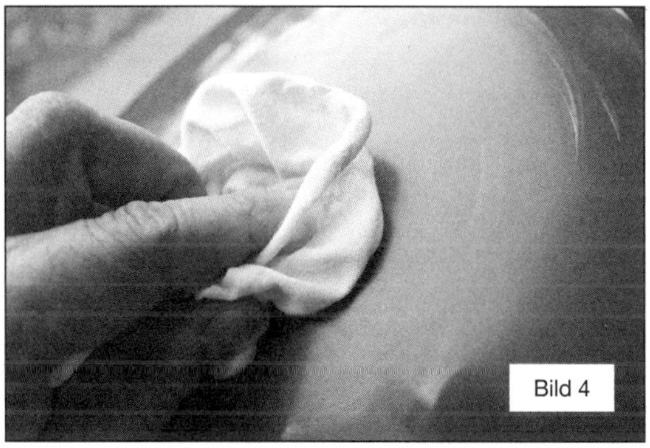

Bild 4
Handpolieren ist für kleine Flächen möglich, oft aber auch langwierig.

Bild 5
Kunststoffpflege. Aufsprühen, einziehen lassen und abwischen.

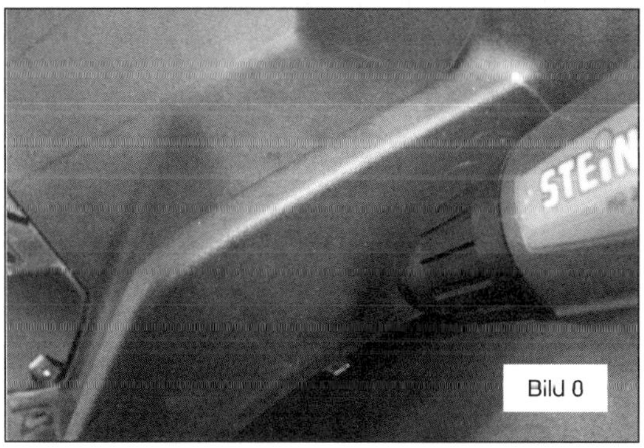

Bild 6
Smart Repair mit Heißluftfön.
Oftmals lassen sich verformte Kunststoffteile durch vorsichtiges Erwärmen wieder in die alte Form bringen.

5 Wartung

In diesem Kapitel werden wir Ihnen die Wartungspläne für den Piaggio MP3 angelehnt an die originalen Wartungspläne vorstellen.

Wartung nach Plan

Regelmäßige Kontrollen
Die Prüfpunkte für die »regelmäßigen Kontrollen« in der Tabelle unten sollten Sie grundsätzlich vor Fahrtantritt abarbeiten, um mögliche Schäden zeitnah beheben zu können oder auch nur Ausfälle oder Pannen entgegenzuwirken.

Fälligkeit der Wartungsaufgaben
Grundsätzlich werden in unseren Wartungsplänen ein Zeitrahmen und die Laufleistungen angegeben. Die Fälligkeit der Wartung ist dann erforderlich, wenn eine der beiden Angaben erreicht ist. Auch ein Fahrzeug mit viel Standzeit und geringer Laufleistung muss genauer inspiziert werden. Schließlich können sowohl die Betriebsmittel als auch Schläuche, Reifen und andere Baukomponenten altern, verschmutzen oder korrodieren. Wir werden die Intervalle für die Piaggio nach den Systemen sortiert vorstellen und die erforderlichen Arbeiten mit einem entsprechenden Kürzel kennzeichnen.

Regelmäßige Kontrollen

Hier beschreiben wir die Arbeitsschritte, die Sie zwischendurch z. B. vor einer Tour, beim Tanken oder bei der Fahrzeugreinigung kontrollieren sollten:

Arbeitsschritte	Bemerkung	OK/Defekt
Motorölstand und Kühlflüssigkeit prüfen, eventuell nachfüllen		
Reifen auf den Zustand, das Reifenlaufbild, den Fülldruck und die Profiltiefe prüfen (siehe Kapitel 16)	vo. 2,0 bar, hi. 2,4 bar (2,6 bar mit Sozius)	
Kontrollleuchten, Standlicht, Abblend- und Fernlicht prüfen (siehe Kapitel 8)		
Einstellung des Abblend- und Fernlichts prüfen (siehe Kapitel 8)		
Bremsleuchten, Blinker und Warnblinker sowie das Signalhorn (auch Lichthupe) prüfen		
Bremsen und Bremsflüssigkeit prüfen, Handbremshebelweg und eventuelle Einstellung prüfen		
Funktion des Roll-Lock-System prüfen (Federung blockiert? Seitenneigung blockiert? Sitzbelegung intakt?)		
Wenn damit ausgestattet: Haltbarkeitsdatum des Reifenreparatur-Sets prüfen		
Prüfen Sie, ob das Haltbarkeitsdatum des Verbandskastens / Verbandstasche überschritten ist		

Wartungsarbeiten

Hier beschreiben wir die Arbeitsschritte, die für die Wartung durchgeführt werden sollen:

Wartungsarbeiten am Kraftstoffsystem
Hier beschreiben wir die Arbeiten, die für die Wartung rund um das Kraftstoffsystem anfallen:

W = Wechsel, P = Prüfen, S = Schmieren

Bezeichnung	1000 km	Alle 5000 km	Alle 10.000 km	Max. Zeitintervall
Luftfiltereinsatz und Luftfilterkasten	P	P	W	12 Monate

* Bei Fahrzeugen die häufig mit hoher Geschwindigkeit, überwiegend im Stadtverkehr gefahren werden oder in staubreicher, nasser oder stark verschmutzter Umgebung betrieben werden, muss das Intervall kürzer ausfallen.

Wartungsarbeiten am Kraftstoffsystem

W = Wechsel, P = Prüfen, S = Schmieren

Bezeichnung	1000 km	Alle 5000 km	Alle 10.000 km	Max. Zeit-intervall
Leerlaufdrehzahl prüfen (1500 bis 1700 1/min)	P	P	P	-
Gaszüge (Einstellung, Spiel, Leichtgängigkeit)	S + P	P	S + P	S + P (1 Jahr)
Kraftstoffversorgung (Dichtigkeit, Sitz der Verschlauchung)	P	P	P	-
Kraftstofffilter	-	-	W (alle 40.000 km)	W (4 Jahre)
Kraftstoffsiebfilter	-	-	W (alle 40.000 km)	W (4 Jahre)
Kraftstoffschläuche				P (4 Jahre)
Unterdrucksystem (Tank und Entlüftung)	P	P	P	P

Wartungsarbeiten am Kühlsystem

Hier beschreiben wir die Arbeiten, die für die Wartung rund um das Kühlsystem anfallen:

W = Wechsel, P = Prüfen, S = Schmieren

Bezeichnung	1000 km	Alle 5000 km	Alle 10.000 km	Max. Zeit-intervall
Kühlmittelstand	P	-	P	-
Kühlmittelsystem (Dichtigkeit, Sitz der Verschlauchung)	P	-	P	P (1 Jahr)
Kühlmittel (ca. 2,3 l, -25 °C)	-	-	-	W (2 Jahre)
Kühlmittelschläuche und Dichtringe	-	P	P	W (3 Jahre)

Wartungsarbeiten am Zylinderkopf

Hier beschreiben wir die Arbeiten, die für die Wartung rund um den Zylinderkopf anfallen:

W = Wechsel, P = Prüfen, S = Schmieren

Bezeichnung	1000 km	Alle 5000 km	Alle 10.000 km	Max. Zeit-intervall
Ventilspiel	-	-	-	P (20.000 km)
Ansaugsystem und Drosselklappen (Dichtigkeit, Sitz der Ansaugstutzen)	-	P	P	-
Ventildeckeldichtung	-	P	P	-

Wartungsarbeiten an der Kupplung

Hier beschreiben wir die Arbeiten, die für die Wartung rund um die Kupplung anfallen:

W = Wechsel, P = Prüfen, S = Schmieren

Bezeichnung	1000 km	Alle 5000 km	Alle 10.000 km	Max. Zeit-intervall
Variomatik (Einkuppelverhalten, Schaltverhalten, Höchstgeschwindigkeit)	P	P	-	-
Antriebsriemen/Variorollen (Verschleiß/Schäden)	-	-	S/W	W (5 Jahre)

Wartungsarbeiten am Motorschmiersystem

Hier beschreiben wir die Arbeiten, die für die Wartung rund um das Schmiersystem anfallen:

W = Wechsel, P = Prüfen, S = Schmieren

Bezeichnung	1000 km	Alle 5000 km	Alle 10.000 km	Max. Zeit-intervall
Ölfilter und Motoröl nach Vorgaben (siehe Tabelle für die Wartungsdaten am Ende dieses Kapitels)	W	-	W	W (1 Jahr)

Wartungsarbeiten an Rad und Reifen

Hier beschreiben wir die Arbeiten, die für die Wartung rund um Rad und Reifen anfallen:

W = Wechsel, P = Prüfen, S = Schmieren

Bezeichnung	1000 km	Alle 5000 km	Alle 10.000 km	Max. Zeit-intervall
Reifenluftdruck vo. 2,0 bar, hi. 2,4 bar (2,6 bar mit Sozius)	P	P	P	P (1 Jahr)
Reifenzustand (Profiltiefe, Ablauf, Schäden)	-	P	P	P (1 Jahr)
Radlagerung (Spiel, Geräusche, Leichtgängigkeit)	-	P	P	P (1 Jahr)

Wartungsarbeiten am Bremssystem

Hier beschreiben wir die Arbeiten, die für die Wartung rund um das Bremssystem anfallen:

W = Wechsel, P = Prüfen, S = Schmieren

Bezeichnung	1000 km	Alle 5000 km	Alle 10.000 km	Max. Zeit-intervall
Sichtkontrolle (Dichtigkeit, Befestigung)	P	-	P	-
Funktion und Hebelwege Integralbremssystem, Handbremsen, Parkbremse (Bremswirkung, Ansprechverhalten)	P	P	P	P (1 Jahr)
Bremsflüssigkeit (Flüssigkeitsstand)	P	P	P	P (1 Jahr)
Bremsflüssigkeit (Flüssigkeitswechsel)	-	-	-	W (2 Jahre)
Bremsschläuche erneuern	-	-	-	W (4 Jahre)
Gummiteile in Hauptbremszylinder und Bremssätteln				W (4 Jahre)
Bremsbelagstärke	-	P	P	-
Funktion des Bremslichtes	P	P	P	-

Wartungsarbeiten an Rahmen und Anbauteilen

Hier beschreiben wir die Arbeiten, die für die Wartung am Rahmen und Anbauteilen anfallen:

W = Wechsel, P = Prüfen, S = Schmieren

Bezeichnung	1000 km	Alle 5000 km	Alle 10.000 km	Max. Zeit-intervall
Ständer, Rasten Schlösser	-	P	S	-
Zustand von Schrauben, Bolzen und Verschlüssen	-	P	S	-
Korrosionskontrolle am Rahmen und Motorblock	-	P	S	-

Wartungsarbeiten am Fahrwerk

Hier beschreiben wir die Arbeiten, die für die Wartung rund um das Fahrwerk anfallen:

W = Wechsel, P = Prüfen, S = Schmieren

Bezeichnung	1000 km	Alle 5000 km	Alle 10.000 km	Max. Zeit-intervall
Dämpfer hinten	-	P	P	P (1 Jahr)
Motorlagerung	-	P	P	P (1 Jahr)
Gabel vorne / Roll-Lock-System	-	P	P	P (1 Jahr)
Lenkkopflagerspiel	-	P	P	P (1 Jahr)
Lenkkopflager (reinigen und schmieren)	-	-	-	S (1 Jahr)

Wartungsarbeiten an der elektrischen Anlage

Hier beschreiben wir die Arbeiten, die für die Wartung rund um die elektrische Anlage anfallen:

W = Wechsel, P = Prüfen, S = Schmieren

Bezeichnung	1000 km	Alle 5000 km	Alle 10.000 km	Max. Zeit-intervall
Lichtanlage, Batterie und Ladestromkreis	-	-	P	P (1 Jahr)
Fehlerspeicherabfrage Steuergeräte	P	P	P	-
Zündkerze (NGK CR9EIA-9, 20 Nm, 0,8 mm -0,9 mm)	-	-	W	-

Wartungsdaten

Die wichtigsten Daten für die Wartungsarbeiten zusammengefasst:

Beschreibung	Daten					
Piaggio MP3	**125**	**250**	**300**	**350**	**400**	**500**
Motoröl	1,5 l (5W40)			1,5 l (15W50)	1,7 l (5W40)	
Ölfilter	6 Nm				14 Nm	
Ablassschraube (Siebfilter)	12 Nm (24 Nm)			- (24 Nm)	- (25 Nm)	
Getriebeöl Menge (Bez.)	0,25 l (80W90)	0,25 l (75W140)		0,5 l (80W90)	0,25 l (80W90)	
Kühlmittel für Alumotoren	1,8 l					
Bremsflüssigkeit DOT 4 (DOT 5.1)	1,5 l (Wechsel im Roll-Lock-System)					
Generator Ladespannung	ca. 14 V / 4000 1/min					
Ventilspiel in mm Einlassventil/Auslassventil	0,10 / 0,15				0,15 / 0,15	
Zündkerze (NGK)	CR8EKB	PMR7A	CR8EKB	CR7EKB	CR7EKB	
Drehmoment Zündkerze(n)	14 Nm					
Elektrodenabstand in mm	0,7 - 0,8			0,7 - 0,9	0,7 - 0,8	
Öldruck im Leerlauf	0,5 bar				0,8 bar	
Spiel am Gasdrehgriff in mm	2 - 3					
Luftdruck Reifen vo/hi in bar	2,0 / 2,4 (2,6 bei Fahrten mit Gepäck oder Soziusbetrieb)					
Ventildeckel	7 Nm				11 Nm	

6 Spannung und Versorgung

In diesem Kapitel werden wir die Spannungsversorgung, also alles, was mit der Batterie und der Batterieladung zu tun hat, unter die Lupe nehmen. Wir werden Ihnen neben den Komponenten auch den Aufbau und den Schaltplan vorstellen. Selbstverständlich gehören auch entsprechende Messungen und Prüfungen dazu.

Batterie defekt?

Fehlersuche im System
Ein typischer Fehler im Laufe der Betriebszeit bezieht sich auf die Spannungsversorgung und den »Ladungsträgerspeicher« im Motorrad. Jedenfalls erscheint es oft schnell so und die Batterie wird ersetzt, obwohl kein Schaden an ihr vorliegt, bis auf die vielleicht zu geringe Ladung. Möglicherweise findet sich ein Fehler aber in einem ganz anderen Gebiet der Spannungsversorgung des Motorrades. Beachten Sie die Reihenfolge der Vorgehensweise. Oftmals ist es zwingend erforderlich, dass die zu prüfenden Bauteile noch eingebaut sein müssen. Die Spannungsversorgung ist für den Betrieb der Elektronik sehr wichtig.
Fehler im Bordnetz können Spannungsspitzen oder Spannungsabfälle verursachen, die dann für Ablauffehler im Programm des Steuergerätes sorgen können. Zudem ist die Mindestspannung für den Betrieb der Steuergeräte etwa 9 V. Fällt die Spannung unter Last oder beim Starten unter diese Grenze, wird das Motorrad nicht anspringen, da das/die Steuergerät/e nicht mehr arbeiten kann/können.

Entladung ist normal
Piaggio empfiehlt, die Batteriespannung regelmäßig zu überprüfen. Wird Ihr Motorrad zurzeit nicht bewegt, sollte die Batteriespannung wöchentlich überprüft werden. Wird es über einen deutlich längeren Zeitpunkt abgestellt, ist es sinnvoll, ein Dauerladegerät beziehungsweise ein Erhaltungsladegerät anzuschließen. Muss Ihr Motorrad regelmäßig länger parken, empfiehlt es sich, ein Ladegerät zu wählen, das den Anschluss über einen fest verlegten Kombistecker (siehe Bild 1) realisieren kann.

Batterie laden

Spannung	Ladezustand
> 12,8 V	Voll geladen
ca. 12,4 V	Normal geladen
ca. 12,2 V	Schwach geladen
ca. 11,9 V	Normal entladen
< 10,7 V	Tief entladen

Selbst das Batterieladen birgt heute einige Gefahren und Risiken, derer man sich zumindest bewusst sein sollte. Einfach einmal ein Ladegerät anschließen und dann abwarten funktioniert nicht mehr wirklich.

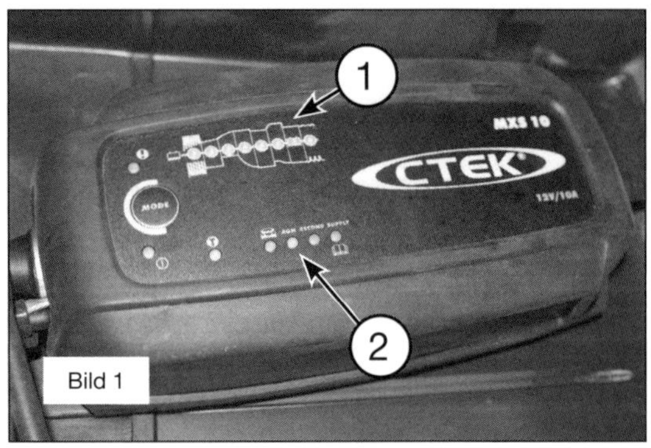

Bild 1

Bild 1
Anzeige eines Dauerladegerätes.
1 Anzeige Ladezyklus
2 Funktionsanwahl

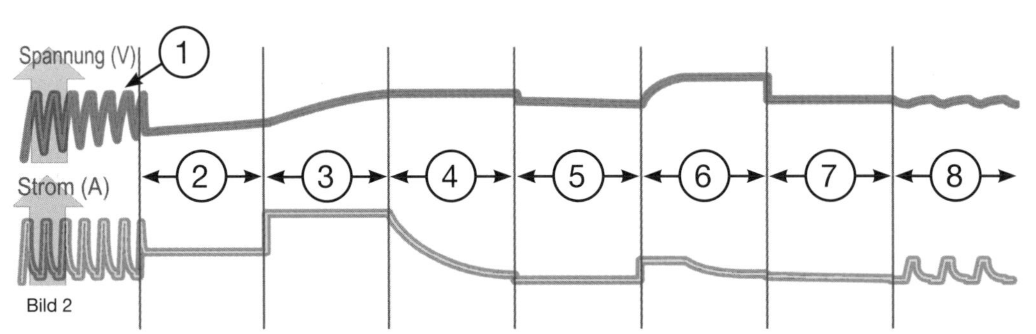

Bild 2

Bild 2
Ladezyklen eines Prozessorladegerätes.
1 Entsulfatierung
2 Ladeprüfung
3 Vorladephase
4 Vollladen
5 Batterietest
6 Durchmischung (Sonderprogramm)
7 Ladungserhaltung (Sonderprogramm)
8 Ladungsüberwachung (Sonderprogramm)

Das Ladegerät sollte heute in der Lage sein sich auf die Anforderungen, die durch die Batterie gestellt werden, einzustellen. Die Investition in ein Ladegerät mit Ladeerhaltefunktion und selbstverständlich GEL/Akku-Eignung, rechnet sich recht schnell.

Die Ladeerhaltung kann aufgrund eines prozessorgesteuerten Ladestromverlaufes und auch definierter Spannungshöhen wenigstens zum Teil das Altern des Akkus deutlich verzögern.

Batterietyp beachten

Säure- oder AGM-Batterie? Der erste Unterschied fällt tatsächlich ins Auge, nicht nur im Preis. Nasse Blei-Säurebatterien haben Verschlussdeckel verbaut. Gasdichte Blei-Säurebatterien werden zur Auslieferung befüllt und mit einem Verschluss versiegelt. Der wesentliche Unterschied zwischen AGM- und Nassbatterie liegt darin, dass der Elektrolyt in ein Glasfaservlies eingebunden ist. AGM bedeutet »Absorbent Glass Mat«. Die Ladeschlussspannung für offene Batterien und den geschlossenen AGM kann sehr unterschiedlich sein. In der Regel wird für die AGM-Batterien sogar eine etwas höhere Spannung angefordert. Die Ladespannung wird oft von Ladegeräten, aber auch vom Bordnetzsystem des Fahrzeugs überschritten.

Eine zu hohe Spannung bringt die Batterien zum Ausgasen (Gasungsspannung) und eine zu geringe Ladespannung verursacht dann eine nicht vollständig geladene Batterie. Grundsätzlich sollten Sie immer nachsehen, welcher Batterietyp in Ihrem Fahrzeug verbaut ist und soweit möglich eine Vorauswahl am Ladegerät treffen.

Batterie laden

Die Batterie ist unter dem Fahrersitz verbaut. Zum Laden oder dem Ausbau der Batterie wird die Verkleidung über der Batterie demontiert.

- Schalten Sie die Zündung aus und ziehen Sie den Schlüssel ab.
- Stellen Sie das Motorrad auf dem Hauptständer oder einem Montageständer ab.
- Öffnen Sie das Helmfach und drehen Sie die Schrauben (3 im Bild 4) heraus.
- Schwenken Sie die Batterieabdeckung (1) nach vorn und nehmen Sie sie ab.
- Kontrollieren Sie den Zustand der Anschlusskabel der Batteriepole auf Korrosion, Ablagerungen und feste Verschraubung.
- Ziehen Sie die Abdeckung des Plusanschlusses etwas zurück und schließen Sie das Pluskabel des Ladegerätes an den Pluspol der Batterie an.
- Schließen Sie das Minuskabel des Ladegerätes an den Minuspol der Batterie an.
- Schließen Sie das Ladegerät an die Netz-

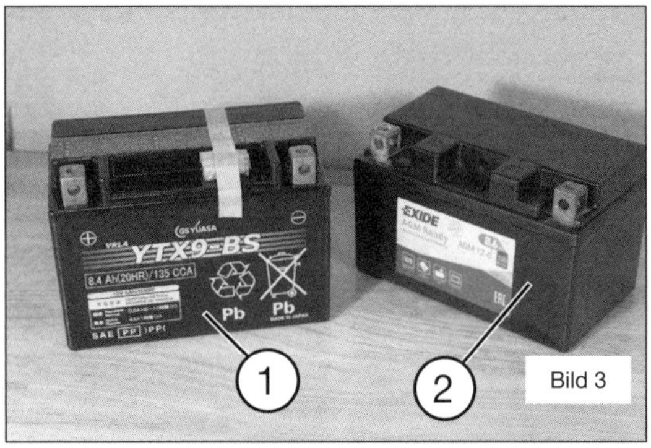

Bild 3
AGM- und Nassbatterie. Nicht immer am Deckel zu erkennen, aber immer an der Beschriftung.
1 Nassbatterie
2 AGM-Batterie

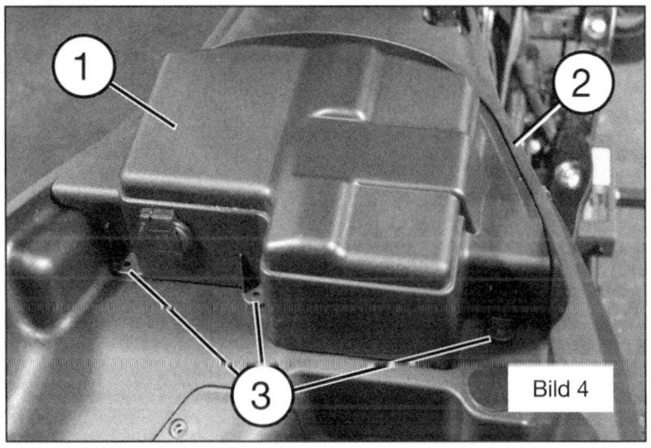

Bild 4
Batterieversteck im Helmfach.
1 Batterieabdeckung
2 Helmfach
3 Schrauben Batterieabdeckung

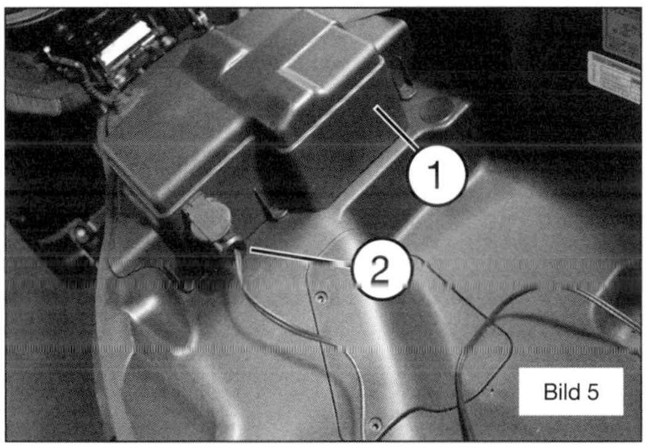

Bild 5
Anschlussdose zum Anschluss an der Batterie.
1 Batterieabdeckung unter dem Helmfach
2 Nachgerüstete 12-V-Steckdose mit angeschlossenem Ladegerät

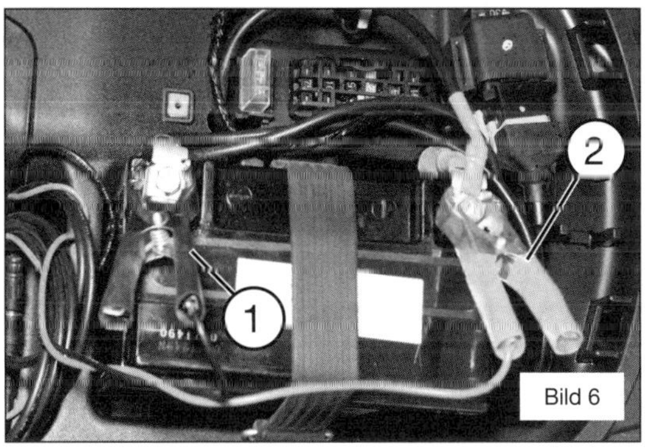

Bild 6
Anschluss des Batterieladegerätes an der Batterie.
1 Minusanschluss (schwarze Klemme)
2 Plusanschluss (rote Klemme)

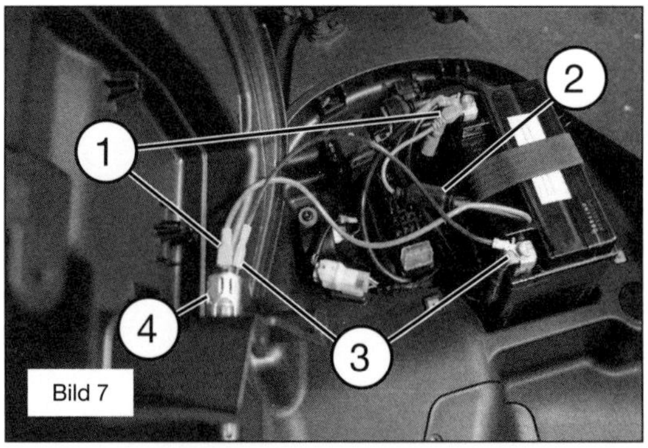

Bild 7
Verkabelung der Anschlussdose zum Anschluss an der Batterie.
1 Pluspol/Anschluss Plus
2 Sicherung (15A)
3 Minuspol/Anschluss Minus
4 12-V-Steckdose

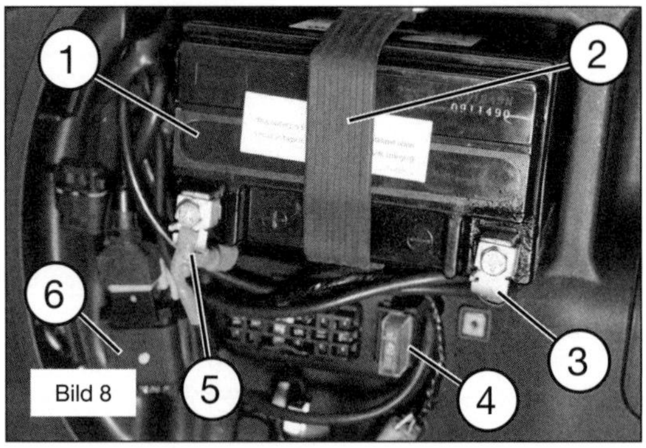

Bild 8
Ausbau der Batterie.
1 Batterie
2 Haltegummi
3 Minuspol
4 Hauptsicherung (40A)
5 Pluspol
6 Startrelais

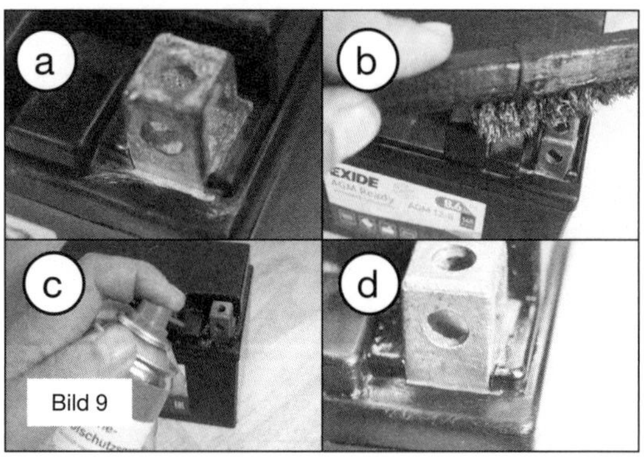

Bild 9
Pflege der Batteriepole.
a Oxidiert und verschmutzt
b Reinigen mit der Kupferbürste
c Übergang zum Gehäuse versiegeln
d Pol versiegelt und gereinigt

spannung an.
■ Wählen Sie den Batterietyp soweit erforderlich an.
■ Warten Sie den Ladebeginn noch ab und lassen Sie das Ladegerät die Batterie laden.
■ Kontrollieren Sie nach etwa einer Stunde den Fortschritt des Ladevorgangs anhand der Anzeige des Ladegeräts.

☞ Soweit keine Fehleranzeige erfolgt und die einzelnen Zyklen durchlaufen werden, warten Sie, bis das Ladegerät die Erhaltungsladung (7 im Bild 2) erreicht hat oder je nach Ladegerät den Status »Full« ausgibt.

■ Klemmen Sie das Ladegerät von der Batterie ab und montieren Sie den Sitz wieder.

☞ Alternativ könnenSie die Batterieabdeckung mit einer Ladeanschlussdose oder einer 12-V-Steckdose nachrüsten (Bild 7). So kann wahlweise die Batterie geladen oder auch ein 12-V-Verbraucher im Helmfach betrieben werden. Sichern Sie die Anschlussdose mit einer eigenen Sicherung (2) ab (15A), um bei Kurzschluss einen Kabelbrand zu verhindern.

Batterie aus- und einbauen

☞ Die Batterie ist unter dem Fahrersitz verbaut. Zum Laden oder dem Ausbau der Batterie wird die Verkleidung über der Batterie demontiert.

■ Schalten Sie die Zündung aus und ziehen Sie den Schlüssel ab.
■ Stellen Sie das Motorrad auf dem Hauptständer oder einem Montageständer ab.
■ Öffnen Sie das Helmfach und drehen Sie die Schrauben (3 im Bild 4) heraus.
■ Schwenken Sie die Batterieabdeckung (1) nach vorn und nehmen Sie sie ab.
■ Klemmen Sie das Masseanschlusskabel (3 im Bild 8) von der Batterie ab.
■ Klemmen Sie das Pluskabel (5) der Batterie ab.
■ Nehmen Sie das Haltegummi (2) ab.
■ Legen Sie die Anschlusskabel (3 und 5) zur Seite und nehmen Sie die Batterie (1) nach oben heraus.

Die Montage erfolgt sinngemäß in umgekehrter Reihenfolge.
■ Klemmen Sie das Pluskabel (rot) der Batterie an.
■ Klemmen Sie das Masseanschlusskabel (schwarz) an die Batterie an.

Batterie pflegen und prüfen

Batteriepflege (Bild 9)

An einer Batterie muss auch von Zeit zu Zeit mal etwas gereinigt und gewartet werden. Der Stromspeicher Ihres Motorrades wird ständig ge- und entladen. Er ist nur schlecht geschützt und muss Vibrationen wegstecken. Ein Problem lässt sich aber schon mit wenigen Handgriffen wortwörtlich »im Griff« behalten. Im Laufe der Zeit entsteht leicht Korrosion an den Batterieanschlüssen.

☞ Diese Korrosion bewirkt einen Übergangswiderstand. Dieser verursacht dann zuerst einen Spannungsverlust und zunehmend auch eine Temperatur, die den

Anschluss der Batterie und das Anschlusskabel schädigen kann. Das gilt grundsätzlich für beide Pole. Auf die Probleme an Fahrzeugmasse und Starter werden wir im nächsten Kapitel noch genauer eingehen.

Kontrollieren Sie den Zustand von Masse- und Plusanschluss an der Batterie. Wenn erforderlich reinigen Sie sie und tragen etwas Batteriepolfett auf.

Spannungsmessung mit dem Multimeter

Mit dem Multimeter (Bild 10) kann festgestellt werden, wie groß die »Leerlaufspannung« (die Spannung ohne Last) der Batterie ist. Mit Spannungsmessungen unter Belastung (z. B. Betätigen des Anlassers) können Rückschlüsse auf die Kapazität der Batterie gezogen werden.

- Schalten Sie die Zündung aus und ziehen Sie den Schlüssel ab.
- Stecken Sie den Schlüssel in das Sitzbankschloss ein und drehen Sie ihn im Uhrzeigersinn.
- Drehen Sie die Schrauben unter dem Sitzpolster los und schwenken Sie den Fahrersitz hinten nach oben heraus.
- Ziehen Sie die Polabdeckungen von Plus- und Minuspol von der Batterie zurück.
- Schließen Sie das Multimeter an die beiden Batteriepole an. Messen Sie den Ruhespannung der Batterie.
- Betätigen Sie den Anlasser und lesen Sie während des Startvorganges die kleinste Spannung ab.

Im Ruhezustand sollte eine geladene Batterie eine Spannung zwischen 12,8 V und 13,6 V aufweisen. Unter Belastung darf diese Spannung nicht unter 9 V fallen.

Batterietester einsetzen (Bild 11)

Für die Prüfung mit dem Batterietester oder auch die Auswertung mit dem Multimotor über die Batteriespannung muss die Batterie geladen werden und anschließend etwa 3 Stunden ruhen. Anschließend wird nach der Dateneingabe und dem Anschluss an die Batterie ein kleiner Belastungsstrom (2 im Bild 10) für eine kurze Zeit aufgeschaltet.
Die Auswertung des Spannungsabfalls (4) erfolgt durch den Batterietester.

- Je stärker der Spannungsabfall ausfällt und je schlechter sich die Batterie nach der Belastung (4 bis 5) erholt, umso geringer

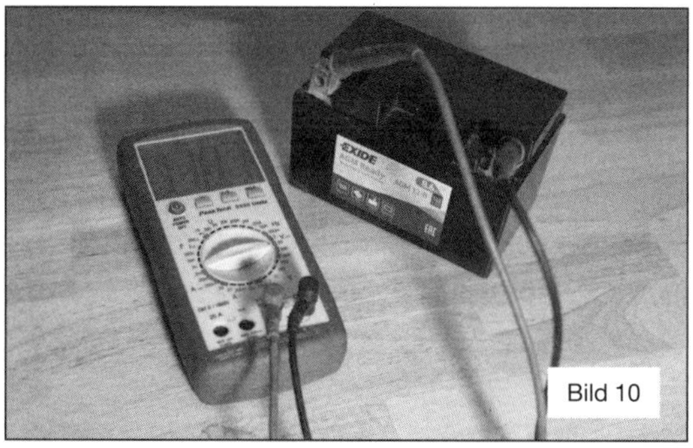

Bild 10
Spannungsmessung mit dem Multimeter.

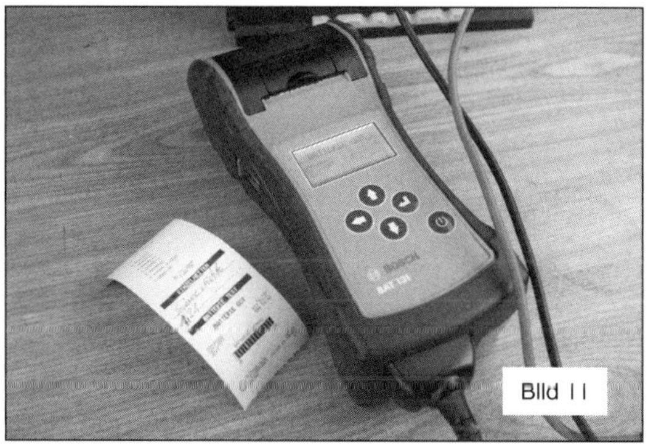

Bild 11
Batteriehandtester: Ein zuverlässiges Ergebnis ist nur bei sachgerechter Handhabung zu erwarten. Der Ausdruck weist einen korrekten oder fehlerhaften Prüfablauf nicht aus.

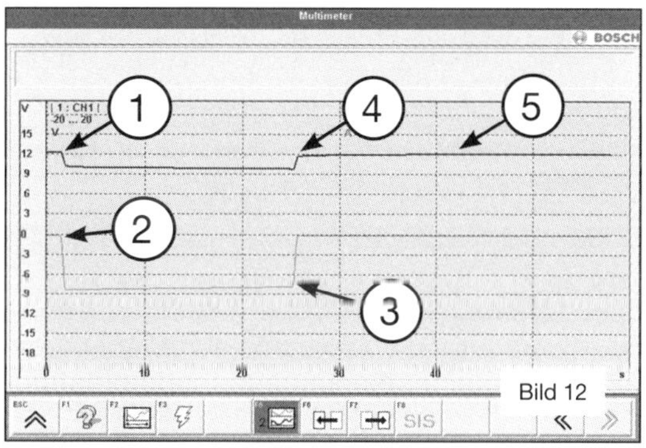

Bild 12
Strom und Spannung.
1 Batterieruhespannung
2 Belastungsstrom setzt ein
3 Ende Belastungstest
4 Spannung nach Belastung
5 Spannung nach Erholung
4 bis 5 Zeit der Erholung

fällt die Kapazität aus.

- Sobald diese Werte den im Tester abgelegten Messwerten deutlich widersprechen, wird der Test als »nicht bestanden« und die Batterie als »defekt« ausgewiesen.

Spannungsverlustmessung Zuleitungen

Wie bereits zur Batteriepflege erwähnt, können gerade an den Anschlüssen die

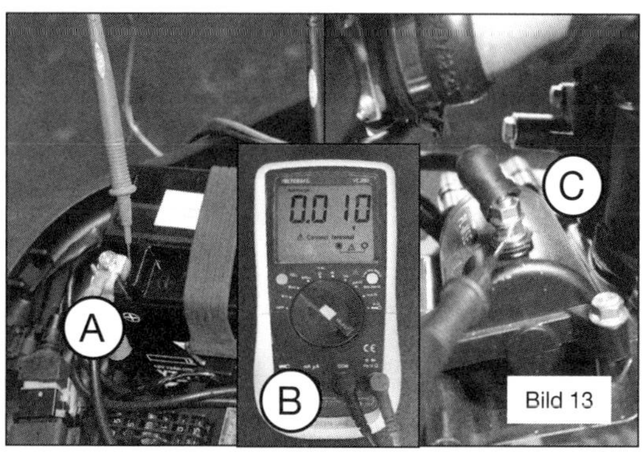

Bild 13
Spannungsverlust in der Plusleitung.
A Plusanschluss Batterie
B Multimeter (V in DC)
C Plusanschluss Starter

Sichtprüfung Messen

Leitungen und Anschlüsse korrodieren und somit einen Übergangswiderstand bilden. Da dieser »Widerstand« in Reihe mit der Batterie geschaltet ist, wird ein Teil der Spannung über dem Anschluss »verloren« gehen.

Ein Übergangswiderstand kann durchaus die gleichen Probleme verursachen wie eine zu schwache Batterie oder eine zu schlechte Batterieladung. Die entsprechenden Messungen werden wir Ihnen in diesem Kapitel unter der Überschrift »geführte Fehlersuche« Schritt für Schritt nachvollziehbar vorstellen.

Generator und Generatorregler

Der Generator Ihres Motorrades ist ein »festerregter» Generator. Das bedeutet, dass das Magnetfeld, das die Spannung in den Generatorwicklungen erzeugt, nicht verändert werden kann. Das Magnetfeld wird von den Dauermagneten im Generatorrotor erzeugt. Je höher die Motordrehzahl wird, umso höher wird die abgegebene Spannung. Der Generator erzeugt je nach Motordrehzahl eine Spannung von 40 bis 70 V Wechselspannung. Die Wechselspannung wird durch die im Generatorregler verbauten Dioden gleichgerichtet. Diese »Überspannung« wird durch den Generatorregler mit einem gezielten und sehr schnellen Kurzschluss der Generatorwicklungen gegen Masse in Wärme umgewandelt. Entsprechend ist die Masseverbindung für die Spannungsregelung sehr wichtig.

Die Anschlusskabel und die Steckerverbindungen müssen fest sitzen und dürfen keine Korrosion aufweisen.

Lose Steckverbindung bewirken zu Anfang immer nur einen »kleinen« Übergangswiderstand. Da aber über diesem Widerstand eine Teilspannung abfällt, wird auch hier anfangs wenig, aber mit Zunahme des Widerstandes mehr Wärme entstehen. Hier können sogar die Steckergehäuse so heiß werden, dass der Kunststoff des Gehäuses geschmolzen wird.

Einbaupositionen

- Der Generator ist bei den Piaggio-MP3-Modellen bei allen Motorvarianten im rechten Motorgehäusedeckel verbaut (7 im Bild 14). Zur Demontage müssen die Seitenverkleidung abgebaut, das Motoröl abgelassen und der Motorgehäusedeckel demontiert werden.
- Der Generatorregler (9) ist bei den Piaggio-MP3-Modellen unter der Heckverkleidung etwa mittig verbaut. Den Anschlussstecker (3) zwischen Generator und Generatorregler befindet sich auf der rechten Fahrzeugseite. Der Anschlussstecker (8) zum Generatorreglers befindet sich hinter dem Generatorregler (9).

Bild 14
Einbauposition Regler und Generator am Piaggio MP3 500.
1 Anschlussstecker zum Generatorregler
2 Anschlussstecker zum Generator
3 Anschlussstecker Generatorwicklungen
4 Verschraubungen im Generatordeckel
5 Generatordeckel
6 Generatorstator
7 Einbauposition des Generators
8 Anschlussstecker Dauerplus und Masse
9 Generatorregler
10 Einbauposition des Generatorreglers
11 Verschraubungen

Demontage des Generatorreglers

■ Stellen Sie das Motorrad auf dem Hauptständer oder einem Montageständer ab.
■ Schalten Sie die Zündung aus und ziehen Sie den Schlüssel ab.
■ Klemmen Sie den Masseanschluss an der Batterie ab.
■ Bauen Sie die Heckverkleidung ab. Die Arbeiten dazu stellen wir Ihnen im Kapitel 11 im Detail vor.
■ Entsichern Sie die Anschlussstecker (3 und 8 im Bild 14) und ziehen Sie sie ab.
■ Lösen Sie die Schrauben des Generatorreglers und nehmen Sie ihn heraus.

Die Montage erfolgt sinngemäß in umgekehrter Reihenfolge zur Demontage.

Achten Sie auf den Zustand des Anschlusssteckers.

■ Achten Sie darauf, dass die Anschlussstecker sicher eingerastet sind.

Bauteil	*Drehmoment*
Schrauben Generatorregler M6	12 Nm

Demontage des Generatorstators

Der Ausbau des Generatorstators ist für weitergehende Reparaturen am Motor oder wenn der Generatorstator (der Spulensatz) oder Deckel wirklich beschädigt wurde erforderlich.

Soll die Demontage aufgrund eines Schadens an den Generatorwicklungen erfolgen, führen Sie zuerst die entsprechende Fehlersuche durch, um den Fehler auf den Generatorstator beschränken zu können. Am ausgebauten Generator ist lediglich eine Widerstandsmessung möglich. Eine weitergehende Prüfung auf Schäden bei höheren Temperaturen oder Schwingungen ist nicht möglich.

■ Lassen Sie den Motor abkühlen.
■ Lassen Sie das Motoröl aus dem Motor ablaufen.
■ Schalten Sie die Zündung aus und ziehen Sie den Schlüssel ab.
■ Bauen Sie die Heckverkleidung ab. Die Arbeiten dazu stellen wir Ihnen im Kapitel 11 im Detail vor.
■ Legen Sie das Anschlusskabel (3 im Bild 14) zum Generator frei.
■ Entsichern Sie den Anschlussstecker und ziehen Sie ihn ab.
■ Drehen Sie die Schrauben am Generator-

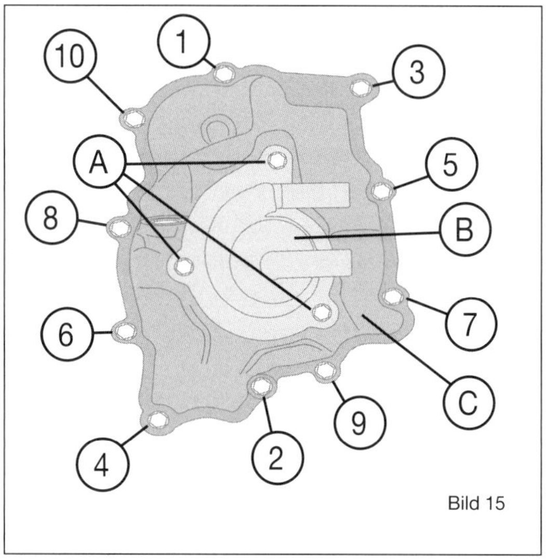

Bild 15

Bild 15
Verschraubung Generatordeckel 125 cm³ bis 300 cm³.
A Schrauben Wasserpumpe
B Wasserpumpengehäusedeckel
C Generatordeckel
1-10 Anzugsreihenfolge der Schrauben des Generatordeckels

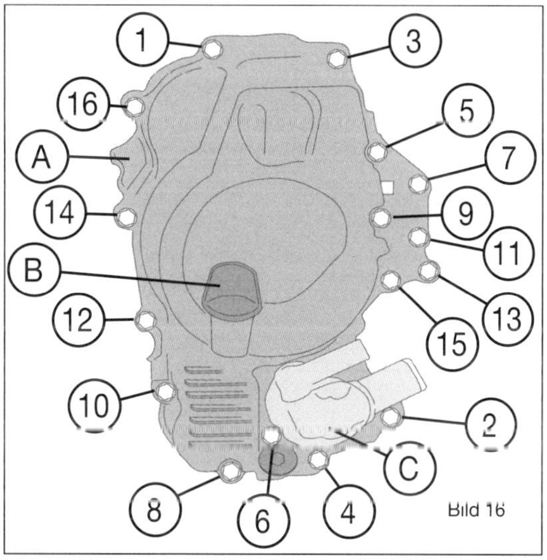

Bild 16

Bild 16
Verschraubung Generatordeckel 350 cm³.
A Generatordeckel
B Öleinfüllstutzen
C Wasserpumpengehäusedeckel
1-16 Anzugsreihenfolge der Schrauben des Generatordeckels

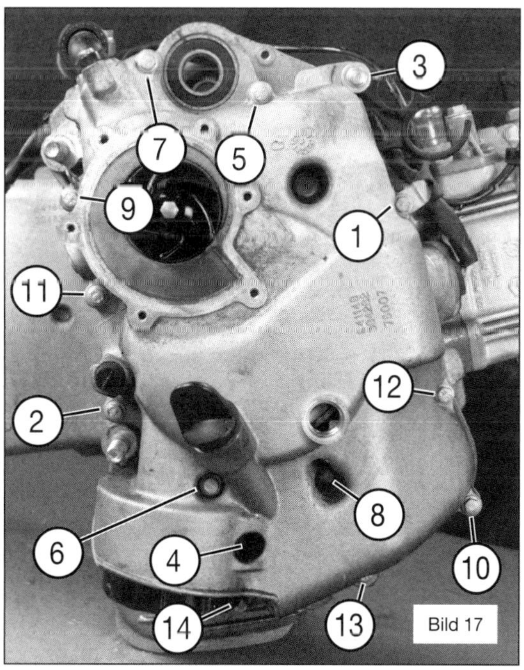

Bild 17

Bild 17
Verschraubung Generatordeckel.
A Anlagegummi
B Generatordeckel
1-14 Anzugsreihenfolge der Schrauben des Generatordeckels

Sichtprüfung Messen

deckel (Bilder 15, 16 oder 17 je nach Bauweise) heraus.

■ Hebeln Sie den Generatordeckel etwas ab.

Er kann mit der Dichtung am Motorgehäuse kleben.

■ Ziehen Sie den Generatordeckel zusammen mit dem Generatorstator ab.

Da der Generatorstator im Generator-Rotor steckt, müssen Sie die Kraft, die durch die Magnete des Rotors auf den Stator wirken, überwinden.

■ Nehmen Sie die Tülle des Anschlusskabels aus dem Generatordeckel heraus.

■ Drehen Sie die Schrauben, mit denen der Generatorstator im Generatordeckel verschraubt ist, heraus und nehmen Sie den Generatorstator ab.

■ Bei den Motoren bis 350 cm³ demontieren Sie zusätzlich den OT-Geber (Kurbelwellen Sensor) aus dem Generatordeckel.

Die Montage erfolgt sinngemäß in umgekehrter Reihenfolge zur Demontage.

■ Reinigen und entfetten Sie die Dichtfläche.

■ Erneuern Sie grundsätzlich die Deckeldichtung (2 im Bild 18) des Generators.

■ Setzen Sie die Tülle des Generatoranschlusskabels mit etwas Silikondichtmasse in den Generatordeckel ein.

Bauteil	*Drehmoment*
Generatordeckel M6	10 Nm
Generatorstator M6	10 Nm

Demontage des Generatorrotors

Der Ausbau des Generatorrotors ist nur dann erforderlich, wenn weitergehende Demontagearbeiten am Motor oder die Demontage des Starterfreilaufs anstehen. Der Generatorfreilauf ist ein Sperrlager, welches in den Generatorrotor eingepresst ist. Es erlaubt den kraftschlüssigen Antrieb, solange der Startermotor oder besser das Antriebsrad schneller dreht als der Generatorrotor. Dreht der Generatorrotor schneller, wird der Kraftschluss unterbrochen und das Antriebsrad (und damit auch der Startermotor) dreht frei.

■ Lassen Sie den Motor abkühlen.

■ Lassen Sie das Motoröl aus dem Motor ab.

■ Schalten Sie die Zündung aus und ziehen Sie den Schlüssel ab.

■ Bauen Sie wie bereits beschrieben den Generatorstator zusammen mit dem Generatordeckel ab.

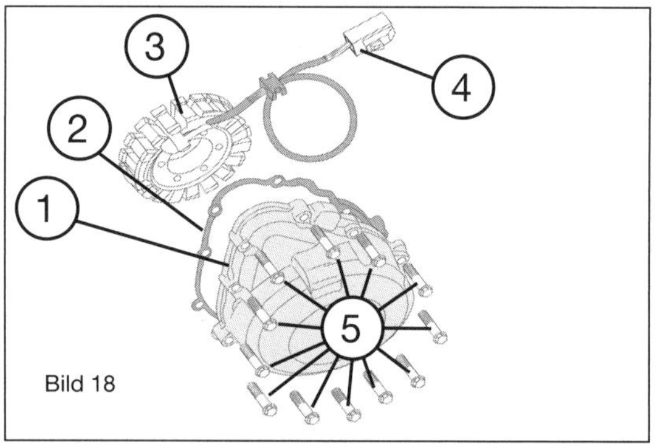

Bild 18

Bild 18
Generator in Teilen.
1 Generatordeckel
2 Deckeldichtung
3 Generator (Stator)
4 Anschlussstecker
5 Schrauben

Bild 19

Bild 19
Demontage des Generatorrotors (als Beispiel beim 500 cm³ Motor).
1 Starterritzel
2 Umsetzerrad
3 Abzieher
4 Generatorrotor
5 Führungsblech
6 Schrauben
7 Zentralmutter
8 Kurbelwelle

■ Halten Sie den Generatorrotor mit einem Gegenhalter fest und lösen Sie die Zentralmutter (7 im Bild 19).

■ Nehmen Sie die Zentralmutter und die Unterlagscheibe darunter ab.

■ Montieren Sie einen passenden Abzieher (3) wie im Bild gezeigt in das Gewinde auf dem Flansch des Generatorrotors.

■ Ziehen Sie den Generatorrotor mit Hilfe des Abziehers von der Kurbelwelle ab.

■ Nehmen Sie den Generatorrotor zusammen mit dem Freilaufrad heraus.

■ Nehmen Sie die Federscheibe (Keil) aus der Kurbelwelle heraus.

Die Montage erfolgt sinngemäß in umgekehrter Reihenfolge zur Demontage.

Prüfen Sie die Funktion des Sperrlagers vor dem Einbau des Generatorrotors. Er muss im Uhrzeigersinn (Sicht in Einbaurichtung) frei drehen und bei einer Verdrehung gegen den Uhrzeigersinn eine kraftschlüssige Verbindung zum Generatorrotor herstellen (sperren).

■ Achten Sie auf den richtigen Sitz der Federscheibe (Keil) in der Kurbelwelle.

Bauteil	*Drehmoment*
Zentralmutter Generator 125 - 300 cm³ (400 u. 500 cm³) (Loctite 648 verwenden!)	100 Nm (120 Nm)
OT-Geber Verschraubung (Loctite 243 verwenden!)	10 Nm

Geführte Fehlersuche

Die Batterie wird nicht geladen
Dass sich eine Batterie im Laufe der Standzeit entlädt, ist im gewissen Rahmen normal. Kleine Verbraucher wie die Steuergeräte im Ruhezustand oder eine Anzeige im Tachometer verbrauchen zwar nur wenig Strom und entladen die Batterie langsam, aber stetig. Die Batterie wird bei laufendem Motor durch den Generator geladen. Wird die Batterie nicht geladen, kommen die Batterie selbst, der Generatorregler oder die Verkabelung dazwischen als Ursache in Frage.
Anhand der »geführten Fehlersuche« können Sie den Fehler im System »Spannungsversorgung« lokalisieren. Führen Sie die Prüfschritte in der angegebenen Reihenfolge durch und vergleichen Sie Ihre Messergebnisse mit den angegeben Sollwerten.

A Prüfung der Batterie

Aufgabe	Information	Ergebnis (Sollwerte)
1 Batteriepole prüfen	Korrosion beseitigen und versiegeln	-
2 Batterie prüfen und laden	Batterie voll laden, 3 h ruhen lassen und die Batteriespannung prüfen	Tabelle im Kapitel 6
3 Batterietest durchführen	Herstelleranweisung des Testgerätes beachten	-

B Prüfung des Generatorreglers

Aufgabe	Information	Ergebnis (Sollwerte)
1 Ruhespannung der Batterie messen	Es soll der Ladezustand der Batterie und gleichzeitig ein Messwert zum Vergleich zur Ladespannung erfasst werden	> 12,4 V
2 Ladespannung im Leerlauf messen	Die Ladespannung muss höher ausfallen als die Ruhespannung	bis 14 V
3 Ladespannung bei etwa 4000 1/min Motordrehzahl messen	Die Ladespannung muss höher ausfallen als die Ruhespannung und liegt etwas höher als die Ladespannung im Leerlauf	14 V bis 14,7 V
4 Signalbild des Generators prüfen	Über das Signalbild lässt sich bei laufendem Motor feststellen, ob der Generator eine ausreichende Spannung erzeugt und diese durch den Generatorregler abgeregelt wird	siehe Bild 27

C Prüfung des Generators

Aufgabe	Information	Ergebnis (Sollwerte)
1 Optische Prüfung	■ Legen Sie den Steckkontakt des Generatoranschlusskabels frei ■ Kontrollieren Sie, ob die Anschlüsse richtig aufgesteckt sind ■ Kontrollieren Sie, ob die Steckkontakte nicht verfärbt oder verbrannt sind	-
2 Widerstandsmessung der Wicklungen	Der Widerstand der Wicklung lässt Rückschlüsse über den Zustand der Wicklungen des Generators zu. Die Messungen müssen bei kaltem Motor erfolgen. Die Messergebnisse können für unterschiedlichen Generatorhersteller abweichen und sollten daher lediglich als Hinweis für die weitere Fehlersuche gewertet werden	0,1 Ω bis 1,0 Ω

Sichtprüfung Messen

3 Widerstandsmessung der Isolation zur Masse	Hier wird geprüft, ob eine der Spulen einen Kurzschluss zur Motormasse hat	Unendlich großer Widerstand
4 Spannungsmessung ohne Last	Die Spannungsmessung wird ohne Last gemessen. Fällt diese zu gering aus, kann ein Schaden am Generatorstator (den Spulen) oder dem Generatorrotor (dem Magnetpolrad) vorliegen	Bei Leerlauf: > 20V (AC) Bei 4000 1/min: 40 V bis 65 V (AC)
5 Spannungsmessung mit Regler	Hier wird die Wechselspannung des Generator bei laufendem Motor gegen Masse geprüft	Bei Leerlauf: 18 V bis 20 (AC)
6 Signalbild des Generators prüfen	Über das Signalbild lässt sich bei laufendem Motor feststellen, ob der Generator eine ausreichende Spannung erzeugt und diese durch den Generatorregler abgeregelt wird	Siehe Bild 27

Die Batterie entlädt sich ständig

Ob es sich um einen »Verbraucher« handelt, ein Bauteil defekt ist oder doch die Batterie beschädigt ist, muss überprüft werden.

D Ruhestrom		
Aufgabe	Information	Ergebnis (Sollwerte)
1 Ruhespannung der Batterie messen	Es soll der Ladezustand der Batterie und gleichzeitig ein Messwert zum Vergleich zur Ladespannung erfasst werden	> 12,4 V
2 Strommessung mit der Ampere-Zange	Nach dem Abschalten der Zündung sollte kein oder nur ein sehr kleiner (mit der Amperezange nicht mehr feststellbarer) Strom fließen	< 1 mA
3 Zubehör und Anbauteile ausschließen	Ziehen Sie die Sicherungen der nachgerüsteten Bauteile ab und beobachten Sie die Stromaufnahme	Keine Änderung
4 Bauteile ausschließen	Ziehen Sie die Sicherungen der einzelnen Stromkreise ab und beobachten Sie die Stromaufnahme	-

E Batterietest		
Aufgabe	Information	Ergebnis (Sollwerte)
1 Batterie laden	Für den Batterietest muss die Batterie geladen sein und eine Ruhespannung aufweisen, die mehr als 12,4 V beträgt	Min. 12,4 V
2 Batterie ruhen lassen	Lassen Sie die Batterie nach dem Laden einige Stunden ruhen. Eine höhere Anfangsspannung kann das Testergebnis beeinflussen (Bild 11)	2 - 3 h
3 Batterie testen (lassen)	Der Batterietest sollte grundsätzlich unter Belastung erfolgen. Der Einsatz der Belastung und die Überwachung der Reaktion erfolgt durch den Batterietester automatisch Das Ergebnis wird angezeigt oder sogar ausgedruckt	-

Messen und Prüfen

An dieser Stelle stellen wir Ihnen unterschiedliche Messmethoden für die Spannungsversorgung vor. Wir geben Ihnen anhand eines typischen Messgerätes die Einstellungen und die Positionen an, an denen Sie die Messkabel für diese Messung anschließen müssen.

Widerstandsmessung Generatorwicklungen zueinander (Bild 20)

- Legen Sie den Steckkontakt des Generatoranschlusskabels frei.
- Wählen Sie einen Messbereich von 200 Ω am Multimeter an.
- Ziehen Sie die Steckkontakte des Generators ab.
- Messen Sie die Widerstände der drei Anschlusskabel zueinander. Die Widerstände der Spulen zueinander sollten zwischen 0,1 Ω und 1,0 Ω liegen. Die Ergebnisse für die Messungen der einzelnen Spulen sollen ähnlich hoch ausfallen.

Große Abweichungen der Messwerte von den Sollwerten oder der Messergebnisse untereinander deuten auf einen Schaden in der Wicklung des Generators hin.

Widerstandsmessung Generatorwicklungen gegen Masse (Bild 21)

- Legen Sie den Steckkontakt des Generatoranschlusskabels frei.
- Wählen Sie einen Messbereich von 200 Ω am Multimeter an.
- Ziehen Sie die Steckkontakte des Generators ab.
- Messen Sie den Widerstand der einzelnen Spule zur Fahrzeugmasse. Der Widerstand sollte unendlich groß ausfallen.

Die Spulen sollen bei abgezogenen Steckkontakten keine Verbindung zur Masse haben.

Stellen Sie eine Verbindung zur Masse hin fest, ist die Isolation der Spule zur Masse beschädigt und der Generatorstator muss ersetzt werden.

Spannungsmessung am Generator ohne Last und ohne Regler (Bild 22)

- Ziehen Sie das Anschlusskabel des Generators bei abgeschalteter Zündung ab.
- Stellen Sie für die Messung einen Messbereich von 200 V (AC) (Wechselspannung) am Multimeter ein.
- Lassen den Motor im Leerlauf laufen.
- Messen Sie die Spannung der Generatoranschlüsse untereinander.

Die Spannung der Spulen untereinander sollte über 20 V AC liegen. Die Messergebnisse für die drei Spulen sollten annähernd gleich ausfallen.

- Erhöhen Sie die Motordrehzahl auf etwa 4000 1/min.
- Messen Sie die Spannung der Generatoranschlüsse erneut untereinander.

Die Spannung der Spulen untereinander sollte zwischen 40 V AC und 65 V AC liegen. Die Messergebnisse für die drei Spulen sollten annähernd gleich ausfallen. Große Abweichungen der Messwerte von den Sollwerten oder der Messergebnisse unterei-

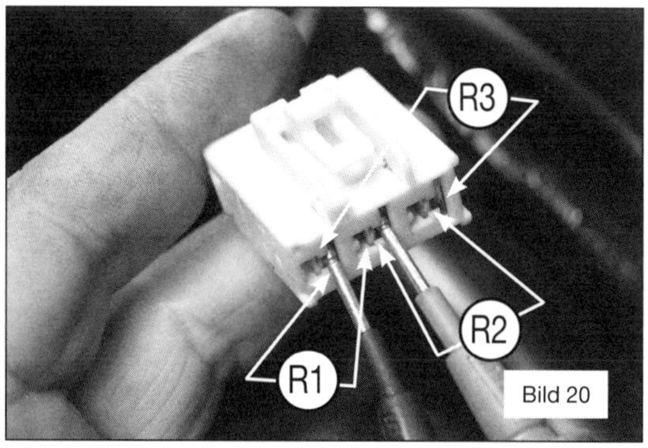

Bild 20

Bild 20
Widerstandsmessung der Generatorspulen am Generatorregleranschluss.
R1 bis R3 Messung der Generatorspulen untereinander

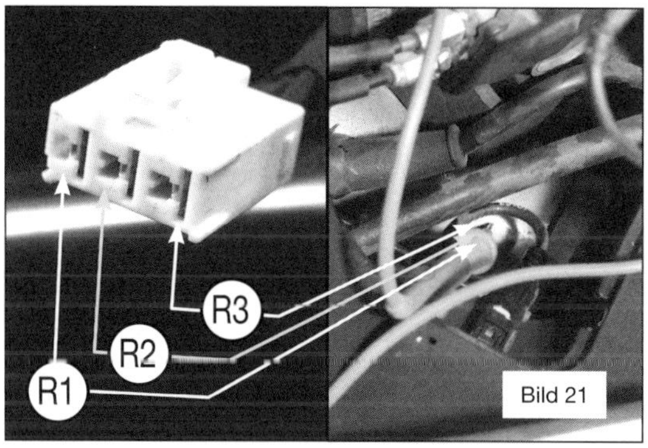

Bild 21

Bild 21
Prüfung nach Masseschluss der Generatorspulen.
R1 bis R3 Messung der Generatorspulen zur Motormasse

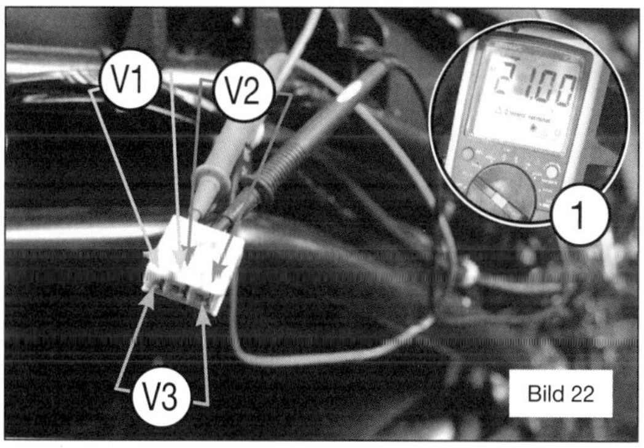

Bild 22

Bild 22
Generatorspannung ohne Last (ohne Regler) bei Leerlaufdrehzahl.
V1 bis V3 Messung der Generatorspulen untereinander
1 Messergebnis 21V AC

Sichtprüfung Messen

nander deuten auf einen Schaden in der Wicklung des Generators hin. Der Generatorstator muss dann ersetzt werden.

Spannungsmessung am Generator mit Regler (Bild 23)

- Wählen Sie einen Messbereich des Multimeters von 20 V (AC) (Wechselspannung) am Multimeter an. Belassen Sie das Anschlusskabel des Generators aufgesteckt.
- Lassen den Motor im Leerlauf laufen.
- Messen Sie die Spannung der Generatoranschlüsse untereinander.

Die Spannung der Spulen untereinander sollte zwischen 15 V AC und 20 V AC liegen. Die Messergebnisse für die drei Spulen sollten annähernd gleich ausfallen. Große Abweichungen der Messwerte von den Sollwerten oder der Messergebnisse untereinander deuten auf einen Schaden in der Wicklung des Generators oder am Generatorregler hin.

Prüfen Sie dann die Generatorspannung ohne Regler und den Widerstand der Spulen sowie den der Isolation wie bereits beschrieben, um einen Schaden an den Spulen des Generators auszuschließen.

Ladespannung des Generators an der Batterie messen (Bild 24)

- Wählen Sie einen Spannungsbereich von 20 V am Multimeter an.
- Schließen Sie das schwarze Messkabel an die Batteriemasse an.
- Schließen Sie das rote Messkabel an den Pluspol der Batterie an.
- Lesen Sie die Spannung ab.

Die gemessene Spannung ist die Batteriespannung. Die Messung wird benötigt, um eine Spannungserhöhung durch Generator und Regler bei laufendem Motor erkennen zu können.

- Lassen Sie den Motor im Leerlauf laufen und lesen Sie die Spannung erneut ab.

Sie muss nun etwas über der Spannung bei stehendem Motor liegen.

- Erhöhen Sie die Motordrehzahl auf etwa 4000 1/min und lesen Sie die Spannung erneut ab.

Sie muss nun bei etwa 14,5 V (DC) (Gleichstrom) bis höchstens 14,9 V liegen. Darüber wird die Gasungsspannung der Batterie erreicht und diese dann nachhaltig geschädigt.

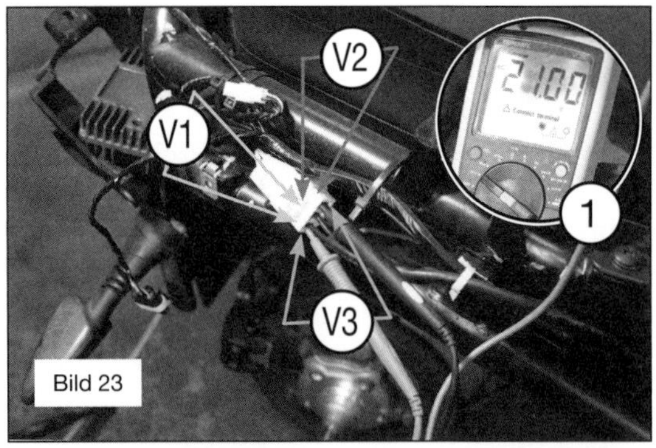

Bild 23

Bild 23
Generatorspannung mit Regler.
1 Messergebnis 21V AC
V1-V3 Messung der Spule untereinander

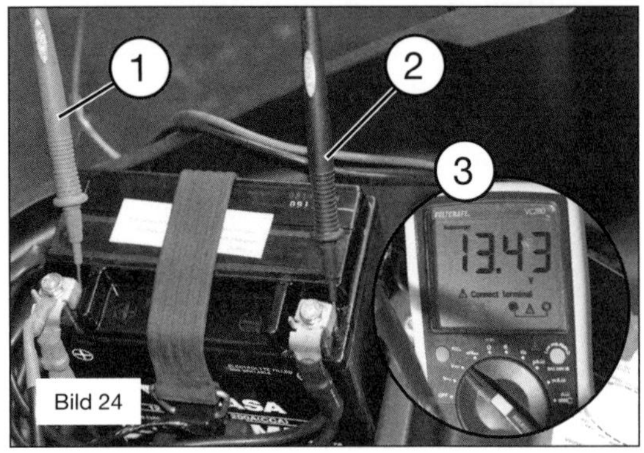

Bild 24

Bild 24
Ladespannung an der Batterie.
1 Messanschluss am Pluspol
2 Messanschluss am Minuspol
3 Displayanzeige des Multimeters

Spannungsverlustmessung in der Plusleitung (Bild 25)

- Stellen Sie das Multimeter auf den Messbereich bis 20 V ein.
- Schließen Sie das rote Anschlusskabel des Messgerätes an den Anschluss Batterie-Plus an.
- Schließen Sie das schwarze Anschlusskabel des Messgerätes an den Anschluss am Anlasser an.
- Schalten Sie die Zündung ein.

Im Ruhezustand, also wenn der Starter nicht betätigt wird, soll das Multimeter 12 V anzeigen. Der Starter wird über ein Relais angesteuert. Wenn das Relais unbetätigt ist, liegt über dem Anlassermotor Masse an und das Multimeter zeigt die Batteriespannung an.

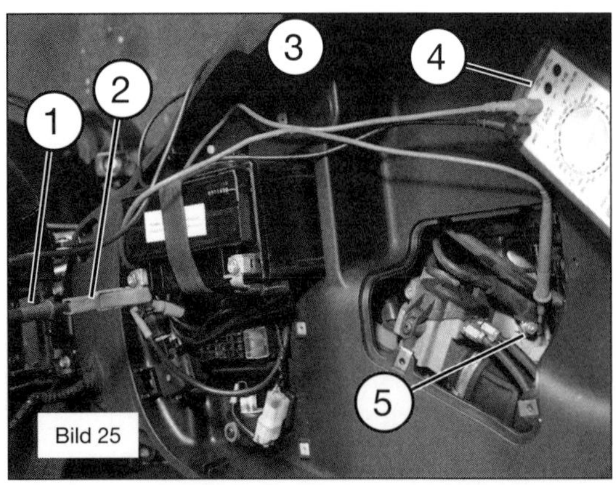

Bild 25

Bild 25
Spannungsverlustmessung in der Plusleitung an einem MP3 500.
1 Messanschluss am Pluspol
2 Krokodilklemme
3 Helmfach
4 Messanschluss am Plusanschluss zum Generator
5 Multimeter (Displayanzeige bis 0,5 V ist zulässig)

■ Betätigen Sie den Starter (Anlasser).

Wenn Sie den Starterknopf betätigen, wird das Relais angesteuert, und der Startermotor dreht. Jetzt muss das Messergebnis idealerweise 0 V betragen. Ergebnisse bis 0,5 V sind in Ordnung. Ergibt sich ein höheres Messergebnis, müssen die Anschlüsse und Leitungen zum Startrelais und zum Starter überprüft werden.

Spannungsverlustmessung in der Minusleitung (Bild 26)

■ Stellen Sie das Multimeter auf den Messbereich bis 20 V ein.
■ Schließen Sie den roten Pin des Messgerätes an den Anschluss Batterie-Minus an.
■ Schließen Sie den schwarzen Pin des Messgerätes an die Motormasse an. Das kann eine metallisch blanke Stelle am Motorblock oder eine Verschraubung am Motor sein.
■ Schalten Sie die Zündung ein.

Im Ruhezustand, also wenn der Starter nicht betätigt wird, soll das Multimeter 0 V anzeigen.

■ Betätigen Sie den Starter (Anlasser).

Wenn Sie den Starterknopf betätigen, wird das Relais angesteuert, und der Startermotor dreht. Jetzt müsste das Messergebnis idealerweise 0 V betragen. Ergebnisse bis 0,5 V sind in Ordnung. Ergibt sich ein höheres Messergebnis, müssen die Anschlüsse und Leitungen zwischen Batterieminus und Motormasse überprüft werden.

Signalbild des Generators mit dem Oszilloskop prüfen (Bilder 27 und 28)

Über das Signalbild lassen sich die Funktion des Generators und des Reglers bei laufendem Motor überprüfen und auswerten. Das wird gerade dann wichtig, wenn ein Fehler erst nach einiger Betriebszeit unter Last oder/und unter Temperatureinfluss auftritt.

■ Wählen Sie einen Messbereich von 5 V/Teiler und für die Zeitachse 2ms/Teiler an.
■ Legen Sie das Anschlusskabel zum Generatorregler frei. Die Einbaulage haben wir bereits in diesem Kapitel beschrieben.
■ Die Masseanschlüsse des Oszilloskops miteinander verbinden.
■ Am angeschlossenen Generator jede Generatorphase mit einem Oszilloskopkanal verbinden.
■ Wählen Sie die Einstellung 5 V/Teiler und für die Zeitachse 2 ms an.
■ Lassen Sie den Motor laufen. Sie sollten in etwa das Signalbild (Bild 27) mit 14-V-Ladespannung (1) erkennen können.
■ Schalten Sie den Motor ab und ziehen Sie den Generatorstecker ab.

Für Messungen bei abgeklemmtem Regler müssen gedämpfte Tastköpfe (X10) verwendet werden. Die Eingangsspannung wird um den Faktor 10 abgeschwächt.

■ Wählen Sie die Einstellung 10 V/Teiler, x10 und für die Zeitachse 2 ms an.
■ Lassen Sie den Motor laufen. Sie sollten in etwa das Signalbild (Bild 28) mit 28 V Generatorspannung (1) erkennen können.

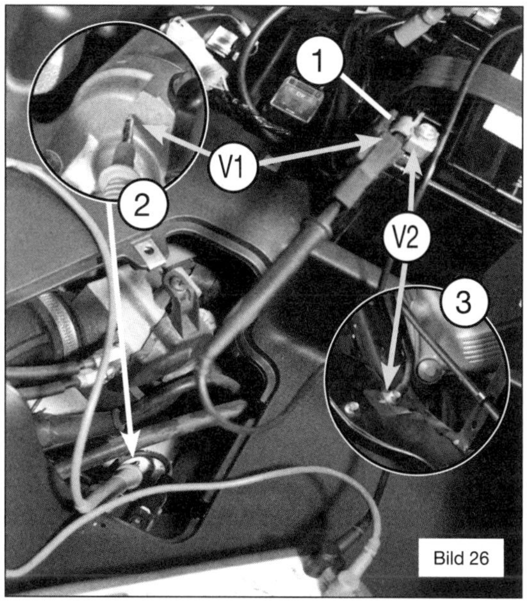

Bild 26
Spannungsverlustmessung in der Minusleitung.
1 Minusanschluss an der Batterie
2 Minusanschluss am Motor (beispielsweise am Starter)
3 Rahmenmasse unter der Verkleidung (es sind drei Massepunkte vorhanden)
V1 Messung von Batterieminus zur Motormasse
V2 Messung von Batterieminus zur Rahmenmasse

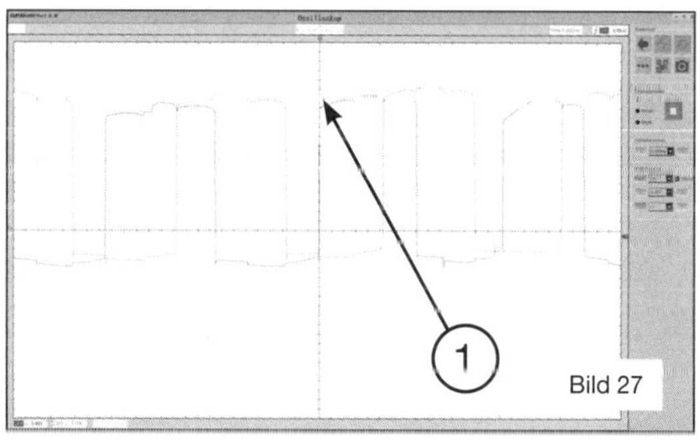

Bild 27
Signalbild des Generators bei angeschlossenem Regler.
1 Etwa 14 V DC

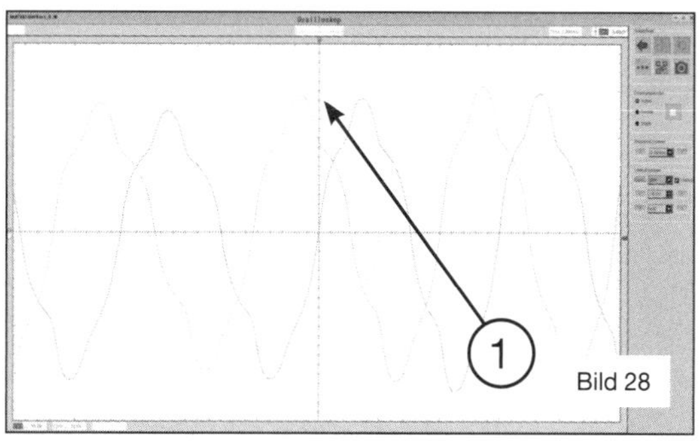

Bild 28
Signalbild des Generators bei abgeklemmten Regler.
1 Etwa 28 V AC

Sichtprüfung | Messen

Bild 29
Ruhestrommessung mit der Ampere-Zange.

Ruhestrommessung mit der Amperezange (Bild 29)

Die Batterieentladung hängt natürlich sehr stark von dem Strom ab, der im Ruhezustand des Motorrades noch fließt. Wie beim Auto auch, sind im Motorrad einige Steuergeräte verbaut. Diese brauchen im Normalfall ein wenig Strom. Auch die recht kleinen Batterien im Motorrad können die Spannungsversorgung üblicherweise einige Wochen übernehmen. Ein großer Verbraucher oder einer, der sich nicht abschaltet, kann hier eine schnelle Entladung verursachen.

- Bauen Sie die Sitzbank aus und legen Sie den Masseanschluss der Batterie frei.
- Schalten Sie die Strommesszange (Amperezange) ein.

Kontrollieren Sie, dass die Anzeige auf »null« steht.

- Klemmen Sie die Messzange über alle Masseleitungen, die an der Batterie angeschlossen sind.
- Schalten Sie probeweise die Zündung ein und lesen Sie die Stromaufnahme im Display der Strommesszange ab.
- Schalten Sie die Zündung wieder aus und ziehen Sie den Schlüssel ab.

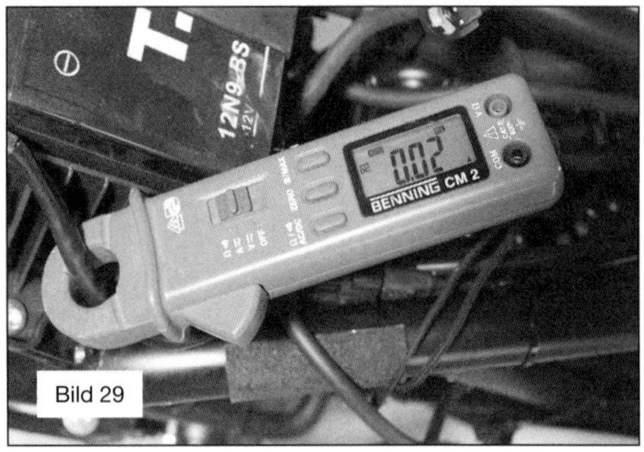

Bild 29

- Lesen Sie die Anzeige der Strommesszange erneut ab.

Die Stromaufnahme sollte bei abgeschalteter Zündung und abgezogenem Zündschlüssel etwa 0,01 A bis 0,04 A betragen. Fällt Ihre Messung deutlich höher aus und der Stromverbrauch liegt beispielsweise bei 1 A, sollten Sie prüfen, welches Bauteil die Stromaufnahme verursacht.

Recht einfach kann die Ursache durch Ziehen der einzelnen Sicherungen zumindest für den Stromkreis überprüft werden. Auch können einzelne Steuergeräte, Verbraucher oder Geräte abgezogen werden.

Schaltplan Spannung und Versorgung

Sicherungen »FA« (neben der Batterie)
Die Sicherungen übernehmen die Absicherungen der Verbraucher, an denen dauerhaft Spannung anliegt.

Sicherungen »FB« (im Trittbrett links)
Die Sicherungen übernehmen die Absicherungen der Verbraucher, an denen bei eingeschalteter Zündung Spannung anliegt.

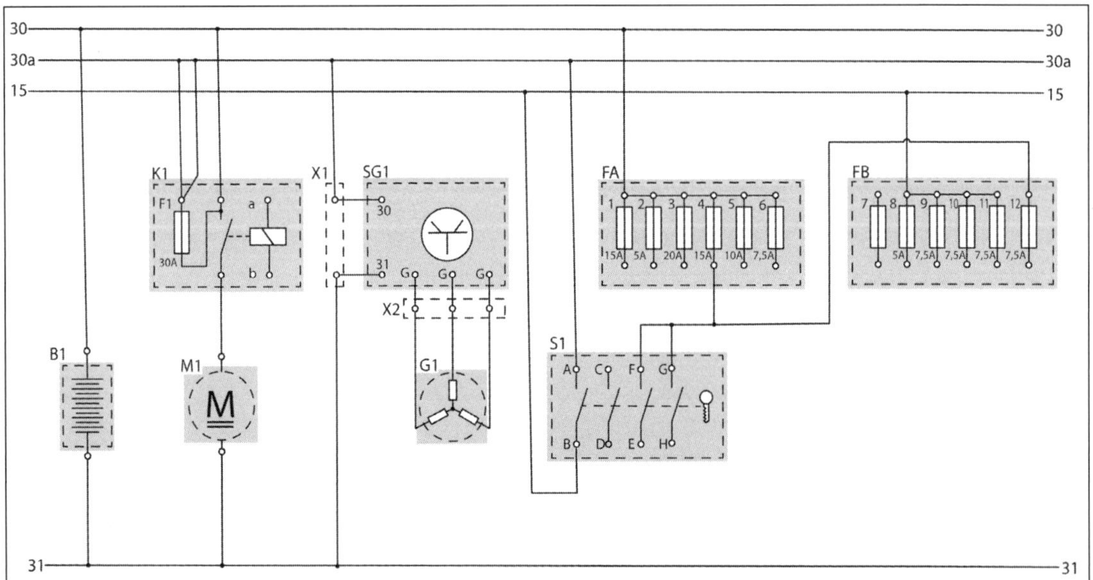

Bild 30

Bild 30
Generator, Spannungsversorgung und Sicherungen.
B1 Batterie
FA Sicherungen im Helmfach
FB Sicherungen im Trittbrett links
F1 Hauptsicherung im Startrelais
G1 Generator
K1 Startrelais
M1 Startermotor
SG1 Generatorregler
S1 Zündschloss
X1 Steckkontakt hinter dem Generatorregler
X2 Steckkontakt unter dem Seitenteil rechts
15 Geschaltetes Plus
30 Dauerplus
30a Dauerplus abgesichert
31 Masse (Minus)

7 Starter (Anlasser)

In diesem Kapitel werden wir das Startsystem, also alles, was den Motor zum Anlassen in die Drehbewegung versetzt, vorstellen.

Startermotor

Vom Starter bis zum Freilauf sind für die Piaggio die Bauteile des Starter auch im Zubehör und über die einschlägigen Plattformen und Internetshops bestellbar. Die Demontage und Reparatur des Startermotors ist nicht sinnvoll. Das Sperr- oder Freilauflager kann sogar mit dem entsprechenden Montageflansch bezogen werden.

Die Funktion von Starter und Freilauf

■ Der Elektromotor (Starter) treibt das Umsetzerrad (3 im Bild 1) an.

■ Dadurch wird das Freilaufrad (4) angetrieben.

■ Das Sperrlager (1) lässt den Kraftfluss zum Polrad (2) und damit auch auf die Kurbelwelle zu.

Ein Sperrlager blockiert in eine Drehrichtung. In die andere Drehrichtung läuft es frei.

■ Der Startermotor soll den Motor vom Stillstand auf Startdrehzahl (300 bis 500 1/min) bringen und natürlich nicht mitlaufen, wenn der Motor die Startdrehzahl überschritten hat oder im Leerlauf (ca. 1000 1/min) läuft.

■ Sobald die Startdrehzahl durch die Kurbelwelle überschritten wird und die Kurbelwelle dann schneller läuft als das Freilaufrad, ist der Kraftfluss zwischen Freilaufrad (4) und Polrad (2) unterbrochen. Der Startermotor dreht frei.

Die Untersetzung:
Um ausreichend Kraft zur Verfügung zu haben den Zweizylinder auf Startdrehzahl zu bringen ist eine Untersetzung der Drehzahl des Startermotors erforderlich. Realisiert wird sie mit dem Umsetzerrad (3 im Bild 1) und dem Freilaufrad (4). Die recht hohe Drehzahl des Startermotors wir auf die Anlassdrehzahl der Kurbelwelle reduziert.

Typischer Fehler

Die Spannungsversorgung ist für die Motorstartdrehzahl sehr entscheidend. Liegt ein Übergangswiderstand in der Plusleitung oder der Masseleitung vor, fällt an diesem Widerstand ein Teil der Batteriespannung ab. Der Startermotor dreht langsamer. Das wiederum kann nicht nur bedeuten, dass der Motor schwerer anspringt, sondern der Startvorgang kann durch Fehlzündungen oder Rückschläge bei der Verdichtung Schläge an Freilauf und Starter weitergeben. Das wiederum kann Schäden an den Bauteilen des Freilaufs und des Starters verursachen.

Bild 1
Starterfreilauf in Teilen.
1 Sperrlager mit Träger
2 Polrad (Rotor)
3 Umsetzerrad
4 Freilaufrad

Bild 2
Montageposition des Starters.
1 Elektrischer Anschluss
2 Starter (Anlasser)
3 Verschraubung am Motor
4 Halter

Demontage des Startermotors

Der Startermotor ist auf der Oberseite des Motors verschraubt. Der Zugang ist für die unterschiedlichen Varianten sehr ähnlich. Wir stellen Ihnen an dieser Stelle eine allgemeingültige Beschreibung zur Verfügung.

■ Schalten Sie die Zündung aus und ziehen Sie den Schlüssel ab.

■ Stellen Sie das Motorrad auf dem Hauptständer oder einem Montageständer ab.

■ Demontieren Sie die Batterieabdeckung wie bereits zum Batterieausbau im Kapitel 6 beschrieben.

■ Klemmen Sie den Masseanschluss an der Batterie ab.

■ Klemmen Sie den Plusanschluss der Batterie ab und bauen Sie die Batterie aus.

■ Demontieren Sie die Seitenverkleidungen

Bild 3
Starterfreilauf in Teilen.
1 Generatorrotor
2 Freilauflager
3 Freilauflagergehäuse
4 Freilaufrad
5 Schrauben

und die Heckverkleidung. Die Arbeiten hierzu beschreiben wir im Kapitel 11 genauer.

- Bauen Sie die Wartungsklappe im Helmfach aus.
- Klemmen Sie das Anschlusskabel des Startermotors (2 im Bild 2) ab.
- Drehen Sie die Verschraubungen des Startermotors auf der linken Motorseite heraus.
- Für einen besseren Zugang können Sie die Verschraubungen des Helmfachs zum Rahmen lösen und das Helmfach etwas anheben.
- Reinigen Sie den Bereich um den Startermotor gründlich.
- Ziehen Sie den Startermotor (1) zur linken Seite aus dem Gehäuseblock heraus.
- Nehmen Sie den Startermotor heraus.

Die Montage erfolgt sinngemäß in umgekehrter Reihenfolge.

- Erneuern Sie den Dichtring auf dem Montagestutzen des Startermotors.

Bauteil	*Drehmoment*
Schrauben Startermotor M6	10 Nm
Anschlusskabel Starter M6	6 Nm

Starterfreilauf

Der Starterfreilauf verbindet mit einem Freilauf oder auch Sperrlager den Kraftfluss zwischen Startermotor und Kurbelwelle, solange die Kurbelwelle langsamer dreht als der Startermotor.

Demontage des Starterfreilaufs
Der Starterfreilauf ist am Generatorrotor verbaut. Die Demontage ist eigentlich nicht vorgesehen, aber trotzdem möglich. Die Verschraubungen sind zur Sicherung vernietet und müssen für eine Demontage etwa 5 mm tief angebohrt werden, um das Gewinde im Freilauflagergehäuse nicht zu beschädigen.

Bei früherer Bauweise des Generatorfreilaufs wurden drei Sperrwalzen verbaut. Diese konnten im Laufe der Betriebszeit durchaus verschleißen und sogar Rattermale im Freilaufrad verursachen. Die in dem Piaggio MP3 verbauten Freilauflager sind sehr selten defekt. Natürlich sollten Sie den Freilauf grundsätzlich kontrollieren, wenn Sie den Generator ausgebaut haben und die Bauteile gut zugänglich sind.

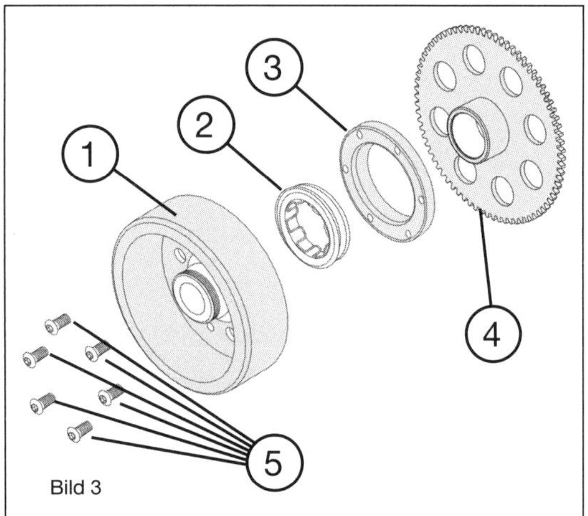

Bild 3

- Demontieren Sie den Generatorstator, wie im Kapitel 6 beschrieben.
- Demontieren Sie den Generatorrotor (1 im Bild 3) wie im letzten Kapitel beschrieben.

Klären Sie vor der weiteren Demontage ab, ob das Sperrlager und die Schrauben einzeln lieferbar sind.

Markieren Sie die Einbaurichtung des Sperrlagers (2) und des Freilaufs (3).

- Bohren Sie die Verschraubungen (5) zum Starterfreilauf 5 mm tief an und drehen Sie sie heraus.
- Nehmen Sie das Freilaufgehäuse (3) vom Generatorrotor (1) ab.
- Pressen Sie das Freilauflager (2) aus dem Freilaufgehäuse (3) aus.
- Tragen Sie etwas Fett auf das Freilauflager (2) auf und pressen Sie das neue Freilauflager (2) in das Freilaufgehäuse (3) ein.

Achten Sie auf die Einbaurichtung des Freilauflagers (2) und des Freilaufgehäuses (3).

Die weitere Montage erfolgt sinngemäß in umgekehrter Reihenfolge.

Kontrollieren Sie das Freilaufrad auf Schäden oder Rattermale.

Bild 4
Drehrichtung des Starterfreilaufs prüfen.
1 Generatorrotor
2 Freilaufrad
A Sperrrichtung
B Freilaufrichtung

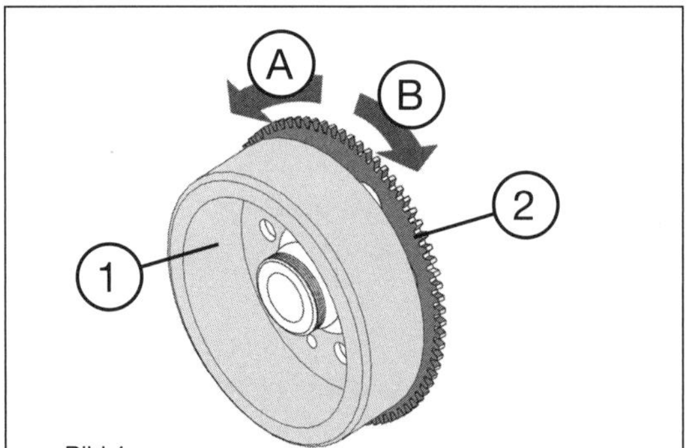

Bild 4

■ Ziehen Sie die Schrauben (5) auf Drehmoment an und vernieten Sie sie wieder von der Rückseite.

Bauteil	*Drehmoment*
Generatordeckel M6	10 Nm
Generatorstator M6	10 Nm
Zentralmutter Generator 125-300 cm³ (400 und 500 cm³) (Loctite 648 verwenden!)	100 Nm (120 Nm)
Schrauben Freilaufgehäuse	25 Nm

Prüfung des Starterfreilaufs

Der Starterfreilauf kann im eingebauten oder ausgebauten Zustand geprüft werden.

■ Halten Sie den Generatorrotor (1 im Bild 4) fest.

■ Verdrehen Sie das Freilaufrad im Uhrzeigersinn (B).

Achten Sie darauf, dass sich das Freilaufrad leicht und ruckfrei verdrehen lässt.

Achten Sie darauf, dass es kein großes Kippspiel (>1 mm) aufweist.

Achten Sie darauf, dass die Verzahnung des Freilaufrades schadfrei ist.

■ Verdrehen Sie das Freilaufrad gegen den Uhrzeigersinn (A).

Achten Sie darauf, dass das Sperrlager bei Drehung in die Sperrrichtung (A) sofort Kraftschluss zur Kurbelwelle herstellt.

Startrelais

Das Startrelais wird über die Startfreigabeschaltung geschaltet. Alle Sensoren und auch der Startknopf sind am Motorsteuergerät verdrahtet.

■ Über den Anschluss (2 im Bild 5) liegt bei eingeschalteter Zündung Spannung am Relais an.

■ Wenn die Startfreigabe durch das Motorsteuergerät erfolgt, schaltet es am Anschluss (4) Masse auf.

■ Das Startrelais schaltet den Arbeitsstrom für den Startermotor durch und der Startermotor läuft an.

Auch ein Starterrelais kann im Laufe der Betriebszeit kaputt gehen.

■ Die Schaltkontakte für den Startermotor können verbrennen und so einen Übergangswiderstand bilden.

■ Auch die Relaisspule kann durch einen Bruch im Inneren ausfallen. Beides kommt recht selten vor.

Aus diesem Grund sollten Sie die »Startfreigabe«, die wir unter der nächsten Überschrift vorstellen, für die Fehlersuche immer mit im »Auge« behalten.

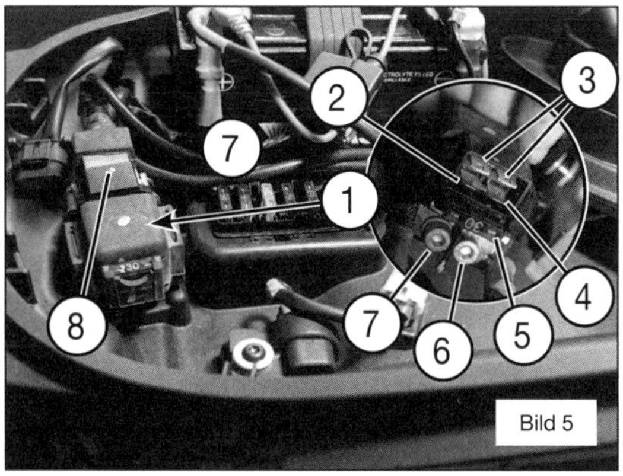

Bild 5

Bild 5
Startrelais in der Nähe der Batterie.
1 Startrelais
2 Ansteuerung Plus (KL15)
3 Anschluss zur Vorsicherung (30A)
4 Ansteuerung Masse (vom Motor-Steuergerät)
5 Vorsicherung (30A)
6 Anschluss Batterieplus
7 Anschluss Startermotor
8 Anschlussstecker mit Abdeckung

Demontage des Startrelais

■ Schalten Sie die Zündung aus und ziehen Sie den Schlüssel ab.

■ Stellen Sie das Motorrad auf dem Hauptständer ab.

■ Demontieren Sie die Batterieabdeckung wie bereits zum Batterieausbau im Kapitel 6 beschrieben.

■ Klemmen Sie den Masseanschluss an der Batterie ab.

■ Ziehen Sie das Startrelais (1 im Bild 5) gerade nach oben heraus.

■ Entsichern Sie den Steckkontakt (8) und ziehen Sie ihn ab.

■ Lösen Sie die Verschraubungen der Anschlussklemme (6 im Bild 5) und der Anschlussklemme (7), nehmen die Schrauben ab und legen das Anschlusskabel zur Seite.

■ Nehmen Sie das Startrelais heraus.

Die Montage erfolgt sinngemäß in umgekehrter Reihenfolge.

Kontrollieren Sie den Zustand der Kontaktstellen der Anschlusskabel.

■ Reinigen Sie die Anschlusskabel und Kontaktstellen soweit erforderlich.

■ Versiegeln Sie die Anschlüsse KL30 (6) und KL50 (7) nach dem Verschrauben mit etwas Batteriepolsprühfett.

Bauteil	*Drehmoment*
Anschlusskabel Plus M6 (KL30)	4 Nm
Anschlusskabel Startermotor M6 (KL50)	4 Nm

7 Starter (Anlasser)

Sichtprüfung

Messen

Bild 6
Starter, Spannungsversorgung und Sicherungen.

A1 Ringantenne
B1 Batterie
FA Sicherungen im Helmfach
FB Sicherungen im Trittbrett links
F1 Hauptsicherung im Startrelais
K1 Startrelais
M1 Startermotor
SG2 Motorsteuergerät
S1 Zündschloss
S2 Starttaster
S3 Killschalter
a Spannungsversorgung plusseitig
b Spannungsversorgung masseseitig
15 Geschaltetes Plus
30 Dauerplus
30a Dauerplus abgesichert
31 Masse (Minus)

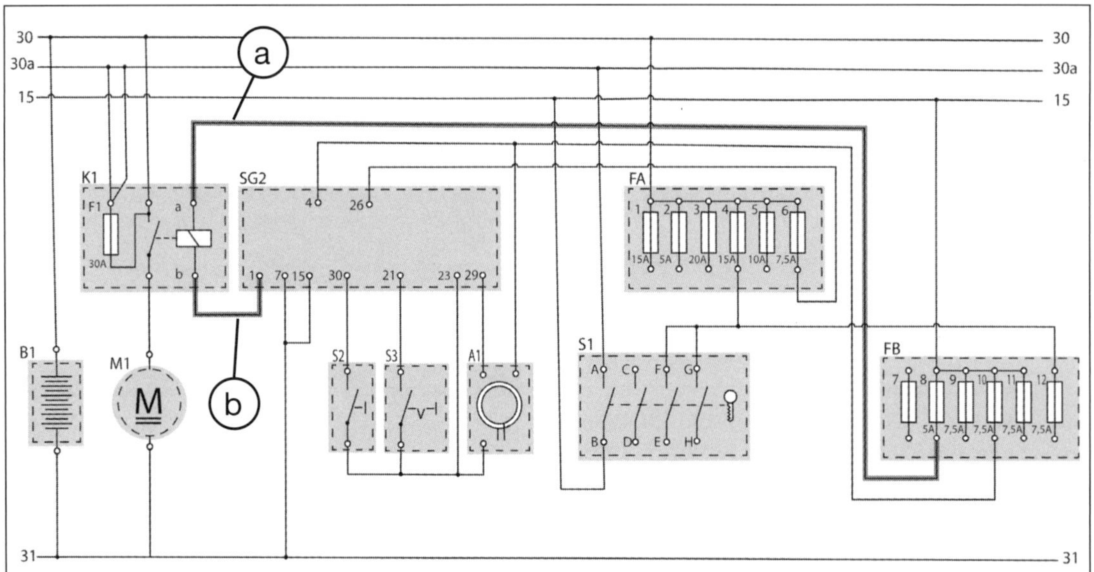

Bild 6

Startfreigabe

Wird das Startrelais nicht angesteuert, kann es durchaus sein, dass die »Startfreigabe« nicht erteilt wurde. Die Startfreigabe oder besser sogar die Ansteuerung des Starterrelais erfolgt über das Motorsteuergerät.

Aktiver Fehler Motorelektronik
Soweit ein Fehler in der Motorelektronik vorliegt, kann die Motordrehzahl eingeschränkt werden, der Motor springt nicht an oder die Motorkontrollleuchte leuchtet. Der Starter kann aber in der Regel trotzdem betätigt werden. Grundsätzlich sollten Sie also auch den Fehlerspeicher des Motorsteuergerätes im Rahmen der Fehlersuche zum Starter abfragen und auswerten. Bei einem defekten Motorsteuergerät ist die Betätigung des Starters auch nicht mehr möglich.

Wegfahrsperre
Die Wegfahrsperre kann den Motorstart auch verhindern. Erkennbar ist das schon am Blinkverhalten der Kontrollleuchte für die Wegfahrsperre am Tachometer. Sie soll beim Einschalten der Zündung für etwa 2 Sekunden angehen und dann dauerhaft ausbleiben. Ein Blinken nach dem ersten Einschalten weist auf einen vorliegenden Fehler hin der zunächst abgearbeitet werden muss. Den Umgang mit der Wegfahrsperre greifen wir im Kapitel 9 in diesem Buch auf.

Notausschalter
Der Notausschalter ist ausschließlich mit dem Motorsteuergerät verkabelt. Steht er auf »Stop« werden die Zündung und die Kraftstoffversorgung abgeschaltet. Der Startermotor kann nicht betätigt werden.

Ansteuerspannung des Startrelais

- Plusseitig (a im Bild 6) wird das Startrelais (K1) über die Hauptsicherung (F1), über das Zündschloss (S1), über die Sicherung »8« (5 A in der Sicherungsbox FB im Fußraum links) mit Spannung versorgt.
- Der Masseanschluss (a) wird über das Motorsteuergerät umgesetzt. Die Ansteuerung erfolgt hier im Motorsteuergerät »Virtuell« über Software. Startertaster und der Killschalter liefern lediglich die »Information«.

- Soweit die Zündung (S1 eingeschaltet,
- der Transponder im Zündschlüssel die richtige Schlüsselkennung gesendet und diese über die Ringantenne (A1) an das Motorsteuergerät geleitet hat,
- der Killschalter (S3) auf »RUN« steht und
- der Starttaster (S2) betätigt wird, schaltet das Motorsteuergerät (SG2) den Masseanschluss für das Startrelais (K1) frei.

☞ Anhand dieser Aufzählung wird Ihnen schnell klar, dass ein Startrelais, das trotz Startbefehl des Fahrers nicht betätigt wird, sehr gute Chancen hat, doch intakt zu sein und der Fehler in einem der aufgezählten Komponenten zu finden sein wird.

Die Fehlersuche werden wir Ihnen in der »geführten Fehlersuche« vorstellen, die entsprechenden Messungen zu der jeweiligen Fehlersuche dazu unter der Überschrift »Messen und Prüfen« in diesem Kapitel Schritt für Schritt nachvollziehbar und im Detail vorstellen.

Geführte Fehlersuche

Der Startermotor dreht nicht und vielleicht wird sogar das Startrelais nicht betätigt. An dieser Stelle stellen wir Ihnen eine strukturierte Vorgehensweise vor, mit der Sie den Fehler im System »Starter« finden werden.

A Prüfung der Batterie

Aufgabe	Information	Ergebnis (Sollwerte)
1 Batterie prüfen und laden	Batterie voll laden, 3 h ruhen lassen und die Batteriespannung prüfen	Tabelle am Anfang des Kapitels
2 Batterietest durchführen	Herstellenanweisung des Testgerätes beachten	-

Das Startrelais »klackt« nicht (es wird nicht betätigt / es schaltet nicht)

B Prüfung der Spule des Startrelais

Aufgabe	Information	Ergebnis (Sollwerte)
1 Prüfen des Widerstands der Spule	Durch die Widerstandsmessung kann überprüft werden, ob die Spule des Relais in Ordnung ist. Der Messwert ist allerdings lediglich ein Anhaltswert und kann je nach Relaishersteller abweichen	ca. 10 - 20 Ω

C Prüfung der Ansteuerspannung des Relais »plusseitig«

Potenzialgebundene Messung:
(Masse zum Messpunkt)
Für die plusseitigen Messungen wird der »COM«-Anschluss des Multimeters am Minuspol der Batterie mit einer Krokodilklemme befestigt und bildet einen festen Messpunkt, der für die folgenden Messungen nicht gelöst werden muss.

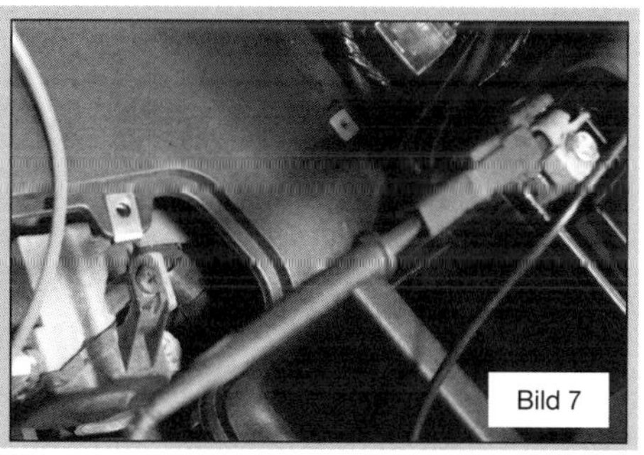

Bild 7

Bild 7
Potenzialgebundene Messung.

Aufgabe	Information	Ergebnis (Sollwerte)
1 Steckkontakte auf festen Sitz prüfen	Fester Sitz, Steckergehäuse verrastet	-
2 Hauptsicherung (F1 im Bild 6) (30 A) prüfen	Hauptsicherung am Startrelais unter dem Fahrersitz	-
3 Sicherung (FA 6 im Bild 6) (7,5 A) prüfen	Sicherungshalter neben dem Trittbrett links unter der Abdeckklappe	-
4 Sicherung (FB 8 im Bild 6) (5 A) prüfen	Sicherungshalter neben der Batterie unter der Abdeckklappe	-
5 Sicherung (FB 10 im Bild 6) (7,5 A) prüfen	Sicherungshalter neben der Batterie unter der Abdeckklappe	-
6 Spannungsmessung (potenzialgebunden) am Motorsteuergerät Pin 26 (Klemme 30)	Das Motorsteuergerät ist am Drosselklappenstück verbaut	12,5 V bis 13,5 V Batteriespannung
7 Spannungsmessung (potenzialgebunden) am Sicherungseingang (FA im Bild 6)	Sicherungshalter neben der Batterie unter der Abdeckklappe	12,5 V bis 13,5 V Batteriespannung
8 Spannungsmessung (potenzialgebunden) am Sicherungseingang (FA 6 im Bild 6)	Sicherungshalter neben der Batterie unter der Abdeckklappe	12,5 V bis 13,5 V Batteriespannung

9 Spannungsmessung (potenzialgebunden) am Startrelaiseingang (Pin A)	Die Spannungsversorgung erfolgt über die Hauptsicherung 30 A (F1 im Bild 6)	12,5 V bis 13,5 V Batteriespannung
10 Spannungsmessung (potenzialgebunden) am Zündschlosseingang (Pin A)	Die Spannungsversorgung erfolgt über die Hauptsicherung 30 A (F1 im Bild 6)	12,5 V bis 13,5 V Batteriespannung
Für die folgenden Messungen muss die Zündung eingeschaltet werden. Es kann sinnvoll sein, ein Dauerladegerät zur Unterstützung der Batterie anzuschließen.		
11 Spannungsmessung am Zündschloss-ausgang (Klemme 15 am Pin B))	Ist das Messergebnis deutlich niedriger, die Batteriespannung aber in Ordnung, muss die Spannungsverlustmessung über dem Zündschloss durchgeführt werden	12,5 V bis 13,5 V Batteriespannung
12 Spannungsmessung (potenzialgebunden) am Sicherungseingang (FB im Bild 6)	Sicherungshalter im Trittbrett links unter der Abdeckklappe	12,5 V bis 13,5 V Batteriespannung
13 Spannungsmessung (potenzialgebunden) am Sicherungsausgang (FB 8 im Bild 6)	Sicherungshalter im Trittbrett links unter der Abdeckklappe	12,5 V bis 13,5 V Batteriespannung
14 Spannungsmessung (potenzialgebunden) am Sicherungsausgang (FB 10 im Bild 6)	Sicherungshalter im Trittbrett links unter der Abdeckklappe	12,5 V bis 13,5 V Batteriespannung
15 Spannungsmessung (potenzialgebunden) am Motorsteuergerät Pin 4 (Klemme 15)	Das Motorsteuergerät ist am Drosselklap-penstück verbaut	12,5 V bis 13,5 V Batteriespannung
16 Spannungsmessung (potenzialgebunden) am Startrelais Pin A (Klemme 15)	Das Startrelais befindet sich neben der Batterie unter der Abdeckung	12,5 V bis 13,5 V Batteriespannung
17 Spannungsmessung (potenzialgebunden) an der Ringantenne (Klemme 15)	Die Ringantenne ist am Zündschloss ver-baut.	12,5 V bis 13,5 V Batteriespannung

D Prüfung der Ansteuerspannung des Relais »masseseitig«

Plusgebundene Messung:

(Batterieplus zum Messpunkt)

Überprüft werden soll der Teil des Strompfades, der Spannungsversorgung für die Ansteuerung des Startrelais einbringt. Für die plusseitigen Messungen wird der rote »Mess«-Anschluss des Multimeters am Pluspol der Batterie mit einer Krokodilklemme befestigt und bildet einen festen Messpunkt, der für die folgenden Messungen nicht gelöst werden muss.

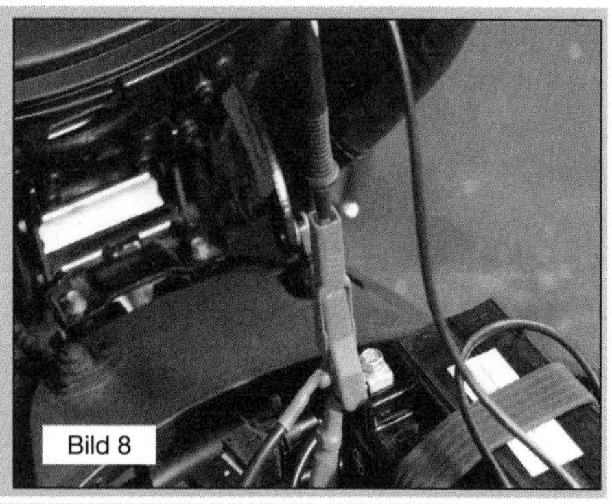

Bild 8

Bild 8
Plusgebundene Messung.

Aufgabe	Information	Ergebnis (Sollwerte)
1 Optische Prüfung	■ Kontrollieren Sie die Masseanschlüsse (siehe auch »Massepunkte« im Kapitel 8 »Elektrische Anlage«) am Rahmen und am Motor auf Korrosion und festen Sitz der Verschraubung ■ Kontrollieren Sie, ob die Anschlussösen richtig verpresst sind ■ Kontrollieren Sie, ob die Kontakte nicht verfärbt oder verbrannt sind	-
Für die folgenden Messungen muss die Zündung eingeschaltet sein, der Killschalter steht auf »RUN«. Es kann sinnvoll sein, ein Dauerladegerät zur Unterstützung der Batterie anzuschließen.		
2 Spannungsmessung (plusgebunden) am Gehäuse des Startermotors	Geprüft wird so die Motormasse	12,5 V bis 13,5 V Batteriespannung
3 Spannungsmessung (plusgebunden) am Pin 7 des Motorsteuergerätes	Das Motorsteuergerät ist am Drosselklap-penstück verbaut	12,5 V bis 13,5 V Batteriespannung

4 Spannungsmessung (plusgebunden) am Pin 15 des Motorsteuergerätes	Das Motorsteuergerät ist am Drosselklappenstück verbaut	12,5 V bis 13,5 V Batteriespannung
5 Spannungsmessung (plusgebunden) am Pin 29 des Motorsteuergerätes	Geprüft wird der Masseanschluss für die Sensoren.	12,5 V bis 13,5 V Batteriespannung (0V)
6 Spannungsmessung (plusgebunden) am Pin 21 des Motorsteuergerätes	Geprüft wird die Funktion des Killschalters. Schalterstellung »RUN« (Schalterstellung »OFF«)	12,5 V bis 13,5 V Batteriespannung (0V)
7 Spannungsmessung (plusgebunden) am Pin 30 des Motorsteuergerätes	Geprüft wird die Funktion des Starttasters. Schalterstellung »Betätigt« (Schalterstellung »unbetätigt«)	12,5 V bis 13,5 V Batteriespannung (0V)
8 Spannungsmessung (plusgebunden) an der Ringantenne	Geprüft wird der Masseanschluss (über das Motorsteuergerät für die Ringantenne.	12,5 V bis 13,5 V Batteriespannung
Tipp: Für die folgenden Messungen muss die Zündung eingeschaltet und der Starttaster betätigt werden. Es kann sinnvoll sein, ein Dauerladegerät zur Unterstützung der Batterie anzuschließen.		
9 Spannungsmessung (plusgebunden) am Pin 1 des Motorsteuergerätes	Der Schaltkontakt wird bei betätigtem Startertaster geschaltet	12,5 V bis 13,5 V Batteriespannung
10 Spannungsmessung (plusgebunden) am Pin b des Startrelais (K1 im Bild 6)	Der Schaltkontakt wird bei betätigtem Startertaster geschaltet	12,5 V bis 13,5 V Batteriespannung

Das Startrelais »klackt« (es wird betätigt, aber der Startermotor dreht nicht)

Diese Prüfschritte sind darauf abgestimmt, die Fehlersuche am Startrelais anzugehen, wenn beim Startversuch das Relais nur klackt. Das Klacken des Relais zeigt bereits, dass die Ansteuerung des Relais offensichtlich funktioniert. Der Fehler wird im »Lastkreis« des Startrelais gesucht. Die Fehlersuche für ein »ratterndes« Relais gehen wir im Anschluss an.

E Prüfung der Batterie beim Starten

Aufgabe	Information	Ergebnis (Sollwerte)
1 Optische Prüfung	■ Kontrollieren Sie den Masseanschluss zum Motor ■ Kontrollieren Sie den Plusanschluss zum Startermotor ■ Kontrollieren Sie die Anschlüsse an der Batterie ■ Kontrollieren Sie die Anschlüsse am Starterrelais	-
2 Spannungsmessung an der Batterie im Ruhezustand	Hier wird der Ladezustand der Batterie festgestellt	Tabelle am Anfang von Kapitel 6
Tipp: Für die folgende Messungen muss die Zündung eingeschaltet sein, der Killschalter steht auf »RUN«, der Kupplungshebel und der Starterknopf müssen betätigt werden. Das gelingt am besten mit einem Helfer.		
3 Spannungsmessung an der Batterie beim Starten	Bricht hier die Spannung unter 10 V zusammen, muss die Batterie ersetzt werden. Gerade dann, wenn sie frisch geladen worden ist, kann von einem starken Kapazitätsverlust (Sulfatierung) ausgegangen werden. Oftmals gehen die Tachobeleuchtung und andere Verbraucher aus. Die Stromaufnahme ist so groß, dass die Batterie nicht genug Energie liefern kann. Die Spannung bricht erkennbar zusammen. Bricht die Spannung an den Batteriepolen nicht zusammen, müssen die Zuleitungen der Batterie plus- und masseseitig (Spannungsverlustmessung) überprüft werden.	9,5 V bis 10 V

Sichtprüfung Messen

F Prüfung des Magnetschalters des Startrelais		
Aufgabe	Information	Ergebnis (Sollwerte)
1 Optische Prüfung	■ Kontrollieren Sie die Anschlüsse am Starterrelais auf festen Sitz und Schäden	-
Für die folgenden Messungen muss die Zündung eingeschaltet sein, der Killschalter steht auf »RUN«, ein Bremshebel und der Starterknopf müssen für jede Messung betätigt werden.		
2 Spannungsmessung (beim Starten) am Magnetschaltereingang	Fällt das Messergebnis deutlich geringer aus, müssen die Batterie und die Leitung zwischen Batterie und Startrelais mit seinen Anschlüssen überprüft werden	9,5 V bis 10 V
3 Spannungsmessung (beim Starten) am Magnetschalterausgang	Fällt das Messergebnis deutlich geringer aus, muss der Schalter des Startrelais mit seinen Anschlüssen überprüft werden	9,5 V bis 10 V
4 Spannungsmessung über dem Schaltkontakt des Magnetschalters	Fällt das Messergebnis deutlich höher aus, ist der Schalter des Startrelais verbrannt und muss ersetzt werden	Max. 0,5 V
5 Spannungsmessung (beim Starten) am Starteranschluss	Fällt das Messergebnis deutlich geringer aus, muss das Anschlusskabel zwischen Startrelais und Startermotor mit seinen Anschlüssen überprüft werden	9,5 V bis 10 V
6 Spannungsmessung (beim Starten) an der Motormasse	Fällt das Messergebnis deutlich höher aus, muss das Anschlusskabel der Motormasse überprüft werden	Max. 0,5 V

Das Startrelais »rattert« (das Relais schaltet schnell an und aus)

■ Als Fehlerquelle kommen die Batterie, die Plusleitung zum Startrelais, die Masseleitung von der Batterie und das Startrelais selbst in Frage.

■ Das Relais wird angesteuert und der Startermotor durch das Relais zugeschaltet.

■ Die hohe Stromaufnahme des Startermotors lässt die Spannung zusammenbrechen und das Relais fällt ab.

■ Der Startermotor wird nicht mehr bestromt, die Spannung reicht wieder aus und das Relais zieht wieder an.

■ Da nun der Startermotor mit seiner Stromaufnahme die Spannung wieder zusammenbrechen lässt, wiederholt sich der Vorgang immer wieder und sehr schnell. Das Relais macht durch das schnelle Ein- und Ausschalten ein ratterndes Geräusch.

G Prüfung am Startrelais		
Aufgabe	Information	Ergebnis (Sollwerte)
1 Batterie prüfen und laden	Batterie voll laden, 3 h ruhen lassen und die Batteriespannung prüfen	Tabelle am Anfang von Kapitel 6
2 Batterietest durchführen	Herstelleranweisung des Testgerätes beachten	-
Für die folgenden Messungen muss die Zündung eingeschaltet sein, der Killschalter steht auf »RUN«, der Kupplungshebel und der Starterknopf müssen für jede Messung betätigt werden.		
3 Spannungsmessung an der Batterie beim Starten	Bricht hier die Spannung unter 10 V zusammen, muss die Batterie ersetzt werden Batterie: Oftmals gehen die Tachobeleuchtung und andere Verbraucher aus. Die Stromaufnahme ist so groß, dass die Batterie nicht genug Energie liefern kann. Die Spannung bricht erkennbar zusammen	9,5 V bis 10 V

4 Spannungsverlustmessung zwischen Batteriemasse und Rahmen	Fällt das Messergebnis deutlich höher aus, müssen das Massekabel von der Batterie zum Rahmen und seine Anschlüsse auf Korrosion oder Schäden geprüft werden	Max. 0,5 V
5 Spannungsverlustmessung zwischen Batterieplus und Startrelais	Fällt das Messergebnis deutlich höher aus, müssen das Pluskabel von der Batterie zum Startrelais und seine Anschlüsse auf Korrosion oder Schäden geprüft werden	Max. 0,5 V
6 Spannungsverlustmessung zwischen Batterieplus und Hauptsicherungseingang (30 A)	Fällt das Messergebnis deutlich höher aus, muss das Startrelais geprüft werden	Max: 0,5 V

Wenn Sie mit dem Messgerät an der Fehlerstelle messen, wird die Anzeige sehr stark springen, da die Spannung tatsächlich bis auf wenige Volt zusammenbricht.

Defekt oder Alterung?

Der Startermotor selbst kann auch Schäden aufweisen oder im Laufe vieler Jahre auch Verschleißerscheinungen aufweisen. Mechanische Schäden an der Lagerung verursachen eine höhere Stromaufnahme bei sinkender Startermotorleistung. Die Startdrehzahl fällt dann geringer aus. Geschädigte Kupferwicklungen oder Übergangswiderstände an den Kohlen sind kaum zu erfassen. Der Startermotor wird zwar auch eine geringere Leistung abgeben, aber über die Übergangswiderstände mehr Wärme abgeben. Die Stromaufnahme wird dann in der Summe kaum größer.

Zwar kann der Starter zerlegt werden, die Reparatur ist aber aufgrund der geringen Anschaffungspreise im Zubehörmarkt und der Leistungsverluste durch Alterung nicht sinnvoll.

H Prüfung am Startermotor

Aufgabe	Information	Ergebnis (Sollwerte)
1 Optische Prüfung	■ Kontrollieren Sie die Anschlüsse am Startrelais und am Startermotor auf festen Sitz und Schäden	-
2 Prüfen der Startdrehzahl	Die Drehzahl lässt sich am besten über den OBD-Diagnosetester erfassen. Fällt die Drehzahl deutlich geringer aus, müssen die Zuleitungen zwischen Batterie und Starter beziehungsweise der Starter selbst geprüft (Widerstandsmessung) oder erneuert werden	300 bis 500 1/min
Für die folgenden Messungen muss die Zündung ausgeschaltet oder der Startermotor ausgebaut sein. Liegt eine Spannung am Startermotor bei der Messung an, wird die Sicherung des Messgerätes oder sogar das Messgerät zerstört.		
3 Widerstandsmessung am Startermotoranschluss (Startergehäuse zum Anschluss)	Fällt das Messergebnis deutlich höher aus, muss der Starter geprüft oder erneuert werden	0,2 Ω bis 0,4 Ω

I Spannung am Startermotor

Problematisch sind für die Piaggio der Masseanschluss, der teilweise mit einem Masseband zum Heckrahmen ausgeführt wurde, und der Plusanschluss des Starters im Spritzbereich.

Aufgabe	Information	Ergebnis (Sollwerte)
1 Optische Prüfung	Kontrollieren Sie die Anschlüsse am Rahmen und an der Batterie	-
2 Versorgungsspannung Starter	Messen Sie am Plusanschluss des Starters und an der Gehäusemasse die Spannung am Startergehäuse beim Starten	9,5 V bis 10 V

Sichtprüfung Messen

3 Spannungsverlustmessung Masseverbindung	Messen Sie den Spannungsverlust beim Starten zwischen Batterie-Minus und Gehäusemasse des Starters	Max. 0,5 V
4 Spannungsverlustmessung Plusverbindung	Messen Sie den Spannungsverlust beim Starten zwischen Batterie-Plus und Plusanschluss des Startrelais	Max. 0,5 V
5 Spannungsverlustmessung Plusverbindung	Messen Sie den Spannungsverlust beim Starten zwischen Batterie-Plus und Plusanschluss des Starters	Max. 0,5 V

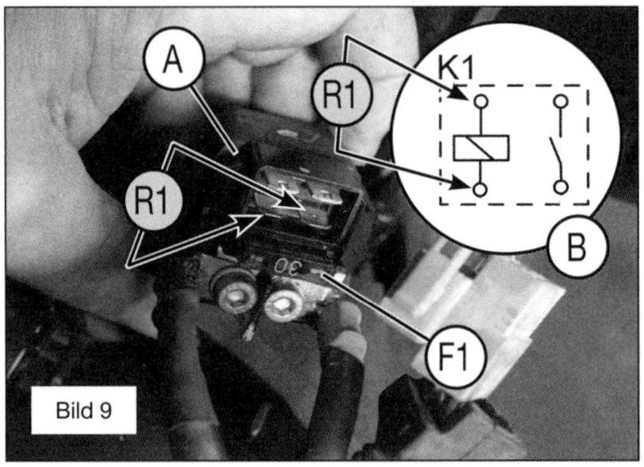

Bild 9
Widerstandsmessung an der Starterspule.
A Starterrelais
B Schaltplan Starterrelais
F1 Hauptsicherung 30A
R1 Widerstandsmessung an der Starterspule

Messen und Prüfen

An dieser Stelle stellen wir Ihnen unterschiedliche Messmethoden für den Startermotor, die Startfreigabe und das Startrelais vor. Wir geben Ihnen anhand eines typischen Messgerätes die Einstellungen und die Positionen an, an denen Sie die Messkabel für diese Messung anschließen müssen.

Widerstandsmessung der Spule des Startrelais (Bild 9)

■ Schalten Sie die Zündung aus und ziehen Sie den Zündschlüssel ab.

■ Klemmen Sie den Batterieminusanschluss der Batterie aus Sicherheitsgründen ab.

■ Nehmen Sie das Startrelais aus dem Gummihalter heraus und ziehen Sie den Anschlussstecker ab. Die Anschlüsse zum Batterieplus und zum Startermotor können angeschlossen bleiben.

■ Stellen Sie das Multimeter auf einen Messbereich von 200 Ω ein.

■ Schließen Sie die beiden Messkabel an die beiden Anschlüsse (Pfeile im Bild 9) an.

■ Lesen Sie den Messwert ab.

Das Messergebnis sollte etwa 10 bis 20 Ω betragen. Deutlich höhere Messergebnisse mit mehreren Hundert Ohm weisen auf einen Spulenbruch oder einen Übergangswiderstand hin. Deutlich geringere Widerstände bedeuten in der Regel einen Kurzschluss der Spule. Das Relais muss in beiden Fällen ersetzt werden.

Prüfung der Hauptsicherung (30 A) am Starterrelais (F1 im Bild 9)

■ Schalten Sie die Zündung aus und ziehen Sie den Zündschlüssel ab.

■ Demontieren Sie den Fahrersitz.

■ Ziehen Sie die Sicherung aus ihrem Steckplatz heraus.

Kontrollieren Sie optisch, ob der Leiterfaden in der Sicherung durchgebrannt ist.

Ist das nicht möglich, stellen Sie das Multimeter auf den Messbereich 200 Ω ein und messen Sie den Widerstand der Sicherung. Er muss bei 0 Ω liegen.

Ist der Leiterfaden sichtbar unterbrochen oder der Widerstand der Sicherung größer als 0 Ω, erneuern Sie die Sicherung.

Wenn die Hauptsicherung durchgebrannt ist, muss unbedingt geprüft werden, warum diese Sicherung durchgebrannt ist und ob weitere Sicherungen betroffen sind. Verwenden Sie niemals eine stärkere Sicherung als werkseitig vorgesehen. Es können Schäden am Kabelbaum oder anderen elektrischen Bauteilen entstehen.

Prüfung der Sicherungen (FA) neben der Batterie (Bild 10)

■ Ziehen Sie die Sicherung aus ihrem Steckplatz heraus.

Kontrollieren Sie, ob der Leiterfaden in der Sicherung durchgebrannt ist.

Ist das nicht möglich, stellen Sie das Multimeter (Bild 12) auf den Messbereich 200 Ω ein und messen Sie den Widerstand der Sicherung. Er muss bei 0 Ω liegen.

Ist der Leiterfaden sichtbar unterbrochen oder der Widerstand der Sicherung größer als 0 Ω, erneuern Sie die Sicherung.

Sicherung	Stromstärke	Funktion
FA1	15A	Vorbereitung für Steuerung Griffheizung und Beinwärmer
FA2	5A	Tachometereinheit
FA3	20A	Steuergerät Kippsperre
FA4	15A	Lampe Helmfach, Blinkersteuerung, Scheinwerfer (über das Relais), Vorbereitung Diebstahlschutz und »Bikefinder«
FA5	10A	Lüftermotor (über das Relais)
FA6	7,5A	Motorsteuergerät, Einspritzventile, Kraftstoffpumpe, Zündspule (über Relais)
F2	30A	ABS

Verwenden Sie niemals eine stärkere Sicherung als werkseitig vorgesehen. Es können Schäden am Kabelbaum oder anderen elektrischen Bauteilen entstehen.

Prüfung der Sicherungen (FB) unter der Abdeckung im Trittbrett (Bild 11)

■ Ziehen Sie die Sicherung aus ihrem Steckplatz heraus

Kontrollieren Sie, ob der Leiterfaden in der Sicherung durchgebrannt ist

Ist das nicht möglich, stellen Sie das Multimeter (Bild 12) auf den Messbereich 200 Ω ein und messen Sie den Widerstand der Sicherung. Er muss bei 0 Ω liegen.

Ist der Leiterfaden sichtbar unterbrochen oder der Widerstand der Sicherung größer als 0 Ω, erneuern Sie die Sicherung.

Sicherung	Stromstärke	Funktion
FB7	-	Frei
FB8	5 A	Stopplicht, Ansteuerung Startrelais
FB9	7,5 A	Hupe, Fernlicht, Lichthupe
FB10	7,5 A	Ansteuerung Startrelais Motorsteuergerät, Einspritzventile, Kraftstoffpumpe, Zündspule ABS-Steuergerät, Ringantenne, Sensor Kippsperre
FB11	7,5 A	Steuergerät Kippsperre, Drucksensor, Hupe (über Relais) Fernlichtrelais, Vorbereitung Diebstahlsicherung, Tachometer, Kontrolllampen
FB12	7,5 A	Standlicht, Kennzeichenleuchten, Tachobeleuchtung, Blinkersteuerung, Vorbereitung für Steuerung, Griffheizung und Beinwärmer

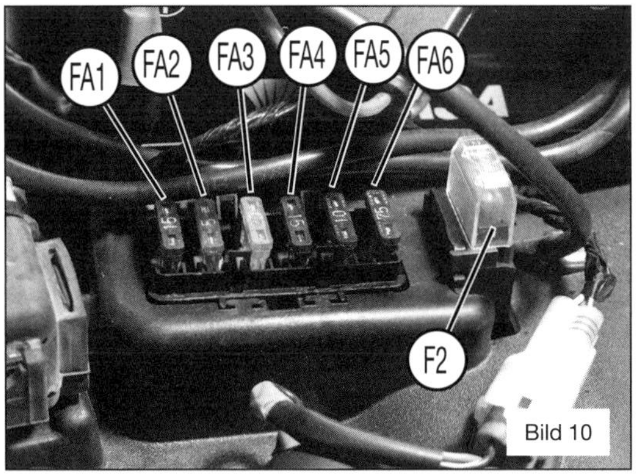

Bild 10
Sicherungsträger FA neben der Batterie.
FA1-FA6 Sicherungen
F2 Sicherung ABS

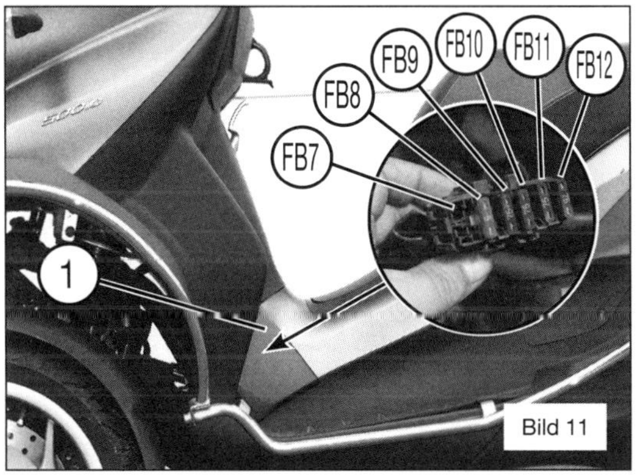

Bild 11
Sicherungsträger FB unter der Abdeckung im Trittbrett.
FB7-FB12 Sicherungen
1 Abdeckung

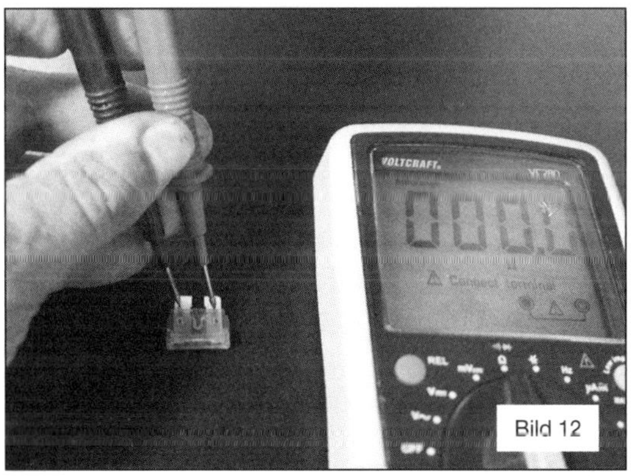

Bild 12
Prüfung einer Sicherung mit dem Multimeter.

7 Starter (Anlasser)

Sichtprüfung Messen

Verwenden Sie niemals eine stärkere Sicherung als werkseitig vorgesehen. Es können Schäden am Kabelbaum oder anderen elektrischen Bauteilen entstehen.

Potenzialgebundene Messungen in der Spannungsversorgung (Ansteuerung Relais) plusseitig (a im Bild 13)

Die folgenden Messungen sind sogenannte »potenzialgebundene Messungen«. Der eine Messanschluss (schwarz) wird mit einer Klemme am Batterieminuspol verbunden (angebunden). Für die Messungen V1 - V5 bleibt die Anbindung an diesen Masseanschluss bestehen. So wechselt nur das rote Anschlusskabel von Messung zu Messung den Messpunkt. Wir gliedern die Messreihenfolge nach der Zugänglichkeit der Messpunkte.

Spannungsmessung an der Batterie (V1 im Bild 14):

- Öffnen Sie die Sitzbank und demontieren Sie die Abdeckung über der Batterie.
- Stellen Sie das Multimeter auf einen Messbereich von 20V DC (Gleichspannung) ein.
- Schließen Sie das Messkabel (rot) an den Pluspol der Batterie an.

Sie sollten nun die Batteriespannung (12,5 V bis 13,5 V) ablesen können.

Spannungsmessung am Startrelaiseingang (V2 im Bild 14):

- Öffnen Sie die Sitzbank und demontieren Sie die Abdeckung über der Batterie.
- Prüfen Sie die Sicherungen F1 und FB8.

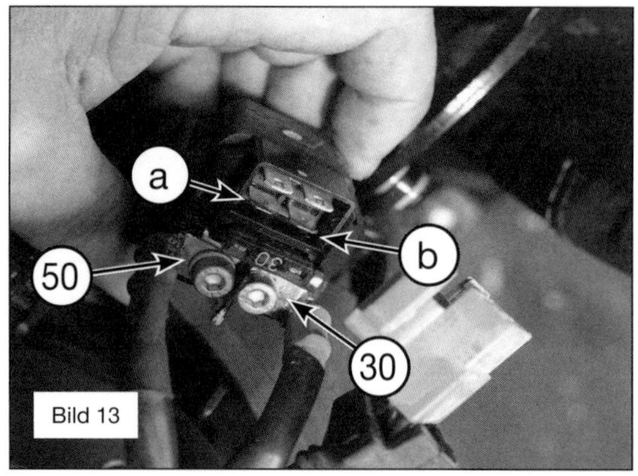

Bild 13

Bild 13
Anschlüsse am Startrelais.
a Spulenanschluss plusseitig
b Spulenanschluss masseseitig
30 Anschluss Batterieplus
50 Anschluss Startermotor

- Stellen Sie das Multimeter auf einen Messbereich von 20V DC (Gleichspannung) ein.
- Schließen Sie das Messkabel (rot) an den Anschluss (a im Bild 13) des Startrelais an.
- Schalten Sie die Zündung ein.

Sie sollten nun die Batteriespannung (12,5 V bis 13,5 V ablesen können. Liegt keine Spannung an, prüfen Sie die Spannung am Sicherungsausgang (FB8 im Bild 14).

Spannungsmessung am Sicherungsausgang (V3 im Bild 14):

- Öffnen Sie die Sitzbank und demontieren Sie die Abdeckung über der Batterie.
- Bauen Sie die Abdeckung über dem Sicherungsträger FB (1 im Bild 11) im Trittbrett links ab.
- Prüfen Sie die Sicherungen F1 am Startrelais und FB8 im Sicherungsträger im Trittbrett.
- Stellen Sie das Multimeter auf einen Messbereich von 20V DC (Gleichspannung) ein.
- Schließen Sie das Messkabel (rot) an den Anschluss der Sicherung FB8 am Sicherungs-

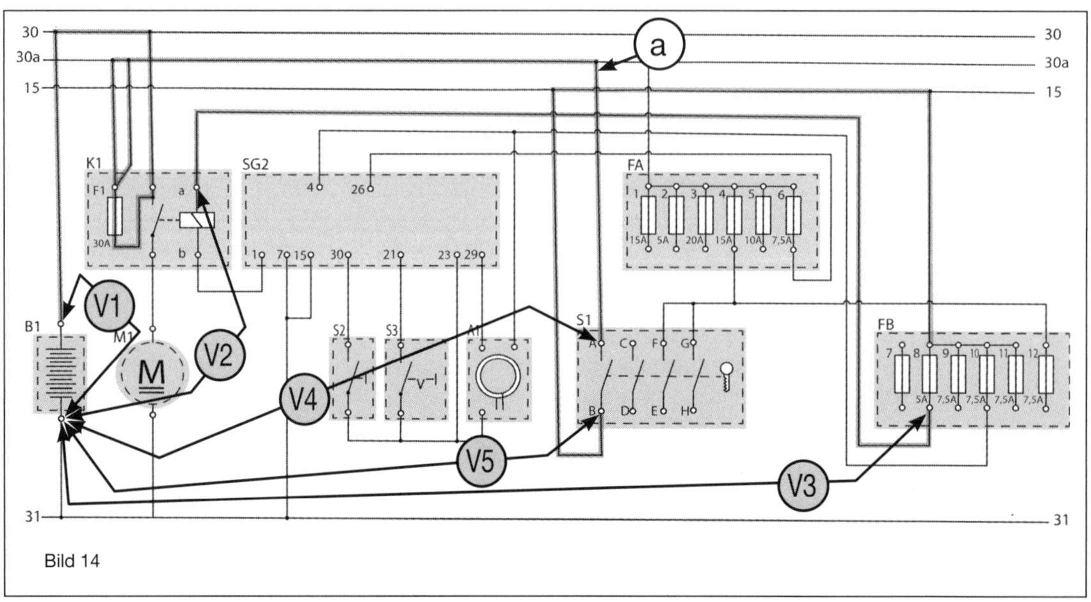

Bild 14

Bild 14
Spannungsmessungen an Starter und Steuerung.
A1 Ringantenne
B1 Batterie
FA Sicherungen im Helmfach
FB Sicherungen im Trittbrett links
F1 Hauptsicherung im Startrelais
K1 Startrelais
M1 Startermotor
SG2 Motorsteuergerät
S1 Zündschloss
S2 Starttaster
S3 Killschalter
a Spannungsversorgung plusseitig
b Spannungsversorgung masseseitig
15 Geschaltetes Plus
30 Dauerplus
30a Dauerplus abgesichert
31 Masse (Minus)
V1 Batteriespannung
V2 Spannung am Relais bei eingeschalteter Zündung.
V3 Spannung an Sicherung FB8 bei eingeschalteter Zündung.
V4 Batteriespannung am Zündschloss
V5 Spannung am Zündschloss bei eingeschalteter Zündung

träger im Trittbrett an.

■ Schalten Sie die Zündung ein.

Sie sollten nun die Batteriespannung (12,5 V bis 13,5 V ablesen können. Liegt keine Spannung an, prüfen Sie die Spannung am Sicherungsausgang (FB8 im Bild 14).

Spannungsmessung am Zündschlosseingang (V4 und V5 im Bild 14):

■ Demontieren Sie die Beinschildverkleidung innen. Die Arbeiten beschreiben wir Ihnen im Detail im Kapitel 11.

■ Legen Sie das Anschlusskabel des Zündschlosses frei, ziehen es aber nicht ab. Die Messung erfolgt an den Steckkontakten.

■ Stellen Sie das Multimeter auf einen Messbereich von 20V DC (Gleichspannung) ein.

■ Schließen Sie das Messkabel (rot) an den Steckkontakt des Zündschlosseingangs (A im Bild 14 und am Zündschloss) an.

Der Anschluss ist auch ohne Kabelfarbe erkennbar, da dort auch bei ausgeschalteter Zündung die Batteriespannung anliegt.

Sie sollten nun die Batteriespannung (12,5 V bis 13,5 V ablesen können. Liegt keine Spannung an, prüfen Sie die Hauptsicherung (F1 im Bild 14) und die Zuleitung zwischen Batterie und Startrelais. Die Hauptsicherung (F1) ist neben der Batterie verbaut.

■ Schließen Sie das Messkabel (rot) an den Zündschlossausgang an.

Er ist auch ohne Kabelfarbe erkennbar, da dort nur bei eingeschalteter Zündung die Batteriespannung anliegt.

Sie sollten nun die Batteriespannung (12,5 V bis 13,5 V) ablesen können, soweit die beschriebene Messung für V1 in Ordnung war. Fällt das Ergebnis deutlich niedriger aus, prüfen Sie den Schalter des Zündschlosses, wie wir das im Anschluss in den »Spannungsverlustmessungen« über den Schaltern beschrieben haben.

Spannungsverlustmessung über dem Zündschlossschalter (V6 im Bild 15):

■ Demontieren Sie die Beinschildverkleidung innen. Die Arbeiten beschreiben wir Ihnen im Detail im Kapitel 11.

■ Legen Sie das Anschlusskabel des Zündschlosses frei, ziehen es aber nicht ab. Die Messung erfolgt an den Steckkontakten.

■ Schließen Sie das Messkabel (rot) an den Steckkontakt des Zündschlosseingangs (A im

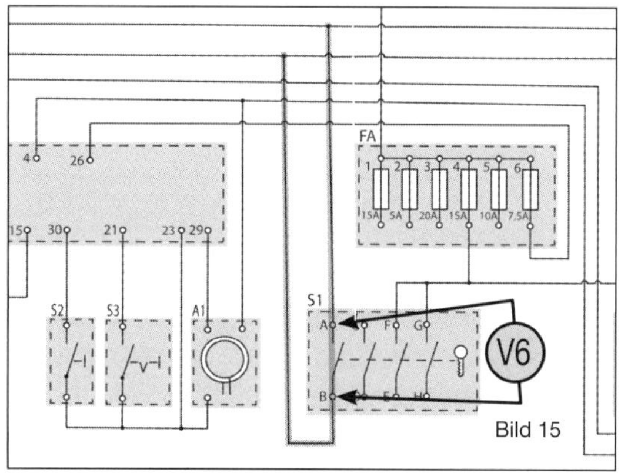

Bild 15
Spannungsverlustmessung über dem Zündschlossschalter (A/B).
V6 Spannungsmessung bei geschlossenem Schalter unter Last

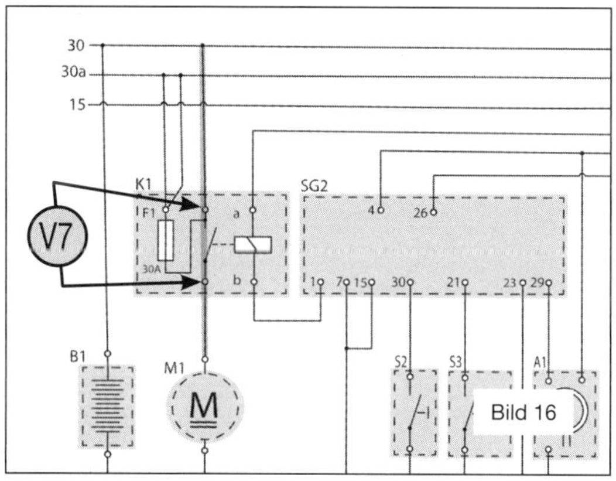

Bild 16
Spannungsverlustmessung über dem Zündschlossschalter (A/B).
V7 Spannungsmessung bei angesteuertem Relais unter Last

Bild 15 und am Zündschloss) an.

■ Schließen Sie das Messkabel (schwarz) an den Steckkontakt des Zündschlosseingangs (B im Bild 15 und am Zündschloss) an.

■ Stellen Sie das Multimeter auf einen Messbereich von 20V DC (Gleichspannung) ein.

■ Schalten Sie die Zündung ein.

Sie sollten nun eine Spannung bis höchstens 0,5 V ablesen können. Fällt die Spannung höher aus, ersetzen Sie den Zündschlossschalter.

Spannungsverlustmessung über dem Startrelaisschalter (V7 im Bild 16):

■ Öffnen Sie die Sitzbank und demontieren Sie die Abdeckung über der Batterie.

■ Ziehen Sie das Startrelais aus der Halterung heraus.

■ Schließen Sie das Messkabel (rot) an den Relaisanschluss (30 im Bild 13) an.

■ Schließen Sie das Messkabel (schwarz) an den Relaisanschluss (50 im Bild 13) an.

■ Stellen Sie das Multimeter auf einen Messbereich von 20V DC (Gleichspannung) ein.

■ Schalten Sie die Zündung ein.

Stellen Sie den Killschalter auf »RUN«, betätigen einen Bremshebel und drücken den Starterknopf.

Sichtprüfung Messen

Bild 17
Spannungsverlustmessung über den Schaltkontakten unter Last.
V8 Messung am Starttaster
V9 Messung am Killschalter

Bild 18
Messung an der Ringantenne der Wegfahrsperrebei eingeschalteter Zündung.
V10 Spannungsmessung Klemme 15 (FB8)
V11 Spannungsmessung Klemme 31 (Masse)
V12 Spannungsmessung Versorgungsspannung der Ringantenne

Sie sollten nun eine Spannung bis höchstens 0,5 V ablesen können. Fällt die Spannung höher aus, ersetzen Sie das Starterrelais.

Spannungsverlustmessung am Starttaster (V8 im Bild 17):

Der Schalter ist »lastfrei«. Das bedeutet: er übernimmt keine Schaltleistung, sondern dient als Eingabesensor. Trotzdem kann ein Übergangswiderstand entstehen.

- Legen Sie das Anschlusskabel des Starttasters (Lenkerschalter rechts) frei, ziehen es aber nicht ab.
- Schließen Sie das Messkabel (rot) an den Killschaltereingang an.
- Schließen Sie das Messkabel (schwarz) an den Killschalterausgang an.
- Stellen Sie das Multimeter auf einen Messbereich von 20V DC (Gleichspannung) ein.
- Schalten Sie die Zündung ein.

Sie sollten nun eine Spannung von etwa 12,5 V bis 13,5 V ablesen können.

- Betätigen Sie den Starttaster und halten Sie ihn gedrückt.

Sie sollten nun eine Spannung von höchstens 0,5 V ablesen können. Fällt die Spannung höher aus, ersetzen Sie den Starttaster.

Spannungsverlustmessung am Killschalter (V9 im Bild 17):

Der Schalter ist »lastfrei«. Das bedeutet: er übernimmt keine Schaltleistung, sondern dient als Eingabesensor. Trotzdem kann ein Übergangswiderstand entstehen.

- Legen Sie das Anschlusskabel des Killschalters (Lenkerschalter rechts) frei, ziehen es aber nicht ab.
- Schließen Sie das Messkabel (rot) an den Killschaltereingang an.
- Schließen Sie das Messkabel (schwarz) an den Killschalterausgang an.
- Stellen Sie das Multimeter auf einen Messbereich von 20V DC (Gleichspannung) ein.
- Schalten Sie die Zündung ein.
- Stellen Sie den Killschalter auf »STOP«.

Sie sollten nun eine Spannung von etwa 12,5 V bis 13,5 V ablesen können.

- Stellen Sie den Killschalter auf »RUN«.

Sie sollten nun eine Spannung von höchstens 0,5 V ablesen können. Fällt die Spannung höher aus, ersetzen Sie den Killschalter.

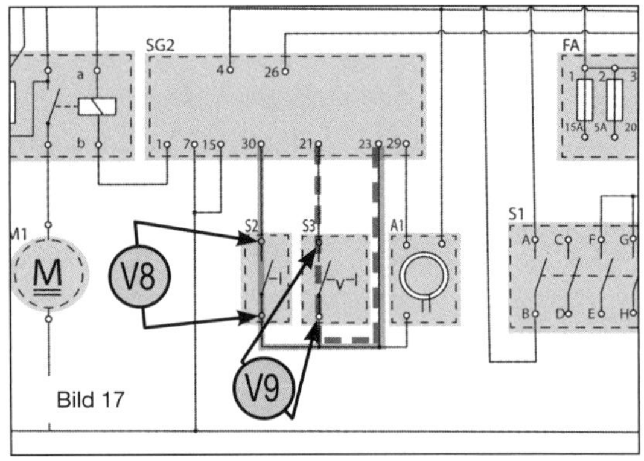

Bild 17

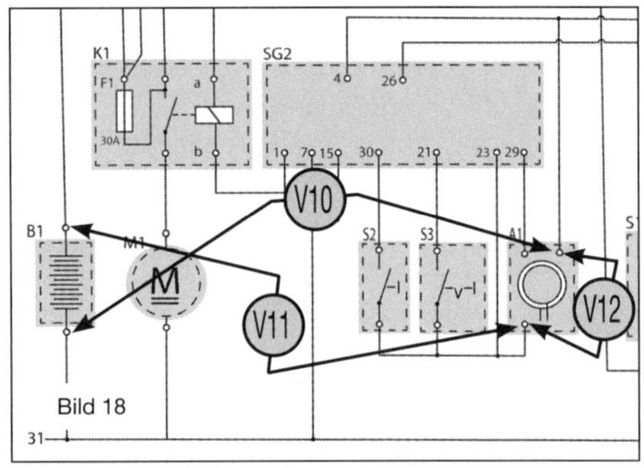

Bild 18

Spannungsmessung an der Ringantenne (V10 im Bild 18):

- Demontieren Sie die Beinschildverkleidung innen. Die Arbeiten beschreiben wir Ihnen im Detail im Kapitel 11.
- Legen Sie das Anschlusskabel der Ringantenne frei, ziehen es aber nicht ab. Die Messung erfolgt an den Steckkontakten.

Spannungsversorgung über das Steuergerät (V12 im Bild 18):

- Schließen Sie das Messkabel (rot) an den Steckkontakt mit dem roten Anschlusskabel an.
- Schließen Sie das Messkabel (schwarz) an den Steckkontakt mit dem schwarzen Anschlusskabel an.
- Stellen Sie das Multimeter auf einen Messbereich von 20V DC (Gleichspannung) ein.
- Schalten Sie die Zündung ein.

Sie sollten nun eine Spannung von etwa 12,5 V bis 13,5 V ablesen können.

Spannungsversorgung über das Steuergerät (V10 und V11 im Bild 18):

- Mit der Messung der Spannung (V10) prüfen Sie die Spannungsversorgung plusseitig.
- Mit der Messung der Spannung (V11) prüfen Sie die Spannungsversorgung masseseitig.

Schaltplan Starter und Generator

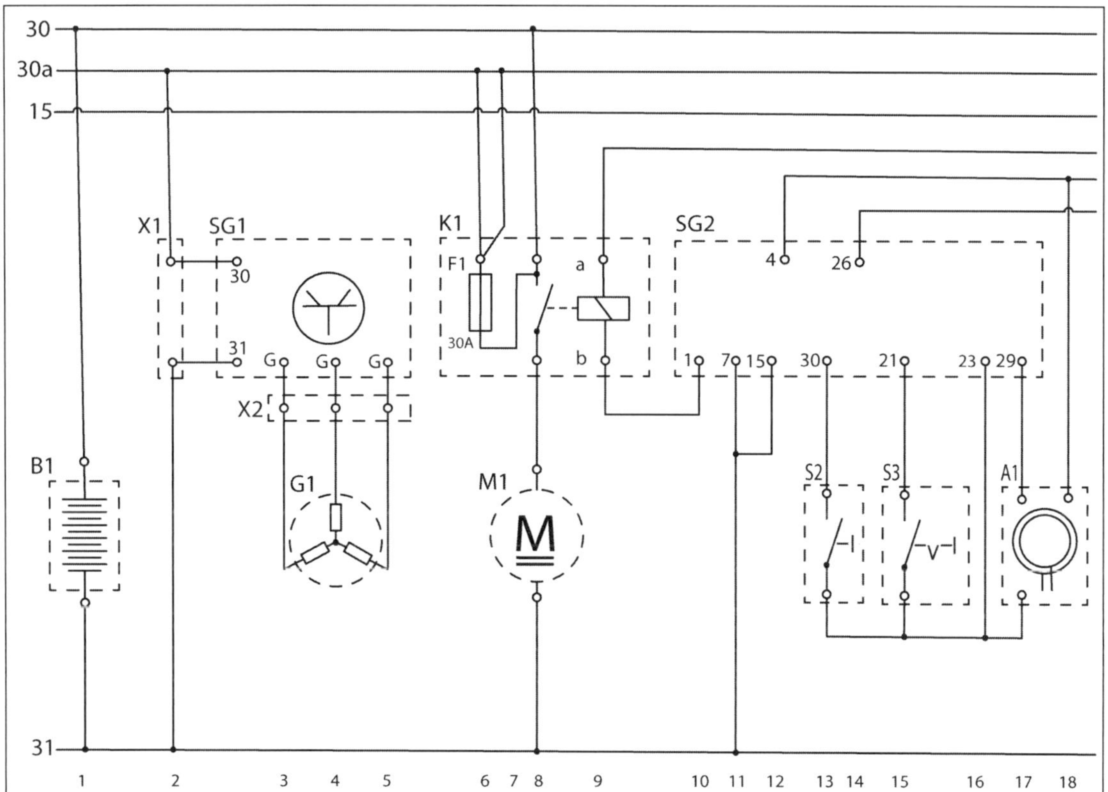

Bild 19

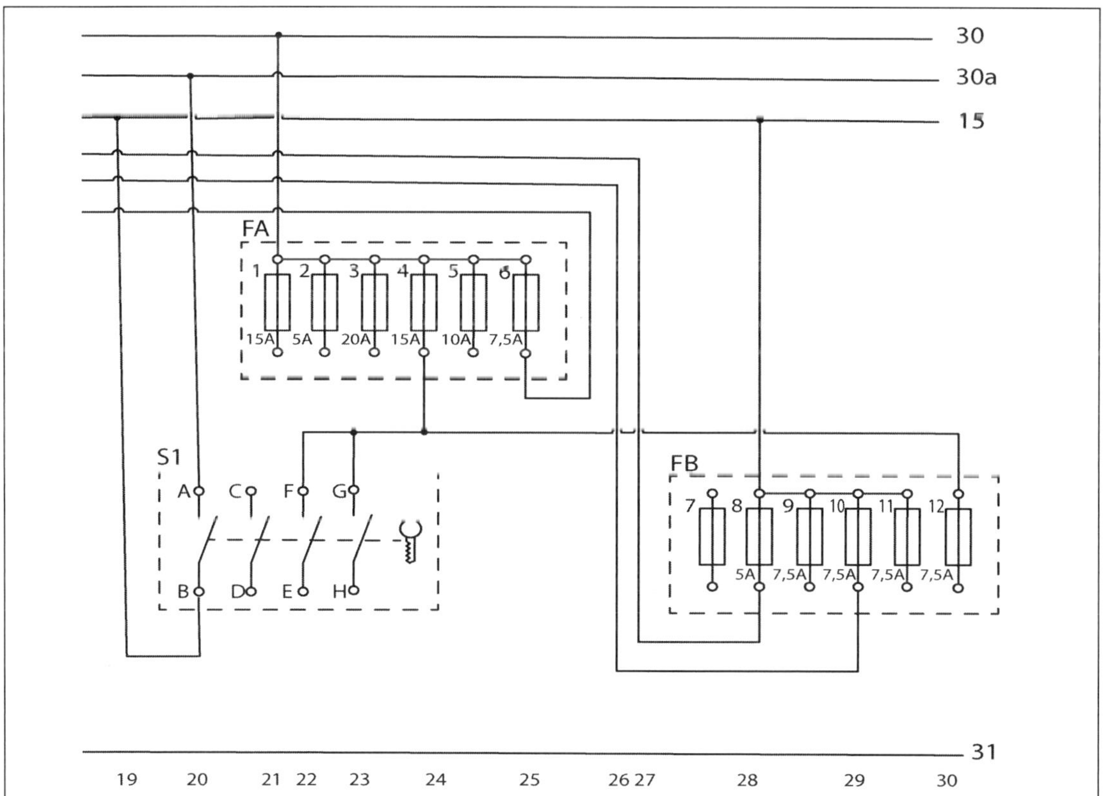

Bild 20

Bilder 19 und 20
Spannungsmessungen an Starter und Steuerung.

A1 Ringantenne
B1 Batterie
FA Sicherungen im Helmfach
FB Sicherungen im Trittbrett links
F1 Hauptsicherung im Startrelais
G1 Generator
K1 Startrelais
M1 Startermotor
SG1 Generatorregler
SG2 Motorsteuergerät
S1 Zündschloss
S2 Starttaster
S3 Killschalter
X1 Steckkontakt hinter dem Generatorregler
X2 Steckkontakt unter dem Seitenteil rechts

15 geschaltetes Plus
30 Dauerplus
30a Dauerplus abgesichert
31 Masse (Minus)

8 Elektrische Anlage

In diesem Kapitel werden wir Ihnen die wichtigsten Bauteile der allgemeinen elektrischen Anlage näher vorstellen.

Lampen und Leuchten

Die Ausrüstung der Lampen für die unterschiedlichen Modelle ist sehr ähnlich. Die 1. Generation der MP3 mit dem Gepäckfach im Heck, war mit Glühlampen für die Rücklichter, die Kennzeichenleuchten und die Blinker ausgerüstet. Die Generation 2 des MP3 wurde mit LED-Rückleuchten ausgestattet. Hier muss beim Ausfall einer Leuchte die Rückleuchte ersetzt werden. Ein Wechsel der Leuchtmittel ist nicht vorgesehen. Im Zubehör gibt es Rückleuchteneinheiten, die mit LED-Leuchten ausgerüstet sind. Diese müssen aber ein Prüfzeichen aufweisen und sind bestenfalls auch eingetragen. Im Folgenden haben wir die serienmäßigen Leuchtmittel zusammengetragen. Es gibts allerdings recht viele unterschiedliche Varianten. Vermerken Sie sich Ihre Leuchtmittel im Buchdeckel dieses Buches für den schnellen und sicheren Zugriff in Zukunft.

Leuchtmittellisten:

Funktion	*Leuchtmittel*
Abblendlicht Generation 1	H1 12 V 55 W
Abblendlicht Generation 2	H7 12 V 55 W
Fernlicht Generation 1	H1 12 V 55 W
Fernlicht Generation 2	H7 12 V 55 W
Standlicht	W5W
Blinkleuchte	BAU 15s 10W
Rücklicht / Bremslicht	12 V 21/5W
Rücklicht	12 V 3W
Rücklicht LED	-
Kennzeichenleuchte	12 V 3W
Kennzeichenleuchte LED	-
Tachobeleuchtung	12 V 1,2W mit Sockel*

**Beachten Sie den Einbaudurchmesser!*

Heller ist besser?

Grundsätzlich gibt es Leuchtmittel, die die originalen H7-Halogenlampen ersetzen können, zumindest passen sie in die Leuchtmittelaufnahme des Scheinwerfers. Verwenden Sie nur Leuchtmittel, die für Ihr

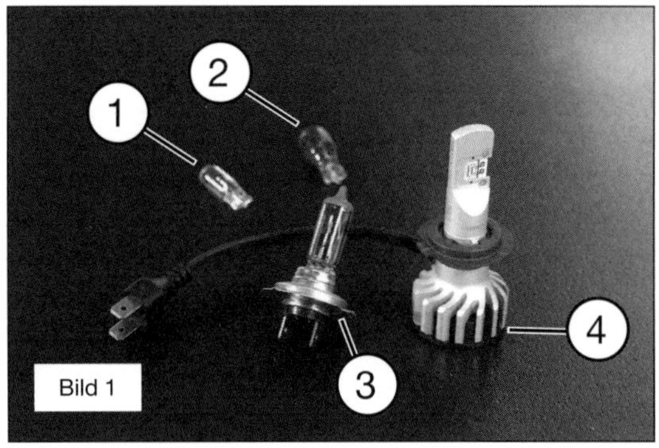

Bild 1

Bild 1
Unterschiedliche Leuchtmittel.
1 W5W
2 WY10W
3 H7 55W
4 LED mit H7 Sockel

Motorrad freigegeben sind. Leuchtmittel mit höherer Lichtleistung können aufgrund einer höheren Wärmeabgabe oder auch einer höheren UV-Lichtabgabe Ihren Scheinwerfer schädigen.

Umrüstung auf LED-Lampen

⚠ Die Leuchtmittel werden zusammen mit dem Scheinwerfer geprüft. Somit ist das Leuchtmittel vorgegeben. Die Helligkeit der LED-Leuchtmittel ist deutlich größer. Das Streulicht kann dann auch zunehmen, was zur Blendung führen »kann«. Das Wort »kann« bedeutet hier, dass das Leuchtmittel NICHT für den Scheinwerfer geprüft wurde. Es ist somit NICHT zulässig und die Betriebserlaubnis des Fahrzeugs erlischt.

Scheinwerfer vorne

Ausbau des Scheinwerfers

☞ Aufgrund der kompakten Bauweise des Motorrades muss zum Wechsel der Glühlampen des Scheinwerfers der Scheinwerfer ausgebaut werden.

■ Schalten Sie die Zündung aus und ziehen Sie den Schlüssel ab.

☞ Stellen Sie das Motorrad auf den Hauptständer oder einen Montageständer.

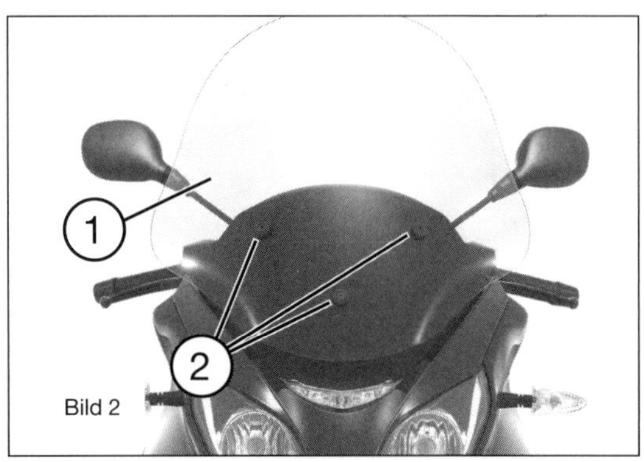

Bild 2

Bild 2
Windschild vorne.
1 Windschild
2 Schrauben und Beilagscheiben

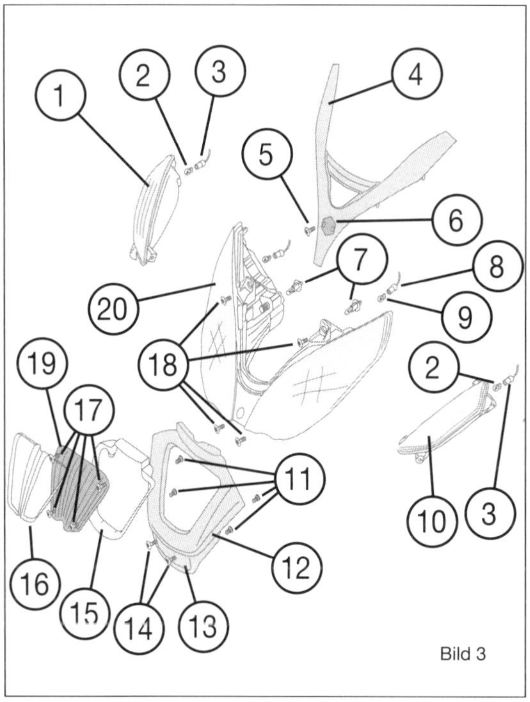

Bild 3

■ Drehen Sie die Schrauben (2 im Bild 2) des Windschildes heraus und nehmen Sie es ab.
■ Drehen Sie die vier Schrauben (17 im Bild 3) an den Ecken des Kühlergrills heraus. Bei einigen älteren Modellen sind lediglich drei Schrauben verbaut.
■ Nehmen Sie den Kühlergrill (19) heraus.

Fahrzeuge mit Sturzbügeln:
■ Demontieren Sie die Sturzbügel rechts und links im vorderen Bereich und an der Fahrzeugfront.

MP3 der ersten Generation:
■ Losen Sie mit einem kleinen Schraubendreher oder einem Kunststoffhebel von links die Verrastung des Emblems (6 im Bild 3) und nehmen Sie es vorsichtig aus den Frontverkleidung heraus.
■ Drehen Sie die darunterliegende Schraube (5) heraus.
■ Hebel Sie die Verkleidung oben (4) von unten beginnend vorsichtig aus den seitlichen Gummiverrastungen heraus.

MP3 der zweiten Generation:
■ Hebel Sie die Verkleidung oben (4) von unten beginnend vorsichtig aus den seitlichen Gummiverrastungen heraus.
■ Drehen Sie die beiden Schrauben des Standlichtes (2 im Bild 4) vorne heraus.
■ Entsichern Sie den Steckkontakt und ziehen Sie ihn auseinander.
■ Nehmen Sie das Standlicht heraus.
■ Öffnen Sie die Handschuhfachklappe und drehen Sie die beiden Schrauben der Verkleidung vorne heraus.
■ Drehen Sie von vorne die vier seitlichen Schrauben der Abdeckung vorne heraus.
■ Drehen Sie von vorne die beiden unteren Schrauben der Abdeckung vorne heraus.
■ Nehmen Sie die Abdeckung vorne ab.
■ Bauen Sie die Kühlerverkleidungen und den Kühlergrill außen komplett wie im Kapitel 11 beschrieben ab.

Weiter für beide Varianten:
■ Drehen Sie die oberen Schrauben des Scheinwerfers (18 im Bild 3) heraus.

MP3 der ersten Generation:
■ Drehen Sie die zwei Befestigungsschrauben im Radlauf (11) rechts und links heraus.
■ Nehmen Sie die Abdeckung unten ab.
■ Entsichern Sie den Steckkontakt zur Standlicht- oder Zusatzleuchte (13) und ziehen Sie ihn ab.

Weiter für beide Varianten:
■ Drehen Sie die unteren Schrauben des Scheinwerfers (18 im Bild 3) heraus.
■ Ziehen Sie den Scheinwerfer (20) aus der Verkleidung heraus.

Bild 4

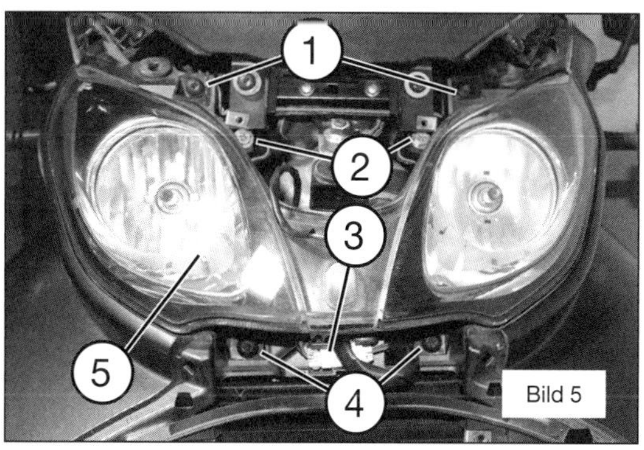

Bild 5

Bild 3
Scheinwerfer im MP3 der Generation 1.
1 Blinkleuchte vorne rechts
2 Glühlampe 12V 10W
3 Lampenfassung
4 Abdeckung oben
5 Schraube
6 Einbauposition Piaggio-Logo
7 Glühlampen H1 12V 55W
8 Lampenfassung
9 Glühlampe Standlicht W5W
10 Blinkleuchte vorne links
11 Schraube
12 Abdeckung unten
13 Einbauposition Standlicht
14 Schrauben
15 Zierrahmen
16 Zierrahmen
17 Schrauben
18 Schrauben
19 Kühlergrill
20 Scheinwerfer

Bild 4
Verkleidung vorne MP3 der Generation 2.
1 Standlicht vorne
2 Schrauben

Bild 5
Hauptscheinwerfer.
1 Schrauben oben
2 Einstellschrauben
3 Stecker Hauptscheinwerfer
4 Schrauben unten
5 Hauptscheinwerfer

Bild 6
Abdeckung Scheinwerfer
1 Drahtbügel
2 Gummiabdeckung
3 Glühlampen
4 Lampenfassung

Bild 7
A Scheinwerferhöhe
B Abblendung (für die Hell-Dunkel-Grenze)
1 Scheinwerferhöhe -5 cm
2 Scheinwerferhöhe

■ Entsichern Sie den Steckkontakt und ziehen Sie ihn auseinander.
■ Nehmen Sie den Scheinwerfer heraus.

Die Montage erfolgt sinngemäß in umgekehrter Reihenfolge.
■ Achten Sie auf den Zustand und den festen Sitz der Steckkontakte.
■ Prüfen Sie die Funktion und Einstellung des Scheinwerfers.

Wechsel der Glühlampe für Auf- oder Abblendlicht.

Der Scheinwerfer beiden Modellvarianten ist mit einphasigen Glühlampen ausgerüstet. Der rechte Scheinwerferreflektor ist für das Abblendlicht, der linke für das Fernlicht zuständig.
■ Bauen Sie den Scheinwerfer wie bereits beschrieben aus.
■ Ziehen Sie die Gummiabdeckung (2 im Bild 6) des Scheinwerfers vom Scheinwerfergehäuse ab.
■ Ziehen Sie den Steckkontakt (4) von der jeweiligen Glühlampe (3) ab.
■ Entsichern Sie die Drahtbügel (1), die die Glühlampe im Reflektor halten.
■ Nehmen Sie die Glühlampe heraus.

Fassen Sie den Glassockel der Glühlampe niemals mit bloßen Fingern an. Die Rückstände des Hautfetts auf dem Glaskolben verdampfen und können die Glühlampe schädigen.

Die Montage erfolgt sinngemäß in umgekehrter Reihenfolge.
■ Achten Sie auf den Zustand und den festen Sitz der Glühlampe im Reflektor.
■ Prüfen Sie die Funktion und Einstellung der Glühlampen vor der endgültigen Montage des Scheinwerfers.

Einstellen des Scheinwerfers

Die Lichteinstellung beim Motorrad ist immer ein Kompromiss zwischen der Blendung des Gegenverkehrs und einer guten Fahrbahnausleuchtung. Die Einstellung ist auch von der Beladung des Motorrades abhängig. Schon der Soziusbetrieb sorgt schnell für eine deutliche Blendung. Die Kontrolle ist deshalb wichtig und sollte auf den Betriebszustand Ihres Motorrades abgestimmt werden. Grundsätzlich sollte eine Abblendung von 10 % erreicht werden.

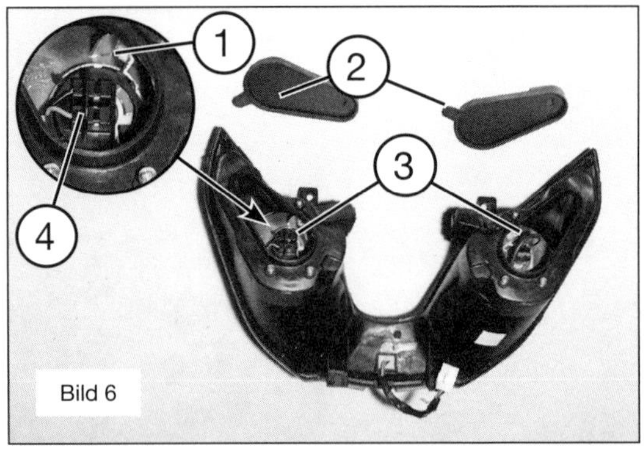

Bild 6

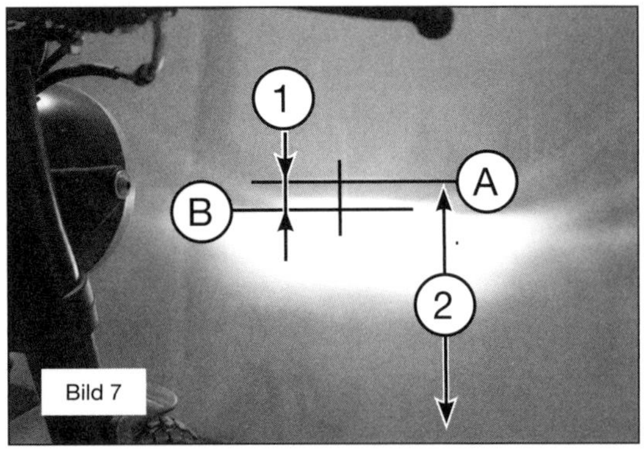

Bild 7

Einstellen der Abblendung an der Garagenwand:
■ Stellen Sie das Motorrad 5 m entfernt gerade auf einer geraden Fläche ab.
■ Lösen Sie das »Roll-Off System«.
■ Setzen Sie eine Person auf den Fahrersitz und federn Sie die Dämpfer kurz durch.
■ Lassen Sie den Motor laufen und schalten Sie das Abblendlicht ein.
■ Messen Sie die Lichtaustrittshöhe des Scheinwerfers mit einem Zollstock.
■ Zeichnen Sie die Höhe an der Wand (auf einem Blatt Papier) mit einem Strich an.
■ Zeichnen Sie einen weiteren Strich 5 cm unter dem Strich für die Lichtaustrittshöhe an.
■ Die obere Kante der Hell-Dunkel-Grenze des Abblendlichtes soll auf dem unteren Strich liegen.
■ Korrigieren Sie die Lichteinstellung wenn erforderlich, indem Sie die Einstellschraube (2 im Bild 5) verdrehen.

Einstellen der Abblendung mit dem Lichteinstellgerät:
■ Stellen Sie das Motorrad gerade auf einer gerade Fläche ab.
■ Positionieren Sie das Lichteinstellgerät gerade vor dem Motorrad.
■ Stellen Sie die Linse des Lichteinstellgerätes in Höhe des Scheinwerfers.

■ Stellen Sie die Abblendung am Einstellgerät auf 10 % ein.
■ Lösen Sie das »Roll-Off System«.
■ Setzen Sie eine Person auf den Fahrersitz und federn Sie die Dämpfer kurz durch.
■ Lassen Sie den Motor laufen und schalten Sie das Abblendlicht ein.
■ Die obere Kante der Hell-Dunkel-Grenze des Abblendlichtes soll auf der Linie auf der Projektionsfläche des Lichteinstellgerätes liegen.
■ Korrigieren Sie die Lichteinstellung wenn erforderlich, indem Sie die Einstellschraube (2 im Bild 5) verdrehen.

Wechsel der Glühlampe für Standlicht

Das Standlicht vorne ist beim MP3 als gesonderte Leuchte ausgeführt. Bei einigen Scheinwerfern sind zusätzliche Glühlampen verbaut. Der Betrieb der Leuchten im Scheinwerfer gemeinsam mit der Standleuchteneinheit ist aber nicht vorgesehen oder zulässig.

Standlicht im Scheinwerfer vorne:
■ Bauen Sie den Scheinwerfer wie bereits beschrieben aus.
■ Ziehen Sie die Gummiabdeckung des Scheinwerfers vom Scheinwerfergehäuse ab.
■ Ziehen Sie die Lampenfassung aus dem Scheinwerfer heraus.
■ Ziehen Sie die Glühlampe gerade aus der Lampenfassung heraus.

Standlichtlampe in einer externen Standlichtleuchte (Fahrzeuge der Generation 1):
■ Entsichern Sie die Rastnasen der Standlichtleuchte und ziehen Sie die Standlichtleuchte nach vorne heraus.

Standlichtlampe in einer externen Standlichtleuchte (Fahrzeuge der Generation 2):
■ Hebeln Sie die Verkleidung oben (4), von unten beginnend, vorsichtig aus der seitlichen Gummiverrastung heraus.
■ Drehen Sie die beiden Schrauben des Standlichtes vorne heraus.
■ Entsichern Sie den Steckkontakt und ziehen Sie ihn auseinander.
■ Nehmen Sie das Standlicht heraus.
■ Ziehen Sie die Lampenfassung aus dem Standlichtgehäuse heraus.
■ Ziehen Sie die Glühlampe gerade aus der Lampenfassung heraus.

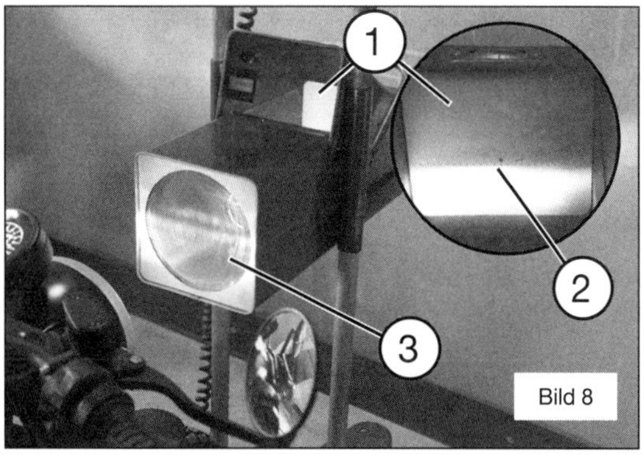

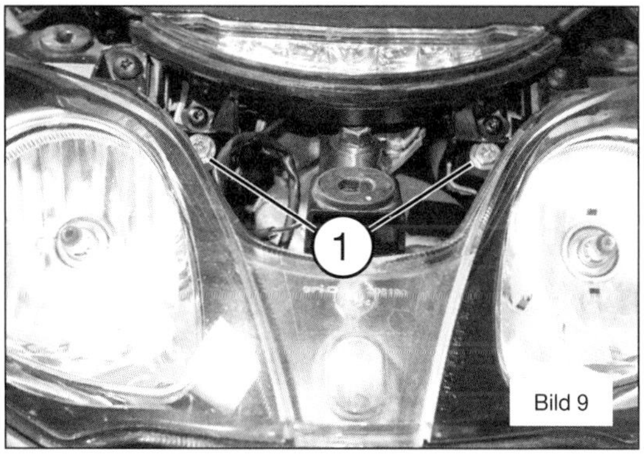

Fassen Sie den Glassockel der Glühlampe niemals mit bloßen Fingern an. Die Rückstände des Hautfetts auf dem Glaskolben verdampfen und können die Glühlampe schädigen.

Die Montage erfolgt sinngemäß in umgekehrter Reihenfolge.
■ Prüfen Sie die Funktion der Glühlampe(n) vor der endgültigen Montage des Scheinwerfers.

Blinkleuchte

Ist die Blinkleuchte als LED-Leuchte ausgeführt, kann sie nur als komplette Einheit ersetzt werden.

Verbaut wurden die Blinkleuchten in der Verkleidung und als externe Blinkleuchte.

Blinkleuchte in der Frontverkleidung (MP3 der ersten Generation)

Die Lampenfassung ist vom Radlauf aus zugänglich.
■ Drehen Sie die Lampenfassung der Blinkleuchte etwa 30° gegen den Uhrzeigersinn (nach links).
■ Nehmen Sie die Lampenfassung aus dem Lampengehäuse heraus.
■ Drücken Sie die Glühlampe etwas hinein

Bild 8
Einstellung mit dem Lichteinstellgerät.
1 Projektionsfläche
2 Soll-Einstell-Linie und die Hell-Dunkel-Grenze
3 Projektionslinse

Bild 9
Einstellschraube am Scheinwerfer.
1 Einstellschrauben

Sichtprüfung Messen

Bild 10
Rücklicht Glühlampe.
1 Blinkerglas
2 Schraube
3 Blinkergehäuse
4 Schraube Blinkerglas

Bild 11
Fassung Blinkleuchte.
1 Blinklichtglühlampe
2 Fassung und Reflektor
3 Blinkergehäuse

Bild 12
Rückleuchten am MP3 der Generation 1
1 Gepäckraumklappe
2 Fassungen Standlicht/ Rücklichtglühlampen
3 Standlicht/Rücklichtglühlampen
4 Mutter
5 Scheiben
6 Halter Blinkleuchte
7 Blinkleuchte
8 Glühlampe Blinkleuchte
9 Blinkleuchtenglas
10 Halter
11 Schrauben
12 Schrauben
13 Verkleidung oben
14 Schrauben
15 Lampenfassung
16 Glühlampe Kennzeichenleuchte
17 Kennzeichenleuchte
18 Kennzeichenleuchte
19 Glühlampe Kennzeichenleuchte
20 Glas Kennzeichenleuchte
21 Abdeckung Kennzeichenleuchte
22 Schrauben
23 Kennzeichenträger
24 Schraube
25 Rückleuchteneinheiten
26 Bremsfahrleuchte
27 Lampenfassung

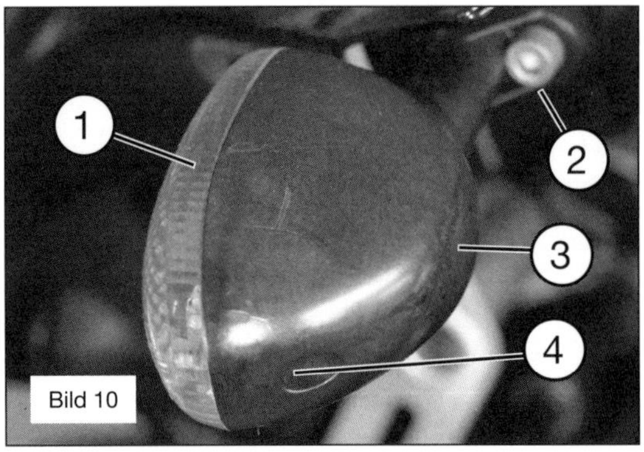

Bild 10

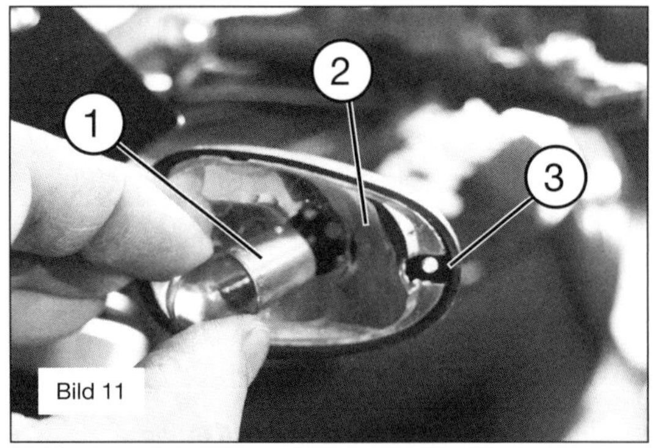

Bild 11

und drehen Sie sie etwa 30° gegen den Uhrzeigersinn (nach links).

■ Nehmen Sie die Glühlampe heraus.

Externe Blinkleuchte

■ Drehen Sie die Schraube auf der Rückseite der Blinkleuchte heraus.

■ Nehmen Sie das Blinkerglas nach vorne ab.

■ Drücken Sie die Glühlampe etwas hinein und drehen Sie sie etwa 30° gegen den Uhrzeigersinn (nach links).

■ Nehmen Sie die Glühlampe heraus.

⚠ Fassen Sie den Glassockel der Glühlampe niemals mit bloßen Fingern an. Die Rückstände des Hautfetts auf dem Glaskolben verdampfen und können die Glühlampe schädigen.

Die Montage erfolgt sinngemäß in umgekehrter Reihenfolge.

■ Prüfen Sie die Funktion der Glühlampe(n) vor der endgültigen Montage der Blinkleuchte.

Rückleuchte

☞ Ist das Rücklicht als LED-Leuchte ausgeführt, kann sie nur als komplette Einheit ersetzt werden kann.

Rückleuchte ausbauen (Fahrzeuge der Generation 1)

☞ Auch für die Rückleuchte gibt es unterschiedliche Varianten, die selbstverständlich auch mit unterschiedlichen Leuchtmitteln ausgestattet sind. Nicht immer finden Sie hierzu einen Hinweis in Ihrem Bordbuch.

■ Schalten Sie die Zündung aus und ziehen Sie den Schlüssel ab.

■ Öffnen Sie die Gepäckraumklappe (1 im Bild 12)

■ Drehen Sie die beiden Schrauben (11) heraus.

■ Demontieren Sie die Kennzeichenleuchten (18) und drehen Sie durch die Öffnung die beiden Schrauben (14) heraus.

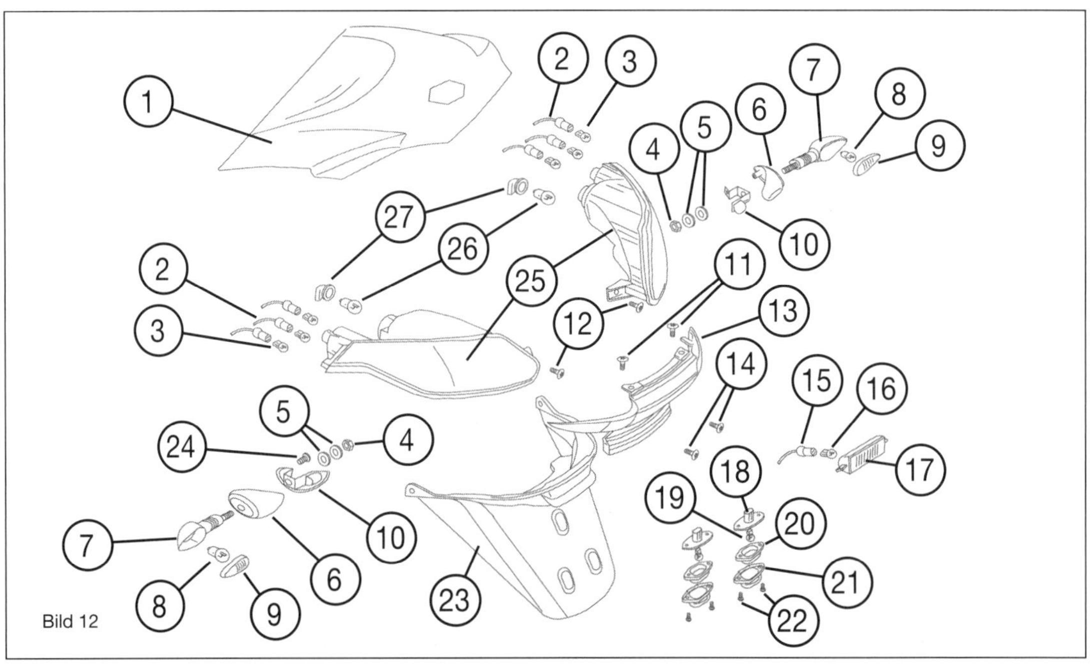

Bild 12

■ Nehmen Sie die Verkleidung oben (13) ab.
■ Drehen Sie die Schraube (12) der entsprechenden Rückleuchte heraus.
■ Ziehen Sie die Rückleuchte gerade nach hinten aus der Karosserie heraus.
■ Entsichern Sie den Steckkontakt und ziehen Sie ihn ab.
■ Nehmen Sie die entsprechende Rückleuchte heraus.

Die Montage erfolgt sinngemäß in umgekehrter Reihenfolge.

Achten Sie auf spannungsfreien Sitz der Rückleuchte in der Verkleidung.
■ Prüfen Sie die Funktion der Lampe.

Glühlampen ausbauen (Fahrzeuge der Generation 1)

Auch für die Rückleuchte gibt es unterschiedliche Varianten, die selbstverständlich auch mit unterschiedlichen Leuchtmitteln ausgestattet sind.
■ Bauen Sie wie beschrieben die entsprechende Rückleuchte aus.

Lampenfassungen aus Gummi:
■ Ziehen Sie die Lampenfassung aus dem Lampengehäuse heraus.
■ Ziehen Sie die Glühlampe gerade aus der Lampenfassung heraus.

Lampenfassungen mit Bajonettverschluss:
■ Drehen Sie die Lampenfassung der Blinkleuchte etwa 30° gegen den Uhrzeigersinn (nach links).
■ Nehmen Sie die Lampenfassung aus dem Lampengehäuse heraus.
■ Drücken Sie die Glühlampe etwas hinein und drehen Sie sie etwa 30° gegen den Uhrzeigersinn (nach links).
■ Nehmen Sie die Glühlampe heraus.

Die Montage erfolgt sinngemäß in umgekehrter Reihenfolge.

Fassen Sie den Glassockel der Glühlampe niemals mit den Fingern an. Die Rückstände des Hautfetts auf dem Glaskolben verdampfen und können die Glühlampe schädigen. Wenn nicht anders möglich, reinigen Sie den Glassockel abschließend mit einem sauberen Lappen.
■ Achten Sie auf den richtigen Sitz des Lampensockels im Scheinwerfer.

Kennzeichenleuchten

Die Kennzeichenleuchten sind werkseitig als Glühlampen (sockelfrei W5W) ausgeführt. Auch hier gibt es LED-Leuchtmittel im Zubehör. Achten Sie auf die Zulassung der Leuchtmittel.

Einfache Kennzeichenleuchte (17 im Bild 12)

Demontage der Kennzeichenleuchte:
■ Drehen Sie die beiden Befestigungsschrauben heraus.
■ Entsichern Sie den Steckkontakt und ziehen Sie den Stecker ab.
■ Nehmen Sie die Kennzeichenleuchte ab.

Wechseln der Glühlampe:

Die Glühlampe ist vom hinteren Staufach zugänglich.
■ Ziehen Sie das Dichtgummi über der Kennzeichenleuchte heraus.
■ Ziehen Sie die Lampenfassung aus Gummi gerade aus der Kennzeichenleuchte heraus.
■ Ziehen Sie die Glühlampe gerade aus der Lampenfassung heraus.

Die Montage erfolgt sinngemäß in umgekehrter Reihenfolge.

Fassen Sie den Glassockel der Glühlampe niemals mit bloßen Fingern an. Die Rückstände des Hautfetts auf dem Glaskolben verdampfen und können die Glühlampe schädigen. Wenn nicht anders möglich, reinigen Sie den Glassockel abschließend mit einem sauberen Lappen.
■ Achten Sie auf den richtigen Sitz des Lampensockels in der Kennzeichenleuchte.

Doppelte Kennzeichenleuchte (18 im Bild 12)
■ Drehen Sie die beiden Befestigungsschrauben (22 im Bild 12) heraus.
■ Nehmen Sie die Abdeckung (21) und das Lampenglas (20) ab.
■ Ziehen Sie die Glühlampe gerade aus der Lampenfassung heraus.

Fassen Sie den Glassockel der Glühlampe niemals mit bloßen Fingern an. Die Rückstände des Hautfetts auf dem Glaskolben verdampfen und können die Glühlampe schädigen. Wenn nicht anders

Sichtprüfung Messen

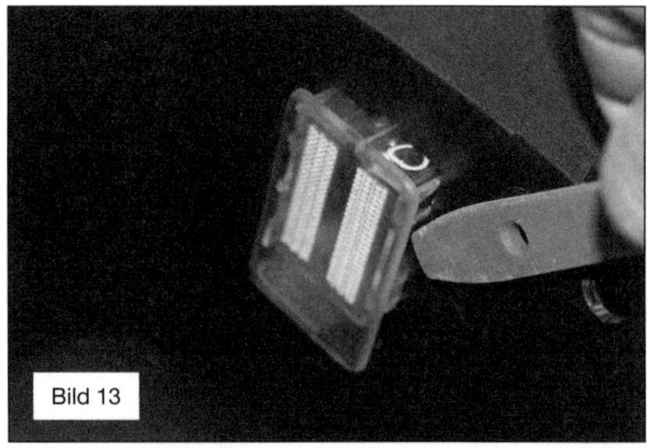

Bild 13
Helmfachbeleuchtung aushebeln.

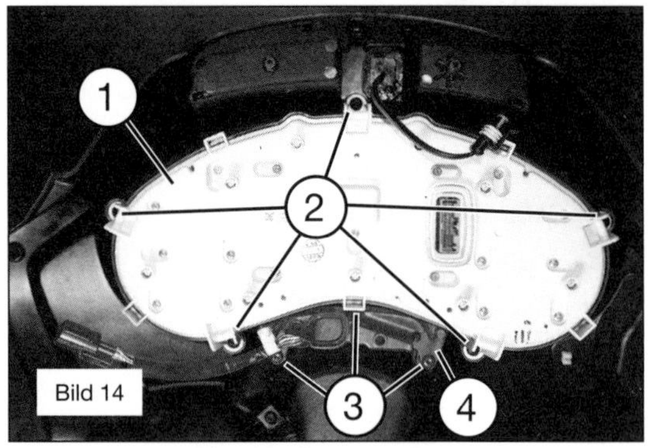

Bild 14
Tacho in der Verkleidung.
1 Tacho
2 Schrauben
3 Schrauben
4 Kontrollleuchteneinheit

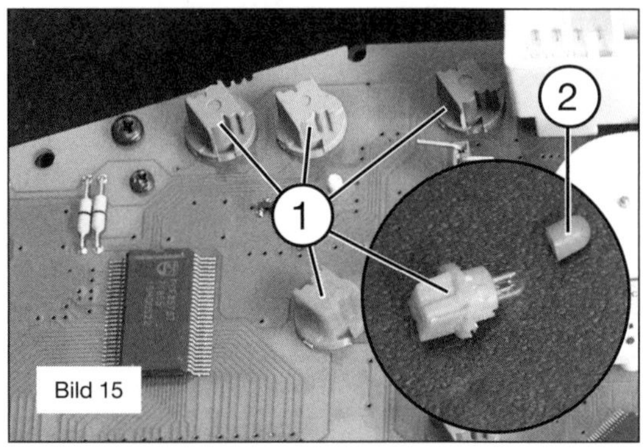

Bild 15
Kontrollleuchten und Beleuchtung.
1 Glühlampe im Tacho
2 Farbkäppchen

möglich, reinigen Sie den Glassockel abschließend mit einem sauberen Lappen.
- Prüfen Sie grundsätzlich den richtigen Sitz der Steckkontakte.
- Prüfen Sie die Funktion der Kennzeichenleuchte(n) nach der Montage.

Helmfachbeleuchtung

Die Helmfachbeleuchtung wird je nach Ausführung über einen Schalter für die Öffnung der Sitzbank und einen Schalter für die Öffnung der Heckklappe eingeschaltet.

Glühlampen und Lampe ausbauen

Die Helmfachbeleuchtung ist in das Helmfach eingeclipst. Verwendet wird hier eine Soffitte mit 10W. Die Beleuchtung unterliegt nicht der Zulassungspflicht und kann auch durch eine LED-Soffitte ersetzt werden.
- Hebeln Sie die Helmfachbeleuchtung mit einem kleinen Schraubendreher vorsichtig aus dem Helmfach heraus.
- Nehmen Sie die Glühlampe aus der Helmfachbeleuchtung heraus.

Die Montage erfolgt sinngemäß in umgekehrter Reihenfolge.

⚠ Fassen Sie den Glassockel der Glühlampe niemals mit bloßen Fingern an. Die Rückstände des Hautfetts auf dem Glaskolben verdampfen und können die Glühlampe schädigen. Wenn nicht anders möglich, reinigen Sie den Glassockel abschließend mit einem sauberen Lappen.

Tachometerbeleuchtung

Die Tachobeleuchtung sowie die Warnlampen sind in den ersten MP3 als Glühlampen ausgeführt. Verwendet werden Glühlampen mit 1,2W. Sie sind einzeln erhältlich. Für die Demontage muss der Tachometer ausgebaut und zerlegt werden. Bei neueren Varianten kommen lediglich LED-Leuchten für die Kontrollleuchten sowie für die Tachoausleuchtung zum Einsatz. Hier ist das Auswechseln werkseitig nicht vorgesehen.

Ausbau des Tachometers
- Schalten Sie die Zündung aus und ziehen Sie den Schlüssel ab.
- Stellen Sie das Motorrad auf den Hauptständer oder einen Montageständer ab.
- Bauen Sie die obere Verkleidung des Beinschildes innen aus. Die Arbeiten werden wir im Kapitel 11 genauer vorstellen.
- Ziehen Sie den Anschlussstecker des Tachometers ab.
- Drehen Sie die fünf Schrauben (2 im Bild 14) zur Befestigung des Tachometers in der Verkleidung heraus.
- Nehmen Sie den Tachometer heraus.

Die Montage erfolgt sinngemäß in umgekehrter Reihenfolge.
- Kontrollieren Sie, dass die Gehäuseteile des Tachometers richtig verrastet sind.
- Achten Sie auf den richtigen Sitz des Anschlusssteckers im Tachometer.
- Prüfen Sie die Funktionen der Beleuch-

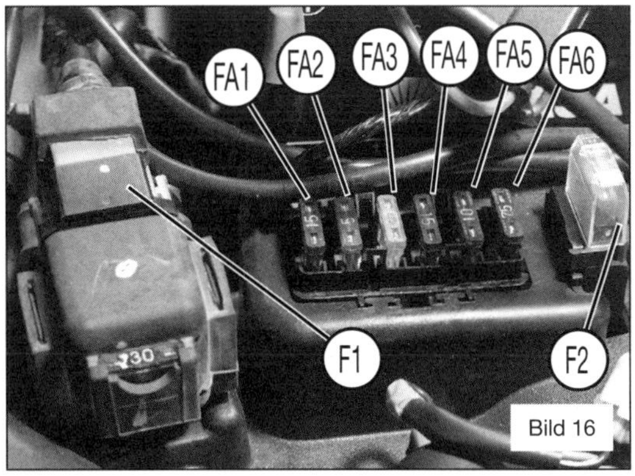

Bild 16

Bild 16
Sicherungsträger FA neben der Batterie.
FA1-FA6 Sicherungen
F1 Vorsicherung am Startrelais
F2 Sicherung ABS-Steuergerät

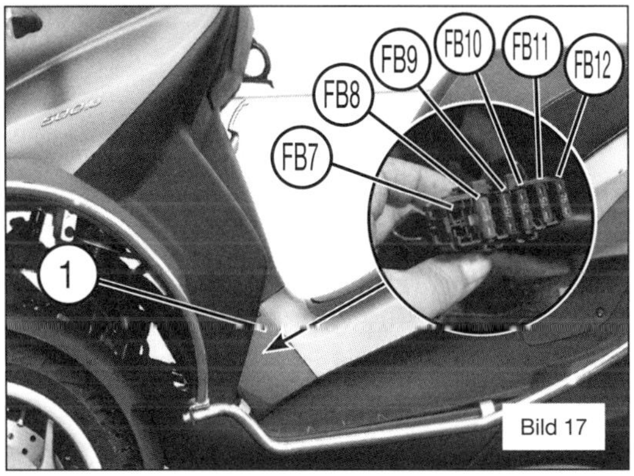

Bild 17

Bild 17
Sicherungsträger FB unter der Abdeckung im Trittbrett.
FB7-FB12 Sicherungen
1 Abdeckung

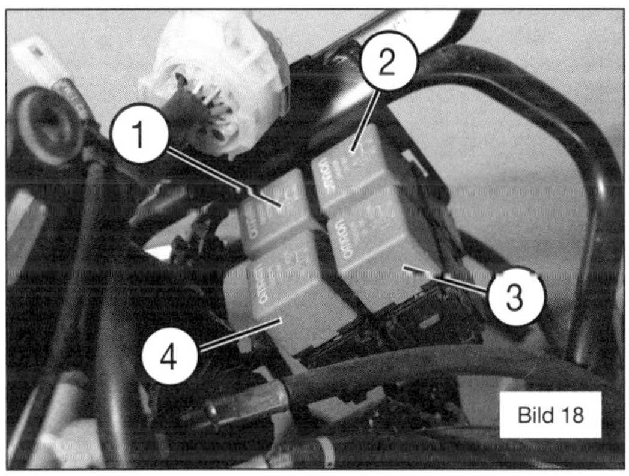

Bild 18

Bild 18
Relais vor dem Tachometer unter der Frontverkleidung oben.
1 Hupenrelais
2 Einspritzrelais
3 Kühlerlüfterrelais
4 Scheinwerferrelais

tung, der Anzeigen und der Kontrollleuchten vor der weiteren Montage.

Glühlampenwechsel am Tachometer

Soweit die Tachobeleuchtung noch als Glühlampe ausgeführt worden ist, können diese auch noch ersetzt werden. Einige Kleinleuchtmittel sind fest mit dem Sockel verbunden und können nur komplett ersetzt werden. Hier müssen Sie dann genau darauf achten, dass der Sockel identisch ist.

Die Leuchten mit Sockel sind auch als LED-Leuchtmittel in unterschiedlichen Farben erhältlich.

- Bauen Sie den Tachometer aus.
- Legen Sie den Tachometer umgedreht auf einem weichen Lappen ab.
- Drehen Sie die Schrauben (2 im Bild 14) auf der Rückseite heraus.
- Nehmen Sie die Tachometerrückseite (1) zusammen mit der Dichtung (2) ab.
- Drehen Sie die entsprechende Glühlampe etwas gegen den Uhrzeigersinn und nehmen Sie sie heraus.

Die Montage erfolgt sinngemäß in umgekehrter Reihenfolge.

- Kontrollieren Sie die Funktion der Glühlampe vor dem Zusammenbau und der Montage des Tachometers.

Sicherungen und Relais

Sicherungen sind in den unterschiedlichen Generationen und Modellen an zwei Positionen zu finden.

Sicherungs- und Relaisplatz unter dem Sitz und der Batterieabdeckung (Bild 16)

Neben der Batterie finden Sie den Sicherungsblock FA mit sechs Sicherungen die für die Dauerplusversorgung des MP3 verantwortlich sind. Die Sicherungen können nicht unbedingt als Vorsicherung gesehen werden. Die verbauten Stromstärken sind in Ihrem Fahrerhandbuch unter dem Stichwort »Sicherungen« aufgeführt. Am Startrelais unter dem Steckkontakt des Startrelais finden Sie die Sicherung F1 mit 30A.

Sicherungsplatz im Trittbrett links Bild 17)

Unter der seitlichen Abdeckung im Trittbrett links ist ein weiterer Sicherungsblock verbaut. Wir bezeichnen diesen Sicherungsblock mit dem Kürzel FB. Hier sind Sicherungen verbaut, die erst nach dem Einschalten der Zündung bestromt werden.

Relaisplatz am Lampenträger (Bild 18)

Am Lampenträger vor dem Tachometer sind die Relais und die Blinkersteuerung verbaut. Zugänglich werden sie, wenn die Windschutzscheibe, die Verkleidung und die Abdeckung oben demontiert worden sind. Die Arbeiten dazu werden wir im Kapitel 11 genauer vorstellen.

Prüfungen an den Sicherungen

Die Prüfungen an den Sicherungen haben wir bereits im Kapitel 7 unter der Überschrift »Messen und Prüfen« vorgestellt.

Sichtprüfung Messen

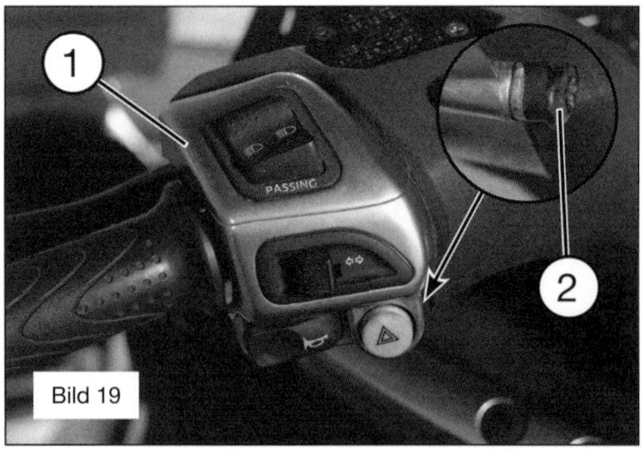

Bild 19

Bild 19
Lenkerschalter rechts.
1 Lenkerschalter
2 Schraube

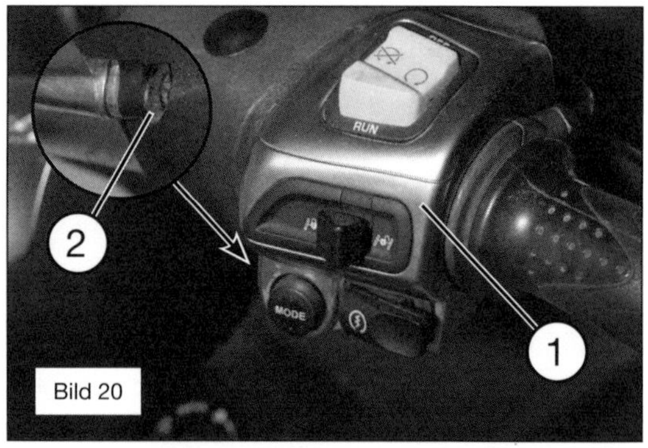

Bild 20

Bild 20
Lenkerschalter links.
1 Lenkerschalter
2 Schraube

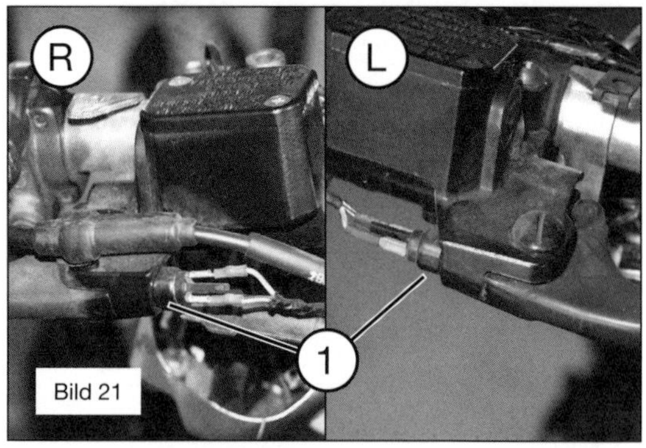

Bild 21

Bild 21
Lenkerschalter rechts.
1 Bremslichtschalter am Handbremshebel
R Bremshebel rechts
L Bremshebel links

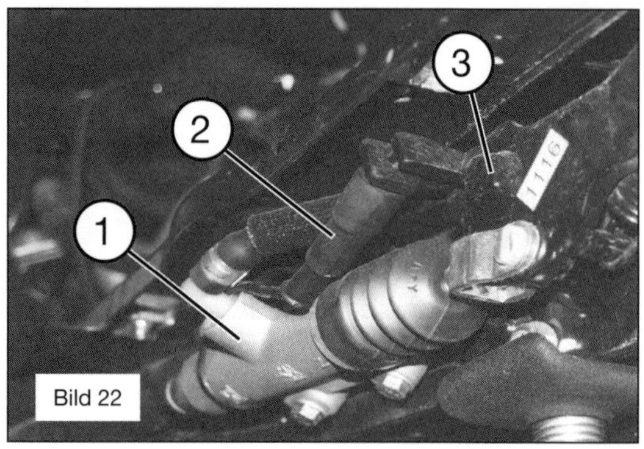

Bild 22

Bild 22
Bremslichtschalter am Fußbremshebel
1 Bremszylinder
2 Bremslichtschalter und Schutzabdeckung
3 Fußbremshebel

Lenkerschalter

Im linken Lenkerschalter sind die Funktionen für die Beleuchtungsanlage untergebracht. Der rechte Lenkerschalter nimmt den Killschalter und die Bedienfunktion für das »Roll-Look-System« auf.

Lenkerschalter Demontage (Bilder 19 und 20)

- Schlagen Sie den Lenker in die entsprechende Richtung ein
- Drehen Sie von vorne die Halteschraube (2 im Bild 19) aus der Schalterblende heraus.
- Heben Sie die Schalterblende leicht an und nehmen Sie die Rastnase aus der Lenkerverkleidung heraus.
- Entsichern Sie den Steckkontakt am jeweiligen Schalter und ziehen Sie ihn ab.

Bremslichtschalter

- Verbaut sind bei jedem MP3 für die beiden Betätigungszylinder am Lenker jeweils ein Bremslichtschalter (1 im Bild 21).
- Bei Fahrzeugen mit Fußbremspedal kommt noch ein weiterer Bremslichtschalter (2 im Bild 22) am Fußbremszylinder hinzu.
- Auch am Handbremshebel im Beinschild vorne ist ein Bremslichtschalter (1 im Bild 23) verbaut. Dieser dient allerdings nur zur Rückmeldung im Armaturenbrett.

☞ Die Bremslichtschalter des MP3 sind unabhängig von ihrer Einbauposition alle in den Bremshebelhalter des Bremshebels eingeschraubt. Sie sind Druckschalter (sogenannte Öffner), die bei unbetätigter Bremse vom Bremshebel betätigt werden. Der Schaltkontakt ist im Ruhezustand der Bremse geöffnet. Der Schaltkontakt schließt, wenn der Bremshebel betätigt und der Bremslichtschalter damit entlastet wird.

Demontage der Bremslichtschalter am Handbremshebel (Bild 21)

- Demontieren Sie die Rückspiegel soweit diese an den originalen Befestigungspunkten verbaut worden sind.
- Bauen Sie die Lenkerabdeckung oben und die Lenkerverkleidungen oben ab.

☞ Die Arbeiten hierzu beschreiben wir Ihnen im Kapitel 11 im Detail.

- Schalten Sie die Zündung aus.
- Entsichern Sie die Steckkontakte und ziehen Sie sie am Bremslichtschalter ab.
- Drehen Sie den Bremslichtschalter aus dem Gewinde am Bremshebelhalter heraus.
- Nehmen Sie den Bremslichtschalter ab.

(Sichtprüfung) Kontrollieren Sie vor der Montage das Gewinde im Bremshebelhalter und reinigen Sie die Anlagefläche am Bremshebel.

■ Tragen Sie vor der Montage des neuen Bremslichtschalters etwas Fett auf die Anlagepunkte am Bremshebel auf.

Demontage der Bremslichtschalter am Fußbremshebel (Bild 22)

■ Demontieren Sie die Trittbrettverkleidung auf der linken Seite.

Die Arbeiten hierzu beschreiben wir Ihnen im Kapitel 11 im Detail.

■ Schalten Sie die Zündung aus.

■ Entsichern Sie die Steckkontakte und ziehen Sie sie am Bremslichtschalter ab.

■ Drehen Sie den Bremslichtschalter gegen den Uhrzeigersinn aus dem Gewinde am Bremshebelhalter heraus.

■ Nehmen Sie den Bremslichtschalter ab.

Kontrollieren Sie vor der Montage das Gewinde im Bremshebelhalter und reinigen Sie die Anlagefläche am Bremshebel.

■ Tragen Sie vor der Montage des neuen Bremslichtschalters etwas Fett auf die Anlagepunkte am Bremshebel auf.

Demontage der Bremslichtschalter am Parkbremshebel (Bild 23)

■ Bauen Sie die Lenkerverkleidungen komplett ab.

■ Lösen Sie die Verkleidung der Armaturenverkleidung.

■ Demontieren Sie die Beinschildverkleidung innen.

Die Arbeiten hierzu beschreiben wir Ihnen im Kapitel 11 im Detail.

■ Schalten Sie die Zündung aus.

■ Entsichern Sie die Steckkontakte und ziehen Sie sie am Bremslichtschalter ab.

■ Drehen Sie den Bremslichtschalter gegen den Uhrzeigersinn aus dem Gewinde am Bremshebelhalter heraus.

■ Nehmen Sie den Bremslichtschalter ab.

Kontrollieren Sie vor der Montage das Gewinde im Bremshebelhalter und reinigen Sie die Anlagefläche am Bremshebel.

■ Tragen Sie vor der Montage des neuen Bremslichtschalters etwas Fett auf die Anlagepunkte am Bremshebel auf.

Die Montage erfolgt für alle Bremslichtschalter sinngemäß in umgekehrter Reihenfolge.

■ Kontrollieren Sie die Funktion des Bremslichtschalters vor der endgültigen Montage.

■ Achten Sie auf festen Sitz der Steckkontakte.

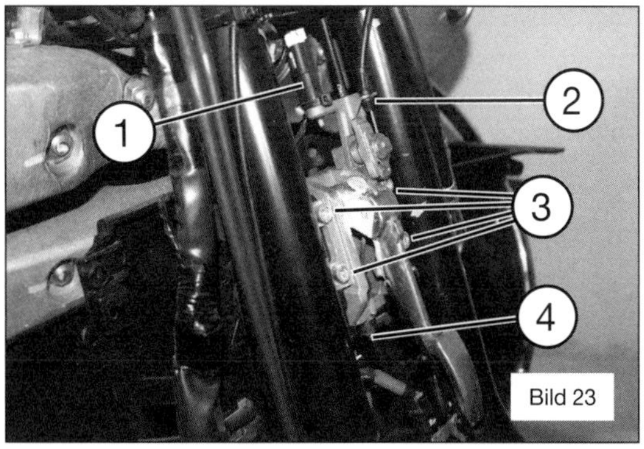

Bild 23

Bild 23
Bremslichtschalter am Parkbremshebel.
1 Bremslichtschalter
2 Sperrseilzug vom Zündschloss
3 Verschraubung am Rahmen
4 Parkbremszug zum Parkbremsbremssattel hinten

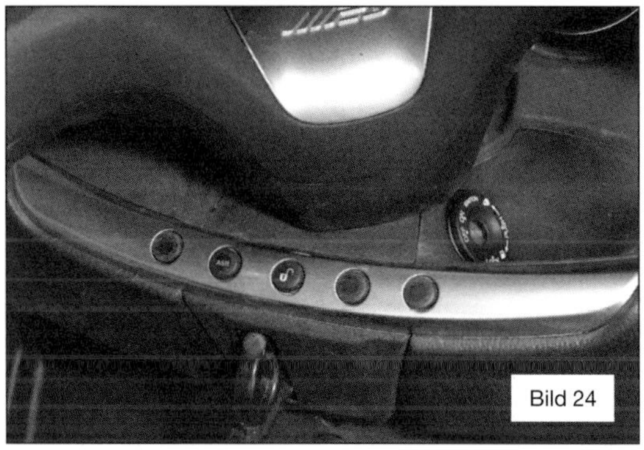
Bild 24

Bild 24
Gepäck und Helmfachschalter im Beinschild innen.

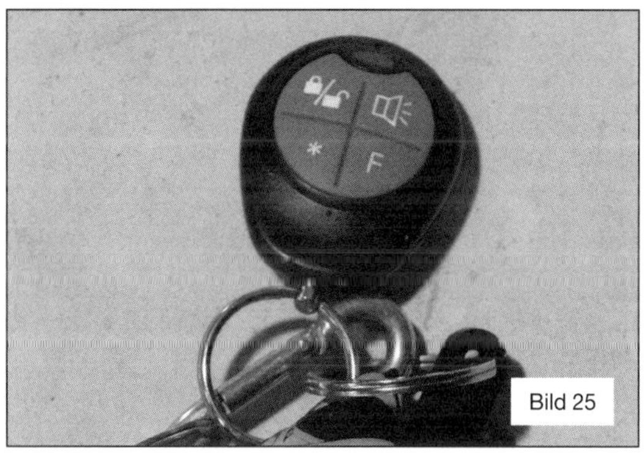
Bild 25

Bild 25
Fernbedienungen zur Gepäckfachöffnung.

Gepäck- und Helmfachschalter

Das Zündschloss selbst sichert das Fahrzeug gegen unberechtigte Benutzung mit einer mechanischen Sperre. Das Staufach unter der Sitzbank und im Fahrzeugheck können elektrisch über Taster, oft über eine Fernbedienung aber auch mechanisch über Seilzüge vom Zündschloss geöffnet werden.

In diesem Kapitel betrachten wir lediglich die elektrischen Schalter zur Öffnung und zum Einschalten der Gepäckfachbeleuchtung.

Die mechanische Betätigung mit den zugehörigen Seilzügen sowie die verbaute Sitzbelegungserkennung betrachten wir im Kapitel 11 zu »Anbauteile und Verkleidungen« genauer.

Bild 26
Schaltkontakte im Schlossschalter des Zündschlosses.
1 Schaltkontakte im Schaltplan
2 Schaltkontakte am Schlossschalter
A-B Schaltkontaktpaar 1
C-D unbelegt
E-F Schaltkontaktpaar 2
G-H Schaltkontaktpaar 3

Bild 27
Demontage der Ringantenne am Zündschloss.
1 Schraubendreher
2 Rastnasen in der Ringantenne

Demontage des Öffnungstasters am Beinschild innen (Bild 24)
■ Bauen Sie die Lenkerverkleidungen komplett ab.
■ Drehen Sie die Schrauben (2) der Abdeckung heraus.
■ Nehmen Sie die Abdeckung ab.
■ Drehen Sie die beiden Schrauben (2) der Tastengruppe heraus.
■ Ziehen Sie die Tastengruppe gerade nach oben heraus.
■ Entsichern Sie die beiden Kabelstecker und ziehen Sie sie ab.

Die Montage erfolgt für alle Bremslichtschalter sinngemäß in umgekehrter Reihenfolge.
■ Kontrollieren Sie die Funktion des Öffnungstasters vor der endgültigen Montage.
■ Achten Sie auf festen Sitz der Steckkontakte.

Zündschloss

Das Zündschloss selbst sichert das Fahrzeug gegen unberechtigte Benutzung mit einer mechanischen Sperre.
■ Das Schloss verhindert die Betätigung des Schlossschalters und kann die Lenkung gegen den Rahmen blockieren. Zusätzlich wird das Lösen der Parkbremse bei verriegeltem Zündschloss blockiert.
■ Jeweils über einen Seilzug wird die Abdeckung für den Tankstutzen und auch das Helmfach entriegelt. So kann das Fahrzeug auch bei leerer Batterie in Betrieb gesetzt werden.

Funktion und Fehler des Zündschlosses
Das Zündschloss kann durchaus unterschiedliche Fehler aufweisen.

■ *Mechanische Fehler:*
Wenn durch Witterungseinflüsse Feuchtigkeit und Schmutz in die Schlossmechanik eingedrungen ist, wird die Betätigung zunehmend schwerer und der Schließzylinder und auch die Mechanik der Lenkungssperre werden schwergängig.

■ *Elektrische Fehler:*
Das Zündschloss übernimmt bei den Piaggio-Modellen noch Schaltfunktionen, bei der auch Verbraucher mit größerer Stromaufnahme geschaltet werden. Grundsätzlich ist

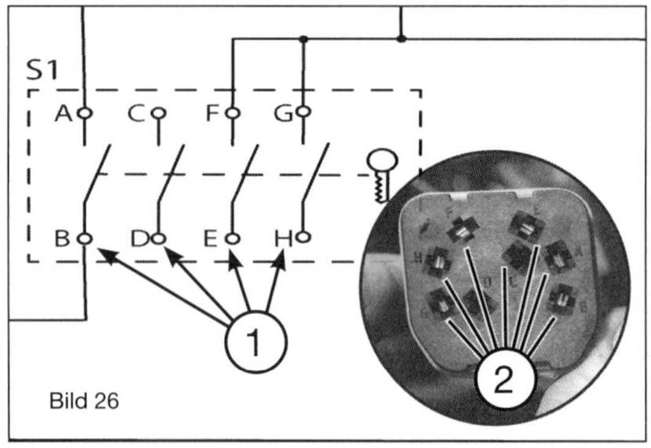

Bild 26

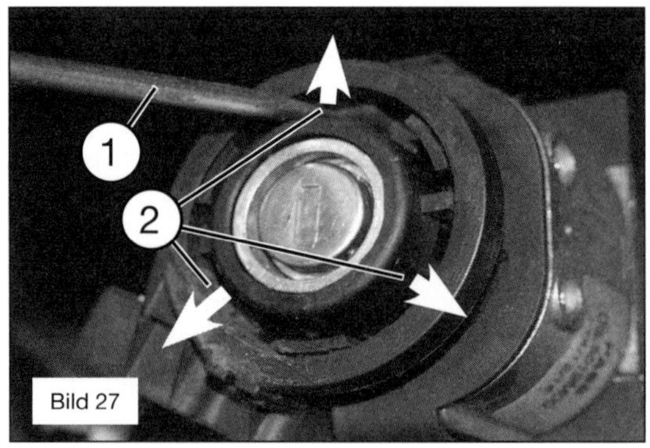

Bild 27

der Schlossschalter genau dafür ausgelegt. Trotzdem kann der Schlossschalter durch Überlastung oder Verschleiß Schäden davontragen. Oft treten diese Fehler schleichend auf und verursachen eine Unterspannung an mehreren Bauteilen. Das ist ein gewichtiger Grund die Nachrüstung von Zubehörteilen hinsichtlich der Stromaufnahme durchaus kritisch zu betrachten.

Demontage der Ringantenne
■ Bauen Sie die Lenkerverkleidungen komplett ab.
■ Demontieren Sie die Schlossabdeckung.
■ Lösen Sie die Verkleidung des Armaturenbretts (Tachometer).
■ Bauen Sie die Beinschildverkleidung innen ab.
■ Schalten Sie die Zündung aus und ziehen Sie den Zündschlüssel ab.
■ Entsichern Sie den Steckkontakt zur Ringantenne und ziehen Sie das Anschlusskabel ab.
■ Entsichern Sie die drei Rastnasen (2 im Bild 27) und ziehen Sie die Ringantenne ab.

Die Montage erfolgt sinngemäß in umgekehrter Reihenfolge.

Achten Sie darauf, dass Steckkontakte und die Ringantenne richtig verrasten.

Demontage des Zündschlosses

Soweit das Zündschloss mit einer Abreißschraube befestigt ist, muss diese Schrauben angekörnt und ausgebohrt werden.

- Bauen Sie die Lenkerverkleidungen komplett ab.
- Demontieren Sie die Frontverkleidung.
- Lösen Sie die Verkleidung des Armaturenbretts (Tachometer).
- Bauen Sie die Beinschildverkleidung innen ab. Informationen zur Demontage finden Sie im Kapitel 11.
- Schalten Sie die Zündung aus und ziehen Sie den Zündschlüssel ab.
- Entsichern Sie den Steckkontakt (5 im Bild 28) zur Ringantenne und ziehen Sie das Anschlusskabel ab.
- Entsichern Sie den Steckkontakt (3) zum Zündschloss und ziehen Sie das Anschlusskabel ab.

Lösen der Verschraubung mit Körnerschlägen gegen den Uhrzeigersinn:

In den meisten Fällen lassen sich die Abreißschrauben mit einigen Schlägen in die Löserichtung mit einem scharfen Meißel oder einem Körner lösen.

- Versuchen Sie die Abreißschraube (4 im Bild 28) seitlich anzukörnen.
- Setzen Sie den Körner leicht schräg an und versuchen Sie die Abreißschraube mit einigen Körnerschlägen gegen den Uhrzeigersinn zu lösen.
- Drehen Sie, sobald möglich, die Abreißschraube mit Hilfe einer Zange heraus.

Lösen der Verschraubungen durch Ausbohren der Schraube:

- Setzen Sie den Körner genau mittig an und körnen Sie die Abreißschraube vor.
- Bohren Sie die Schrauben beginnend mit einem 2-mm-Bohrer auf.
- Erweitern Sie die Bohrungen zuerst auf 3,5 mm und anschließend auf 4,2 mm.
- Demontieren Sie die verbliebene Schraube (4 im Bild 28).
- Nehmen Sie das Zündschloss ab.
- Drehen Sie den Schraubenrest der Abreißschraube heraus.
- Drehen Sie die verbliebene Schraube (4) heraus und nehmen Sie das Zündschloss ab.

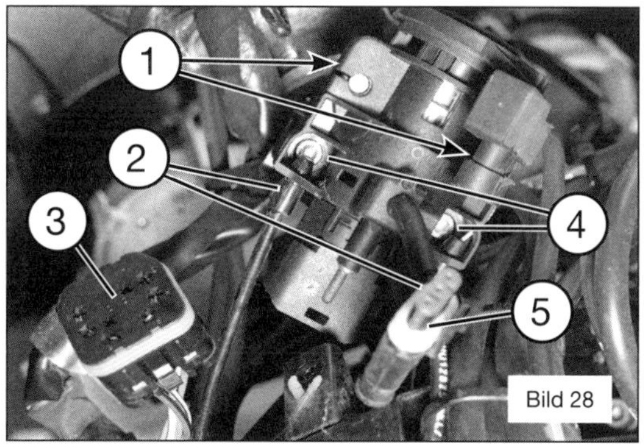

Bild 28
Demontage des Zündschlosses.
1 Zugbetätigung
2 Zughalter am Schloss
3 Steckkontakt Schlossschalter
4 Schrauben
5 Steckkontakt Ringantenne

Die Montage erfolgt für beide Reparaturwege sinngemäß in umgekehrter Reihenfolge.

- Prüfen Sie die Funktion von Schlossschalter und Rahmenschloss vor der endgültigen Montage.
- Prüfen Sie die Ausrichtung des Zündschlosses, so dass sich das Rahmenschloss ohne zu hakeln einrasten und aufschließen lässt.
- Prüfen Sie den Zustand der Steckkontakte der Stecker sowie der Steckerfahnen am Zündschloss beziehungsweise am Steckkontakt der Ringantenne.
- Drehen Sie die Schraube (4 im Bild 28) auf Drehmoment fest.
- Drehen Sie die neue Abreißschraube (4) so weit fest, dass sie an der Sollbruchstelle am Schraubenkopf abreißt.

Bauteil	*Drehmoment*
Zündschloss Abreißschraube	11 Nm
Zündschloss Maschinenschraube	11 Nm

Geführte Fehlersuche

Die folgende Fehlersuche gibt Ihnen eine Fehlersuche vor und beschreibt die Messungen, die Sie im Rahmen der Fehlersuche sinnvollerweise für die elektrische Anlage durchführen sollten. Grundsätzlich stellen wir Ihnen die Messpunkte, die erforderliche Einstellung des Multimeters und natürlich auch die zu erwartenden Messergebnisse für die einzelnen Bauteile oder auch zur besseren Übersicht im Schaltplan vor. Im Laufe der Produktionszeit können einige Messwerte abweichen. Natürlich ist es nicht möglich alle denkbaren Szenarien und Fehler auf den folgenden Seiten abzubilden. Sie können aber aus der Vorgehensweise sicherlich auch für andere oder ähnlich gelagerte Fehler einen Lösungsansatz finden.

Grundvoraussetzung für die meisten Prüfungen an der elektrischen Anlage ist eine Batterie, die intakt und ausreichend geladen ist. Auch bei einer intakten und geladenen Batterie kann es während der Fehlersuche sinnvoll sein, die Batterie mit einem Ladegerät zu unterstützen.

A Prüfung der Batterie

Aufgabe	Information	Ergebnis (Sollwerte)
1 Batterie prüfen und laden	Batterie voll laden, 3 h ruhen lassen und die Batteriespannung prüfen	Tabelle am Anfang des Kapitels 6
2 Batterietest durchführen	Herstelleranweisung des Testgerätes beachten	-

Der Blinker funktioniert nicht

Die Fahrtrichtungsanzeige hat nur wenig mit einer konventionellen Blinkanlage zu tun, auch wenn das Steuergerät vom Format einem Blinkrelais ähnelt. In dieser Prüfung wird die Spannungsversorgung des Blinklichtsteuergerätes geprüft.

A Prüfung der Spannungsversorgung des Blinkrelais

Aufgabe	Information	Ergebnis (Sollwerte)
1 Sicherungen prüfen	■ Prüfen Sie die Hauptsicherung (30A) am Startrelais ■ Prüfen Sie die Sicherung »FB12« im Trittbrett links	-
2 Spannungsversorgung prüfen	■ Messen Sie die Spannung des Anschlusses (6) am Blinkrelais (Batterie) gegen Masse und gegen Anschluss (9) ■ Schalten Sie die Zündung ein und messen Sie die Spannung des Anschlusses (8) am Blinkrelais (Batterie) gegen Masse und gegen Anschluss (9)	12,5 V bis 13,5 V Batteriespannung

In dieser Prüfung wird das Blinkleuchten-Steuergerät ausgeschlossen und die angeschlossenen Blinkleuchten über den Blinkerschalter oder den Warnblinkschalter angesteuert.
Die Vorgehensweise unterscheidet sich zwischen LED- und Glühlampen nicht. Achten Sie darauf, dass das Blinkrelais bei LED-Blinkleuchten auch für die LED-Blinkleuchten geeignet sein muss.

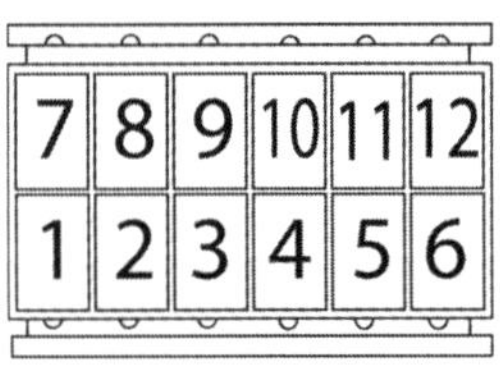

Stecker Blinksteuergerät.
1 Schalter Warnblinker
2 Blinkerschalter links
3 Blinkerschalter rechts
4 Blinklampen links
5 Blinklampen rechts
6 Batterie plus
7 Kontrolle Warnblinker
8 Plus über Zündschloss
9 Masse
10 frei
11 frei
12 frei

B Blinklichtsteuergerät überbrücken

Aufgabe	Information	Ergebnis (Sollwerte)
1 Prüfen Warnblinkschalter	■ Demontieren Sie das Blinklichtsteuergerät ■ Schließen Sie über Kabeladapter eine 5-A-Sicherung an den Anschlussstecker (1 und 4) an ■ Schalten Sie den Warnblinker ein	Die Blinkleuchten in der Fahrtrichtung links leuchten bei geschaltetem Warnblinklicht dauerhaft!
2 Prüfen Blinkerschalter	■ Demontieren Sie das Blinklichtsteuergerät. ■ Schließen Sie über Kabeladapter eine 5-A-Sicherung an den Anschlussstecker (2 und 4) und ein Weiteres von (3 und 5) an ■ Schalten Sie die Zündung ein ■ Schalten Sie den Blinkerschalter nach rechts und nach links	Die Blinkleuchten in der gewählten Fahrtrichtung leuchten bei Anwahl dauerhaft!

C Prüfung der Blinkleuchten		
Aufgabe	Information	Ergebnis (Sollwerte)
1 Prüfen der Spannungsversorgung der Blinkleuchten	■ Legen Sie die Anschlusskabel zu der Blinkleuchte frei ■ Messen Sie die anliegende Spannung am Steckanschluss bei aufgesteckter Blinklampe. Ist die Spannung »OK«, muss die Blinkleuchte beziehungsweise die Glühlampe der Blinkleuchte geprüft werden. Ist die Spannung zu niedrig, muss der Anschluss zum Blinkerschalter und zur Masse geprüft werden	12,5 V bis 13,5 V Batteriespannung
2 Spannungsverlustmessung plusseitig	Die Spannungsversorgung erfolgt über die Hauptsicherung (FA4 neben der Batterie), das Zündschloss und die Sicherung »FB12« für Blinker, Hupe Tachometer und Fahrlicht (7,5A)	Max. 0,5 V
3 Spannungsverlustmessung masseseitig	Die Masseversorgung erfolgt über den Massepunkt von Motor und Rahmen	Max. 0,5 V
4 Anschluss der Blinklampe an eine Spannungsquelle	Anschluss der Steckkontakte der Blinklampe an eine Spannungsquelle. Die Blinkerlampe sollte leuchten. Ist das nicht der Fall, muss die Glühlampe oder soweit es sich um eine LED-Lampe handelt, die komplette Blinkleuchte ersetzt werden	Die Blinkerlampe sollte leuchten

Fern- und/oder Abblendlicht funktionieren nicht

Der linke Lenkerschalter übernimmt die Lichtsteuerung an Ihrem Motorrad. Rücklicht, Kennzeichenleuchte und Standlicht vorne funktionieren bereits bei eingeschalteter Zündung. Die Spannungsversorgung für den Frontscheinwerfer wird über das Fahrtlichtrelais (K2 in den Schaltplänen Bild 43 bis Bild 46) und den Schalter für Auf- und Abblendlicht (S8) realisiert, die Lichthupe über den »PASS«-Taster (S6) für die Lichthupe und die Sicherung FB7 im Trittbrett.

A Prüfung der Spannungsversorgung		
Aufgabe	Information	Ergebnis (Sollwerte)
1 Prüfung der Sicherung »FA4«	Überprüfen Sie den Zustand der Sicherungen »FA4« im Sicherungsträger rechts neben der Batterie	-
2 Prüfung der Sicherung »FB11«	Überprüfen Sie den Zustand der Sicherungen »FB11« im Sicherungsträger im Trittbrett links	-
3 Prüfung der Spannungsversorgung am Relais für Fahrlicht (K2)	Schließen Sie ein Messkabel an den Anschluss (30) des Relais für Fahrlicht unter dem vorderen Beinschild rechts an. Messen Sie die Gleichspannung. Das Einschalten der Zündung ist nicht erforderlich	12,5 V bis 13,5 V Batteriespannung

Sichtprüfung | Messen

B Umschalter für Auf- und Abblendlicht

Bei allen Varianten leuchtet das Standlicht bereits bei eingeschalteter Zündung. Über das Fahrlichtrelais wird mit dem Steuergerät für Kippsperre das Fahrlicht zugeschaltet.

Aufgabe	Information	Ergebnis (Sollwerte)
1 Prüfung des Umschalters für Auf- und Abblendlicht in der Funktion Abblendlicht	Der Auf- und Abblendschalter betätigt lediglich je nach Anwahl das Auf- oder Abblendlicht. ■ Schalten Sie die Zündung ein. ■ Legen Sie den Steckkontakt für den linken Lenkerschalter frei. ■ Schalten Sie das Abblendlicht ein. Messen Sie den Spannungsverlust über dem Schaltkontakt des Lichtumschalters zum Abblendlicht	Max. 0,5 V
2 Prüfung des Umschalters für Auf- und Abblendlicht in der Funktion Fernlicht	Der Auf- und Abblendschalter betätigt lediglich je nach Anwahl das Auf- oder Abblendlichtrelais. ■ Schalten Sie die Zündung ein. ■ Legen Sie den Steckkontakt für den linken Lenkerschalter frei. ■ Schalten Sie den Lichtschalter auf die Position Fernlicht ein. Messen Sie den Spannungsverlust über dem Schaltkontakt des Fernlichtes	Max. 0,5 V
3 Prüfung des Tasters für Fernlicht/Lichthupe	■ Schalten Sie die Zündung ein ■ Schalten Sie das Abblendlicht ein ■ Betätigen Sie die Lichthupe und messen Sie den Spannungsverlust über dem Schaltkontakt des Lichthupentasters	Max. 0,5 V

C Prüfung am Scheinwerfer

Aufgabe	Information	Ergebnis (Sollwerte)
1 Prüfungen der Anschlüsse der vorderen Lampen	■ Kontrollieren Sie, ob die Anschlüsse verfärbt oder beschädigt sind ■ Kontrollieren Sie, ob die Steckkontakte fest auf den Glühlampen, beziehungsweise fest auf dem Lampenstecker sitzen	-
Bei Fahrzeugen mit H7-Glühlampen sollten Sie unbedingt die Glühlampen ausbauen und überprüfen. Informationen dazu finden Sie am Anfang dieses Kapitels in diesem Band.		
2 Prüfung der Spannung an Glühlampen (bei Scheinwerfern mit Halogenlampen)	■ Schalten Sie die Zündung ein. ■ Schalten Sie das Abblendlicht ein und messen Sie die Spannung am Abblendscheinwerfer am Steckeranschluss für Abblendlicht ■ Schalten Sie das Fernlicht ein und messen Sie die Spannung am Fernlichtscheinwerfer	12,5 V bis 13,5 V Batteriespannung
3 Prüfung der Spannung an der Standlichtglühlampe	■ Schalten Sie die Zündung ein. Messen Sie die Spannung am Abblendscheinwerfer am Steckeranschluss für Abblendlicht	

Das Bremslicht funktioniert nicht

Das Bremslicht wird durch die beiden vorderen Bremslichtschalter an den Bremshebeln beziehungsweise den hinteren Bremslichtschalter am Fußbremshebel eingeschaltet. Die Spannungsversorgung erfolgt bei eingeschalteter Zündung über die Sicherung »FB8« im Trittbrett links. Bei Fahrzeugen der »Generation 1« erfolgte die Bestromung der Bremslichtschalter von der Sicherung. Bei Fahrzeugen der »Generation 2« erfolgt die Ansteuerung der Bremslichtlampe über das Motorsteuergerät (Anschluss 18) und über das Bremslichtrelais (K4). Die Schalterbetätigung wird dann über das Motorsteuergerät erfasst (Anschlüsse 23 und 31).

A Prüfung am Bremslichtschalter

Aufgabe	Information	Ergebnis (Sollwerte)
1 Prüfung am Bremslichtschalter vorne 2 Prüfung am Bremslichtschalter hinten	Legen Sie den Steckkontakt frei, ziehen Sie ihn ab und messen Sie den Widerstand des Schalterkontaktes	Unbetätigt: ∞Ω (unendlich großer Widerstand) Betätigt: 0 Ω
3 Bremslichtschalter überbrücken	Ziehen Sie den Steckkontakt ab und überbrücken Sie ihn kabelbaumseitig. Schalten Sie die Zündung ein	Das Bremslicht leuchtet.

B Prüfung am Rücklicht (Bremslicht)

Aufgabe	Information	Ergebnis (Sollwerte)
1 Prüfung der Sicherung im Sicherungsträger	Prüfen Sie den Zustand der Sicherung »FB8« im Sicherungsträger im Trittbrett	-
2 Prüfung der Anschlüsse Rückleuchte	Kontrollieren Sie, ob die Steckkontakte fest auf dem Lampenstecker sitzt	-
3 Prüfung der Spannung an der Rückleuchte	Betätigen Sie einen Bremshebel und messen Sie die Spannung an den Anschlüssen Bremslicht (gelb-grün) und (blau) Masse	12,5 V bis 13,5 V Batteriespannung

Die Rückleuchte funktioniert nicht

Das Rücklicht wird bei Fahrzeugen ohne Lichtschalter durch das Zündschloss eingeschaltet. Die Spannungsversorgung erfolgt über die Sicherung »FA4« als Vorsicherung und über die Sicherung »FB12« im Trittbrett links.

A Prüfung am Rücklicht

Aufgabe	Information	Ergebnis (Sollwerte)
1 Prüfung der Sicherung im Sicherungsträger	Prüfen Sie den Zustand der Sicherung »FB12« im Sicherungsträger links im Trittbrett	-
2 Prüfung der Anschlüsse Rückleuchte	Kontrollieren Sie, ob die Steckkontakte fest auf dem Lampenstecker und dem Verbindungsstecker zum Kabelbaum sitzen	-
3 Prüfung der Spannung an der Rückleuchte	Betätigen Sie einen Bremshebel und messen Sie die Spannung an den Anschlüssen Rücklicht (gelb) und (blau) Masse	12,5 V bis 13,5 V Batteriespannung

*Der Widerstand kann je nach Hersteller des Relais unterschiedlich ausfallen 5 Ω - 100 Ω

Fehler im Fahrlichtrelais

Das Fahrlichtrelais schaltet die Spannungsversorgung für den Auf- und Abblendschalter auf. Die Spannungsversorgung des Relais erfolgt ansteuerseitig über die Sicherung »FB8«.
Das Steuergerät für die Kippsperre (Roll-Lock-System) gibt das Einschalten des Fahrlichts frei.

Für die Prüfung des Relaisschalters muss die Spule mit einer Spannung von 12 V beaufschlagt werden. Um Schäden weitestgehend zu vermeiden, sichern Sie die Spannungsversorgung mit 1 A ab oder reduzieren Sie den Strombegrenzer des Labornetzteils entsprechend.

Unbetätigt sind die Schaltkontakte grundsätzlich offen. Der gemessene Widerstand sollte unendlich groß sein. Das Multimeter zeigt dann in der Regel »OL« (open loop).

Wird die entsprechende Spule bestromt, wird der Schaltkontakt geschlossen und der Widerstand ändert sich auf 0Ω.

A Prüfung der beiden Lichtrelais (Auf- und Abblendlicht)

Aufgabe	Information	Ergebnis (Sollwerte)
1 Prüfung der Relaisspule	■ Messen Sie den Widerstand zwischen dem Anschlusspin 85 (blau) und Anschlusspin 86 (schwarz am Abblendrelais oder weiß am Aufblendrelais)	ca. 10 Ω*
2 Prüfung des Relaisschalters	■ Messen Sie den Widerstand des Relaisschalters zwischen dem Anschlusspin 30 (orange-hellblau) und Anschlusspin 87 (schwarz-weiß am Abblendrelais, weiß-schwarz am Aufblendrelais)	∞ Ω (unendlich großer Widerstand)
	■ Legen Sie eine Spannung von 12 V an den Anschlusspin 85 und 86 an. ■ Messen Sie den Widerstand des Relaisschalters zwischen dem Anschlusspin 30 (orange-hellblau) und Anschlusspin 87 (schwarz-weiß am Abblendrelais, weiß-schwarz am Aufblendrelais)	Ca. 0 Ω

Lichthupe funktioniert nicht

Der Lichthupentaster wird über die gleiche Sicherung »FB9« wie die Hupe mit Spannung versorgt. Die Lichthupe funktioniert bei eingeschalteter Zündung, auch wenn das Fahrlicht durch das Steuergerät für die Kippsperre nicht freigegeben worden ist.

A Prüfung des Lichthupentasters

Aufgabe	Information	Ergebnis (Sollwerte)
1 Prüfung der Spannung am Lichtschalter	■ Legen Sie den Hupentaster frei. ■ Schalten Sie die Zündung ein und prüfen Sie, ob am Anschlusskabel des Lichthupentasters Spannung anliegt	12,5 V bis 13,5 V Batteriespannung
	■ Schalten Sie die Zündung ein, betätigen Sie den Lichthupentaster und prüfen Sie ob am anderen Anschlusskabel des Lichtschalters Spannung anliegt	
2 Spannungsverlustmessung über dem Schaltkontakt des Lichthupentasters	■ Schalten Sie die Zündung ein, betätigen Sie den Lichthupentaster und messen Sie, bei betätigtem Taster den Spannungsabfall über dem Schaltkontakten	Max. 0,5 V

Hupe funktioniert nicht

Der Hupentaster wird über die gleiche Sicherung »FB9« wie die Lichthupe mit Spannung versorgt. Die Hupe funktioniert bei eingeschalteter Zündung.

A Prüfung des Hupentasters

Aufgabe	Information	Ergebnis (Sollwerte)
1 Prüfung der Spannung am Hupentaster-eingang	■ Schalten Sie die Zündung ein und prüfen Sie, ob am grünen Anschlusskabel des Hupentasters Spannung anliegt	12,5 V bis 13,5 V Batteriespannung
2 Prüfung der Spannung am Hupentaster-ausgang	■ Schalten Sie die Zündung ein und betätigen Sie den Hupentaster. Prüfen Sie, ob am anderen Anschluss des Hupentasters Spannung anliegt	
3 Prüfung der Spannung an der Hupe (plusseitig)	■ Schalten Sie die Zündung ein und betätigen Sie den Hupentaster. Prüfen Sie, ob am Anschlusskabel der Hupe Spannung anliegt	
4 Spannungsverlustmessung am Masseanschluss der Hupe	■ Schalten Sie die Zündung ein und betätigen Sie den Hupentaster. Messen Sie den Spannungsabfall des Masseanschlusses der Hupe	Max. 0,5 V
5 Spannungsverlustmessung über dem Schaltkontakt des Hupentasters	■ Schalten Sie die Zündung ein, betätigen Sie den Hupentaster und messen Sie, bei betätigtem Taster den Spannungsabfall über dem Schaltkontakten.	Max. 0,5 V

Messen und Prüfen

Informationen zu den Sicherungen

Die »Flachsicherungen« sind nicht nur in unterschiedlichen Stromstärken lieferbar, sondern auch in unterschiedlichen Baugrößen. Die farbliche Kennzeichnung stellen wir Ihnen in der nachfolgenden Tabelle vor. Die im Bild 29 angegebenen Abmessungen beziehen sich auf die Baulänge (A) des Kunststoffgehäuses. Die Sicherungen lassen sich so recht einfach unterscheiden.

Baulänge und Bezeichnung

Baulänge	*Abmessung*
»Maxi«-Sicherung (1 im Bild 26)	ca. 29 mm
»ATO«-Sicherung (2 im Bild 26)	ca. 19 mm
»Mini«-Sicherung (3 im Bild 26)	ca. 11 mm

Nachrüsten von Sicherungen und Sicherungsträgern

Gerade dann, wenn Sonderzubehör wie eine Griffheizung oder zusätzliche Scheinwerfer nachgerüstet werden, müssen neben der serienmäßigen elektrischen Anlage zusätzlich abgesicherte Stromkreise entstehen. Piaggio hat keine Möglichkeit geschaffen,

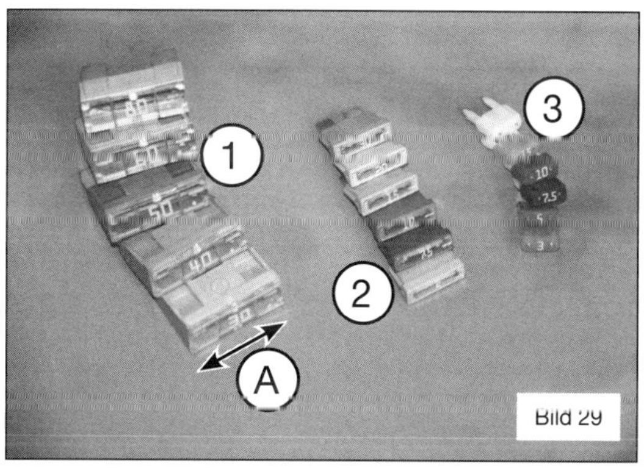

Bild 29
Unterschiedliche Sicherungen.
1 Maxi-Sicherung 29 mm
2 ATO-Sicherung 19 mm
3 Mini-Sicherung 11 mm
A Baulänge

die Spannungsversorgung an das serienmäßige Bordnetzsystem anzuschließen. Soll aber ein Verbraucher angeschlossen werden, wird auch eine zusätzliche Absicherung erforderlich. Sehr wichtig ist im Bordbuch oder/und in diesem Buch die Ergänzung der elektrischen Anlage zu vermerken.

Anschlüsse an der Batterie:

⚠ Achten Sie darauf, dass Sie die Anschlusskabel und die Verschraubungen kurzschlusssicher ausführen. Auch bei Bewegung der Batterie muss sichergestellt sein, dass kein Kurzschluss erfolgen kann. Fixieren Sie die Anschlusskabel am Fahrzeug oder Kabelbaum mit Kabelbindern.

Dokumentation:
Alles was Sie an Ihrem Motorrad verändern, sollten Sie sich entsprechend im Fahrerhandbuch oder in dieser Reparaturanleitung dokumentieren, um es auch nach Jahren noch nachvollziehen zu können. Eine einfache Tabelle wie die, die wir im Anschluss eingefügt haben, kann hier sehr hilfreich sein.

Funktion	*Einbauort*	*Stromstärke*

Prüfung der Ladespannung mit eingeschalten Zusatzverbrauchern:
Die Batterie ist ein sehr guter Puffer. Oftmals kann sie auch einen deutlichen höheren Verbrauch kurzfristig auffangen. Liefert aber der Generator oder der Regler aufgrund der höheren Last keine ausreichende Spannung mehr, wird die Batterie nicht mehr geladen. Im ungünstigsten Fall bleiben Sie mit unzureichender Batteriespannung liegen.

Stromstärken und Farben
In Ihrem MP3 kommen werkseitig lediglich die ATO-Sicherungen zum Einsatz. Allerdings können bei zusätzlichen Absicherungen von Anbauteilen durchaus auch die anderen Bautypen zum Einsatz kommen.

Wechseln Sie niemals eine Sicherung gegen eine größere aus. Auch die Kabel sind nur für klar definierte Ströme ausgelegt und können Schaden nehmen.

Farbmarkierung	*Stromstärke*
Schwarz	1 A
Grau	2 A
Violett	3 A
Rosa	4 A
Hellbraun	5 A
Braun	7,5 A
Rot	10 A
Blau	15 A
Gelb	20 A
Klar (oder Weiß)	25 A
Blaugrün	30 A
Orange (Maxi-Flachsicherung)	40 A
Rot (Maxi-Flachsicherung)	50 A
Blau (Maxi-Flachsicherung)	60 A
Hellbraun (Maxi-Flachsicherung)	70 A
Klar (Maxi-Flachsicherung)	80 A
Violett (Maxi-Flachsicherung)	100 A

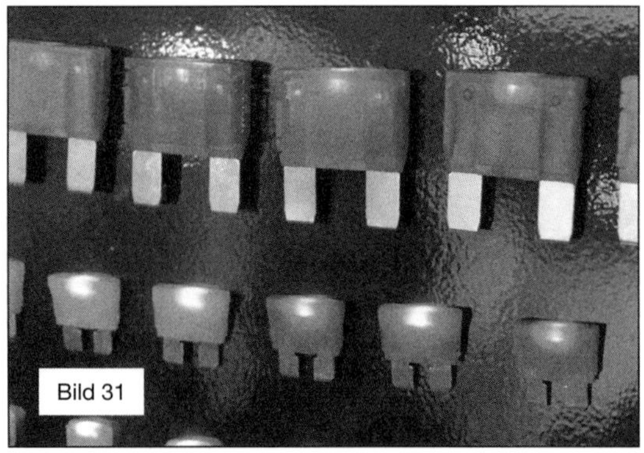
Bild 31
Besonderes Sonderzubehör ist die Leuchtsicherung. Leicht zu erkennen sind die durchgebrannten Sicherungen, die mit einer LED ausgerüstet sind.

Prüfung der Sicherung
Eigentlich sind die im Bild 31 vorgestellten »Leucht-Sicherungen« eine nette Erfindung, die einem bei einer Fehlersuche eine schnelle »Erleuchtung« bescheren kann. Allerdings kommt hier eher noch eine Fehlerquelle hinzu. Eine nicht leuchtende Sicherung

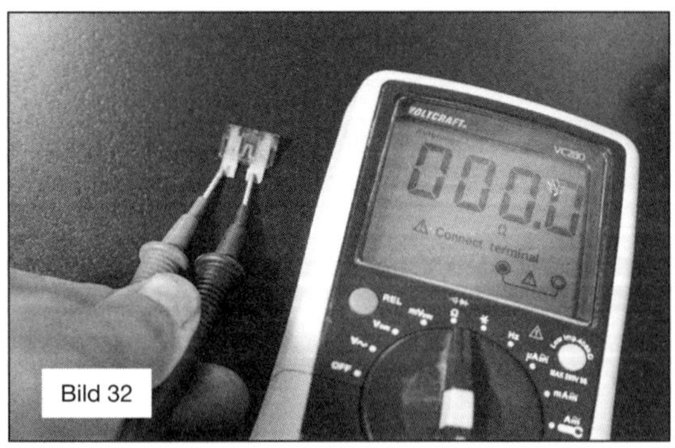
Bild 32
Durchgangsprüfung der Sicherung.

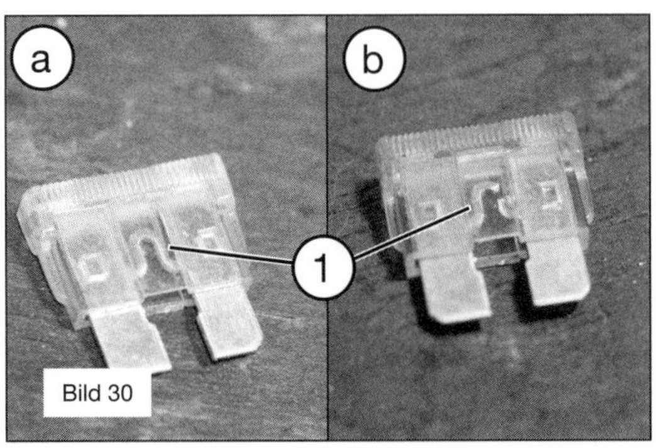

Bild 30
Spannungsmessung an der Sicherung.

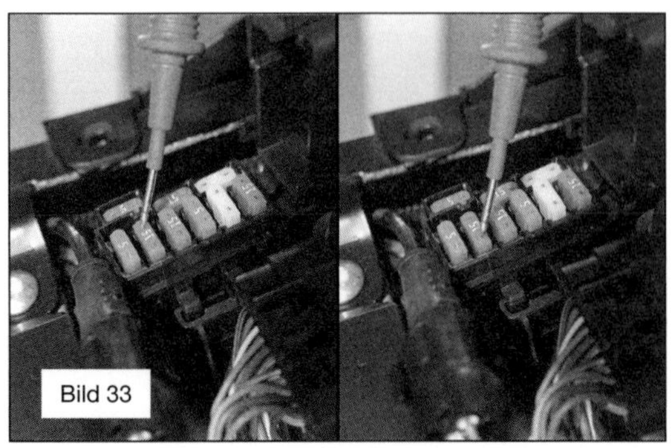
Bild 33
Optische Prüfung der Sicherung.
1 Leiterfaden
a Intakte Sicherung
b Defekte Sicherung

kann immer noch defekt sein. Entsprechend sollte auch diese Spezialsicherung wie eine Seriensicherung geprüft werden.

■ Schalten Sie die Zündung aus und ziehen Sie den Schlüssel ab.

■ Bauen Sie den Sitz ab.

■ Clipsen Sie die Sicherungsabdeckung auf.

Optische Prüfung der Sicherung (Bild 30):

■ Ziehen Sie die Sicherung gerade aus dem Sicherungsträger heraus.

Kontrollieren Sie, ob der Leiterfaden (1 im Bild 30) noch intakt ist.

Durchgangsprüfung der Sicherung (Bild 32):

Messen Sie den Widerstand einer Sicherung niemals im eingebauten Zustand. Sie können sehr leicht das Multimeter oder zumindest die im Multimeter verbaute Sicherung zerstören.

■ Ziehen Sie die Sicherung gerade aus dem Sicherungsträger heraus.

■ Stellen Sie das Multimeter auf einen Messwert von 200 Ω ein.

■ Halten Sie die schwarze Messspitze (COM) an den einen Anschluss der Sicherung.

■ Halten Sie die rote Messspitze gleichzeitig an den anderen Anschluss der Sicherung.

■ Lesen Sie den Messwert des Multimeters ab. Er sollte etwa 0 Ω betragen.

Die Anzeige »OL« oder »-1« bedeutet »over loop« und bedeutet, dass keine Verbindung zwischen den Messpunkten besteht oder der Messbereich zu klein gewählt wurde. Für die Prüfung an der Sicherung bedeutet es, dass die Sicherung leider defekt ist.

Spannungsmessung an der Sicherung (Bild 33):

Für die Spannungsmessung an der Sicherung muss die Sicherung auch mit Spannung versorgt werden. Entsprechend muss die Zündung eingeschaltet sein.

■ Stellen Sie das Multimeter auf einen Messwert von 20 V ein.

■ Halten Sie die schwarze Messspitze (COM) an die Batteriemasse (-).

■ Halten Sie die rote Messspitze gleichzeitig an den einen Anschluss der Sicherung.

■ Lesen Sie den Messwert des Multimeters ab. Er sollte der Batteriespannung entsprechen (12,5 bis 13,5 V).

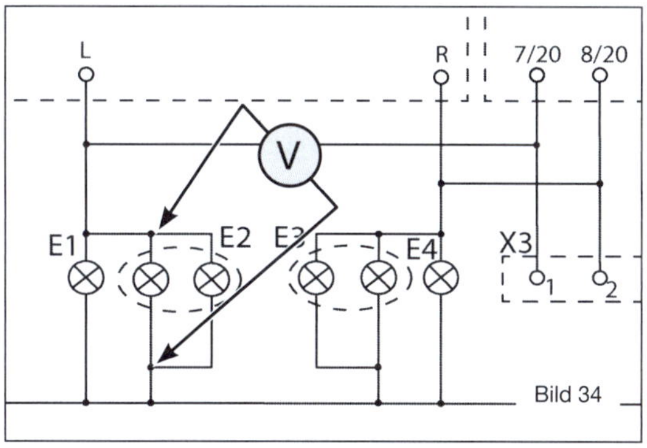

Der Messwert sollte an beiden Anschlüssen der Sicherung gleich sein. Liegt die Spannung nur an einer Seite der Sicherung an, ist sie leider defekt und muss ersetzt werden.

■ Soweit erforderlich, ersetzen Sie die Sicherung gegen eine neue in der Stromstärke, die der Fahrzeughersteller vorgegeben hat.

Die Montage erfolgt sinngemäß in umgekehrter Reihenfolge.

■ Prüfen Sie die elektrische Anlage und im Speziellen die Funktion des Schaltkreises, an dem die Sicherung ersetzt wurde.

Spannungsmessung an der Blinkleuchte (Bild 34)

■ Legen Sie den Steckkontakt der betroffenen Blinkleuchte frei.

■ Ziehen Sie den Steckkontakt ab.

■ Schalten Sie die Zündung ein und schalten Sie den Blinkerschalter auf die fehlerhafte Fahrtrichtung. Wahlweise können Sie auch die Warnblinkschalter einschalten.

■ Stellen Sie das Multimeter auf einen Messwert von 20V DC ein.

■ Stecken Sie die schwarze Messspitze (COM) mit einem passenden Adapter an den Masseanschluss oder klemmen Sie sie an den Fahrzeugrahmen.

■ Stecken Sie die rote Messspitze mit einem passenden Adapter gleichzeitig an den einen Plusanschluss der Blinkleuchte.

■ Lesen Sie den Messwert des Multimeters ab. Er sollte etwa der Batteriespannung entsprechen (12,5 bis 13,5 V). Die Spannung wird durch das Blinkrelais an- und abgeschaltet. Der Messwert schwankt dann entsprechend.

Wenn Sie das Blinkrelais wie beschrieben überbrückt haben, sollte die Spannung dauerhaft anliegen.

Bild 34
Spannungsmessung an beiden Steckern der Blinkleuchte.
V Anschluss Voltmeter (Auszug aus dem Schaltplan Bild 43)

Sichtprüfung Messen

Wenn die Spannung anliegt, aber die Blinkleuchte nicht leuchtet, prüfen Sie die Glühlampe (bei älteren Varianten) oder ersetzen Sie die Leuchteneinheit (bei LED-Leuchten).

Die Montage erfolgt sinngemäß in umgekehrter Reihenfolge.

■ Prüfen Sie die Funktion der Blinkanlage vor der endgültigen Montage.

Spannungsverlustmessung plusseitig an der Blinkleuchte (Bild 34)

Leuchtet eine Blinkleuchte schwächer oder gar nicht, lässt sich über die Spannungsverlustmessung recht einfach feststellen, ob der Fehler auf dem plusseitigen Weg (Batterie-Zündschloss-Blinkrelais-Blinkerschalter) zu finden ist.

■ Legen Sie den Steckkontakt der betroffenen Blinkleuchte frei.
■ Stellen Sie das Multimeter auf einen Messwert von 20V DC ein.
■ Stecken Sie die schwarze Messspitze (COM) mit einem passenden Adapter an den Plusanschluss der Batterie.
■ Schließen Sie den roten Messanschluss mit einer Messnadel an das Pluskabel der betroffenen Blinkleuchte an.
■ Schalten Sie die Zündung ein und schalten Sie den Blinkerschalter auf die fehlerhafte Fahrtrichtung.
■ Lesen Sie den Messwert des Multimeters ab. Er sollte 0,5 V nicht übersteigen. Ist das der Fall, ist ein Übergangswiderstand in der Leitung zur Blinkleuchte vorhanden. Prüfen Sie die Steckverbindungen genau.

Spannungsverlustmessung masseseitig an der Blinkleuchte (Bild 35)

Diese Messung ist nur dann sinnvoll, wenn der Masseanschluss der Blinkleuchte auch über den Kabelbaum geführt ist. Ein schlechter Massekontakt an Blinkleuchten, die am Rahmen direkt verkabelt wurden, ist recht leicht schon optisch zu erkennen.

■ Legen Sie den Steckkontakt der betroffenen Blinkleuchte frei.
■ Stellen Sie das Multimeter auf einen Messwert von 20V DC ein.
■ Stecken Sie die schwarze Messspitze (COM) mit einem passenden Adapter an den Minusanschluss der Batterie.
■ Schließen Sie den roten Messanschluss

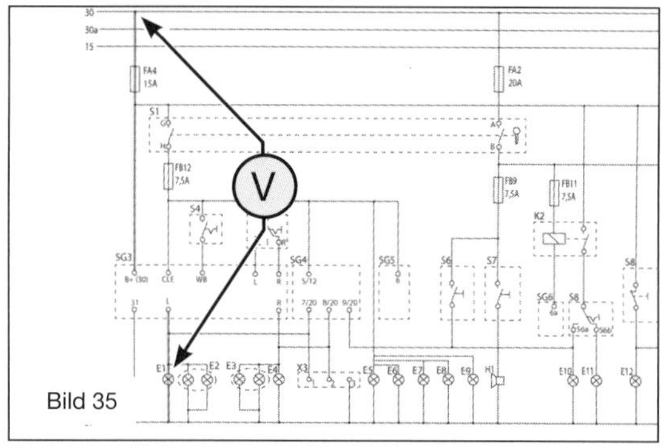

Bild 35

Bild 35 Spannungsverlustmessungen an der Spannungsversorgung der Blinkleuchte.
V Anschluss Voltmeter (Auszug aus dem Schaltplan Bild 43)

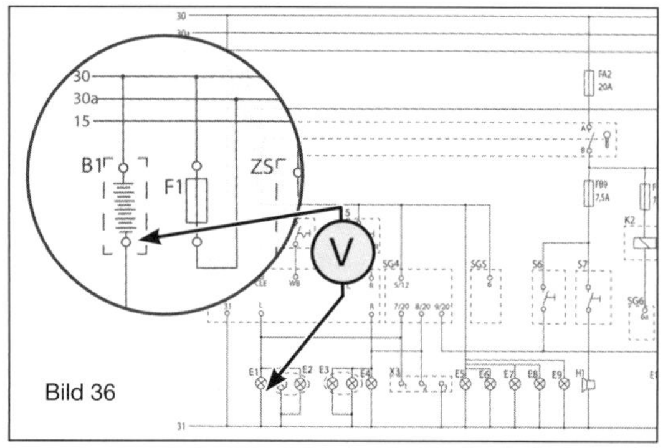

Bild 36

Bild 36 Spannungsverlustmessungen masseseitig an der Blinkleuchte.
V Anschluss Voltmeter (Auszug aus dem Schaltplan Bild 43)

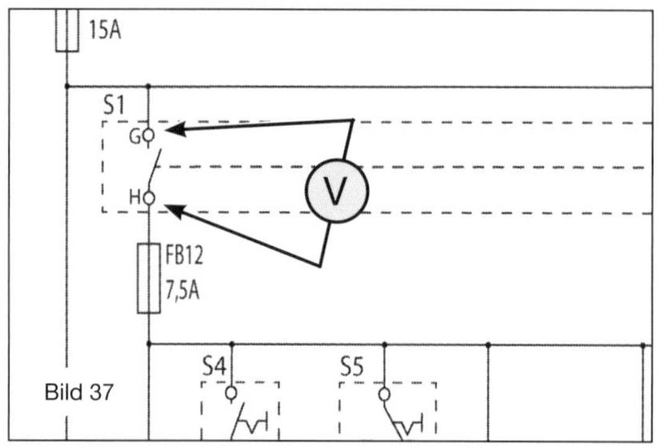

Bild 37

Bild 37 Spannungsverlustmessungen über dem Zündschloss.
V Anschluss Voltmeter (Auszug aus dem Schaltplan Bild 43)

mit einer Messnadel an das Minuskabel der betroffenen Blinkleuchte an.
■ Schalten Sie die Zündung ein und schalten Sie den Blinkerschalter auf die fehlerhafte Fahrtrichtung.
■ Lesen Sie den Messwert des Multimeters ab. Er sollte 0,5 V nicht übersteigen. Ist das der Fall, ist ein Übergangswiderstand in der Leitung zur Blinkleuchte vorhanden. Prüfen Sie die Steckverbindungen genau.

Spannungsverlustmessung über dem Zündschloss (Bild 37)

Der Schaltkontakt kann durch Verschleiß, durch Überlastung oder durch Verschmutzung nicht mehr richtig schließen und baut im Laufe der Zeit eine Schicht auf, die nicht sehr gut leitet. An diesem Widerstand fällt ein Teil der Batteriespannung ab. Diese Spannung steht nicht nur dem Bordnetz

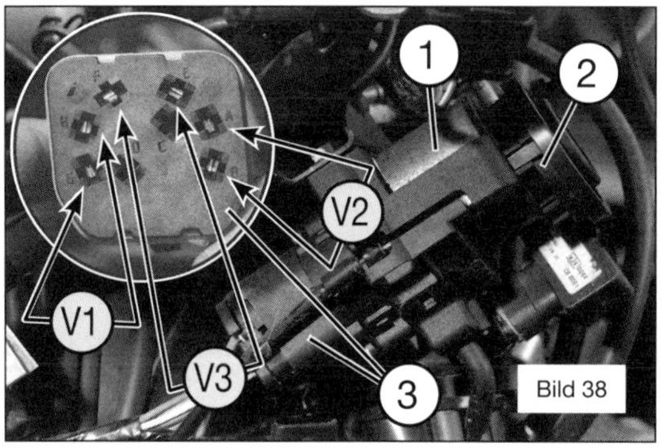

Bild 38

Bild 38
Spannungsverlustmessungen an den Schlossschaltern des Zündschlosses.
V1 Messung am Schalterpaar G-H
V2 Messung am Schalterpaar A-B
V3 Messung am Schalterpaar E-F
1 Schlossschalter
2 Ringantenne
3 Anschlussstecker

nicht mehr zur Verfügung, sondern verschlechtert den Schaltkontakt zunehmend.

Die Messungen (V1 - V3 im Bild 38) für die drei belegten Schaltkontakte am Zündschloss unterscheiden sich in der Vorgehensweise nicht.

■ Demontieren Sie die Beinschildverkleidung innen und legen Sie das Anschlusskabel zum Schlossschalter des Zündschlosses frei. Lassen Sie den Steckkontakt aufgesteckt.
■ Stellen Sie das Multimeter auf einen Messwert von 20V DC ein.
■ Stecken Sie die schwarze Messspitze (COM) mit einem passenden Adapter an den Eingang des Schlossschalterpaares ein.
■ Stecken Sie die rote Messspitze mit einem passenden Adapter an den Ausgang des Schlossschalterpaares ein.

Schalterpaar	*Messkürzel*	*Funktion*
G-H	V1	Blinker/Licht
A-B	V2	Hupe/Fahrlicht/ Bremslicht
E-F	V3	Staufach (Dauerplus Kl 30)

■ Schalten Sie die Zündung ein und lesen Sie den Messwert des Multimeters ab. Er sollte 0,5 V nicht übersteigen. Ist das der Fall, ist ein Übergangswiderstand am Schaltkontakt des Zündschlosses vorhanden.

Derzeit sind noch keine Einzelteile für das Zündschloss lieferbar. Das Zündschloss muss dann ersetzt werden. Falls ein gebrauchtes Schloss zum Einsatz kommen soll, gibt es über Schlossspezialisten die Möglichkeit, das gebrauchte Schloss auf die alten Schlüssel umbauen zu lassen. Die Schlösser können von einem Spezialisten umcodiert werden.

Spannungsmessung am Auf- und Abblendschalter (V1/V2) beziehungsweise am Taster (V3) für die Lichthupe (Bild 39)

Der Schaltkontakt kann durch Verschleiß, durch Überlastung oder durch Verschmutzung nicht mehr richtig schließen und baut im Laufe der Zeit eine Schicht auf, die nicht sehr gut leitet. An diesem Widerstand fällt ein Teil der Spannung ab. Diese Spannung steht nicht nur dem Fern- oder Abblendlicht nicht mehr zur Verfügung, sondern verschlechtert den Schaltkontakt zunehmend.

■ Schalten Sie die Zündung aus und ziehen Sie den Schlüssel ab.

Spannungsmessung Abblendlichtanschluss (V1 im Bild 39):

■ Stecken Sie die rote Messspitze mit einem passenden Adapter an den einen Anschluss für die Messung (V1) ein.
■ Stecken Sie die schwarze Messspitze mit einem passenden Adapter an die Fahrzeugmasse (Lenker) ein.
■ Schalten Sie die Zündung ein.
■ Schalten Sie den Auf- und Abblendlichtschalter auf die Schaltstufe Abblendlicht.
■ Schalten Sie die Zündung ein.

Sie sollten dann hier die Batteriespannung von höchsten 12,5 V messen.

Spannungsmessung Fernlichtanschluss (V2 im Bild 39):

■ Stecken Sie die rote Messspitze mit einem passenden Adapter an den Anschluss »V2« im Bild 39 an.
■ Stecken Sie die schwarze Messspitze mit einem passenden Adapter an die Fahrzeugmasse (Lenker) ein.
■ Schalten Sie die Zündung ein.
■ Schalten Sie den Auf- und Abblendlichtschalter auf die Schaltstufe Fernlicht. Das

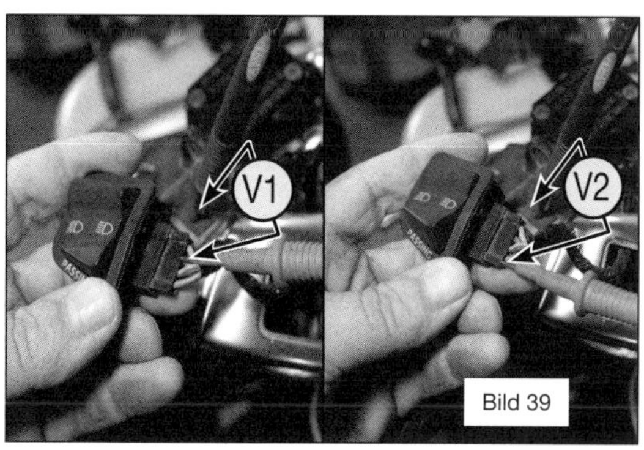

Bild 39

Bild 39
Spannungsmessung am Auf- und Abblendlicht.
V1 Messung am Abblendlichtschalter
V2 Messung am Fernlichtschalter

Fernlicht sowie die Fernlichtkontrollleuchte müssen leuchten.

Sie sollten dann hier die Batteriespannung von etwa 12,5 V messen.

Spannungsmessung Lichthupenanschluss (V3 im Bild 40):

- Stecken Sie die rote Messspitze mit einem passenden Adapter an den einen Anschluss »V3« im Bild 40 an.
- Stecken Sie die schwarze Messspitze mit einem passenden Adapter an die Fahrzeugmasse (Lenker) ein.
- Schalten Sie die Zündung ein.
- Schalten Sie den Auf- und Abblendlichtschalter auf die Schaltstufe Abblendlicht.
- Betätigen Sie die Lichthupe. Das Fernlicht und die Fernlichtkontrollleuchte müssen leuchten.

Sie sollten dann hier die Batteriespannung von etwa 12,5 V messen.

Spannungsmessung Hupenanschluss (V4 im Bild 41):

- Stecken Sie die rote Messspitze mit einem passenden Adapter an den einen Anschluss »V4« im Bild 41 an.
- Schalten Sie die Zündung ein.
- Betätigen Sie den Hupentaster.
- Die Hupe sollte nun tönen. Lesen Sie dabei die Batteriespannung ab.

Sie sollten hier die Batteriespannung von etwa 12,5 V messen.

Widerstandsmessung am Bremslichtschalter (Bild 42)

- Schalten Sie die Zündung aus und ziehen Sie den Zündschlüssel ab.

Vorbereitung für die Bremslichtschalter am Lenker:

- Legen Sie das jeweilige Anschlusskabel zum Bremslichtschalter am Lenker frei.
- Entsichern Sie den Anschlussstecker und ziehen Sie die Steckkontakte am Bremslichtschalter vorne (Bremshebel rechts am Lenker) beziehungsweise hinten (Bremshebel links am Lenker) ab.

Vorbereitung Fußbremsschalter:

- Demontieren Sie die Trittbrettverkleidung unten rechts.
- Legen Sie das jeweilige Anschlusskabel zum Bremslichtschalter frei.

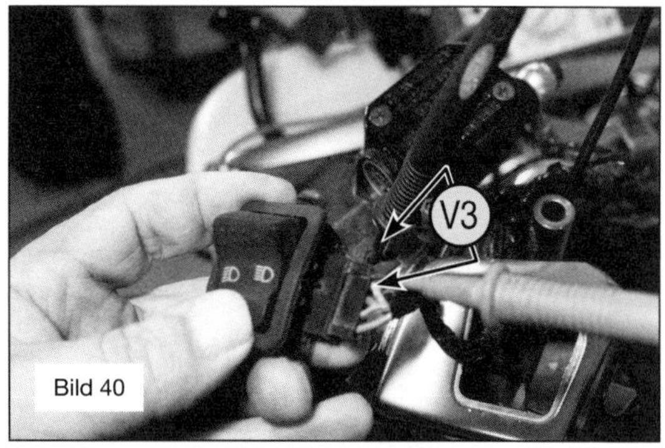

Bild 40

Bild 40
V3 Spannungsmessung am Lichthupenanschluss

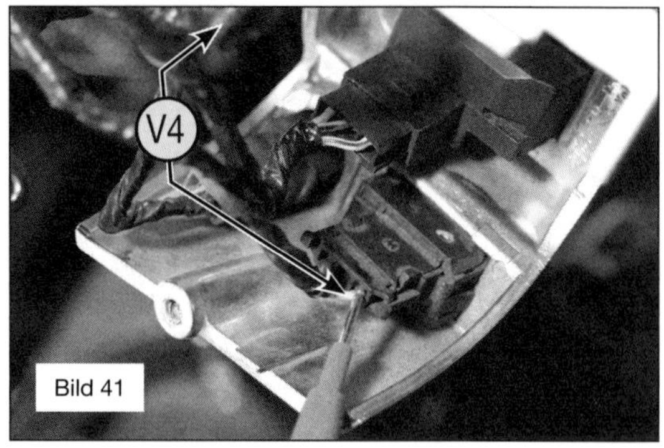

Bild 41

Bild 41
V4 Spannungsmessung am Hupenanschluss

Weiter für alle Bremslichtschalter:

- Stellen Sie das Multimeter auf einen Messwert von 200 Ω ein.
- Halten Sie die schwarze Messspitze (COM) an den einen Anschluss des Schalters.
- Halten Sie die rote Messspitze gleichzeitig an den anderen Anschluss des Schalters.
- Betätigen Sie den Bremshebel.

Bei ausgebautem Bremslichtschalter erfolgt die Messung bei unbetätigtem Schalter. Wird der Schalter betätigt, muss der Messwert unendlich groß, wie im Bild 42 gezeigt sein.

Lesen Sie den Messwert des Multimeters ab. Er sollte etwa 0 Ω betragen.

Achten Sie darauf, dass der jeweilige Bremslichtschalter betätigt wird, sobald der Bremshebel entlastet wird.

Der Messwert muss dann wieder unendlich groß werden.

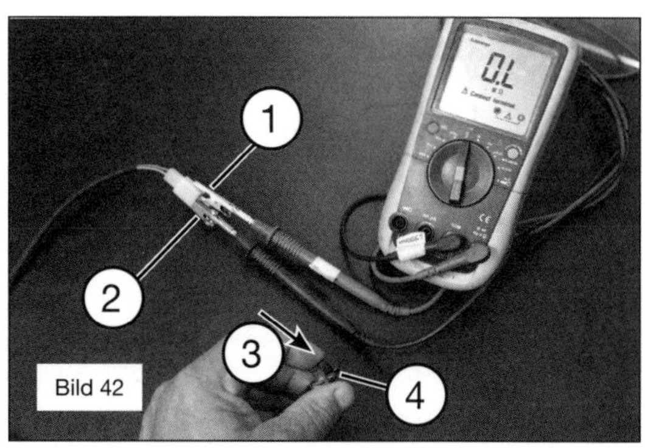

Bild 42

Bild 42
Widerstandsmessung am Bremslichtschalter.
1 Messanschluss rot
2 »COM«-Anschluss
3 Schalter zur Simulation bei unbetätigter Bremse drücken
4 Bremslichtschalter

Klemmenbezeichnungen nach Norm

Klemmenbezeichnungen der Spannungsversorgung

Die wichtigsten Normkurzzeichen für die Funktionen im Bereich der Spannungsversorgung im Bordnetz Ihres Piaggio MP3.

DIN-Norm	Beschreibung
15	Geschaltetes Plus hinter Batterie (Ausgangskontakt vom Zündanlassschalter)
15a	Geschaltetes Plus vom Zündanlassschalter (hinter der Sicherung)
30	Ausgang direkt von Batterie-Plus
30a	Ausgang direkt von Batterie-Plus (hinter der Sicherung)
30al	Ausgeschaltetes Plus von Steuergerät für Bordnetz für Innenleuchte
31	Batterie-Minus oder Fahrzeugmasse
50	Ausgangskontakt vom Zündanlassschalter für Anlasser
75	Ausgangskontakt vom Zündanlassschalter für das Ausschalten von Verbrauchern zur Entlastung der Batterie beim Anlassen
75a	Ausgeschaltetes Plus hinter dem Relais für die Entlastung der Batterie beim Anlassen (hinter der Sicherung)
86s	Ausgeschaltetes Plus durch Zündanlassschalter beim vollständigen Herausziehen des Schlüssels aus dem Zündanlassschalter
87	Ausgangskontakt vom Kraftstoffpumpenrelais
87a	Ausgangskontakt vom Kraftstoffpumpenrelais oder vom Relais hinter der Sicherung

Klemmenbezeichnungen für Signale und Beleuchtung

Die wichtigsten Normkurzzeichen für die Beleuchtung im Bordnetz. Die Klemmenbezeichnung finden Sie auf externen Bauteilen wieder.

DIN-Norm	Beschreibung
54	Bremsleuchten
56	Ausgang von Lichtschalter für Abblendlicht und Fernlicht
56a	Fernlicht
56aL	Fernlicht links
56aR	Fernlicht rechts
56b	Abblendlicht
56bL	Abblendlicht links
56bR	Abblendlicht rechts
58	Stand- und Schlusslicht, Kennzeichenleuchte
58d	Beleuchtung von Schaltern und Schalttafeleinsatz
58L	Standlicht, Schlusslicht und Parklicht links
58R	Standlicht, Schlusslicht und Parklicht rechts
49L	Blinker links
48R	Blinker rechts

Schaltpläne elektrische Anlage (Lichtanlage)

Legende zu den Bildern 43, 44, 45 und 46 (Schaltplan der Licht- und Signalanlage MP 3)

E1 Blinker VL, E2 Blinker HL (2x), E3 Blinker HL (2x), E4 Blinker VR, E5 Standlicht HL, E6 Standlicht HR, E7 Standlicht VR, E8 Standlicht VL, E9 Kennzeichenleuchte, E10 Fernlicht, E11 Abblendlicht, E12 Gepäckraumbeleuchtung, E13 Bremslicht links, E14 Bremslicht rechts, FA2 Sicherung Nr. 2 neben der Batterie, FA4 Sicherung Nr. 4 neben der Batterie, FB 8 Sicherung Nr. 8 im Trittbrett links, FB 9 Sicherung Nr. 9 im Trittbrett links, FB 11 Sicherung Nr. 11 im Trittbrett links, FB 12 Sicherung Nr. 12 im Trittbrett links, H1 Hupe, K1 Startrelais, K2 Fahrlichtrelais, K3 Warnrelais Roll-Lock-System, K4 Bremslichtrelais, S1 Zündschloss, S1 (A/B) Zündschloss Kontaktpaar 1, S1 (G/H) Zündschloss Kontaktpaar 3, S4 Warnblinkschalter, S5 Blinkerschalter, S6 Taster Lichthupe, S7 Taster Hupe, S8 Schalter Auf- und Abblendlicht, S9 Schalter Sitzbank, S10 Schalter Heckklappe, S11 Bremslichtschalter re., S12 Bremslichtschalter li., S13 Druckschalter Einfedersperre, S14 Bremslichtschalter Fußbremse, SG3 Blinklichtsteuergerät, SG4 Tachometer, SG5 Steuergerät Sitzbanköffnung, SG6 Steuerung Kippsperre, SG7 Bike Finder, X3 Vorbereitung Diebstahlsicherung

Bilder 43 und 44
Die Blinkersteuerung wird weiterhin vom Blinklichtsteuergerät übernommen. Das Entlastungsrelais für das Fahrlicht (K2) entlastet die Schlossschalter. Die Bremslichtschalter (S11 S12 und S14) schalten die Bremslichter direkt. Der 3. Bremslichtschalter schaltet das Bremslicht bei Betätigung der Fußbremse.

Schaltplan Lichtanlage Generation 1 (MP3 250i)

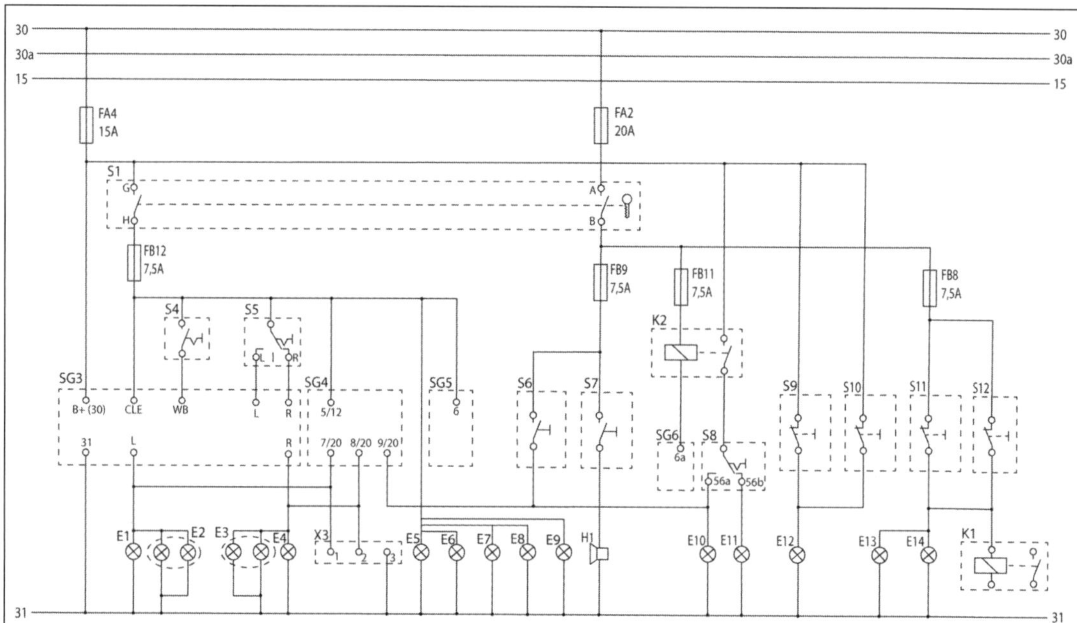

Bild 43

Schaltplan Lichtanlage Generation 1 (MP3 400i)

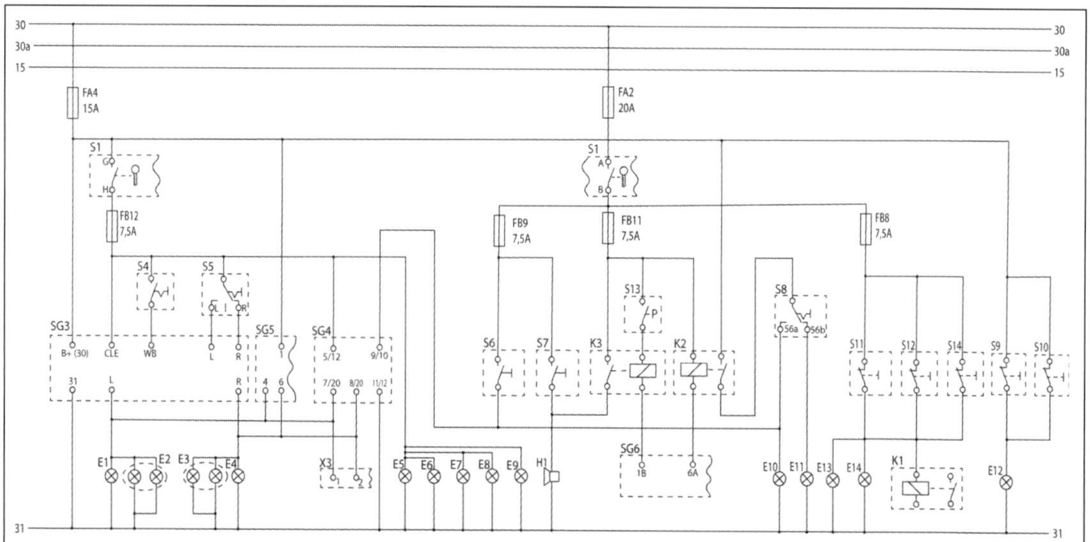

Bild 44

Schaltplan Lichtanlage Generation 2 (MP3 350i)

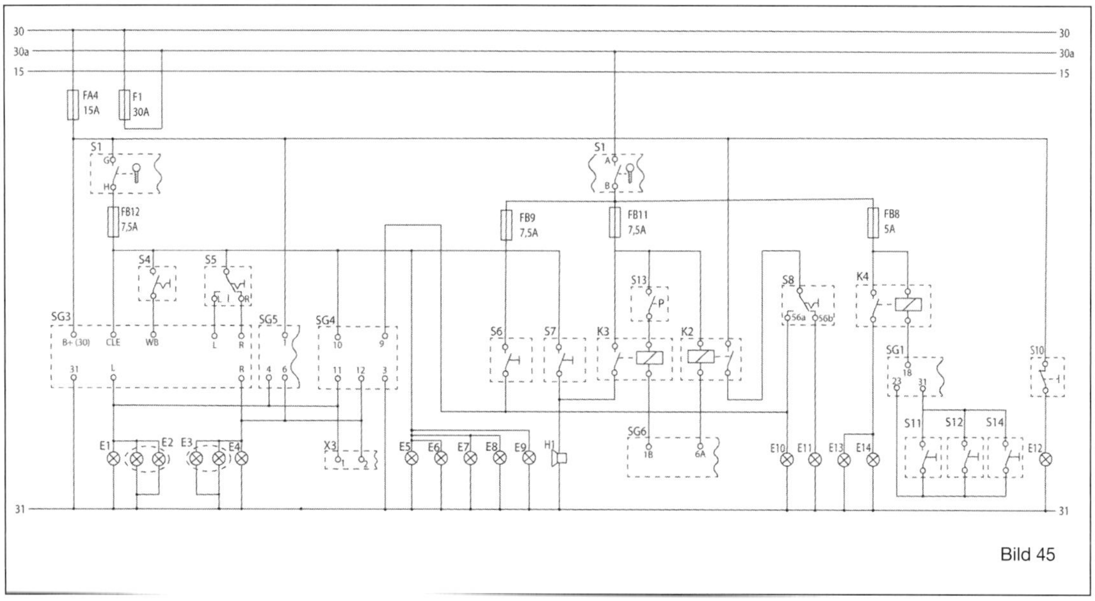

Bild 45

Schaltplan Lichtanlage Generation 2 (MP3 500i)

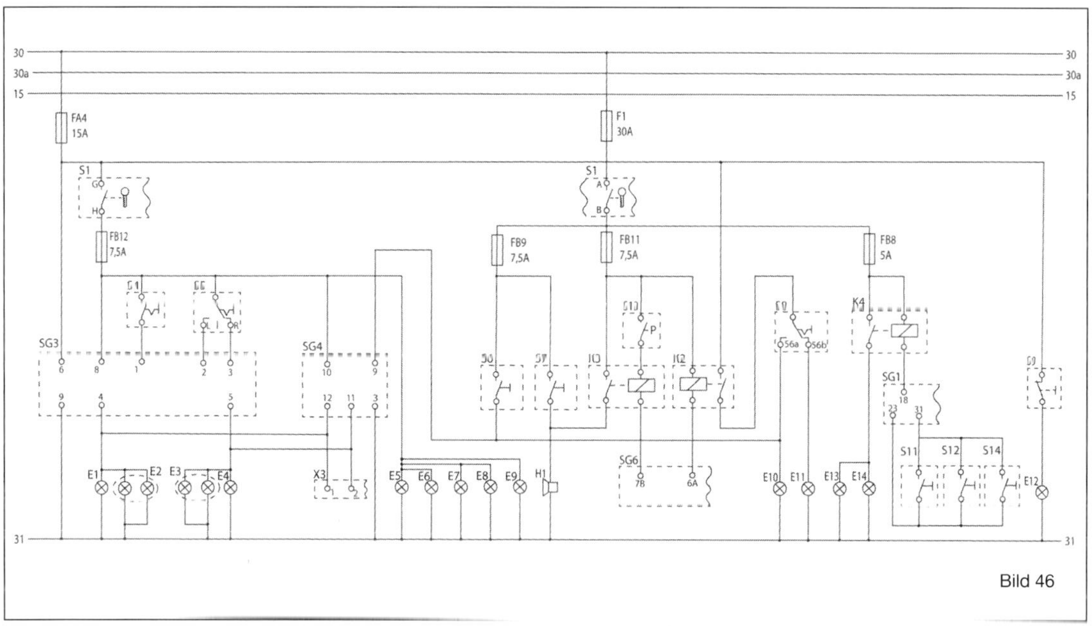

Bild 46

Bilder 45 und 46
Die Spannungsversorgung kann etwas variieren. Die Blinklichtsteuerung (SG3) ist für den MP3 bis heute so geblieben. Das Entlastungsrelais (K2) für Auf- und Abblendlicht gibt das Fahrlicht frei. Die Bremslichtschalter (S11, S12 und S14) melden die Bremsbetätigung an das Motorsteuergerät (SG1), das dann über das Bremslichtrelais die Bremslichter schaltet.

Schaltplan Spannungsversorgung

Die Ansteuerung des Bremslichts erfolgt über ein Bremslichtrelais und über das Motorsteuergerät. Wir werden Ihnen unter der Überschrift »Schaltpläne elektrische Anlage« die wichtigsten Pläne für die Fehlersuche am Beleuchtungssystem zusammenstellen. Die Schaltpläne für die Gemischaufbereitung finden Sie beispielsweise im Kapitel 9 »Zünd und Einspritzsystem«. Passend zum jeweiligen Kapitel werden die entsprechenden elektrischen Systeme vorgestellt, die im Kapitel Inhalt verbaut worden sind, und auch die Fehlersuche abgearbeitet. Die Schaltpläne für das Fahrwerkssystem werden im Kapitel 18 »Fahrwerk« vorgestellt. Zwar gibt es Unterschiede in den beiden Generationen der MP3, aber das Grundkonzept der elektrischen Anlage hat sich nicht wesentlich verändert. Zumindest nicht für die Beleuchtungsanlage. Die Kabelfarben werden oft schon im Laufe einzelner Baujahre oder Monate verändert. Aus diesem Grund verzichten wir vollständig auf eine Angabe hierzu.

Schaltplan Generator mit OT-Geber und Generatorregler

Generator und Generatorregler übernehmen die Spannungsversorgung bei laufendem Motor und sorgen für eine ausreichende Batterieladung.

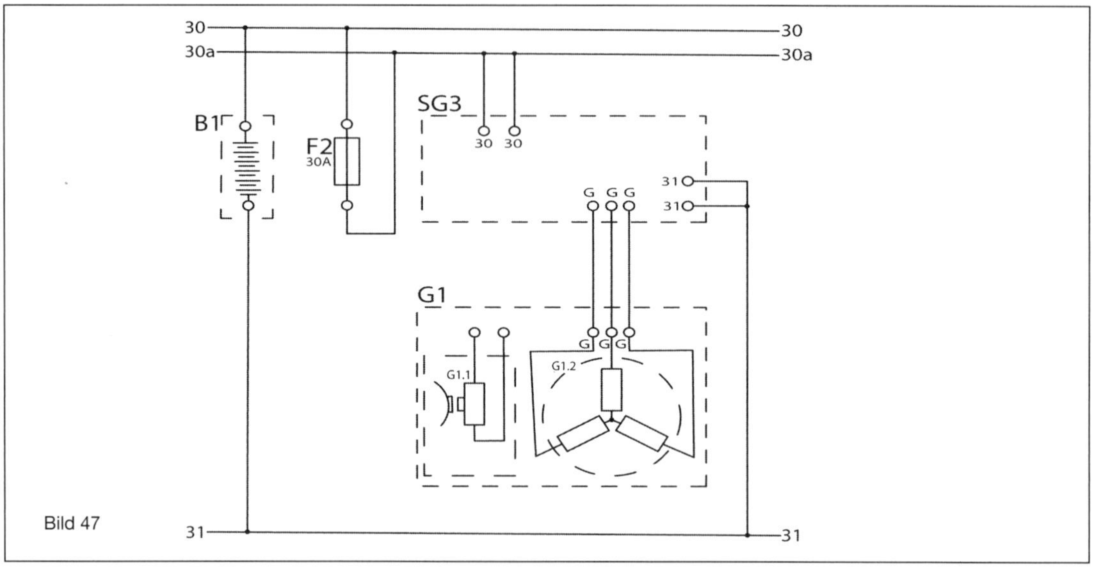

Bild 47

Bild 47
Generator, Regler und Vorsicherung in klassischer Bauweise.
B1 Batterie
F2 Vorsicherung 30A
G1 Generator
G1.1 OT-Geber
G1.2 Generatorwicklungen
SG3 Generatorregler

Schaltplan Generator mit OT-Geber und Generatorregler

Generator und Generatorregler übernehmen die Spannungsversorgung bei laufendem Motor und sorgen für eine ausreichende Batterieladung.

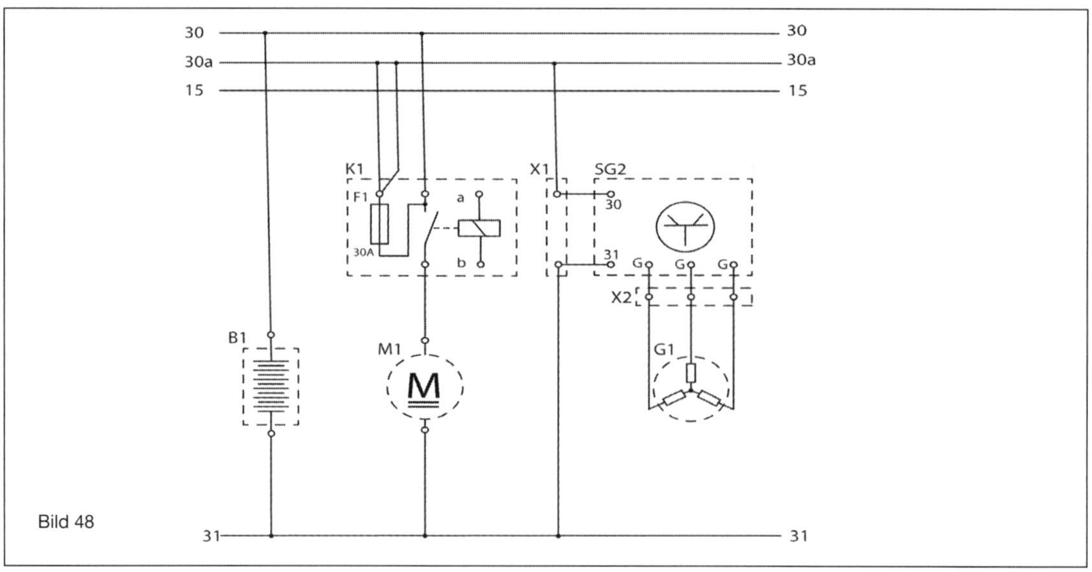

Bild 48

Bild 48
Generator, Regler und Vorsicherung.
B1 Batterie
F1 Vorsicherung 30A
G1 Generator
SG2 Generatorregler
X1 Anschlussstecker Gleichspannung
X2 Anschlussstecker Generator (Wechselspannung)
K1 Startrelais
M1 Startermotor

Steckerbelegungen Lichtanlage

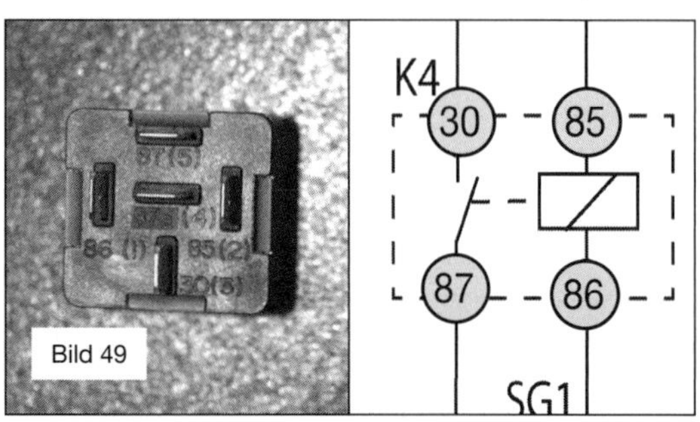

Bild 49

Arbeitsrelais (Bild 49)
Das Arbeitsrelais kommt als Fernschalter/Entlastungsrelais für Schaltkontakte für die Hupe, die Ansteuerung der Bauteile der Einspritzanlage, das Kühlergebläse und für die beiden Glühlampen für Auf- und Abblendlicht zum Einsatz. Klemmen **85** und **86** sind die Spulenanschlüsse, die Klemme **30** die Spannungszufuhr, **87** der Schaltkontakt.

Blinksteuergerät (Bild 50)
Das Blinksteuergerät übernimmt die Ansteuerung der Blinkleuchten des Fahrzeugs.
1 Anschluss Warnblinkschalter, **2** Schalter links, **3** Schalter rechts, **4** Blinklampen links, **5** Blinklampen rechts, **6** Dauerplus (KL30), **7** Warnblinkschalter, **8** Plus nach Zündschloss (KL15), **9** Masse (-) **10-12** unbelegt

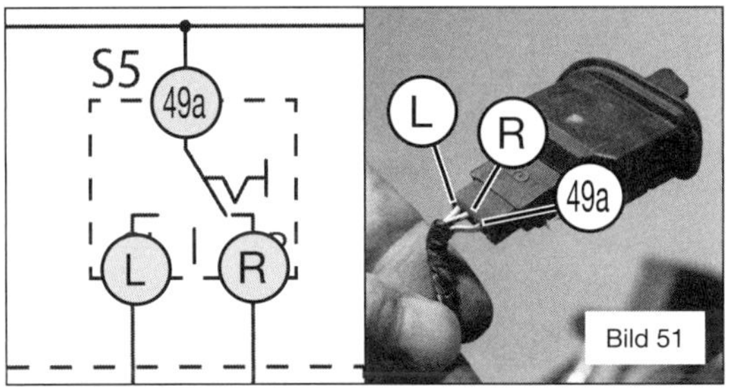

Bild 51

Warnblinkschalter (Bild 52)
Der Blinkerschalter schaltet den Arbeitsstrom der Blinkleuchten nicht. Er gibt die Anwahl des Fahrers am Warnblinkschalter an das Blinksteuergerät weiter. Der Warnblinker funktioniert nur bei eingeschalteter Zündung. **15** geschaltetes Plus über die Sicherung FB12, **WB** Funktion Warnblinker.

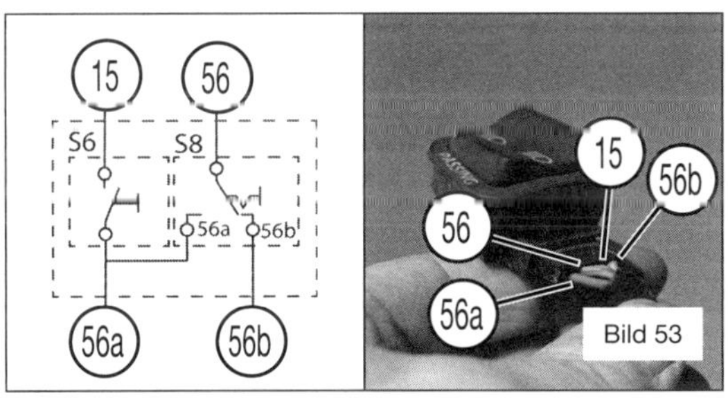

Bild 53

Helmfachtaster (Bild 54)
Der (oder die) Helmfachtaster schalten den Arbeitsstrom der Helmfachbelechtung. Bei den älteren Modellen mit Heckfachklappe sind zwei Schalter verbaut (Sitzbank und Heckklappe). Die Helmfachbeleuchtung funktioniert auch ohne Zündung. **30** Dauerplus, **58d** Helmfachbeleuchtung.

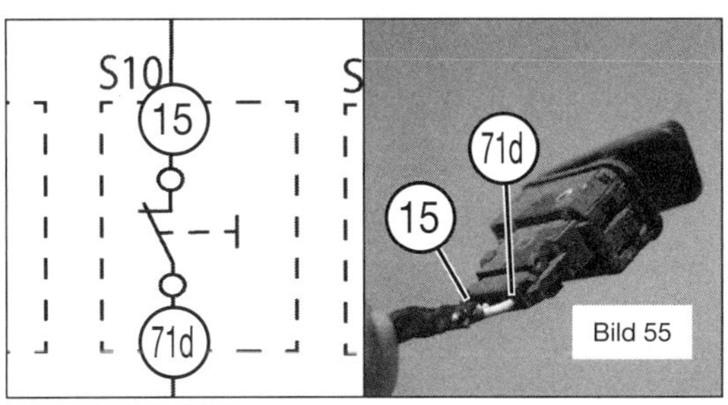

Bild 55

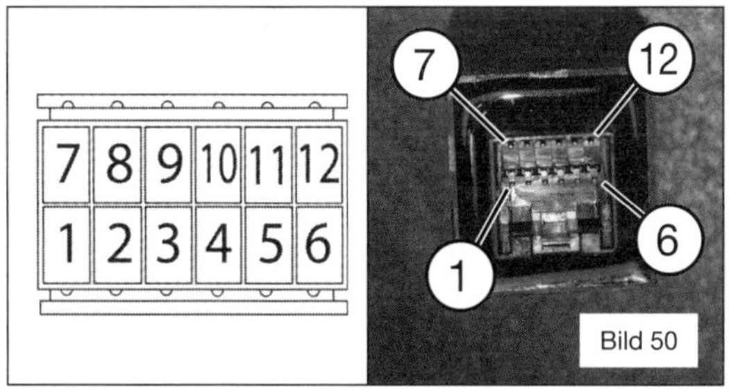

Bild 50

Blinkerschalter (Bild 51)
Der Blinkerschalter gibt die Anwahl des Fahrers am Schalter an das Blinksteuergerät weiter. Der Schalter schaltet den Arbeitsstrom für die Blinkleuchten nicht. Er liefert lediglich ein Spannungssignal. **49a** Anschlusspol des Schalters, **L** Schalterstellung »Links«, **R** Schalterstellung »rechts«.

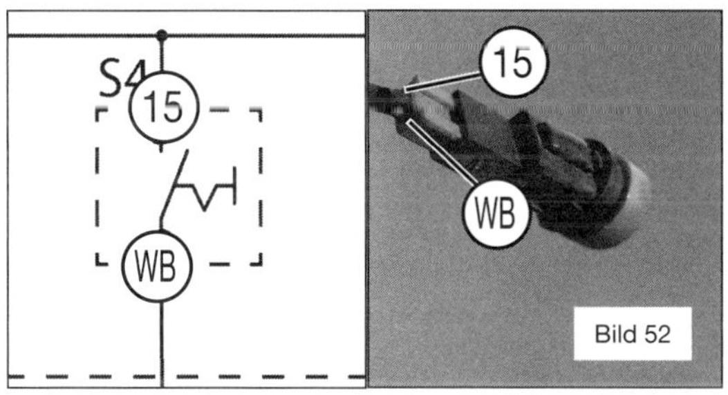

Bild 52

Lichtschalter (Bild 53)
Der Lichtschalter beinhaltet den Lichtumschalter und den Lichthupentaster. Beide Schalteinheiten schalten den Arbeitsstrom der Scheinwerferlampen. Die Lichthupe wird über eine andere Sicherung mit Spannung versorgt. **56a** Aufblendlicht, **56b** Abblendlicht, **56** Schaltereingang, **15** Tastereingang.

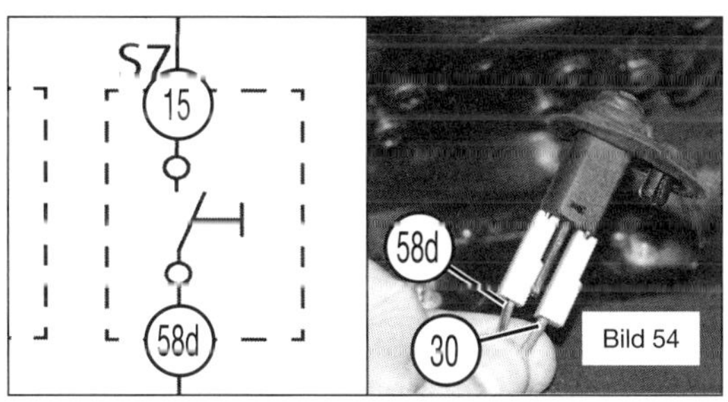

Bild 54

Hupentaster (Bild 55)
Der Helmfachtaster schaltet bei eingeschalteter Zündung den Arbeitstrom für die Hupe. Die Hupe kann zusätzlich über ein Relais ausgelöst werden, das über Steuergerät für Kippsperre angesteuert wird. **15** geschaltetes Plus am Tastereingang, **71d** Tasterausgang zur Hupe.

9 Zünd- und Einspritzsystem

Dieses Kapitel befasst sich mit dem Zünd- und Einspritzsystem Ihres Motorrades. Wir werden Ihnen die wichtigsten Arbeiten rund um das System und natürlich auch die Funktionszusammenhänge, Messungen und Prüfungen für die Fehlersuche sowie die Fehlersuche mit einem kleinen Diagnosesystem vorstellen.

Systemkomponenten

Das Einspritzsystem ist eine sogenannte Saugrohreinspritzung. Die Einspritzdüsen werden vom Motorsteuergerät angesteuert und spritzen in das Ansaugrohr vor die Einlassventile ein. Das Motorsteuergerät übernimmt grundsätzlich die Steuerfunktionen für die Einspritzung und die Zündung. Zusätzlich werden Informationen zum Tachometer weitergeben und für den Fahrer im Display dargestellt. Weiterhin werden für die Diagnose Fehler im System abgelegt. Das ist ein wichtiger Grund das Einspritzsystem regelmäßig über die Eigendiagnose und, falls erforderlich, mit der Messtechnik unter die Lupe zu nehmen.

Im Bild unten möchten wir Ihnen vorstellen, wie der Informationsfluss beziehungsweise die Ansteuerung des Zünd- und Einspritzsystems aufgebaut ist.

Immer dann, wenn ein Pfeil zum Motorsteuergerät zeigt, wird die Information über einen Messwert an das Steuergerät geliefert. Die entsprechenden Bauteile sind am Motorsteuergerät angeschlossen.

Immer dann, wenn der Pfeil vom Motorsteuergerät weg zeigt, wird das entsprechende Bauteil angesteuert.

Die gestrichelten Pfeile bedeuten einen Informationsfluss zwischen den Bauteilen. Die Flussrichtung der Informationen kann in beide Richtungen erfolgen (bidirektional).

Komponenten in der Wartung

Luftfiltereinsatz wechseln

Fällig wird er nach Wartungsplan bei 10.000 km. Sie sollten ihn aber regelmäßig im Auge behalten und die Gelegenheit nutzen, seinen Verschmutzungsgrad bei allen Arbeiten zu beurteilen, bei denen Sie den Luftfilterkasten zerlegen müssen.

Ein verschmutzter Luftfiltereinsatz kann erhöhten Kraftstoffverbrauch und Leistungsverlust bedeuten.

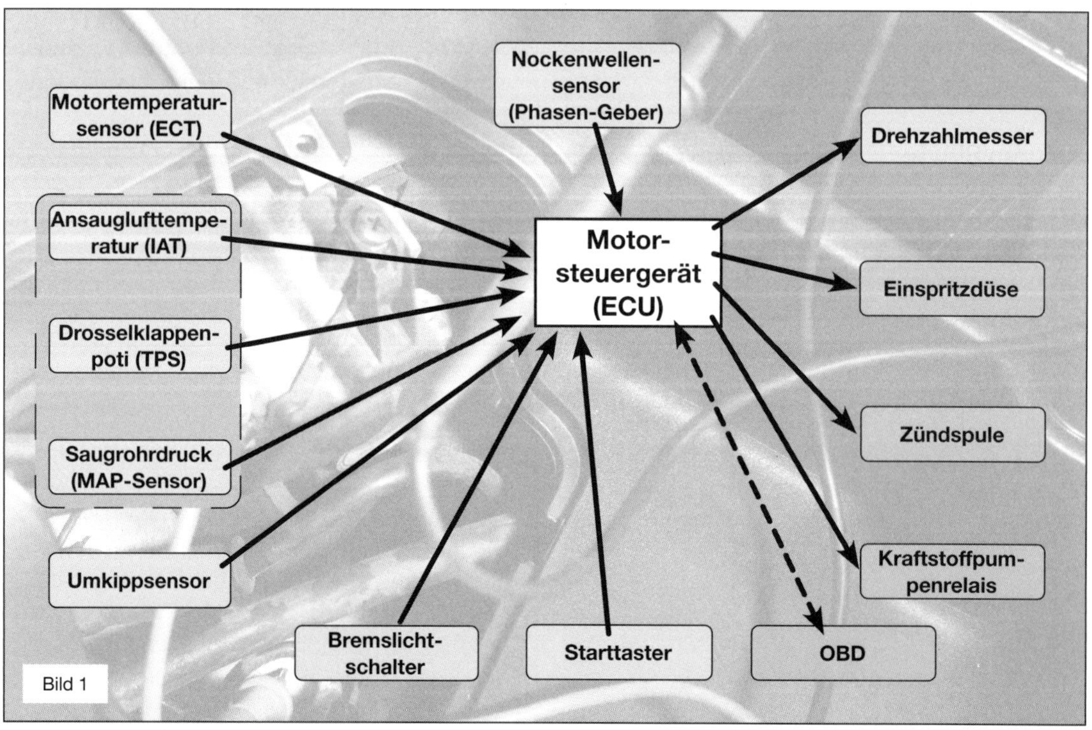

Bild 1
Informationsfluss rund um das Einspritzsystem. Pfeile in Richtung des Motorsteuergerätes (ECU) liefern Informationen. Pfeile aus Richtung des Motorsteuergerätes steuern Bauteile an.

■ Schalten Sie die Zündung aus und ziehen Sie den Zündschlüssel ab.
■ Drehen Sie die Schrauben (1 im Bild 2) des Luftfilterdeckels (2) heraus.
■ Nehmen Sie den Luftfilterkastendeckel (2) ab.
■ Nehmen Sie den Luftfilter aus dem Luftfilterunterteil heraus.

Die Montage erfolgt sinngemäß in umgekehrter Reihenfolge zur Demontage.
■ Reinigen Sie den Luftfilterkasten gründlich mit Bremsenreiniger und fusselfreien Lappen.
■ Reinigen Sie das Filterkissen (Bild 4) mit einem milden Reiniger oder einem Luftfilterreinigungsmittel und drücken ihn eingelegt in ein sauberes Tuch aus.
■ Lassen Sie den Luftfiltereinsatz trocknen und sprühen Sie etwas Filteröl auf die Außenseite auf.
■ Setzen Sie den neuen oder den gereinigten Luftfiltereinsatz ein.

Bauteil	*Drehmoment*
Schrauben Luftfilterkasten	handfest

Luftfilterkasten ausbauen

Die Demontage des Luftfilterkastens fällt für die unterschiedlichen Modelle sehr ähnlich aus. Wir stellen Ihnen an dieser Stelle eine allgemeingültige Beschreibung zur Verfügung.

■ Bauen Sie den Luftfiltereinsatz wie bereits beschrieben aus.
■ Ziehen Sie den Motorentlüftungsschlauch am Kurbelgehäuse ab.
■ Lösen Sie die Schelle zur Ansaugmuffe (9 im Bild 3)
■ Drehen Sie die Schrauben (3 im Bild 2) los und ziehen Sie sie aus dem Luftfilterkasten heraus.
■ Nehmen Sie den Luftfilterkasten vom Variomatikgehäuse nach oben/hinten ab.

Die Montage erfolgt sinngemäß in umgekehrter Reihenfolge zur Demontage.
■ Reinigen Sie den Luftfilterkasten gründlich mit Bremsenreiniger und fusselfreien Lappen.
■ Achten Sie auf den Sitz der Dichtungen (3 im Bild 3).
■ Setzen Sie den neuen Luftfiltereinsatz ein oder reinigen Sie den Luftfiltereinsatz wie bereits beschrieben.

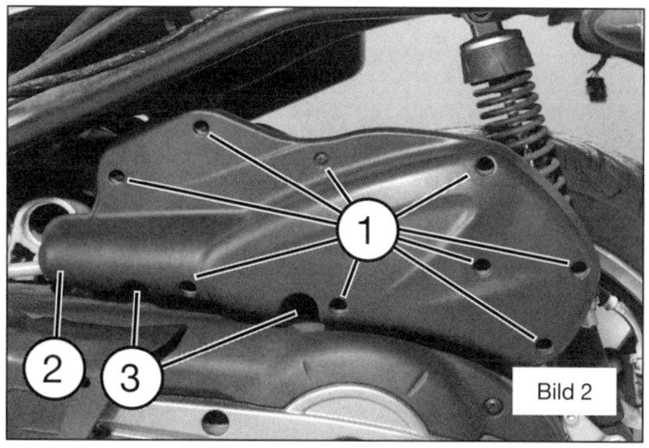

Bild 2

Bild 2
Luftfilterkastendeckel demontieren.
1 Schrauben
2 Luftfilterkastendeckel
3 Befestigungsschrauben Luftfilterkasten

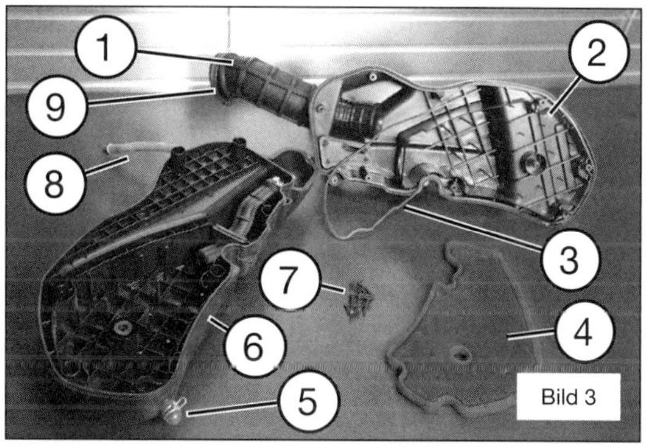

Bild 3

Bild 3
Luftfilterkasten in Teilen.
1 Ansaugschlauch
2 Luftfilterkasten
3 Dichtung
4 Luffilterkissen (Einsatz)
5 Ölsumpf
6 Lufilterkastendeckel
7 Schrauben
8 Ablaufschlauch
9 Schlauchschelle

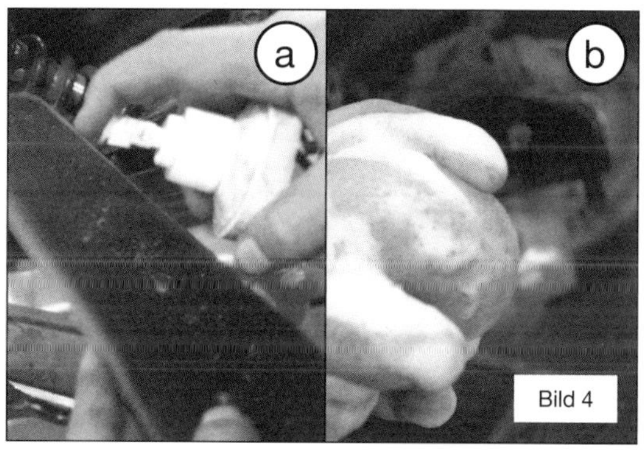

Bild 4

Bild 4
Luftfiltereinsatz reinigen.
a Reiniger aufsprühen und verteilen
b Luftfilterkissen gründlich durchkneten

■ Achten Sie auf den richtigen Sitz des Ansaugschlauchs auf dem Drosselklappenstück
■ Achten Sie auf den richtigen Sitz der Motorenlüftung am Anschluss zum Motorblock.

Bauteil	*Drehmoment*
Schrauben Kraftstofftank	12 Nm
Schrauben Verkleidungen	8 Nm
Schrauben Luftfilterkasten	handfest

Zündkerzen wechseln

Verbaut sind bei den großen 500ern zwei Zündkerzen für jeden Zylinder. Durch die beiden Zündquellen wird die Zeit zwischen Zündung und vollem Brenndruck auf den Kolben deutlich verkürzt. Fällig werden sie nach Wartungsplan bei 10.000 km. Jedenfalls wenn nichts dazwischen-

Sichtprüfung Messen

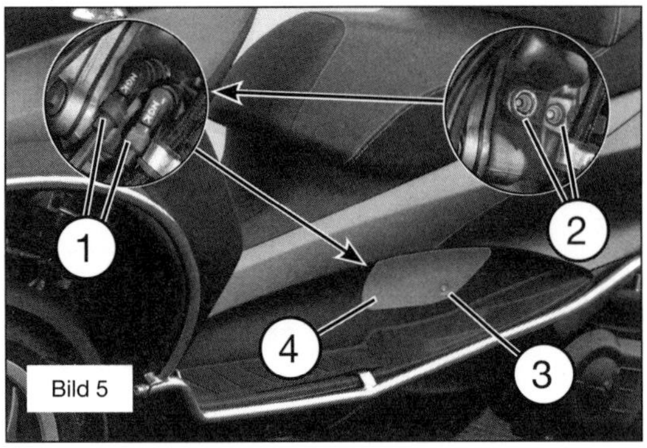

Bild 5
Zündkerzen und Stecker.
1 Kerzenstecker
2 Zündkerzen
3 Schraube
4 Abdeckung

kommt, wie Zündaussetzer oder eine Demontage aus einem anderen Grund.

Immer dann, wenn Sie die Zündkerzenstecker von den Zündkerzen abziehen, sollten sie etwas (sehr wenig!) Kerzensteckerfett auf die Dichtfläche der Kerzenstecker zur Zündkerze auftragen (Bild 5). So lassen sich die Zündkerzenstecker schadfrei auch noch nach Jahren von den Zündkerzen abziehen.

■ Schalten Sie die Zündung aus und ziehen Sie den Zündschlüssel ab.
■ Drehen Sie die Schraube (3 im Bild 5) heraus und nehmen Sie die Abdeckung (4) ab.
■ Ziehen Sie den (oder die) Zündkerzenstecker (1) gerade unter leichtem Hin- und Herdrehen von den Zündkerze(n) (2) ab.
■ Soweit erforderlich, reinigen Sie den Zündkerzenschacht mit Druckluft.
■ Setzen Sie einen passenden Kerzenschlüssel (SW16) in den Kerzenschacht ein und drehen Sie die Zündkerze(n) (2) gegen den Uhrzeigersinn heraus.
■ Nehmen Sie die Zündkerze(n) heraus.

⚠ Achten Sie darauf, dass die Zündkerze im Kerzenschlüssel gehalten wird. Sie darf nicht unkontrolliert herausfallen.

■ Legen Sie die Zündkerze(n) entsprechend der Montagereihenfolge auf einem sauberen Tuch auf der Werkbank ab.
■ Kontrollieren Sie die Zündkerze(n) auf Schäden oder ungewöhnliche Ablagerungen.

Die Montage erfolgt sinngemäß in umgekehrter Reihenfolge zur Demontage.

■ Kontrollieren Sie vor der Montage den Elektrodenabstand der Zündkerze(n).

Bauteil	Messwert
Elektrodenabstand	0,8 - 0,9 mm

■ Setzen Sie die Zündkerze(n) mit Hilfe des Kerzenschlüssels oder einem passenden Schlauch, den Sie auf die Kerzenkeramik aufschieben, auf dem Kerzengewinde ab und drehen Sie sie von Hand an.
■ Ziehen Sie die Zündkerze(n) auf Drehmoment fest.
■ Tragen Sie sehr wenig Montagefett für Kerzenstecker auf die Dichtung des Kerzensteckers auf.
■ Drücken Sie den Kerzenstecker auf die Zündkerze des entsprechenden Zylinders auf.

Bauteil	Drehmoment
Zündkerze	20 Nm

Kraftstofffilter wechseln

Wie bei den meisten Motorrädern sind die Kraftstofffilter im Tank verbaut. Der Wechsel ist werkseitig vorgesehen. Der Kraftstofffilter sollte alle 40.000 km gewechselt werden. Je nach Kraftstoffqualität oder Verschmutzung gerne auch etwas früher. Da er sich aber im Tankfördermodul befindet, wird er oft genug einfach »vergessen«.

Sicherlich trägt die Kraftstoffqualität auch dazu bei, dass sich sogar die Kunststoffteile des Kraftstofffilters zersetzen können. Ärgerlicherweise werden dann einige Kunststoffteile ihren Weg ins Innere finden und die Kraftstoffpumpe (Bild 7) festsetzen.

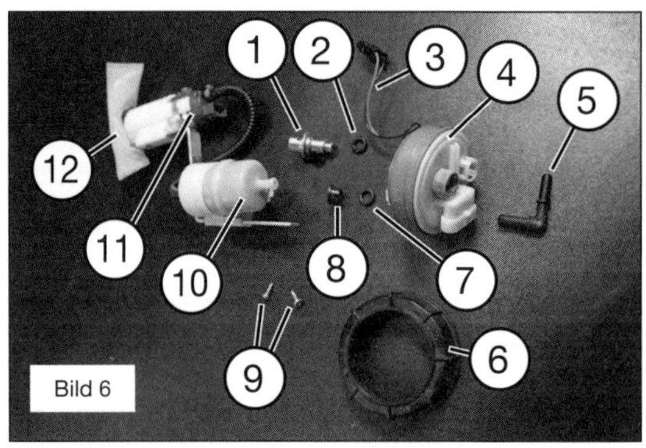

Bild 6
Kraftstofffilter an der Kraftstoffpumpe.
1 Druckregler
2 O-Ring
3 Anschlusskabel
4 Gehäuseoberteil
5 Anschlussstück
6 Verschlussmutter
7 O-Ring
8 Druckstück
9 Schrauben
10 Kraftstofffilter
11 Kraftstoffpumpe
12 Vorfilter

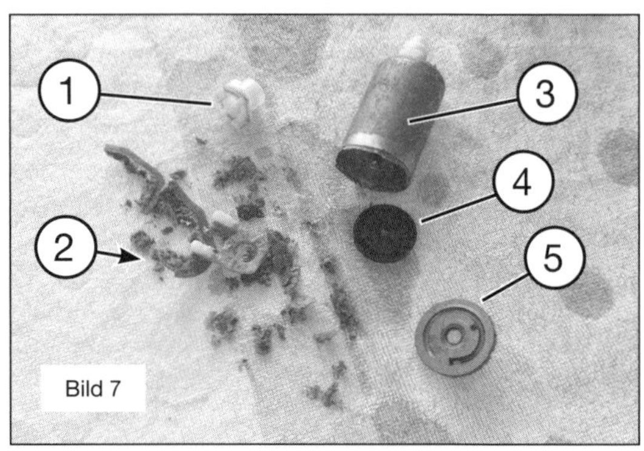

Bild 7
Kraftstoffpumpe (eigentlich nicht zerlegbar) und Kraftstofffilter.
1 Anschlussstück Filter
2 Filterreste (zusammengesammelt aus dem Tank)
3 Kraftstoffpumpe
4 Förderrad
5 Pumpendeckel

Als Original-Ersatzteil gibt es ein Filterset, das den Filter und die Dichtringe beinhaltet. Im Falle eines Kraftstoffpumpenschadens wie im Bild 7, können Sie lediglich die ganze Kraftstofffördereinheit erwerben. Im Zubehörmarkt oder in den üblichen Internetversteigerungsportalen gibt es die Kraftstoffpumpe auch als Einzelteil mit dem passenden Ersatzfilter. Den Ausbau und die Demontage stellen wir Ihnen im Unterkapitel »Tankfördermodul« in diesem Kapitel vor.

Kraftstoffgase sind sehr entzündlich. Achten Sie auf gute Belüftung und vermeiden Sie jede Art von Zündquellen oder offenes Feuer.

Tragen Sie bei Arbeiten an der Kraftstoffanlage grundsätzlich Gummihandschuhe und Augenschutz.

- Demontieren Sie die Trittbrettverkleidungen und die Verkleidung über dem Tank.
- Bauen Sie den Kraftstofftank aus. Den Ausbau und die Demontage stellen wir Ihnen im Unterkapitel »Tankfördermodul« in diesem Kapitel vor.
- Entleeren Sie den Kraftstofftank.
- Demontieren Sie die Verschlussmutter (6 im Bild 6) und nehmen Sie das Kraftstofffördermodul vorsichtig aus dem Tank heraus.

Achten Sie darauf, den Vorfilter (12) nicht zu beschädigen.

Montage des Feinfilters (Bild 8)

- Bauen Sie den Kraftstofftank aus.

Den Ausbau und die Demontage stellen wir Ihnen im Unterkapitel »Tankfördermodul« in diesem Kapitel vor.

- Lösen Sie die Schelle (4 im Bild 8).

Prüfen Sie den Zustand des Anschlussschlauchs. Im Zweifel oder bei erkennbaren Schäden gleich mit ersetzen.

- Ziehen Sie den Schlauch am Filter ab.
- Entsichern Sie den Steckkontakt und ziehen Sie den Anschlussstecker an der Kraftstoffpumpe ab.
- Drehen Sie die beiden Schrauben (2) heraus und ziehen Sie den Filterträger (3) ab.
- Ziehen Sie den Feinfilter (10 im Bild 6) zusammen mit dem Druckstück (8) aus dem Gehäuseträger heraus.

Kraftstoffgase sind sehr entzündlich. Achten Sie auf gute Belüftung und vermeiden Sie jede Art von Zündquellen oder offenes Feuer.

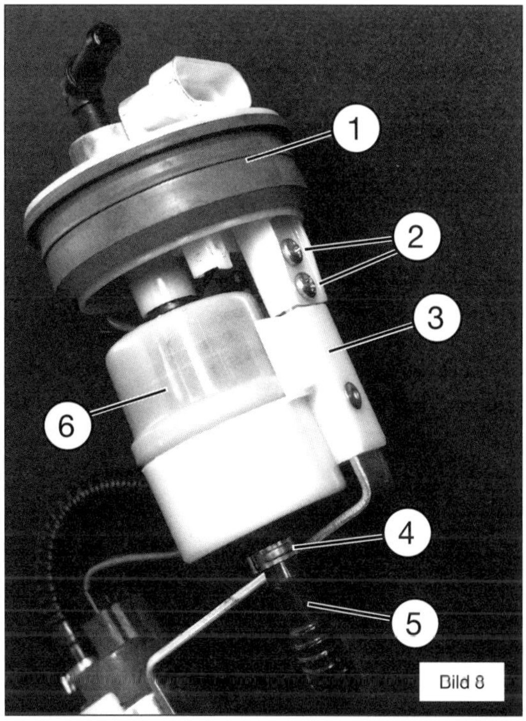

Bild 8
Feinfilter im Tankfördermodul.
1 Gehäuseoberteil
2 Schrauben
3 Filterträger
4 Schelle
5 Kraftstoffschlauch
6 Feinfilter

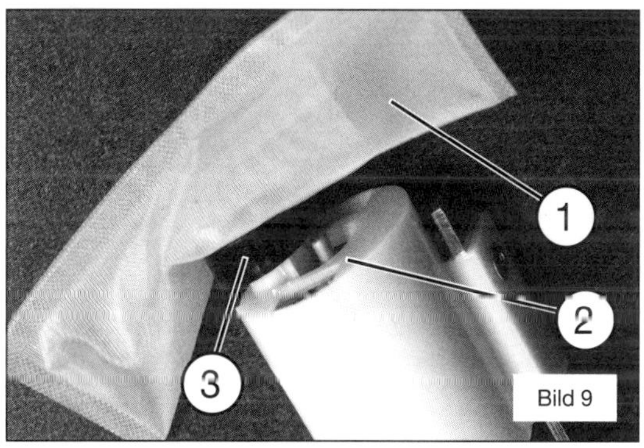

Bild 9
Vorfilter am Kraftstoffpumpenträger im Tankfördermodul.
1 Vorfilter
2 Träger Kraftstoffpumpe
3 Anschluss Vorfilter

Tragen Sie bei Arbeiten an der Kraftstoffanlage grundsätzlich Gummihandschuhe und Augenschutz.

- Ziehen Sie das Druckstück vom Feinfilter ab.
- Nehmen Sie den O-Ring (7) aus dem Gehäuseoberteil (4) heraus.

Die Montage erfolgt sinngemäß in umgekehrter Reihenfolge.

- Stecken Sie das Druckstück (8) und den O-Ring (7) auf den neuen Filter auf.
- Bauen Sie den neuen Kraftstofffilter (6) in der richtigen Durchflussrichtung wieder ein.

Montage des Vorfilters (Bild 9)

- Bauen Sie den Kraftstofftank und das Tankfördermodul aus.

Den Ausbau und die Demontage stellen wir Ihnen im Unterkapitel »Tankfördermodul« in diesem Kapitel vor.

■ Hebeln Sie mit einem kleinen Schlitzschraubendreher den Anschluss des Vorfilters (3 im Bild 9) vorsichtig vom Kraftstoffpumpenträger (2) herunter.

Die Montage erfolgt sinngemäß in umgekehrter Reihenfolge zur Demontage.

Achten Sie auf festen Sitz der Anschlusskabel am Fördermodul und auf den Steckkontakten.

Drosselklappenmodul

Besonderheiten des Drosselklappenmoduls bei Piaggio

Eine Besonderheit bei Piaggio ist das Drosselklappenmodul. In diesem Modul sind der Ansauglufttemperaturfühler, der Saugrohrdruckfühler, der Drosselklappenpotentiometer, der Leerlaufsteller und das Motorsteuergerät integriert. Das erscheint zuerst einmal sehr praktisch und ist zweifelsohne sehr kompakt. Der Nachteil liegt aber darin, dass keine Einzelkomponenten ersetzt oder auch nur messtechnisch überprüft werden können. Liegt ein Fehler in einer integrierten Komponente vor, muss das Drosselklappenmodul komplett ersetzt werden.

Allerdings muss die Schlüsselprogrammierung auf das Motorsteuergerät erfolgen. Soll ein gebrauchtes Drosselklappenmodul verbaut werden, muss für das Fahrzeug der Masterschlüssel vorliegen, um die vorhanden Fahrzeugschlüssel ins Steuergerät einprogrammieren zu können.

Die Auswertung der Messwerte kann aber über einen geeigneten Diagnosetester erfolgen. Das Motorsteuergerät wird so zum Messadapter für die Systemkomponenten, die im Drosselklappenmodul verbaut sind.

Extere Komponenten wie die Lambdasonde, der Kühlmitteltemperaturfühler und der Kurbelwellen- oder der Nockenwellensensor können wie bei allen anderen Gemischaufbereitungssystemen überprüft werden.

Demontage des Drosselklappenmoduls

■ Öffnen Sie das Helmfach.
■ Schalten Sie die Zündung aus und ziehen Sie den Schlüssel ab.
■ Demontieren Sie die Seitenverkleidungen hinten und die Sitzbank.
■ Bauen Sie das Helmfach aus.

Die Montagearbeiten rund um die Karosserie stellen wir Ihnen im Kapitel 11 im Detail vor.

■ Drehen Sie die Befestigungsschraube für die Schelle des Anschlusskabels heraus.
■ Entsichern Sie den Anschlussstecker und ziehen Sie in ab.
■ Lösen die Schlauchschelle am Luftführungsschlauch zum Luftfilter.
■ Lösen Sie die Schlauchschelle am Ansaugstutzen.
■ Ziehen Sie den Luftführungsschlauch vom Drosselklappenmodul ab.
■ Ziehen Sie das Drosselklappenmodul vom Ansaugstutzen ab.
■ Drehen Sie die Schraube der Abdeckung des Drosselklappenhalbrades heraus.
■ Nehmen Sie die Abdeckung ab.
■ Lösen Sie die Kontermuttern an den Gaszügen und nehmen Sie die Gaszüge vom Halbrad der Drosselklappe ab.
■ Nehmen Sie das Drosselklappenmodul heraus.

Die Montage erfolgt sinngemäß in umgekehrter Reihenfolge zur Demontage.

■ Achten Sie auf den richtigen Sitz des Anschlusssteckers.

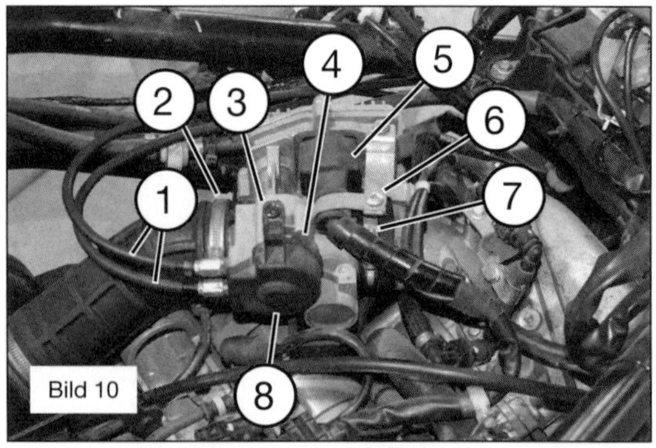

Bild 10

Bild 10
Drosselklappenmodul.
1 Gaszüge
2 Schelle Ansaugschlauch zum Luftfilter
3 Schraube
4 Abdeckung Drosselklappenhalbrad
5 Anschlussstecker Motorsteuergerät
6 Schraube Kabelhalter
7 Schelle am Ansaugstutzen
8 Abdeckung Drosselklappenhalbrad

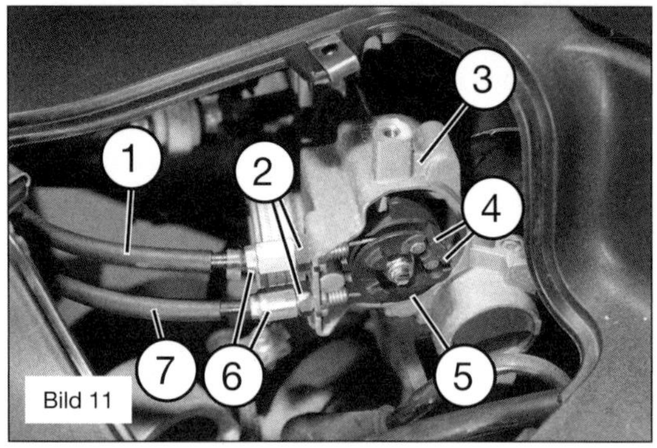

Bild 11

Bild 11
Gaszüge im Drosselklappenmodul.
1 Rückstellzug
2 Kontermuttern
3 Drosselklappenmodul
4 Gaszugnippel
5 Drosselklappenhalbrad
6 Einstellschrauben
7 Gaszug

■ Führen Sie die Grundeinstellung der Gaszüge durch.
■ Bauen Sie die Abdeckung im Helmfach über dem Drosselklappenmodul aus.
■ Schalten Sie die Zündung aus und ziehen Sie den Zündschlüssel ab.

Tragen Sie bei Arbeiten an der Kraftstoffanlage grundsätzlich Gummihandschuhe und Augenschutz.

Bauteil	*Drehmoment*
Kontermutter Gaszug	handfest
Schelle Ansaugstutzen	handfest
Schraube Abdeckung	handfest
Schraube Kabelhalter	4 Nm

Demontage der Ansaugstutzen
■ Demontieren Sie das Drosselklappenmodul, wie bereits beschrieben.
■ Demontieren Sie die Kraftstoffleitungen (2 im Bild 12) an der Einspritzdüse.
■ Entsichern Sie den Anschlussstecker und ziehen Sie ihn von der Einspritzdüse ab.
■ Drehen Sie die Schrauben (3) heraus.
■ Nehmen Sie den Ansaugstutzen (4) ab.

Die Montage erfolgt sinngemäß in umgekehrter Reihenfolge zur Demontage.

Kontrollieren Sie den Zustand der Ansaugstutzen zum Zylinder auf Rissbildung oder Verhärtung.

Wenn Schäden erkennbar sind, muss der Ansaugstutzen ersetzt werden.

Sollten die Ansaugstutzen lediglich etwas zu steif sein, um die Montage zu bewerkstelligen, können Sie diese mit einem Heißluftföhn langsam und vorsichtig erwärmen, bis diese wieder geschmeidig sind.

■ Ersetzen Sie die Schellen durch gleichwertige Schelle der gleichen Bauart.

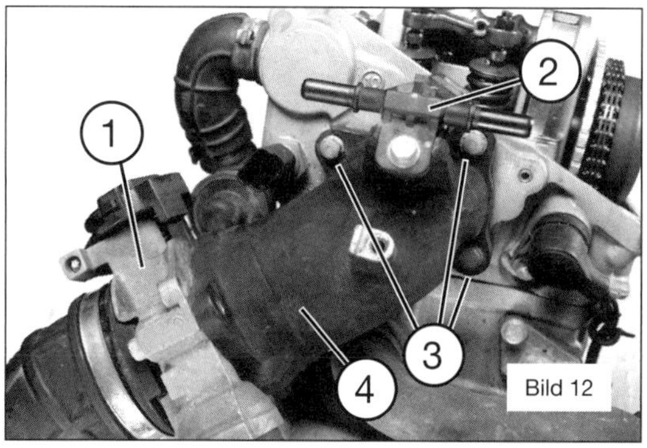

Bild 12

Einstellen der Gaszüge
Die Grundeinstellung der Gaszüge sollte immer nach einer Demontage der Züge, des Drosselklappensmoduls oder des Gasgriffes erfolgen. Es wurden nicht nur in Abhängigkeit vom Hubraum unterschiedliche Gaszugsätze verbaut. Kontrollieren Sie die Ausführung beim Zugwechsel. Bei allen Gaszügen ist jeweils eine Einstellschraube für das Zugseil und eine weitere für den Schließerzug verbaut.

Prüfen Sie, ob der Gasgriff leichtgängig und ruckfrei sich vom Leerlauf in Richtung Vollgas verdrehen lässt.

Prüfen Sie, dass sich der Gasgriff selbsttätig wieder zum Leerlaufanschlag dreht.

Prüfen Sie, dass das Spiel am Gasgriff etwa 2 bis 3 mm beträgt.

■ Lösen Sie die Kontermuttern.
■ Spannen oder entspannen Sie den Gaszug mit Hilfe der Einstellschrauben.

Sollte die Einstellung nicht über die Einstellschraube am Gaszug gelingen, verändern Sie die Einstellung an der Verstellung für den Schließerzug. Die Einstellung am Schließerzug kann auch am Halter der Gaszüge des Drosselklappengehäuses vorbaut sein.

■ Ziehen Sie die Kontermuttern wieder an.

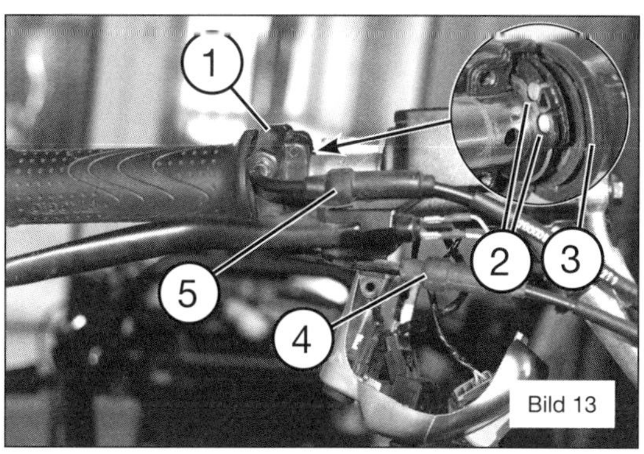

Bild 13

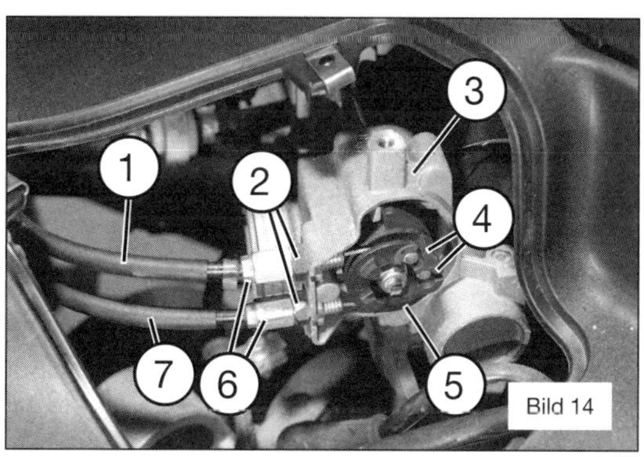

Bild 14

Bild 12
Ansaugstutzen am Zylinderkopf.
1 Drosselklappenmodul
2 Anschlussstück Einspritzventil
3 Schrauben
4 Ansaugstutzen

Bild 13
Gaszug am Gasgriff.
1 Gasgriff
2 Zugnippol im Drohgriff
3 Gasdrehgriff
4 Einstellschraube Rückstellzug
5 Einstellschraube Gaszug

Bild 14
Gaszüge im Drosselklappenmodul.
1 Rückstellzug
2 Kontermuttern
3 Drosselklappenmodul
4 Gaszugnippel
5 Drosselklappenhalbrad
6 Einstellschrauben
7 Gaszug

Bild 15
OT-Geber im Zylinderkopf.
1 OT-Geber
2 Geberrad an der Nockenwelle

Bild 16
OT-Geber im Generatordeckel.
1 Durchführung
2 Schrauben
3 OT-Geber
4 Generatorwicklungen
5 Generatordeckel
6 Bezugsmarke auf dem Generatorrotor

Kontrollieren Sie die Einstellung auch bei eingeschlagenem Lenker erneut.

Arbeiten am Drosselklappenpoti

Der Drosselklappenpoti ist Bestandteil des Drosselklappenmoduls. Ein Ersatz ist nicht vorgesehen. Bei einem Schaden am Drosselklappenpoti muss das komplette Drosselklappenmodul ersetzt werden. Das Anlernen der Schlüssel an das neue Drosselklappenmodul ist erforderlich.

Der Drosselklappenpoti wird bei der Herstellung des Drosselklappenkörpers genau justiert. Ein Nachjustieren der Drosselklappenwelle ist nicht vorgesehen.

Die Messwerte des Drosselklappenpotis können durchaus die Ursache für eine leuchtende Motorkontrollleuchte sein. Die Messwerte können Sie über einen Diagnosetester erfassen und auswerten. Die Vorgehensweise hierfür stellen wir in diesem Kapitel unter »Messen und Prüfen« vor.

Einstellen der Leerlaufdrehzahl

Grundsätzlich verändert sich die Motordrehzahl bei einem Einspritzsystem nicht nennenswert. Für den Warmlauf wird sie durch das Motorsteuergerät leicht angehoben, anschließend auf die normale Leerlaufdrehzahl abgesenkt. Das Motorsteuergerät der Piaggio´s passen die Motordrehzahl selbsttätig über den im Drosselklappenmodul integrierten Leerlaufsteller an. Eine Korrektur der Leerlaufdrehzahl ist nicht vorgesehen.

Eine Veränderung an der Einstellung der Drosselklappenwelle hat eine Veränderung der Einstellung des Drosselklappenpotentiometers zur Folge und kann eine fehlerhafte Reaktion der Gemischaufbereitung zur Folge haben.

Kontrollieren Sie die Dichtigkeit des Ansaugsystems (Ansaugstutzen, Unterdruckleitungen, Dichtringe der Einspritzventile) auf Schäden. Hier kann Falschluft eindringen und die Ursache für erhöhte Leerlaufdrehzahl sein.

- Lassen Sie den Motor warm laufen.
- Verdrehen Sie den Lenker zum rechten und anschließend zum linken Lenkeinschlag.

Beobachten Sie hierbei, ob die Motordrehzahl konstant bleibt. Wenn das nicht der Fall ist, prüfen Sie die Einbau-

lage und den Zustand der Gaszüge und lösen die Vorspannung der Gaszüge etwas.

Bauteil	*Messwert*
Spiel am Gasgriff (Verdrehung)	2 - 3 mm

OT-Geber

Um die Motordrehzahl zu errechnen und die genaue Stellung der Kurbelwelle feststellen zu können, wird über einen Sensor und Markern auf dem Rotorrad des Generators oder über ein Geberrad an der Nockenwelle ein Signal erzeugt und über das Motorsteuergerät ausgewertet. Tatsächlich werden Sie bei den unterschiedlichen MP3-Modellen entweder ein OT-Geber im Generatordeckel oder ein OT-Geber im Zylinderkopf finden. Die Bezeichnungen für diesen Sensor reichen von »Kurbelwellengeber« oder Nockenwellengeber über »OT-Geber« bis zum aus dem englischen »Pick-Up«.

Demontage des OT-Gebers (Pick-Up)

Grundsätzlich sollten Sie das Signalbild des OT-Gebers überprüfen. Ausgebaute Sensoren lassen keine sinnvolle dynamische Prüfung zu. Die Messungen hierzu stellen wir Ihnen unter der Überschrift »Messen und Prüfen« in diesem Kapitel vor.

OT-Geber im Zylinderkopf (Bild 15):

■ Bauen Sie das Helmfach und die rechte Seitenverkleidung ab. Die Arbeitsschritte hierzu beschreiben wir im Kapitel 11.

■ Reinigen Sie den Bereich um den OT-Geber am Zylinderkopf gründlich.

■ Legen Sie das Anschlusskabel des OT-Gebers frei.

■ Entsichern Sie den Anschlussstecker und ziehen Sie ihn ab.

■ Drehen Sie die Verschraubung (3 im Bild 17) heraus und ziehen Sie den OT-Geber gerade aus dem Zylinderkopf heraus.

■ Verschließen Sie die Öffnung mit einem passenden Stopfen.

Die Montage erfolgt sinngemäß in umgekehrter Reihenfolge.

■ Achten Sie auf den Dichtring zwischen Zylinderkopf und OT-Geber.

Bauteil	*Drehmoment*
Verschraubung OT-Geber	3 Nm

OT-Geber im Generatordeckel (Bild 16):

■ Demontieren Sie die Seitenverkleidungen auf der linken Seite.

■ Reinigen Sie den Motorblock auf der rechten Seite um den Generatordeckel.

■ Legen Sie den Generatoranschluss frei.

■ Entsichern Sie den Steckkontakt auf der linken Motorseite und ziehen Sie ihn ab.

■ Lassen Sie das Motoröl aus dem Motor ablaufen.

Stellen Sie einen geeigneten Ölauffangbehälter unter und fangen Sie abtropfendes Restöl aus dem Motor und dem Generatordeckel auf.

■ Stellen Sie einen geeigneten Ölauffangbehälter unter. Beim Abnehmen des Generatordeckels wird Öl ablaufen.

■ Demontieren Sie den Generatordeckel wie bereits im Kapitel 6 beschrieben.

■ Nehmen Sie den Generatordeckel ab.

■ Legen Sie den Generatordeckel auf einer Werkbank ab.

■ Drehen Sie die Schrauben (2) heraus.

■ Nehmen Sie den OT-Geber (Pick-Up) (3) vom Generatordeckel ab.

OT-Geber (Pick-Up) und Generatorstator werden in der Regel nur als Einheit gehandelt und müssen dann zusammen ersetzt werden.

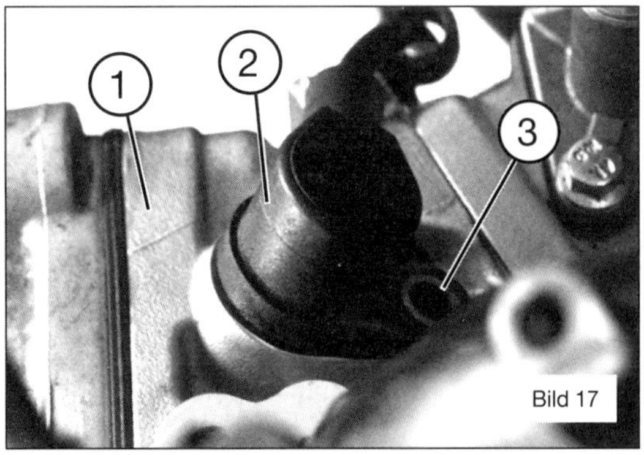

Bild 17
OT-Geber im Zylinderkopf.
1 Zylinderkopf
2 OT-Geber
3 Verschraubung

Die Montage erfolgt sinngemäß in umgekehrter Reihenfolge zur Demontage.

■ Reinigen Sie den Deckel und die Dichtfläche am Motorblock gründlich.

■ Setzen Sie den OT-Geber (Pick-Up) in den Gehäuseblock ein und ziehen Sie die Schrauben zuerst handfest und anschließend auf Drehmoment an.

■ Tragen Sie etwas Silikondichtmasse auf den Sitz des Generatorkabels im Generatorsdeckel auf.

■ Setzen Sie die Gummidichtung des Anschlusskabels in den Motorblock ein.

■ Ziehen Sie die Schrauben in der angegebenen Reihenfolge gleichmäßig an.

■ Füllen Sie das Motoröl wie im Kapitel 15 Schmiersystem beschrieben auf.

Bauteil	*Drehmoment*
Schrauben Gehäusedeckel	11 Nm
Schrauben OT-Geber (M5)	4 Nm
Schrauben OT-Geber (M6)	10 Nm

Motortemperaturfühler

Die Motortemperatur ist eine wichtige Kenngröße für die Gemischbildung. Die Aufgabe des Temperaturfühlers (2 im Bild 18) besteht darin, die Motortemperatur zu erfassen und für das Motorsteuergerät beziehungsweise über das zweite Anschlusspaar für den Tachometer darzustellen. Die physikalische Größe »Wärme« wird in ein elektrisches Signal umgewandelt. Im Grundsatz unterscheiden wir zwei Arten von Temperaturfühlern. Beim NTC (Negative Temperature Coefficient) sinkt mit steigender Temperatur der Widerstand. Je höher also die Temperatur ist, die durch den Sensor erfasst wird, umso kleiner wird der Widerstand des Sensors. Der PTC (Positive Temperature Coefficient) verhält sich genau umgekehrt.

Demontage des Motortemperaturfühlers

- Lassen Sie den Motor abkühlen.
- Lassen Sie das Kühlwasser ab. Die Beschreibungen der Arbeitsschritte hierzu finden Sie im Kapitel 14.
- Entsichern Sie den Steckkontakt und ziehen Sie ihn ab.
- Drehen Sie den Temperaturfühler gegen den Uhrzeigersinn aus dem vorderen Zylinderkopf heraus.

Die Montage erfolgt sinngemäß in umgekehrter Reihenfolge zur Demontage.

- Tragen Sie etwas Gewindedichtmittel (Loctite 572) auf das Gewinde auf.

Bauteil	*Drehmoment*
Motortemperaturfühler	25 Nm

Saugrohrdruckfühler

Der Saugrohrdrucksensor (MAP = Manifold-Absolute-Pressure) erfasst den Unterdruck im Saugrohr hinter der Drosselklappe. Der Messsensor nimmt den Druck im Saugrohr auf. Je weiter die Drosselklappen geöffnet sind, umso geringer wird der Unterdruck vor der Drosselklappe.

Der Sensor ist im Drosselklappenmodul integriert und kann nicht einzeln ersetzt werden.

Die Messwerte sind lediglich über das Motorsteuergerät erfassbar. Je nach Diagnosetester ist es möglich, die Messwerte grafisch darzustellen.

Ansauglufttemperaturfühler

Die Aufgabe des Ansauglufttemperaturfühlers besteht darin, die Ansauglufttemperatur zu erfassen und für das Motorsteuergerät erfassbar darzustellen. Die physikalische Größe »Wärme« wird in ein elektrisches Signal umgewandelt. Der Ausfall eines Temperaturfühlers kommt selten vor. Allerdings passiert es oft, dass er sogenannte Aussetzer im Verlauf zeigt.

Der Sensor ist im Drosselklappenmodul integriert und kann nicht einzeln ersetzt werden.

Die Messwerte sind lediglich über das Motorsteuergerät erfassbar. Je nach Diagnosetester ist es möglich, die Messwerte grafisch darzustellen.

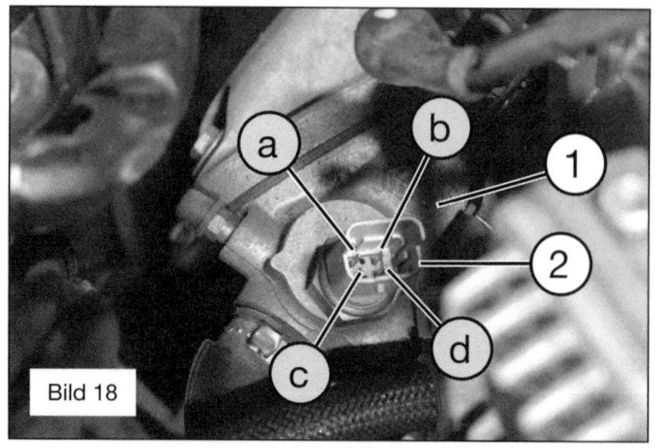

Bild 18

Bild 18
Temperaturfühler im Zylinderkopf.
1 Zylinderkopf
2 Temperaturfühler
a-b Messsensor Motor
c-d Messsensor Tacho

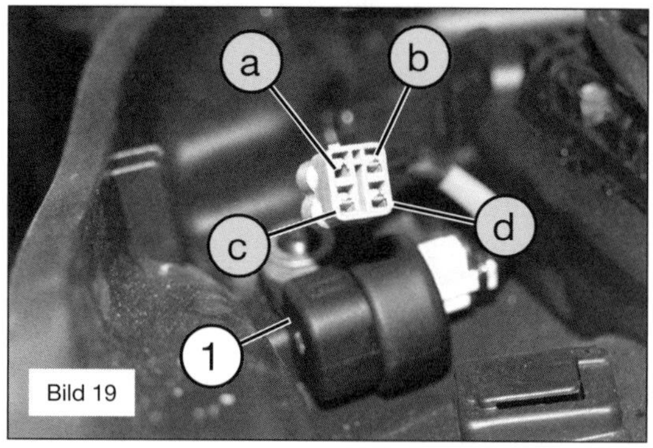

Bild 19

Bild 19
Umkippsensor im Helmfach.
1 Umkippsensor mit Pfeil für die Montagerichtung
a-b Messsensor Motor
c-d Messsensor Tacho

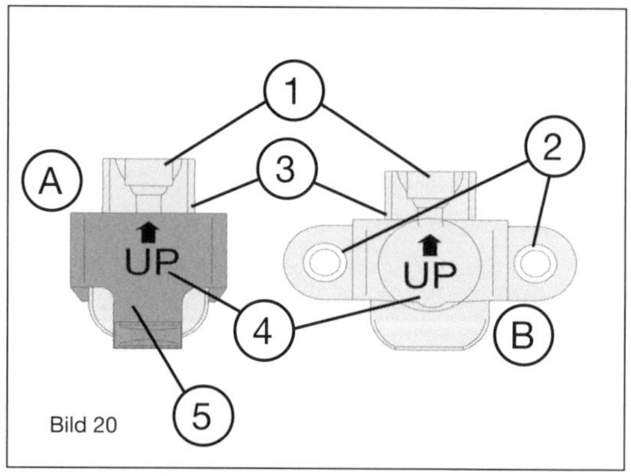

Bild 20

Bild 20
Umkippsensoren.
1 Anschlussstecker
2 Befestigungslaschen
3 Umkippsensor
4 Markierung der Montagerichtung nach oben
5 Gummilagerung
A Version mit Lagergummi
B Version mit Haltelaschen

Umkippsensor

Der Umkippsensor oder Lagesensor unterbricht bei einer Seitenneigung von 60° bis 70° im Stand ein Signal an das Motorsteuergerät. Das Motorsteuergerät schaltet dann die Kraftstoffpumpe, Einspritzdüsen und die Spannungsversorgung für die Zündung ab.

Wurde der Umkippsensor bei eingeschalteter Zündung ausgelöst, muss zum Zurücksetzen der Sicherheitsschaltung das Motorrad wieder aufrecht stehen und die Zündung aus- und wieder eingeschaltet werden.

Demontage des Umkippsensors

Den Umkippsensor (1 im Bild 19) (Schwerkraftsensor finden Sie bei den MP3-Modellen

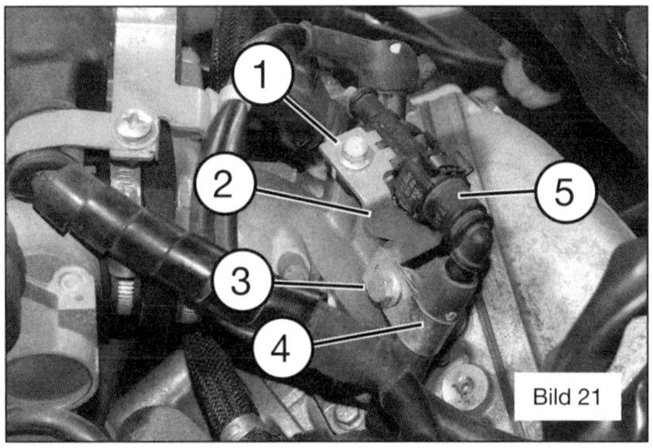

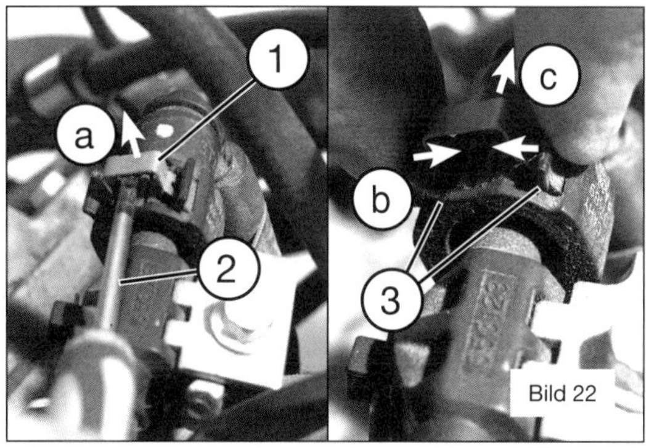

Bild 21
Einspritzdüse am Ansaugstutzen.
1 Schraube
2 Halter
3 Schraube
4 Halteschelle
5 Anschlusskupplung

Bild 22
Demontage der Kraftstoffleitung.
1 Sicherungsklammer
2 Schraubendreher
3 Sicherungsrasten
a Nach oben ziehen
b Zusammendrücken
c Abziehen

unter dem Fahrersitz neben der Batterie.

- Schalten Sie die Zündung aus und ziehen Sie den Zündschlüssel ab.
- Öffnen Sie den Fahrersitz.
- Schrauben Sie den Umkippsensor (1) aus dem Haltegummi (2) heraus.
- Entsichern Sie die Steckerraste und ziehen Sie den Stecker ab.

Die Montage erfolgt sinngemäß in umgekehrter Reihenfolge zur Demontage.

Tipp: Achten Sie auf die Einbaurichtung des Sensors. Auf den meisten Haltern ist diese mit dem Schriftzug »UP« und einem Pfeil nach oben gekennzeichnet. Grundsätzlich zeigt der Anschlussstecker nach oben.

Achtung: Die Einbaulage des Umkippsensors ist sehr wichtig. Bei falscher Einbaulage kann der Sensor während der Fahrt unerwartet den Motor abschalten und durchaus einen Unfall verursachen.

Einspritzdüsen (Injektoren)

Die Einspritzdüsen sollen den Kraftstoff fein zerstäuben und genau dosiert abgeben. Schäden an den Einspritzdüsen sind recht selten. Die Spannungsversorgung und die Ansteuerung sowie den Kraftstoffdruck sollten Sie bei einer Fehlersuche immer mit im Auge haben.

Achtung: Kraftstoffgase sind sehr entzündlich. Achten Sie auf gute Belüftung und vermeiden Sie jede Art von Zündquellen oder offenes Feuer.

Tipp: Tragen Sie bei Arbeiten an der Kraftstoffanlage grundsätzlich Gummihandschuhe und Augenschutz.

Demontage des Einspritzventils

- Bauen Sie die Seitenverkleidungen und das Helmfach wie im Kapitel 11 im Detail beschrieben ab.
- Lassen Sie den Motor abkühlen.
- Schalten Sie die Zündung aus und ziehen Sie den Zündschlüssel ab.
- Reinigen Sie den Bereich um das Einspritzventil gründlich.
- Drehen Sie die Schraube (3 im Bild 21) heraus und lösen Sie die Halteschelle (4) für die Kraftstoffleitung.
- Lösen Sie die Anschlusskupplung (5) und die Kraftstoffleitung vom Ansaugstutzen.
- Entsichern Sie den Steckkontakt und ziehen Sie den Stecker vom Einspritzventil ab.
- Ziehen Sie die Sicherungsklammer (1 im Bild 22) nach oben (a).
- Drücken Sie die beiden Sicherungsrasten (3) zusammen (b) und ziehen Sie die Anschlusskupplung ab (c).

Tipp: Fangen Sie austretenden Restkraftstoff mit einem geeigneten Lappen auf.

- Drehen Sie die Schraube (1 im Bild 21) heraus und nehmen Sie den Halter (2) ab.
- Ziehen Sie das Einspritzventil gerade aus dem Ansaugstutzen heraus.

Die Montage erfolgt sinngemäß in umgekehrter Reihenfolge zur Demontage.

- Erneuern Sie den O-Ring an der Einspritzdüse.

Bauteil	*Drehmoment*
Schraube Halter Einspritzdüse	9 Nm
Schraube Halteschelle	9 Nm

Zündspule

Je nachdem wie viele Zündkerzen in dem Einzylindermotor verbaut wurden, ist eine Einzelzündspule oder eine Doppelzündspule verbaut. Die Hochspannungsseite (Sekundärspule) der Zündspule wird bei der Einzelzündspule an Masse und an die

Zündkerze angeschlossen. Bei der Doppelzündspule werden beide Wicklungsenden der Sekundärspule an jeweils eine Zündkerze angeschlossen. Der Lichtbogen für die Zündung erfolgt dann an beiden Zündkerzen. Der Vorteil liegt an einer schnelleren Gemischdurchzündung und damit auch bei hohen Drehzahlen und großem Brennraum einer gleichmäßigeren Verbrennung mit verbessertem Emissionsverhalten.

Die Zündspule ist ein Transformator, der die durch den Abbau des Magnetfeldes entstehende Spannung in der Spule auf Zündspannung transformiert. In der Regel machen sich Fehler an der Zündspule durch »Aussetzer« während der Fahrt oder im warmen Zustand bemerkbar. Die Spule wird im Betrieb auch warm und dehnt sich aus. In den meisten Fällen kommt es so zu Unterbrechungen bei der Spulenverdrahtung. Diese Fehler sind meist nur dann nachzuweisen, wenn sie auftreten. An einer ausgebauten Spule im kalten Zustand kann ein Fehler auch unentdeckt bleiben.

Demontage der Zündspule

Die Zündspulen der MP3s befinden sich unter der linken Seitenverkleidung verschraubt am Helmfach.

- Lassen Sie den Motor abkühlen.
- Schalten Sie die Zündung aus und ziehen Sie den Zündschlüssel ab.
- Entsichern Sie den Steckkontakt (3 im Bild 23) und ziehen Sie ihn ab.
- Ziehen Sie den Masseanschluss an der Zündspule ab.
- Ziehen Sie die Zündkerzenstecker von der entsprechenden Zündkerze ab.
- Führen Sie das Zündkabel heraus.

Alternativ können Sie auch die Zündkabel an der Zündspule abziehen.

- Drehen Sie die beiden Schrauben (1) heraus.
- Nehmen Sie die Zündspule ab.

Die Montage erfolgt sinngemäß in umgekehrter Reihenfolge zur Demontage.

- Tragen Sie sehr wenig Montagefett für Kerzenstecker auf die Dichtung des Kerzensteckers auf.
- Drücken Sie den Kerzenstecker auf die entsprechende Zündkerze des Zylinders auf.

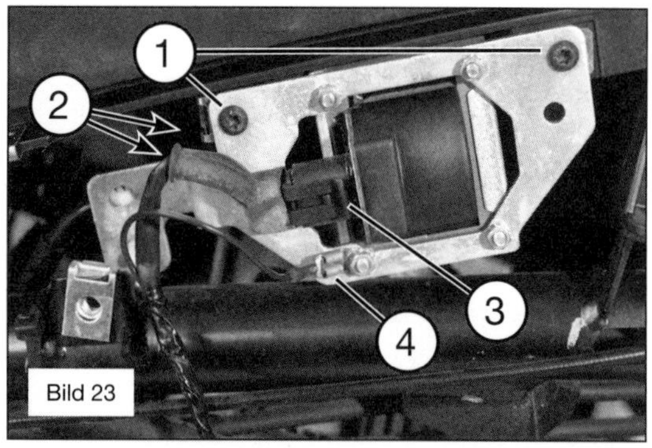

Bild 23
Zündspule.
1 Schrauben
2 Anschluss Zündkabel
3 Anschluss Zündspule
4 Masseanschluss

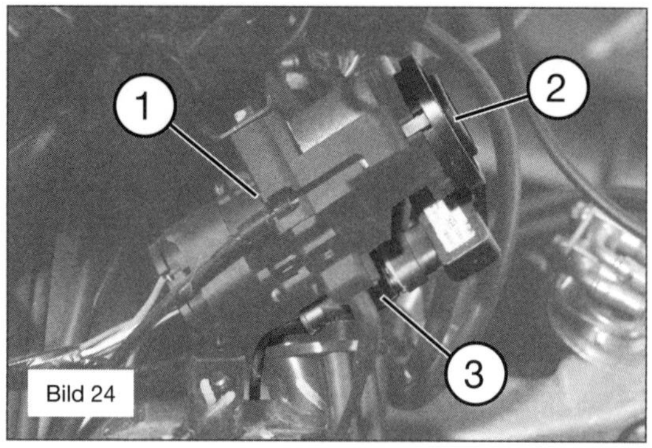

Bild 24
Ringantenne am Zündschloss für die Wegfahrsperre.
1 Zündschloss
2 Ringantenne
3 Anschlusssstecker Ringantenne

Wegfahrsperre/Alarmanlage

Alle MP3-Modelle sind mit einer Wegfahrsperre ausgerüstet. Neben der mechanischen und elektrischen Verriegelung durch das Zündschloss erfolgt eine elektronische Verriegelung. Beim Einschalten der Zündung wird über die Ringantenne ein im Schlüssel verbauter Transponder angereizt und sendet seinen individuellen Code über die Ringantenne an das Motorsteuergerät. Ist der Transpondercode unbekannt erfolgt keine Startfreigabe. Soweit verbaut, kann dann auch die Alarmanlage ausgelöst werden. Die Alarmanlage ist serienmäßig selten verbaut, kann aber durch den vorbereiteten elektrischen Anschluss unter der rechten Seitenverkleidung recht leicht nachgerüstet werden. Die Kabelvorbereitung ist in der Regel hinter der roten Markierung mit Isolierband im Kabelbaum mit eingewickelt.

Motorsteuergerät

Das Motorsteuergerät »CPU« (**C**entral **P**rocessing **U**nit) wertet die Sensoren der Einspritzanlage aus und übernimmt die Ansteuerung der Aktoren der Zünd- und Einspritzanlage. Das Motorsteuergerät ist Bestandteil des Drosselklappenmoduls. Die Demontage ist nicht vorgesehen.

Abfrage des Fehlerspeichers

Einer der Vorteile eines Einspritzsystems ist die Überwachung und die Ablage der Betriebsstörungen im Fehlerspeicher. So kann für die Fehlersuche aus dem Fehlerspeicher vielleicht ein wertvoller Hinweis kommen.

- Schalten Sie die Zündung aus.
- Öffnen Sie die Sitzbank.
- Legen Sie den OBD-Anschlussstecker (4 im Bild 25) frei und ziehen Sie die Schutzkappe (2) ab.
- Stecken Sie den Diagnoseadapter (FIAT) (6) in die 3-polige Anschlussdose (4).
- Schließen Sie die Anschlussklemmen für Masse (5) und für Plus (7) an die Batterie an.
- Schließen Sie einen geeigneten Diagnosetester (1) an den 13-poligen Anschluss des Adapterkabels an.
- Schalten Sie die Zündung ein. Nach dem Startbildschirm wird Ihnen die Anwahl im Hauptmenü angezeigt (Bild 26).
- Wählen Sie »Diagnose« an und bestätigen Sie Ihre Anwahl mit der »Enter-Taste«. Die Bildschirmanzeige wechselt in das Diagnosemenü (Bild 27).
- Wählen Sie »Lese Codes« an und bestätigen Sie Ihre Anwahl mit der »Enter-Taste«. Die Bildschirmanzeige wechselt nun kurz in eine Systemübersicht (Bild 28) und anschließend selbsttätig in die Maske »Fehlercodes« (Bild 29).
- Wählen Sie »gespeicherte Daten« an und bestätigen Sie Ihre Anwahl mit der »Enter-Taste«. Die Anwahl zeigt alle Einträge im Fehlerspeicher an. Die Anwahl der offenen Codes zeigt in der Regel nur die aktuell vorliegenden Fehlereinträge. Die Bildschirmanzeige wechselt nun zu den Fehlerspeichereinträgen (Bild 30).
- Über die Pfeiltasten nach oben oder unten können Sie, soweit mehrere Einträge vorliegen, die weiteren Fehlerspeichereinträge ansehen.

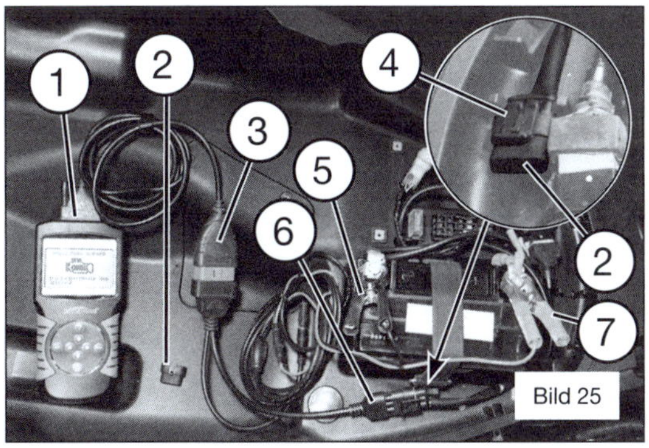

Bild 25

Bild 25
Anschluss Diagnosetester beim Piaggio MP3.
1 Diagnosetester
2 Schutzkappe Diagnoseanschluss
3 13-poliger Diagnosestecker
4 3-polige Diagnoseanschlussdose
5 Masseanschluss Diagnoseadapter
6 3-poliger Diagnoseanschlussstecker
7 Plusanschluss Diagnoseadapter

Löschen des Fehlerspeichers

Grundsätzlich sollten Sie den Fehlerspeicher nie einfach löschen. Notieren Sie sich die Fehlerspeichereinträge, um sie später noch nachvollziehen zu können.

- Gehen Sie über die »Rücksprungtaste« bis ins »Diagnosemenü« (Bild 27) zurück.
- Wählen Sie »Lösche Codes« (Bild 31) an und bestätigen Sie Ihre Anwahl mit der »Enter-Taste«. Die Löschung wird abschließend über den Bildschirm bestätigt.

Messwerte des Motorsteuergerätes auslesen und auswerten

Abhängig vom Diagnosetester ist es möglich, die Messwerte, die das Motorsteuergerät erfasst, auszulesen und bei einigen Testern auch grafisch darzustellen. Das ist gerade dann sinnvoll, wenn ein Fehler nicht im Stand

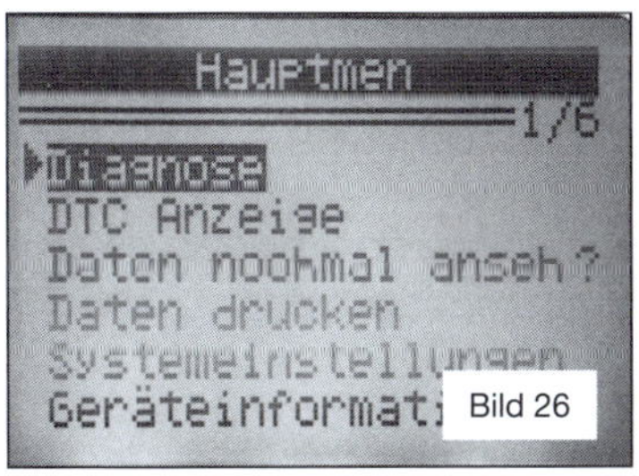

Bild 26

Bild 27

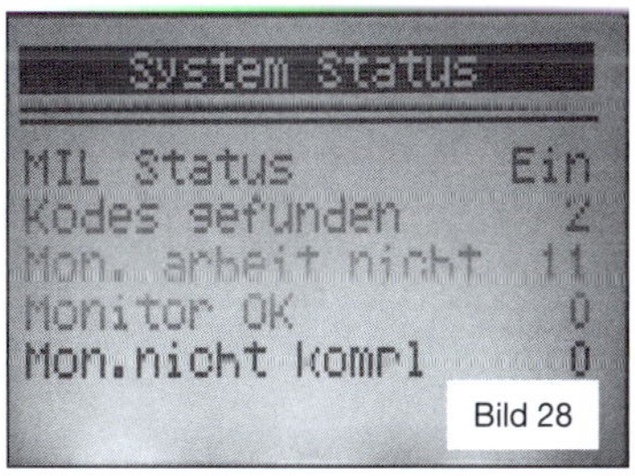

Bild 28

Bild 29

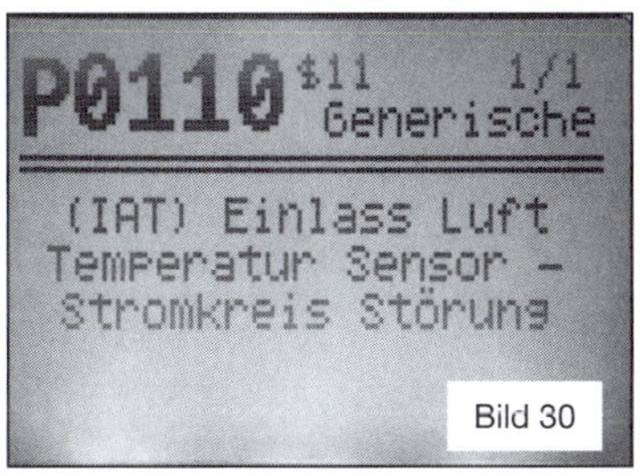

Bild 30

Bild 31

Bild 26
Hauptmenü zur Anwahl.

Bild 27
Anwahl zum Auslesen des Fehlerspeichers.

Bild 28
Systemübersicht als kurze Einblendung.

Bild 29
Anwahl der gespeicherten Daten, um alle Fehlercodes einsehen zu können.

Bild 30
OBD-Code und Beschreibung.

Bild 31
Löschen der Fehlerspeichereinträge.

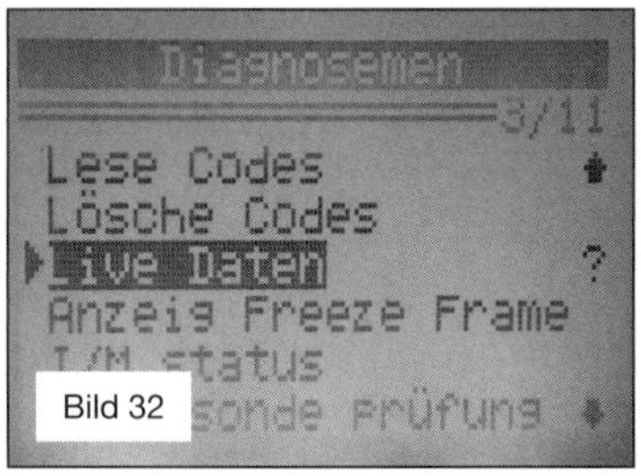

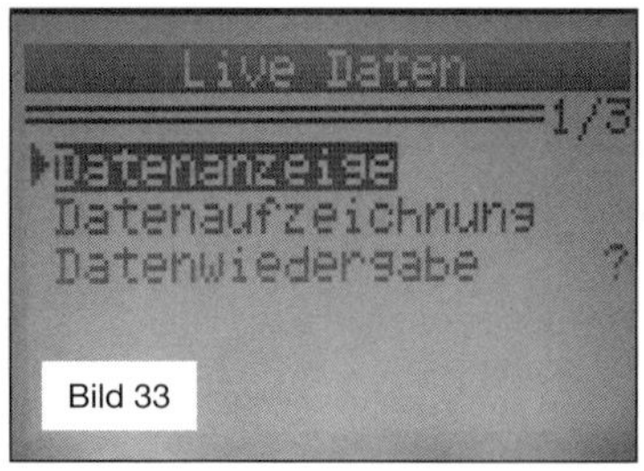

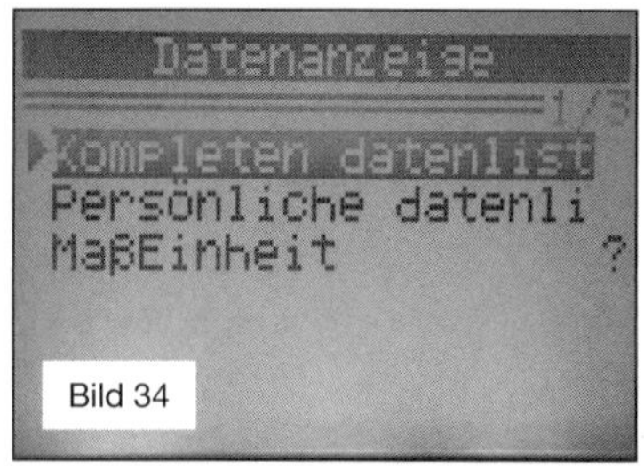

Bild 32
Anwahl der Livedaten im Diagnosemenü.

Bild 33
Anwahl der Datenanzeige.

Bild 34
Anwahl der kompletten Datenliste.

auftritt. Die grafische Auswertung entlarvt recht schnell markante Sprünge in den Messwerten wie beispielsweise beim Drosselklappenwinkel, der oft für ein Ruckeln oder ungleichmäßigen Motorlauf sorgt.

■ Schalten Sie die Zündung ein. Nach dem Startbildschirm wird Ihnen die Anwahl im Hauptmenü angezeigt (Bild 26).

■ Wählen Sie »Diagnose« an und bestätigen Sie Ihre Anwahl mit der »Enter-Taste«. Die Bildschirmanzeige wechselt in das Diagnosemenü (Bild 27).

■ Wählen Sie »Live Daten« an und bestätigen Sie Ihre Anwahl mit der »Enter-Taste«. Die Bildschirmanzeige wechselt in das Livedatenmenü (Bild 32).

■ Wählen Sie »Datenanzeige« an und bestätigen Sie Ihre Anwahl mit der »Enter-Taste«. Die Bildschirmanzeige wechselt in das Datenanzeigemenü (Bild 33).

■ Wählen Sie »kompletten Datenlisten« an und bestätigen Sie Ihre Anwahl mit der »Enter-Taste«. Die Bildschirmanzeige wechselt in die Liste der »Live Daten« (Bild 35).

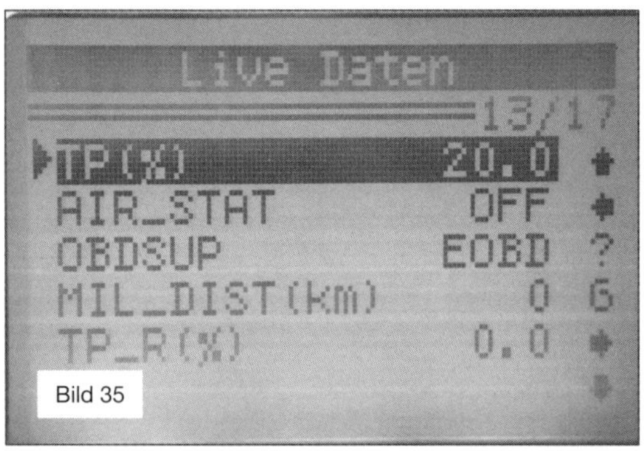

Bild 35
Anwahl des Drosselklappenwinkels.

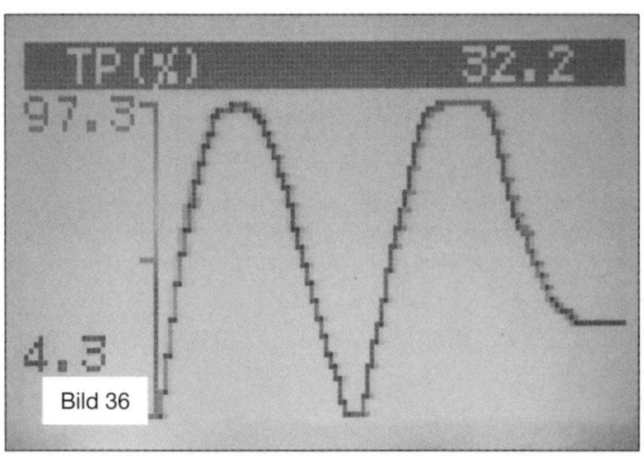

Bild 36
Anwahl des Drosselklappenwinkels in grafischer Darstellung mit der Entertaste.

■ Betätigen Sie die Pfeiltaste nach unten, bis Sie den Messwert «TP %« erreichen. Die »**T**hrottle-**P**osition« stellt den Öffnungswinkel der Drosselklappe in % dar.

■ Betätigen Sie die Pfeiltaste nach rechts. Der Messwert wird nun grafisch dargestellt (Bild 36).

■ Lassen Sie den Motor laufen, betätigen Sie den Gasgriff und halten Sie ihn in einer Stellung fest.

Der Messwert darf nicht hin- und herspringen, die grafische Darstellung darf keine plötzlichen Ausreißer nach oben oder unten zeigen. Ist das der Fall, ist der Drosselklappenpotentiometer defekt. Da er im Drosselklappenmodul integriert ist, muss das Drosselklappenmodul ersetzt werden.

Tankfördermodul

Das Tankfördermodul beinhaltet die Kraftstoffpumpe, den Siebvorfilter, den Kraftstofffeinfilter. Der Füllstandsgeber für den Kraftstoffstand ist ein gesondertes Bauteil, das hinter dem Tankfördermodul im Kraftstofftank verbaut ist.

Arbeiten am Kraftstofffördermodul

Kraftstoffgase sind sehr entzündlich. Achten Sie auf gute Belüftung und vermeiden Sie jede Art von Zündquellen oder offenes Feuer.

Tragen Sie bei Arbeiten an der Kraftstoffanlage grundsätzlich Gummihandschuhe und Augenschutz.

■ Bauen Sie den Kraftstofftank aus. Die Arbeiten hierzu stellen wir Ihnen in diesem Kapitel noch im Detail vor.

Ausbau des Kraftstofftanks

Der Ausbau des Tankfördermoduls oder des Füllstandsgebers macht den Ausbau des Tanks erforderlich.

Ohne Ausbau steht nicht ausreichend Platz

für die Demontage zur Verfügung.

■ Bauen Sie die Trittbrettverkleidungen oben und unten ab.

Die Arbeiten dazu beschreiben wir im Kapitel 11.

■ Entleeren Sie den Kraftstofftank.

■ Reinigen Sie den Bereich um die Anschlüsse des Kraftstofftanks gründlich.

■ Ziehen Sie den Entlüftungsschlauch (7 im Bild 38) am Tank ab.

■ Demontieren Sie die Vorlaufleitung (3). Soweit vorhanden, muss auch die Rücklaufleitung am Tankfördermodul abgebaut werden.

■ Entsichern Sie den Steckkontakt (4) zum Tankfördermodul und ziehen Sie den Stecker ab.

■ Entsichern Sie den Steckkontakt (2) zum Füllstandsgeber und ziehen Sie den Stecker ab.

■ Drehen Sie die drei Schrauben der Tankbefestigung am Rahmen heraus.

■ Nehmen Sie den Kraftstofftank nach unten heraus.

Die Montage erfolgt sinngemäß in umgekehrter Reihenfolge zur Demontage.

■ Setzen Sie zuerst alle Schrauben von Hand an und ziehen Sie sie anschließend fest.

Ausbau des Tankfördermoduls

■ Bauen Sie den Kraftstofftank wie bereits beschrieben aus.

■ Drehen Sie die Verschlussmutter (5 im Bild 38) gegen den Uhrzeigersinn los.

■ Nehmen Sie die Verschlussmutter (5) ab.

■ Ziehen Sie das Tankfördermodul gerade nach oben.

■ Führen Sie das Tankfördermodul vorsichtig nach draußen. Um den unteren Teil (die Pumpe und den Vorfilter) aus der Tanköffnung herauszuführen, muss das Tankfördermodul leicht gedreht werden.

☞ Fangen Sie austretenden Restkraftstoff mit einem geeigneten Lappen auf.

■ Nehmen Sie den Dichtring vom Tankfördermodul ab.

Die Montage erfolgt sinngemäß in umgekehrter Reihenfolge zur Demontage.

■ Tragen Sie etwas säurefreies Fett auf den Dichtring des Tankfördermuduls auf.

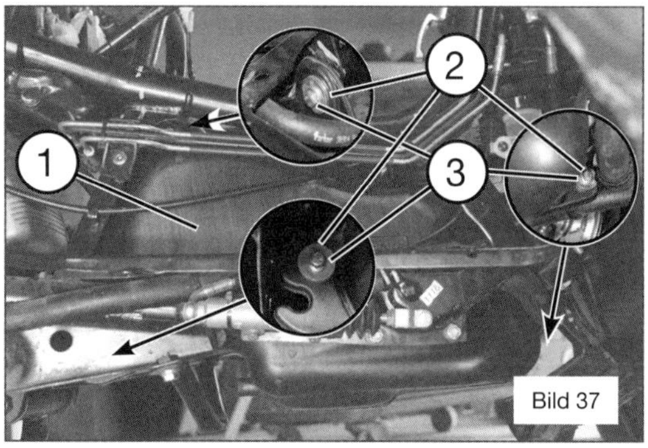

Bild 37

Bild 37
Ausbau des Kraftstofftanks.
1 Kraftstofftank
2 Schraube mit Mutter auf der Rückseite
3 Bundscheibe

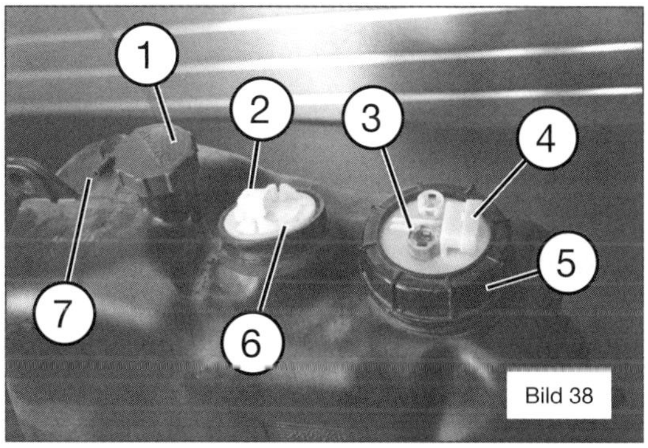

Bild 38

Bild 38
Kraftstofftank.
1 Tankdeckel
2 Steckkontakt Füllstandsgeber
3 Druckanschluss Kraftstoffleitung (Vorlauf)
4 Steckkontakt Tankfördereinheit
5 Verschlussmutter
6 Füllstandsgeber
7 Entlüftungsanschluss Tank (zum Aktivkohlefilter)

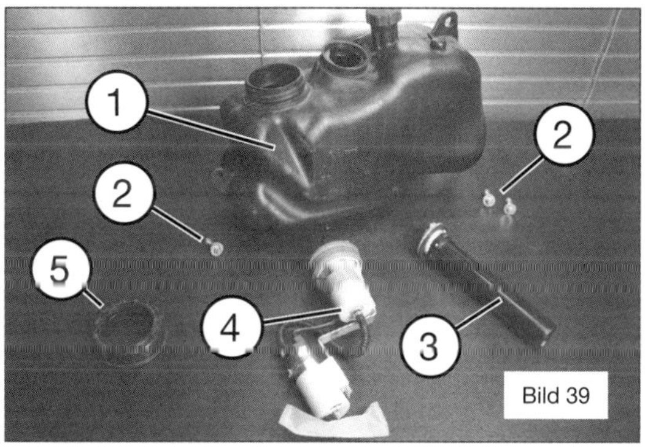

Bild 39

Bild 39
Ausbau des Kraftstofftanks.
1 Kraftstofftank
2 Schraube mit Mutter auf der Rückseite und Bundscheibe
3 Tankfüllstandsgeber
4 Kraftstofffördermodul
5 Verschlussmutter

■ Ziehen Sie die Verschlussmutter fest.

■ Prüfen Sie die Funktion und die Dichtigkeit vor der endgültigen Montage des Kraftstofftanks.

Bauteil	Drehmoment
Schraube Tankhalterung	9 Nm
Verschlussmutter am Tankfördermodul	50 - 60 Nm

Ausbau des Tankfüllstandsanzeige

■ Bauen Sie den Kraftstofftank wie bereits beschrieben aus.

■ Legen Sie wie im Bild 40 gezeigt einen Blechstreifen oder ein anderes geeignetes Werkzeug in die Schlitze des Füllstandsgebers ein.

■ Drehen Sie den Füllstandsgeber etwa 30° gegen den Uhrzeigersinn.

■ Ziehen Sie den Füllstandsgeber gerade

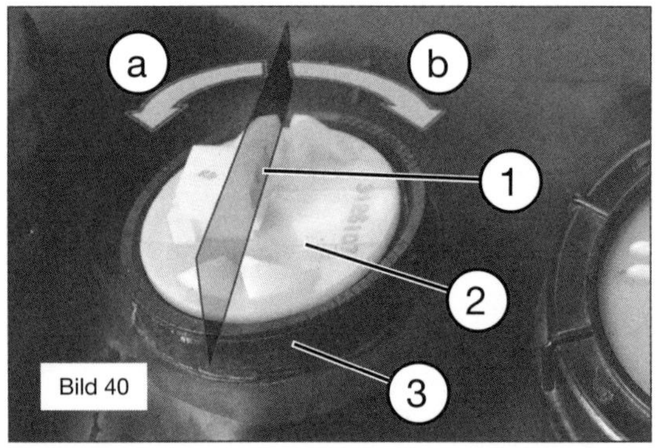

Bild 40
Füllstandsgeber ausbauen.
1 Blechstreifen
2 Füllstandsgeber
3 Tank
a Drehrichtung »lösen«
b Drehrichtung »befestigen«

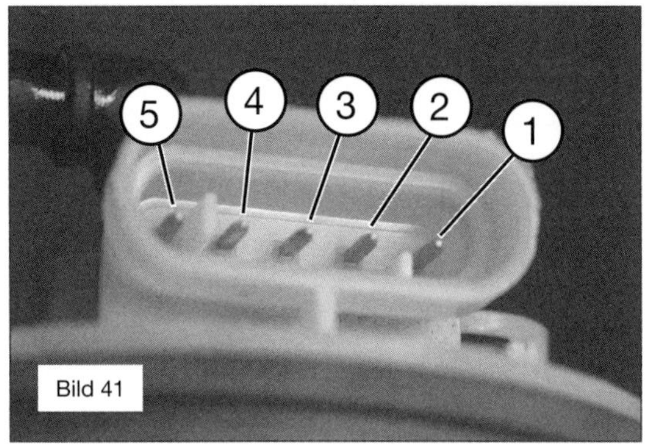

Bild 41
Anschlüsse Kraftstoffpumpe.
1 Plusanschluss
2 Frei
3 Frei
4 Masseanschluss
5 Frei

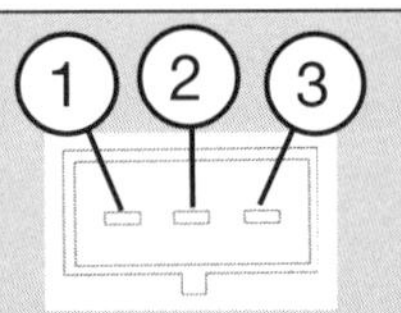

Anschluss Füllstandsgeber im Tank.

Messung Pin 2 auf Pin 1:

Voll	*Leer*
2 Ω	∞Ω

Messung Pin 2 auf Pin 3:

Voll	*Leer*
100 Ω	20 Ω

aus dem Kraftstofftank nach oben heraus.

Fangen Sie austretenden Restkraftstoff mit einem geeigneten Lappen auf.

■ Nehmen Sie den Dichtring vom Tankfördermodul ab.

Die Montage erfolgt sinngemäß in umgekehrter Reihenfolge zur Demontage.

■ Reinigen Sie Dichtflächen an Tank und Tankfördermodul sehr gründlich.

■ Erneuern Sie den Dichtring zwischen Tank und Füllstandsgeber.

■ Achten Sie auf die richtige Einbauposition des Füllstandgebers und des Dichtrings.

■ Prüfen Sie die Funktion des Tankfüllstandsgeber vor der Montage im Tank. Der Füllstand lässt Sie durch drehen des Füllstandsgebers simulieren.

In Einbaulage lösst sich der Füllstand »Leer« prüfen.

Steht der Sensor auf dem Kopf lässt sich der Füllstand »Voll« prüfen.

Tank entleeren

Grundsätzlich ist es auch möglich, den Kraftstofftank mit Hilfe der Kraftstoffpumpe zumindest bis zu einem Rest von etwa 1,5 l zu entleeren. Die Kraftstoffpumpe sollte aber niemals leerlaufen. Die Pumpe und ihre Bestandteile werden durch den Kraftstoff gekühlt und im gewissen Sinn auch geschmiert. Der Trockenlauf kann leicht Schäden verursachen.

⚠ Kraftstoffgase sind sehr entzündlich. Achten Sie auf gute Belüftung und vermeiden Sie jede Art von Zündquellen oder offenes Feuer.

Tragen Sie bei Arbeiten an der Kraftstoffanlage grundsätzlich Gummihandschuhe und Augenschutz.

Tank über die Kraftstoffpumpe teilentleeren:

Da die Kraftstoffpumpe recht schlecht zugänglich ist, eignet sich diese Methode nur dann zur Teilentleerung, wenn der Tank ausgebaut werden soll oder die Verkleidungen des Trittbretts demontiert werden müssen.

■ Lassen Sie den Motor abkühlen.

■ Schalten Sie die Zündung aus und ziehen Sie den Zündschlüssel ab.

■ Bauen Sie die Trittbrettverkleidung wie im Kapitel 11 beschrieben ab.

■ Ziehen Sie das Anschlusskabel zum Tankfördermodul ab.

■ Demontieren Sie die Druckleitung am Tankfördermodul und stecken Sie einen passenden Kraftstoffschlauch auf.

■ Positionieren Sie das andere Ende des Kraftstoffschlauch in einem geeigneten Behälter (Benzinkanister).

■ Schließen Sie den Anschlusspin (1 im Bild 41) über ein Adapterkabel mit Schalter an Batterieplus an.

■ Schließen Sie den Anschlusspin (4) über ein Adapterkabel mit Schalter an Batterieminus (Masse) an.

■ Öffnen Sie den Tankdeckel.

■ Betätigen Sie den Schalter und pumpen Sie den Kraftstoff in das Gefäß.

Beobachten Sie den Kraftstoffstand mit einer Taschenlampe und schalten Sie die Kraftstoffpumpe rechtzeitig ab, um einen Trockenlauf der Pumpe zu vermeiden.

Tank über Saugschlauch entleeren (Bild 42):

■ Führen Sie einen Kunststoffschlauch vorsichtig bis zur tiefsten Stelle in den Tank ein.

Der Schlauch muss lang genug sein, um am Austrittsende tiefer zu hängen als die tiefste Stelle im Tank mit dem Saugbereich.

■ Saugen Sie den Kraftstoff mit einer ge-

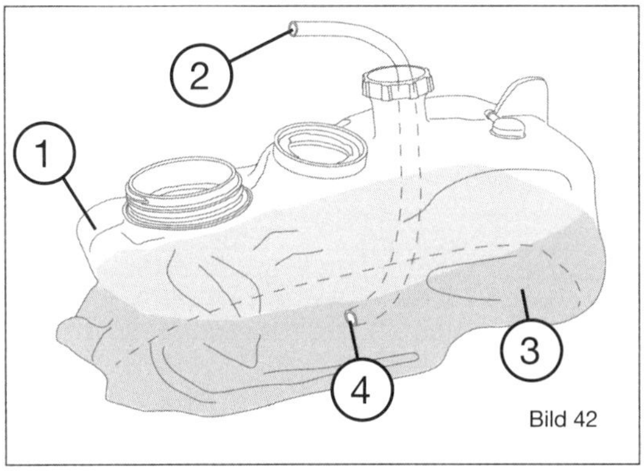

Bild 42

eigneten Pumpe (Minivac) an.

Kraftstoffgase sind sehr giftig. Saugen Sie den Kraftstoff nicht mit dem Mund an. Verwenden Sie eine geeignete Pumpe!

■ Halten Sie den Saugschlauch in ein ausreichend großes sauberes Gefäß, um den Kraftstoff aufzufangen.

■ Lassen Sie den Kraftstoff restlos ablaufen.

Verwendung des abgesaugten Kraftstoffes:

■ Befüllen Sie den Kraftstofftank anschließend nur mit sauberen Kraftstoff.

Ausbau der Kraftstoffpumpe

Kraftstoffgase sind sehr entzündlich. Achten Sie auf gute Belüftung und vermeiden Sie jede Art von Zündquellen oder offenes Feuer.

Tragen Sie bei Arbeiten an der Kraftstoffanlage grundsätzlich Gummihandschuhe und Augenschutz.

■ Bauen Sie das Tankfördermodul aus.

■ Ziehen Sie die Anschlusskabel (5 im Bild 43) zur Kraftstoffpumpe ab.

■ Lösen Sie die Schelle (2).

■ Lösen Sie die Schelle (3) und ziehen Sie die Druckleitung der Pumpe (4) ab.

■ Demontieren Sie den Siebfilter auf der Saugseite der Kraftstoffpumpe.

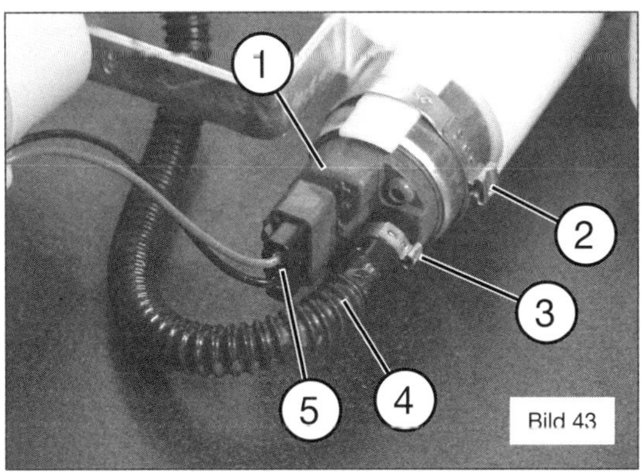

Bild 43

■ Ziehen Sie die Kraftstoffpumpe (1) aus dem Kunststoffgehäuse heraus.

Die Montage erfolgt sinngemäß in umgekehrter Reihenfolge zur Demontage.

Achten Sie auf festen Sitz der Anschlusskabel am Fördermodul und auf den Steckkontakten.

Im Zubehör sind Kraftstoffpumpe oder ein Reparatursatz auch in Einzelteilen lieferbar.

■ Kontrollieren Sie die Bauteile gründlich auf ihre Passgenauigkeit.

■ Prüfen Sie den Kraftstoffdruck und das Fördervolumen nach dem Einbau von Bauteilen aus dem Zubehör.

Ausbau des Druckreglers

Der Kraftstoffdruckregler ist im Gehäuseoberteil des Kraftstofffördermoduls verbaut.

Kraftstoffgase sind sehr entzündlich. Achten Sie auf gute Belüftung und vermeiden Sie jede Art von Zündquellen oder offenes Feuer.

Tragen Sie bei Arbeiten an der Kraftstoffanlage grundsätzlich Gummihandschuhe und Augenschutz.

■ Bauen Sie den Kraftstofftank und das Kraftstofffördermodul aus.

Fangen Sie austretenden Restkraftstoff mit einem Lappen auf.

■ Drehen Sie die beiden Schrauben (9 im Bild 44) heraus.

■ Ziehen Sie die Anschlusskabel (3) zur Kraftstoffpumpe ab.

■ Ziehen Sie das Gehäuseoberteil (4) vom Kraftstofffilter (10) ab.

■ Ziehen Sie den Druckregler (1) aus dem Gehäuseoberteil (4) heraus.

Die Montage erfolgt sinngemäß in umgekehrter Reihenfolge zur Demontage.

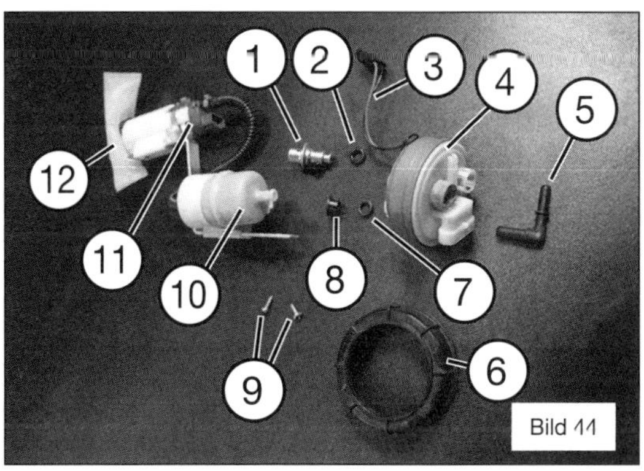

Bild 44

Bild 42
Kraftstoffpumpe ausbauen.
1 Kraftstofftank
2 Anschluss zur Pumpe
3 Kraftstoff
4 Schlauchende am Tankboden

Bild 43
Kraftstoffpumpe ausbauen.
1 Kraftstoffpumpe
2 Schelle
3 Schelle
4 Druckleitung Pumpe
5 Anschlussstecker

Bild 44
Kraftstofffilter an der Kraftstoffpumpe.
1 Druckregler
2 O-Ring
3 Anschlusskabel
4 Gehäuseoberteil
5 Anschlussstück
6 Verschlussmutter
7 O-Ring
8 Druckstück
9 Schrauben
10 Kraftstofffilter
11 Kraftstoffpumpe
12 Vorfilter

■ Erneuern Sie den Dichtring zwischen Druckregler und Gehäuseoberteil.
■ Prüfen Sie den Kraftstoffdruck und das Fördervolumen.
■ Erneuern Sie den Dichtring zwischen Kraftstofffilter und Gehäuseoberteil.

Steckkupplungen trennen

Bei Fahrzeugen dieser Baureihen finden sich sechs typische Stecksysteme für die Verbindungen der Kraftstoffversorgungsschläuche, die durchaus auch bei anderen Fahrzeugherstellern zum Einsatz kommen.

☞ Optisch sind sicherlich noch viele weitere Varianten möglich und natürlich auch verbaut. Die Steckkupplungen sind übrigens auch in einschlägigen Internetportalen einzeln erhältlich.

Variante 1 (Bild 45)

■ Steckkupplung (1) auf die Leitung drücken.
■ Entriegelungstasten in Pfeilrichtung (3) drücken und gedrückt halten.
■ Steckkupplung (1) von der Kraftstoffleitung (2) abziehen.
■ Beim Einbau Farbzuordnung beachten.
■ Steckkupplungen müssen beim Verriegeln »hörbar« einrasten.

☞ Den festen Sitz der Steckkupplung durch Gegenziehen prüfen!

Variante 2 (Bild 46)

■ Steckkupplung (1) auf die Leitung drücken.
■ Zugentriegelung in Pfeilrichtung (2) ziehen.
■ Steckkupplung (1) von der Kraftstoffleitung (2) abziehen.
■ Beim Einbau Farbzuordnung beachten.
■ Die Steckkupplungen müssen beim Verriegeln »hörbar« einrasten.

☞ Den festen Sitz der Steckkupplung durch Gegenziehen prüfen!

Variante 3 (Bild 47)

■ Steckkupplung (1) auf die Leitung drücken.
■ Entriegelungstaste (2) drücken und Steckkupplungen abziehen.
■ Beim Einbau Farbzuordnung beachten.
■ Steckkupplungen müssen beim Verriegeln »hörbar« einrasten.

☞ Den festen Sitz der Steckkupplungen durch Gegenziehen prüfen!

Variante 4 (Bild 48)

■ Steckkupplung (1) auf die Leitung drücken.
■ Entriegelungstaste (2) drücken und Steckkupplung abziehen.
■ Beim Einbau Farbzuordnung beachten.
■ Steckkupplungen müssen beim Verriegeln »hörbar« einrasten.

☞ Den festen Sitz der Steckkupplung durch Gegenziehen prüfen!

Variante 5 (Bild 49)

■ Steckkupplung (1) auf die Leitung drücken.
■ Außenring (2) in Pfeilrichtung (3) zurückziehen und die Steckkupplungen abziehen.
■ Beim Einbau Farbzuordnung beachten.
■ Steckkupplungen müssen beim Verriegeln »hörbar« einrasten.

☞ Den festen Sitz der Steckkupplung durch Gegenziehen prüfen!

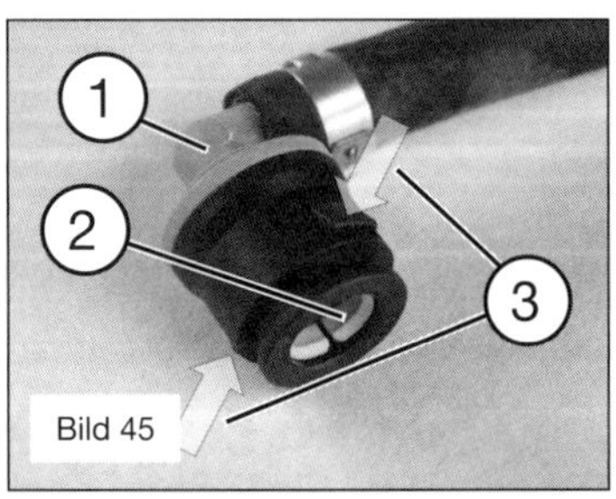

Bild 45

Bild 45
Variante 1.
1 Kupplungsgehäuse
2 Rastenring
3 Entriegelungstasten

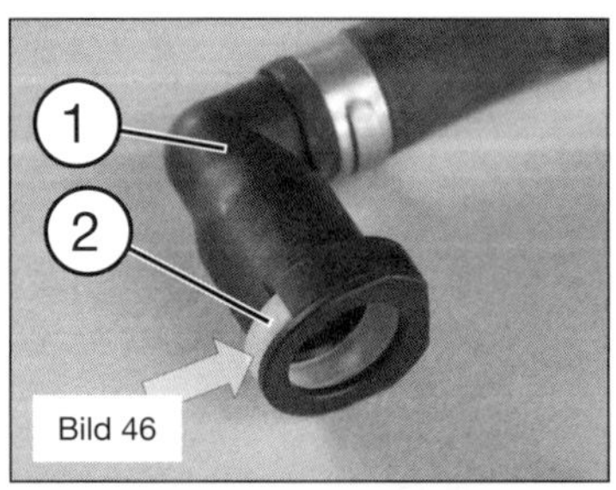

Bild 46

Bild 46
Variante 2.
1 Kupplungsgehäuse
2 Rastenring

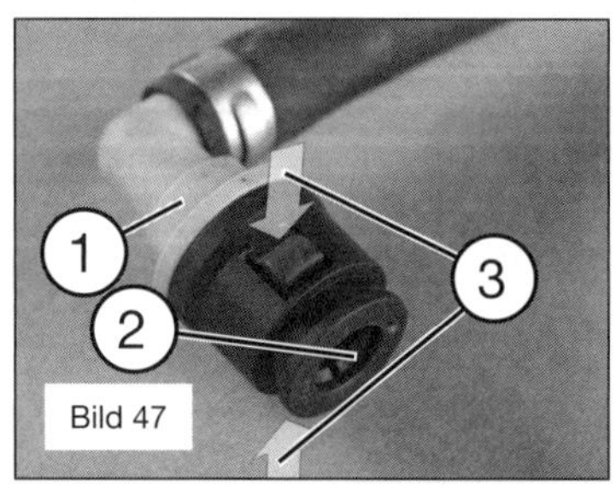

Bild 47

Bild 47
Variante 3.
1 Kupplungsgehäuse
2 Rastenring
3 Entriegelungstasten

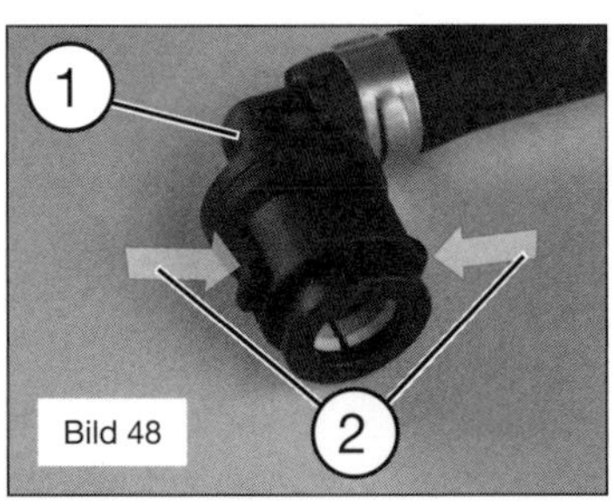

Bild 48

Bild 48
Variante 4.
1 Kupplungsgehäuse
2 Entriegelungstasten

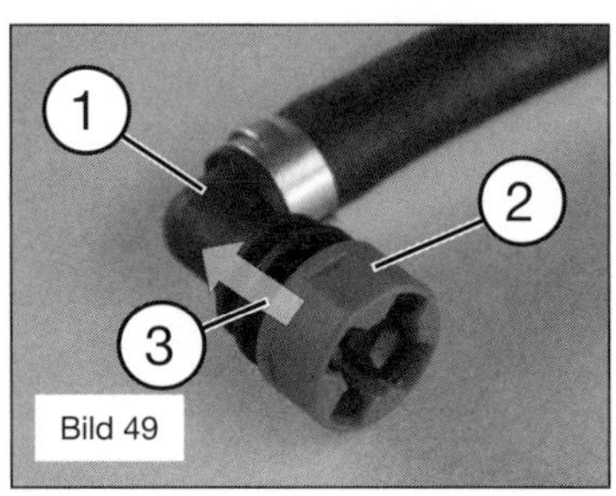

Bild 49

Bild 49
Variante 5.
1 Kupplungsgehäuse
2 Außenring
3 Bewegungsrichtung

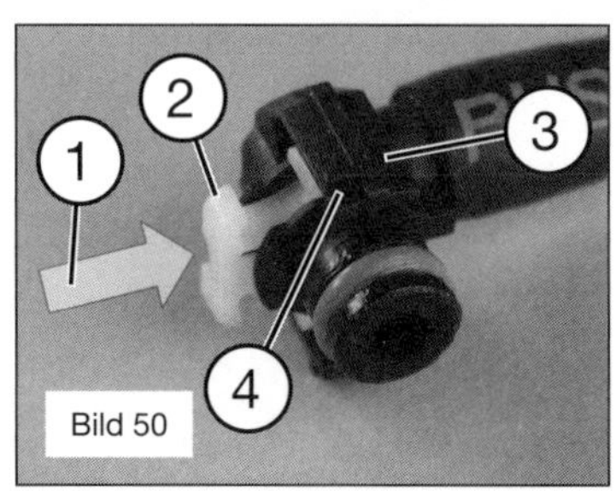

Bild 50

Bild 50
Variante 6.
1 Bewegungsrichtung (sichern)
2 Sicherungsklammer
3 Kupplungsgehäuse
4 Entriegelungstaste

Variante 6 (Bild 50)

■ Die Sicherungsklammer (2) rechts und links zusammendrücken (1).

■ Die Entriegelungstasten (4) rechts und links zusammendrücken und gedrückt halten.

■ Die Steckkupplung (3) abziehen.

■ Beim Einbau Farbzuordnung beachten.

■ Steckkupplungen müssen beim Verriegeln »hörbar« einrasten.

Den festen Sitz der Steckkupplung durch Gegenziehen prüfen!

Schnellverschluss Rücklauf zum Tank

■ Die Sicherungsklammer (2) herunterdrücken (1) und gedrückt halten.

■ Steckkupplung auseinanderziehen.

■ Steckkupplungen müssen beim Verriegeln »hörbar« einrasten.

Den festen Sitz der Steckkupplung durch Gegenziehen prüfen!

Kraftstoffpumpe prüfen

Die Kraftstoffpumpe versorgt die Einspritzdüsen mit Kraftstoff und sorgt für den erforderlichen Einspritzdruck. Beides sind wichtige Kenngrößen, um die Funktion der Gemischaufbereitung sicherzustellen.

Prüfungsvoraussetzungen

■ Die Batteriespannung muss mindestens 11,5 V betragen.

■ Schließen Sie ein Dauerladegerät zur Ladungserhaltung an die Batterie an.

■ Die Sicherungen sind alle intakt.

Fördermenge prüfen (Bild 51)

Die Messung erfolgt bei ausgeschaltetem Motor. Die gesamte Fördermenge wird im Messgefäß (3) aufgefangen.

■ Nehmen Sie den Verschlussdeckel vom Kraftstoff-Einfüllstutzen ab.

■ Lassen Sie den Motor abkühlen.

■ Schalten Sie die Zündung aus und ziehen Sie den Zündschlüssel ab.

■ Bauen Sie die Trittbrettverkleidung wie im Kapitel 11 beschrieben ab.

■ Ziehen Sie den Vorlaufschlauch am Kraftstofffördermodul ab.

Fangen Sie austretenden Restkraftstoff mit einem Lappen auf.

■ Stecken Sie einen Schlauch auf das Anschlussstück auf und halten Sie ihn in ein Messgefäß (3).

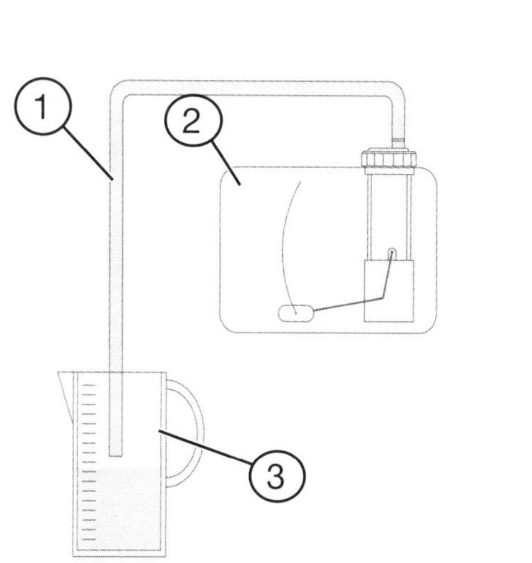

Bild 51

Bild 51

Fördermenge prüfen.

1 Vorlaufleitung

2 Kraftstofftank mit Kraftstofffördermodul (Intankpumpe und Füllstandssensor)

3 Messbecher (2 l)

■ Bestromen Sie die Kraftstoffpumpe wie auf Seite 92 (Tankentleerung) beschrieben.

■ Lassen Sie etwa 250 ml in den Messbecher laufen, schalten Sie die Kraftstoffpumpe ab. So wird der Anschlussschlauch entlüftet.

■ Das Messgefäß (3) entleeren.

Die Fördermenge der Kraftstoffpumpe hängt von der Batteriespannung ab. Prüfen Sie die Batteriespannung und schließen Sie wenn erforderlich ein Dauerladegerät an.

Lassen Sie die Kraftstoffpumpe über den Diagnosetester 30 Sekunden lang laufen und messen dabei die geförderte Kraftstoffmenge. Sie sollte mindestens 0,5 l betragen.

Wird die Mindestfördermenge nicht erreicht:

■ Kraftstoffleitungen auf mögliche Verengungen (Knicke) oder Verstopfungen prüfen.

■ Ziehen Sie die Vorlaufleitung (1) vom Kraftstofffilter-Eingang ab.

■ Prüfung der Fördermenge vor dem Kraftstofffilter wiederholen.

Wird die Mindestfördermenge jetzt erreicht:

■ Ersetzen Sie den Kraftstofffilter.

Wird die Mindestfördermenge wieder nicht erreicht:

■ Bauen Sie die Kraftstoff-Fördereinheit aus und prüfen Sie das Filtersieb auf Verschmutzung.

Sichtprüfung Messen

Bisher liegt kein Fehler vor:
■ Kraftstoffpumpe defekt, ersetzen Sie die Kraftstoff-Fördereinheit.

Bezeichnung	*Messwert*
Fördervolumen in 30 Sekunden	0,5 l

Kraftstoffdruck messen (Bild 52)
Sie haben die Fördermenge erreicht, vermuten trotzdem einen Fehler in der Kraftstoffversorgung (Undichtigkeiten in der Pumpe unter Druck). Somit muss der Pumpendruck auch unter Last geprüft werden.

■ Belassen Sie das T-Stück in der Kraftstoffleitung, stecken aber den Adapter auf das Kraftstoffverteilerrohr auf.

■ Verlegen Sie einen Verlängerungsschlauch (1 im Bild 52) so, dass Sie den Kraftstoffdruck während der Fahrt beobachten können.

⚠ Achten Sie darauf, dass der Schlauch knickfrei verlegt ist und Sie während der Fahrt nicht behindert oder gefährdet.

■ Fahren Sie das Fahrzeug Probe, um den Kraftstoffdruck beobachten zu können.

■ Fahren Sie das Fahrzeug auch unter hoher Last. Der Kraftstoffdruck muss bei etwa 3,0 bar bleiben.

■ Fällt der Kraftstoffdruck ab, müssen der Kraftstofffilter und die Kraftstoffleitungen überprüft werden.

■ Liegt dort kein Fehler vor, ist die Kraftstoffpumpe defekt, ersetzen Sie die Kraftstoff-Fördereinheit.

Bezeichnung	*Messwert*
Förderdruck	2,5 - 3,0 bar

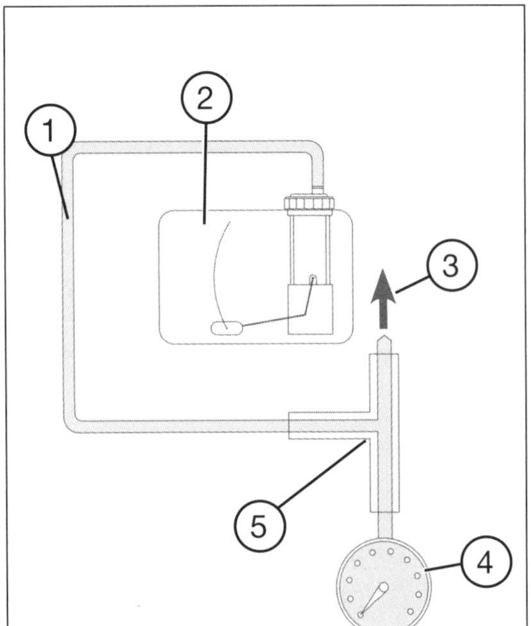

Bild 52

Bild 52
Druckprüfung.
1 Vorlaufleitung
2 Kraftstofftank mit Kraftstofffördermodul (Intankpumpe und Füllstandssensor)
3 Anschluss zum Kraftstofffilter
4 Druckmessuhr
5 Anschlussadapter

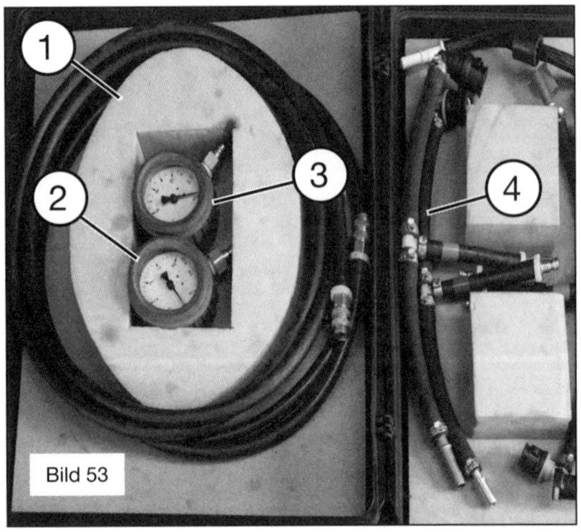

Bild 53

Bild 53
Druckprüfgeräteset.
1 Verlängerungsschlauch
2 Messuhr bis 5 bar
3 Messuhr bis 10 bar
4 Anschlussadapter mit T-Stücken

Geführte Fehlersuche

Die Fehlersuche im Gemischaufbereitungssystem ist die aufwendigste im Motorrad. Nicht nur, dass hier sehr viele Komponenten zusammenkommen, es werden wie schon beschrieben durch das Motorsteuergerät Ersatzwerte herangezogen, um den Betrieb des Piaggio MP3 so lange wie möglich aufrechterhalten zu können. Das ist ein gewichtiger Grund, bei jeder Fehlersuche die Fehlerspeicherabfrage grundsätzlich zuerst durchzuführen und den Eintrag zu vermerken. Sie werden zwar nur selten auf das defekte Bauteil hingewiesen, finden aber immer einen guten Ausgangspunkt für die Fehlersuche.

Spannungsversorgung sicherstellen
Sehr wichtig ist die Spannungsversorgung. Gerade dann, wenn elektrische Verbraucher angesteuert werden, die einen höheren Stromverbrauch aufweisen. Versuchen Sie, alle Nebenverbraucher wie beispielsweise Lichter oder andere Verbraucher abzuschalten. Da im Rahmen der Fehlersuche durchaus mehrere Startversuche gemacht werden oder die Messungen einen längeren Zeitraum bei eingeschalteter Zündung aber abgeschaltetem Motor erfordert, sollten Sie die Batterie durch den Anschluss eines Dauerladegerätes unterstützen. Ein solches Ladegerät haben wir Ihnen bereits am Anfang des Kapitels 6 »Spannung und Versorgung« vorgestellt.

A Prüfung der Batterie		
Aufgabe	Information	Ergebnis (Sollwerte)
1 Batterie prüfen und laden	Batterie voll laden, 3 h ruhen lassen und die Batteriespannung prüfen	Tabelle am Anfang des Kapitels 6
2 Batterietest durchführen	Herstellenanweisung des Batterie-Testgerätes beachten	-

Die Anzeige »MIL« (Warnleuchte Motorelektronik) geht während der Fahrt an

Es ist kein Leistungsverlust festzustellen. Es sind keine Auffälligkeiten erkennbar.

A Fehlerspeicherabfrage		
Aufgabe	Information	Ergebnis (Sollwerte)
1 Fragen Sie den Fehlerspeicher ab	■ Abfrage des Fehlerspeichers über einen geeigneten Motortester. ■ Notieren Sie den Eintrag im Fehlerspeicher am besten mit dem Fehlerkürzel.	-
2 Fehler beheben	■ Prüfen Sie das angegebene Bauteil und das Umfeld sowie die Sicherungen und die Spannungsversorgung ■ Löschen Sie den Fehlerspeicher	-
3 Probefahrt zum Fehlerspeicher prüfen	■ Erneute Abfrage des Fehlerspeichers über einen geeigneten Motortester. Wenn er nach oder während der Probefahrt nicht erneut auftritt, dürfen Sie ihn als »behoben« betrachten	-

Der Motor springt nicht an (Anlasser dreht)

Es ist kein Fehlerspeichereintrag vorhanden.

A Fehlerspeicherabfrage		
Aufgabe	Information	Ergebnis (Sollwerte)
1 Fragen Sie den Fehlerspeicher ab	■ Abfrage des Fehlerspeichers über einen geeigneten Motortester ■ Notieren Sie den Eintrag im Fehlerspeicher am besten mit dem Fehlerkürzel	-

B Spannungsversorgung prüfen		
Aufgabe	Information	Ergebnis (Sollwerte)
1 Hauptsicherungen »FA« im Sicherungsträger neben der Batterie prüfen (KL 30)	Die Sicherungen stellt die Spannungsversorgung für alle Dauerplusanschlüsse sicher (Relais und Ähnliches)	OK
2 Hauptsicherungen »F1« (30A) im Startrelais neben der Batterie prüfen (KL 30)	Die Sicherung stellt die Spannungsversorgung zum Zündschloss und zum Spannungsregler sicher	OK
3 Sicherung »FB« prüfen (KL 15)	Die Sicherungen stellt die Spannungsversorgung für alle Anschlüsse sicher, die über das Zündschloss geschaltet werden	OK

Sichtprüfung Messen

4 Prüfen Sie die Spannungsversorgung der Zündspulen	Schalten Sie die Zündung an und stellen Sie den Killschalter auf die Position »RUN«	12,5 V bis 13,5 V Batteriespannung
5 Prüfen Sie die Spannungsversorgung der Einspritzdüsen	Schalten Sie die Zündung an und stellen Sie den Killschalter auf die Position »RUN«	12,5 V bis 13,5 V Batteriespannung

C Kraftstoffversorgung prüfen

Aufgabe	Information	Ergebnis (Sollwerte)
1 Tankentlüftung auf Funktion prüfen	Tankenlüftungsschlauch und Zufuhr bis zum Einfüllstutzen prüfen	Freigängig in den Aktivkohlefilter
2 Fördermenge der Kraftstoffpumpe prüfen	Druckregler, Kraftstofffilter und Kraftstoffpumpe werden auf Funktion geprüft	0,5 l /30 Sekunden
3 Systemdruck der Kraftstoffpumpe prüfen	Druckregler und Kraftstoffpumpe werden auf Funktion geprüft	2,5 - 3 bar

D Prüfung der Ansteuerung

Aufgabe	Information	Ergebnis (Sollwerte)
1 OT-Geber prüfen	Der OT-Gber liefert die Informationen über Drehzahl und die Kurbelwellenposition	Signalbild (Zähne) > 2,5 V AC
2 Ansteuerung Einspritzventil	Das Motorsteuergerät steuert die Spule der Einspritzspule über Masse an	Siehe Signalbild
3 Ansteuerung Zündspulen	Das Motorsteuergerät steuert die Spule der einzelnen Zündspule über Masse an	Siehe Signalbild
4 Zustand der Zündkerzen	Elektrodenabstand, auf Ablagerung oder Beschädigungen prüfen	0,6 mm bis 0,8 mm

Sind die unterschiedlichen Prüfungen bis hier hin unauffällig gewesen, sollten Sie die Motormechanik in die Prüfung mit einbeziehen.

E Prüfung der Motormechanik

Aufgabe	Information	Ergebnis (Sollwerte)
1 Kompressionsdruck prüfen	Siehe Kapitel 10	10 bar - 16 bar
2 Druckverlustprüfung durchführen		Max. 20 %
3 Steuerzeiten prüfen		Markierungen
4 Ventilspiel prüfen		Siehe Kapitel 10 »Ventilspiel«

Der Motor läuft im Leerlauf unrund

A Kraftstoffversorgung und Drosselklappenstück

Aufgabe	Information	Ergebnis (Sollwerte)
1 Prüfen Sie den Kraftstoffdruck	Bild 52 »Kraftstoffdruck messen«	3,5 - 4,5 bar
2 Prüfen Sie die Einspritzventile	■ Widerstandsmessung der Spule ■ Bewertung des Spritzbildes ■ Signalbild der Ansteuerung	Ca. 12 Ω bei Raumtemperatur

3 Prüfen Sie die Dichtigkeit der Ansaugstutzen und der Anschlüsse am Drosselklappenstück	■ Optische Prüfung ■ Dichtigkeitsprüfung mit Bremsenreiniger	OK
4 Prüfen Sie die Dichtigkeit und das Spritzbild der Einspritzventile	■ Optische Prüfung siehe »Messen und Prüfen« der Einspritzdüsen im Anschluss in diesem Kapitel	OK

B Steuergerät, Sensoren und Aktoren

Aufgabe	Information	Ergebnis (Sollwerte)
1 Fragen Sie den Fehlerspeicher ab	■ Abfrage des Fehlerspeichers über einen geeigneten Motortester ■ Notieren Sie den Eintrag im Fehlerspeicher am besten mit dem Fehlerkürzel	-
2 Prüfen Sie den Drosselklappensensor	Die Messwertabfrage ist nur über einen Diagnosetester möglich, da der Sensor fest im Drosselklappenmodul verbaut ist ■ Unter der Überschrift »Messwerte des Steuergerätes auslesen und auswerten« finden Sie den Drosselklappensensor (Drosselklappenpoti) als Beispiel	Messwert muss synchron zur Gasgriffstellung ansteigen und abfallen
3 Prüfen Sie den Saugrohrdruckfühler	Die Messwertabfrage ist nur über einen Diagnosetester möglich, da der Sensor fest im Drosselklappenmodul verbaut ist ■ Unter der Überschrift »Messwerte des Steuergerätes auslesen und auswerten« finden Sie den Drosselklappensensor (Drosselklappenpoti) als Beispiel, der Saugrohrdruckfühler (MAP oder I-MAP) kann hiervon abgeleitet werden	Drosselklappe auf ergibt einen geringen Unterdruck. Drosselklappe zu bei hoher Drehzahl ergibt einen hohen Unterdruck
4 Prüfen Sie den Wassertemperaturfühler	■ Sensor ausbauen und im Wasserbad erhitzen	Tabelle in diesem Kapitel unter »Messen und Prüfen« zum Motortemperaturfühler
5 Prüfen Sie den Ansauglufttemperaturfühler	Die Messwertabfrage ist nur über einen Diagnosetester möglich, da der Sensor fest im Drosselklappenmodul verbaut ist. ■ Unter der Überschrift »Messwerte des Steuergerätes auslesen und auswerten« finden Sie den Drosselklappensensor (Drosselklappenpoti) als Beispiel, der Saugrohrdruckfühler (IAT) kann hiervon abgeleitet werden	Schätzen Sie den angezeigten Wert ab. Er wird etwas höher ausfallen als die Umgebungsluft

Der Motor läuft im Teillastbereich unrund

A Zündanlage und Steuergerät

Aufgabe	Information	Ergebnis (Sollwerte)
1 Prüfen Sie die Zündspulen	Prüfen Sie die Widerstandswerte der Zündspule mit dem Multimeter und das Signalbild mit dem Oszilloskop	»Messen und Prüfen« zu Zündspule, Signalbilder beachten

2 Zustand der Zündkerzen	Elektrodenabstand, auf Ablagerung oder Beschädigungen prüfen	0,6 mm bis 0,9 mm (je nach Motor)
3 Zustand der Zündkerzenstecker	Kontaktstecker intakt, fester Sitz des Kabels, Widerstandsmessung	4,5 - 5,5 kΩ
4 Anschlusskabel prüfen	Anschlusskabel am Steuergerät und Bauteilen auf festen Sitz, sowie Schäden an den Steckkontakten und Kabeln prüfen	OK
5 Lassen Sie das Steuergerät prüfen	Das Steuergerät kann mit Werkstattmitteln nicht überprüft werden. Mehrere unplausible Fehler können ein Hinweis auf Probleme mit der Rechnereinheit sein	-

B Sensoren

Aufgabe	Information	Ergebnis (Sollwerte)
1 Prüfen Sie den Wassertemperaturfühler	■ Sensor ausbauen und im Wasserbad erhitzen	Tabelle »Messen und Prüfen« zum Motortemperaturfühler
2 Prüfen Sie den Ansauglufttemperaturfühler	Die Messwertabfrage ist nur über einen Diagnosetester möglich, da der Sensor fest im Drosselklappenmodul verbaut ist ■ Unter der Überschrift »Messwerte des Steuergerätes auslesen und auswerten« finden Sie den Drosselklappensensor (Drosselklappenpoti) als Beispiel, der Saugrohrdruckfühler (IAT) kann hiervon abgeleitet werden	Schätzen Sie den angezeigten Wert ab. Er wird etwas höher ausfallen als die Umgebungsluft
3 Prüfen Sie den Saugrohrdruckfühler	Die Messwertabfrage ist nur über einen Diagnosetester möglich, da der Sensor fest im Drosselklappenmodul verbaut ist ■ Unter der Überschrift »Messwerte des Steuergerätes auslesen und auswerten« finden Sie den Drosselklappensensor (Drosselklappenpoti) als Beispiel, der Saugrohrdruckfühler (MAP oder I-MAP) kann hiervon abgeleitet werden	Drosselklappe auf ergibt einen geringen Unterdruck Drosselklappe zu bei hoher Drehzahl ergibt einen hohen Unterdruck
4 Prüfen Sie den Drosselklappensensor	Die Messwertabfrage ist nur über einen Diagnosetester möglich, da der Sensor fest im Drosselklappenmodul verbaut ist ■ Unter der Überschrift »Messwerte des Steuergerätes auslesen und auswerten« finden Sie den Drosselklappensensor (Drosselklappenpoti) als Beispiel	Messwert muss synchron zur Gasgriffstellung ansteigen und abfallen

C Kraftstoffversorgung

Aufgabe	Information	Ergebnis (Sollwerte)
1 Prüfen Sie, ob ausreichend Kraftstoff im Tank ist	Eine zu geringe Menge kann die Ursache für eine Luftansammlung in den Druckleitungen sein	OK

2 Prüfen Sie den Zustand des Luftfilters	Prüfung auf Verschmutzung und richtigen Sitz im Luftfilterkasten. Zustand der Ansauggummis und den Luftweg nach außen	OK
3 Prüfen Sie die Dichtigkeit der Ansaugstutzen und der Anschlüsse am Drosselklappenstück	■ Optische Prüfung ■ Dichtigkeitsprüfung mit Bremsenreiniger	OK
4 Prüfen Sie den Zustand der Dichtringe an dem Einspritzventil		OK
5 Fördermenge der Kraftstoffpumpe prüfen	Druckregler, Kraftstofffilter und Kraftstoffpumpe werden auf Funktion geprüft	0,5 l/30 Sekunden
6 Systemdruck der Kraftstoffpumpe prüfen	Druckregler und Kraftstoffpumpe werden auf Funktion geprüft	3,0 bar
7 Prüfen Sie den Zustand der Tankentlüftung	Die Leitung muss knickfrei verlegt sein und darf keine Verengungen aufweisen. Der Querschnitt muss auf die gesamte Länge freigängig sein	OK
8 Prüfen Sie den Zustand der Kraftstoffdruckleitung		OK

Der Motor hat keine Leistung

Es ist kein Fehlerspeichereintrag vorhanden.

A Grundeinstellung		
Aufgabe	Information	Ergebnis (Sollwerte)
1 Prüfen Sie die Einstellung der Gaszüge	■ Spiel- und Leichtgängigkeit	2 mm bis 3 mm
2 Prüfen Sie den Drosselklappensensor	Die Messwertabfrage ist nur über einen Diagnosetester möglich, da der Sensor fest im Drosselklappenmodul verbaut ist ■ Unter der Überschrift »Messwerte des Steuergerätes auslesen und auswerten« finden Sie den Drosselklappensensor (Drosselklappenpoti) als Beispiel	Messwert muss synchron zur Gagriffstellung ansteigen und abfallen
3 Prüfen Sie den Öffnungswinkel der Drosselklappe	■ Luftführungsschlauch zum Luftfilter abbauen und eventuell den Luftfilterkasten abbauen. ■ Blicken Sie mit einem Spiegel in das Drosselklappenmodul. Prüfen, ob die Drosselklappe bis zum Volllastanschlag betätigt wird. Gegebenenfalls die Gaszugeinstellung prüfen	-

B Fehlerspeicher		
Aufgabe	Information	Ergebnis (Sollwerte)
1 Fragen Sie den Fehlerspeicher ab	■ Abfrage des Fehlerspeichers über einen geeigneten Motortester ■ Notieren Sie den Eintrag im Fehlerspeicher am besten mit dem Fehlerkürzel	-

Sichtprüfung   Messen

C Zündanlage		
Aufgabe	Information	Ergebnis (Sollwerte)
1 Prüfen Sie die Zündspule	Prüfen Sie die Widerstandswerte der Zündspulen mit dem Multimeter und das Signalbild mit dem Oszilloskop	»Messen und Prüfen« zur Zündspule, Die Signalbilder beachten
2 Zustand der Zündkerzen	Elektrodenabstand, auf Ablagerung oder Beschädigungen prüfen	0,6 mm bis 0,7 mm
3 Anschlusskabel prüfen	Anschlusskabel am Steuergerät und Bauteilen auf festen Sitz sowie Schäden an den Steckkontakten und Kabeln prüfen	OK
4 Lassen Sie das Steuergerät prüfen	Das Steuergerät kann mit Werkstattmitteln nicht überprüft werden. Mehrere unplausible Fehler können ein Hinweis auf Probleme mit der Rechnereinheit sein.	-

D Ansaugtrakt		
Aufgabe	Information	Ergebnis (Sollwerte)
1 Prüfen Sie den Zustand des Luftfilters	Prüfung auf Verschmutzung und richtigen Sitz im Luftfilterkasten. Zustand der Ansauggummis und den Luftweg nach außen	OK
2 Prüfen Sie die Dichtigkeit der Ansaugstutzen und der Anschlüsse am Drosselklappenstück	■ Optische Prüfung ■ Dichtigkeitsprüfung mit Bremsenreiniger	OK

E Kraftstoffversorgung		
Aufgabe	Information	Ergebnis (Sollwerte)
1 Kraftstoff prüfen	Tank auf Verschmutzung oder Wassereintrag überprüfen	OK
2 Prüfen Sie den Zustand der Dichtringe an den Einspritzventilen	■ Optische Prüfung ■ Dichtigkeitsprüfung mit Bremsenreiniger	OK
3 Prüfen Sie die Einspritzventile	■ Widerstandsmessung der Spule ■ Bewertung des Spritzbildes ■ Signalbild der Ansteuerung	Ca. 12 Ω bei Raumtemperatur
4 Sicherung der Kraftstoffpumpe prüfen	Wenn die Sicherung mehrfach durchbrennt, Verkabelung der Kraftstoffpumpe prüfen ggf. die Kraftstoffpumpe tauschen	-
5 Fördermenge der Kraftstoffpumpe prüfen	Druckregler, Kraftstofffilter und Kraftstoffpumpe werden auf Funktion geprüft	0,25 l/30 Sekunden
6 Systemdruck der Kraftstoffpumpe prüfen	Druckregler und Kraftstoffpumpe werden auf Funktion geprüft	2,5 - 3,0 bar

F Sensoren und Aktoren		
Aufgabe	Information	Ergebnis (Sollwerte)
1 Überprüfen Sie die Unterdruckschläuche am Drosselklappenstück	Auf Rissbildung und festen Sitz prüfen	-
2 Prüfen Sie das Kühlsystem	Kühlmittelstand, Wasserpumpe und Frostschutzgehalt prüfen (Kapitel 14)	-

3 Prüfen Sie den Wassertemperaturfühler	■ Istwert über einen geeigneten OBD-Tester abfragen ■ Sensor ausbauen und im Wasserbad erhitzen	Tabelle »Messen und Prüfen« zum Motortemperaturfühler
4 Prüfen Sie den Ansauglufttemperaturfühler	Die Messwertabfrage ist nur über einen Diagnosetester möglich, da der Sensor fest im Drosselklappenmodul verbaut ist. ■ Unter der Überschrift »Messwerte des Steuergerätes auslesen und auswerten« finden Sie den Drosselklappensensor (Drosselklappenpoti) als Beispiel, der Saugrohrdruckfühler (IAT) kann hiervon abgeleitet werden	Schätzen Sie den angezeigten Wert ab. Er wird etwas höher ausfallen als die Umgebungsluft
5 Prüfen Sie den Drosselklappensensor	Die Messwertabfrage ist nur über einen Diagnosetester möglich, da der Sensor fest im Drosselklappenmodul verbaut ist ■ Unter der Überschrift »Messwerte des Steuergerätes auslesen und auswerten« finden Sie den Drosselklappensensor (Drosselklappenpoti) als Beispiel	Messwert muss synchron zur Gasgriffstellung ansteigen und abfallen
6 Prüfen Sie den Saugrohrdruckfühler	Die Messwertabfrage ist nur über einen Diagnosetester möglich, da der Sensor fest im Drosselklappenmodul verbaut ist ■ Unter der Überschrift »Messwerte des Steuergerätes auslesen und auswerten« finden Sie den Drosselklappensensor (Drosselklappenpoti) als Beispiel, der Saugrohrdruckfühler (MAP oder I-MAP) kann hiervon abgeleitet werden	Drosselklappe auf ergibt einen geringen Unterdruck Drosselklappe zu bei hoher Drehzahl ergibt einen hohen Unterdruck

Der Motor geht im Warmzustand aus

Der Motor geht immer oder immer öfter im warmen Zustand aus. Es ist kein (sinnvoller) Fehlerspeichereintrag vorhanden.

A Grundeinstellung		
Aufgabe	Information	Ergebnis (Sollwerte)
1 Fehlerspeicher abfragen und löschen	■ Abfrage des Fehlerspeichers über einen geeigneten Motortester ■ Notieren Sie den Eintrag im Fehlerspeicher am besten mit dem Fehlerkürzel ■ Löschen Sie den Fehlerspeicher und führen Sie eine Probefahrt durch ■ Lesen Sie anschließend den Fehlerspeicher erneut aus	-
2 OT-Geber prüfen	Der OT-Gber liefert die Informationen über Drehzahl und die Kurbelwellenposition (möglicherweise kein Fehlerspeichereintrag)	Lassen Sie den Motor mit angeschlossenem Oszilloskop laufen. Achten Sie auf das Signalbild
3 Prüfen Sie die Zündspule und die Zündkerze	■ Prüfen Sie Zündkerze und Zündspule auf Schäden (möglicherweise kein Fehlerspeichereintrag)	
4 Prüfen Sie die Kraftstoffpumpe	■ Fördermenge prüfen ■ Systemdruck prüfen und bei einer Probefahrt überwachen	0,25 l/30 Sekunden 2,5 -3,0 bar

Messen und Prüfen

Auf den nächsten Seiten werden wir Ihnen die Messungen und Prüfungen an den wichtigsten Teilen des Zünd- und Einspritzsystems vorstellen.

Sensoren im Drosselklappenmodul

- Drosselklappenpotentiometer
- Ansauglufttemperaturfühler
- Saugrohrdruckfühler

Diese Sensoren sind im Drosselklappenmodul verbaut und messtechnisch nur über den Diagnosetester erreichbar. Somit können nur die Werte betrachtet werden, die das Steuergerät erfasst hat und über den Diagnosetester als »Live-Daten« angezeigt werden. Das Motorsteuergerät ist dann ein Messvorsatz für die Diagnose.

Die Vorgehensweise für das Auslesen des Fehlerspeichers und die Auswertung der »Live-Daten« des Steuergerätes haben wir bereits unter der Überschrift »Motorsteuergerät« vorgestellt.

Kurbelwellensensor (OT-Geber)

In den meisten Fällen fällt der OT-Geber bei warmenm Motor aus. Der Ausfall muss nicht mal als Fehler im Fehlerspeicher abgelegt sein. Fehlt das Signal, dreht sich der Motor schlichtweg für das Motorsteuergerät nicht. Da lediglich ein Sensor entweder an der Kurbelwelle oder am Zylinderkopf eingesetzt wird, gibt es für das Motorsteuergerät keine Kontrollmöglichkeit. Zündung und Einspritzung finden ohne das Signal nicht statt.

Bei kaltem Motor kann die Widerstandsmessung unauffällig verlaufen. Die Unterbrechung in der Spulenwicklung kann schon bei geringer Abkühlung hinfällig sein. Bei Verdacht auf einen defekten Sensor ist es sinnvoll, das Signalbild mit dem Oszilloskop zu beobachten. Der Ausfall wird schlagartig den Spannungszusammenbruch verursachen und ist dann recht leicht zu erkennen.

Widerstandsmessung am OT-Geber im Generatordeckel (Kurbelwelle):

Die Widerstandsmessung kann lediglich den Zustand der Spule im Stand bewerten. Aussetzer, die durch die Bewegung im Magnetfeld oder Vibrationen

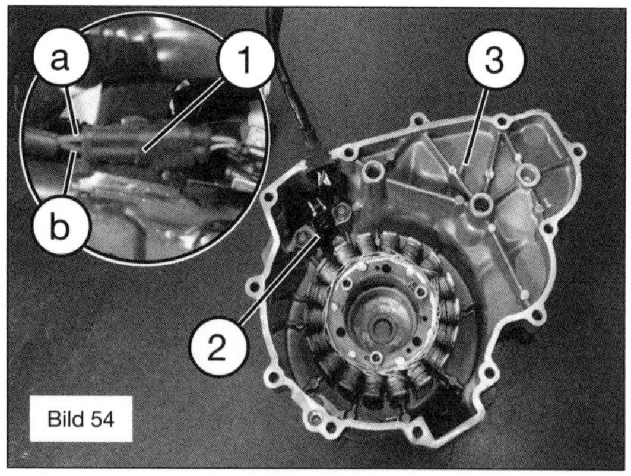

Bild 54

Bild 54
Kurbelwellensensor (OT-Geber)
a Anschluss OT-Geber
b Anschluss OT-Geber
1 Anschlussstecker
2 OT-Geber
3 Generatordeckel

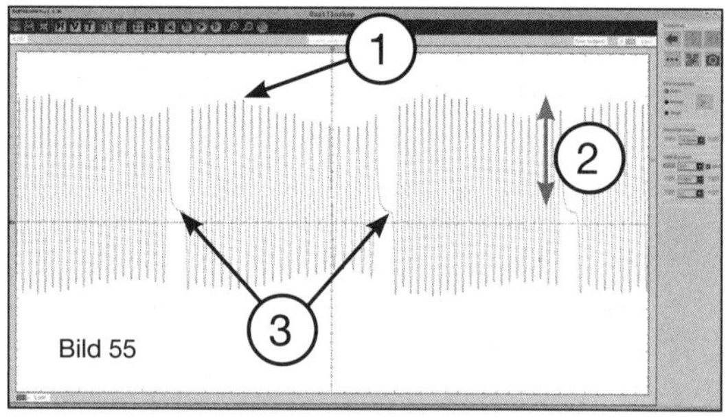

Bild 55

Bild 55
Signalbild Kurbelwellensensor.
1 Spannungsspitzen
2 Spannungshöhe
3 Bezugsmarkenlücken

entstehen, werden nicht erkannt.

- Bauen Sie die rechte Seitenverkleidung ab.
- Legen Sie den OT-Geberanschluss (1 im Bild 54 frei).
- Entsichern Sie den Steckkontakt und ziehen Sie ihn ab.
- Schließen Sie den Messanschluss (rotes Messkabel) an den Anschlusspin (a im Bild 54) an.
- Schließen Sie den Masseanschluss (schwarzes Messkabel) an den Anschlusspin (b) an.
- Stellen Sie das Multimeter auf einen Messwert von 1 kΩ (oder 2 kΩ) ein.

Sie sollten hier einen Widerstand von 0,150 kΩ bis 0,300 kΩ ablesen.

Spannungsmessung bei laufendem Motor oder bei Startdrehzahl am OT-Geber im Generatordeckel (Kurbelwelle):

Der Kurbelwellensensor ist ein Induktivgeber. Die Spannungsausgabe des Sensors ist von der Motordrehzahl abhängig. Die Signalabfolge ist sehr schnell und übersteigt die Abtastrate eines Multimeters um ein Mehrfaches. Die Spannungsmessung ist nur über ein Oszilloskop sinnvoll möglich.

- Bauen Sie die rechte Seitenverkleidung ab.
- Legen Sie das Anschlusskabel zum Kurbelwellensensor frei.

■ Schließen Sie den Messanschluss (rotes Messkabel) an den Anschluss (a im Bild 54) mit einem Messadapter an.
■ Schließen Sie den Masseanschluss (schwarzes Messkabel) an den Anschluss (b) mit einem Messadapter an.
■ Wählen Sie die Messspannung mit 5 V/Teiler (40 V auf dem Bildschirm) an.
■ Wählen Sie die Zeitachse mit 10 ms/Teiler (100 ms auf dem Bildschirm) an.
■ Starten Sie den Motor.
■ Setzen Sie den Trigger auf die höchste Spannungsspitze (1 im Bild 55).
■ Stoppen Sie die Aufnahme oder machen Sie einen Screenshot, wenn Sie zwei Bezugsmarkenlücken (3) erkennen können.

Werten Sie das Signalbild aus. Sie sollten eindeutig 5 Spitzen (1) zählen können. Das entspricht der Anzahl der Rotorzähne auf dem Geberrad der Kurbelwelle. Die Spannungshöhe (2) muss > 3,3 V AC (Wechselspannung) sein.

Nockenwellensensor (OT-Geber)

Ein Viertaktmotor benötigt für ein Arbeitsspiel (Ansaugen-Verdichten-Arbeiten-Ausstoßen) zwei Kurbelwellenumdrehungen. Mit dem Nockenwellensensor (Phasengeber) kann der Motor die beiden OT-Stellungen der Kurbelwelle (Zünd-OT vor dem Arbeitstakt und dem Überschneidungs-OT zwischen Ausstoßen und Ansaugen) unterscheiden.

Der Nockenwellensensor ist in dem MP3 sehr selten verbaut worden. Bei den Piaggiomotoren ist er ein »Hallgeber«. Die Messspannung des Multimeters kann den Sensor zerstören. Eine Widerstandsmessung entfällt.

■ Bauen Sie die rechte Seitenverkleidung ab.
■ Legen Sie das Anschlusskabel zum Nockenwellensensor im Zylinderkopf frei. Setzen Sie für die nachfolgenden Messungen drei Y-Messkabel zwischen Steckeranschlussdose und Sensorstecker ein.
■ Schließen Sie den Messanschluss (rotes Messkabel) an den Anschluss (2 im Bild 56) mit einem Messadapter an.
■ Schließen Sie den Masseanschluss (schwarzes Messkabel) an den Anschluss (3) mit einem Messadapter an.
■ Wählen Sie die Messspannung mit 2 V/Teiler (20 V auf dem Bildschirm) an.

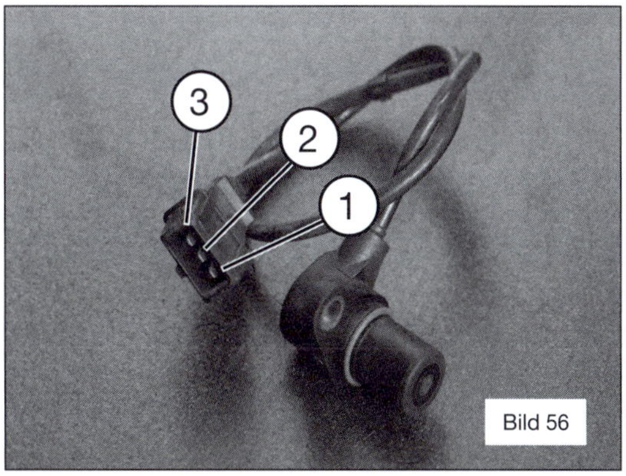

Bild 56
Nockenwellensensor als Hallgeber.
1 5V Plus
2 Signalausgang
3 Sensormasse

■ Wählen Sie die Zeitachse mit 10 ms/Teiler (100 ms auf dem Bildschirm) an.
■ Starten Sie den Motor.
■ Setzen Sie den Trigger auf die höchste Spannungsanzeige (1 im Bild 55).
■ Stoppen Sie die Aufnahme oder machen Sie einen Screenshot, wenn Sie zwei Bezugsmarkenlücken (3) erkennen können.

Werten Sie das Signalbild aus. Sie sollten eindeutig 5 Spitzen (1) zählen können. Das entspricht der Anzahl der Rotorzähne auf dem Geberrad der Kurbelwelle. Die Spannungshöhe (2) muss > 3,3 V AC (Wechselspannung) sein.

Motortemperaturfühler

Die Prüfung des Sensors kann im ausgebauten Zustand recht einfach und schnell erfolgen. Es muss auch nicht darauf gewartet werden, dass der Wasserkreislauf des Motors erwärmt wird oder anschließend wieder abkühlt. Das Erwärmen des Sensors in einem Wasserbad geht deutlich schneller und deckt alle Temperaturbereiche ab.

Widerstandsmessung:
■ Lassen Sie den Motor abkühlen.
■ Öffnen Sie den Verschlussdeckel des Ausgleichsbehälters und bauen Sie so den Kühlmitteldruck ab.
■ Legen Sie den Anschlussstecker des Temperaturfühlers am Zylinderkopf frei.
■ Entriegeln Sie den Anschlussstecker und ziehen Sie ihn ab.
■ Bauen Sie den entsprechenden Sensor wie unter der Überschrift »Motortemperaturfühler« beschrieben aus.
■ Schließen Sie den Messanschluss (rotes Messkabel) an den Anschluss (a im Bild 57) an.
■ Schließen Sie den Masseanschluss

Sichtprüfung Messen

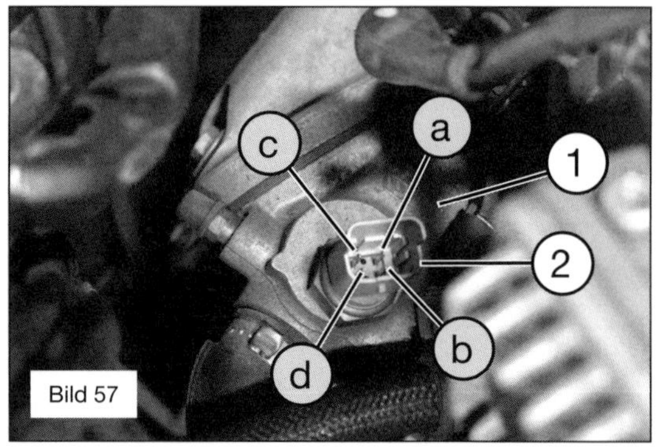

Bild 57
Temperaturfühler im Zylinderkopf.
1 Zylinderkopf
2 Temperaturfühler
a-b Messsensor Motor
c-d Messsensor Tacho

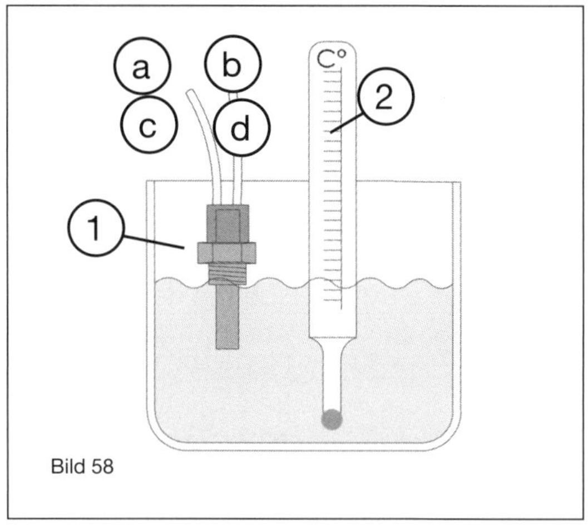

Bild 58
Kurbelwellensensor (OT-Geber).
1 Wassertemperaturfühler
2 Thermometer
a und b Anschluss und Adapter Messsensor Motor
c und d Anschluss und Adapter Messsensor Tacho

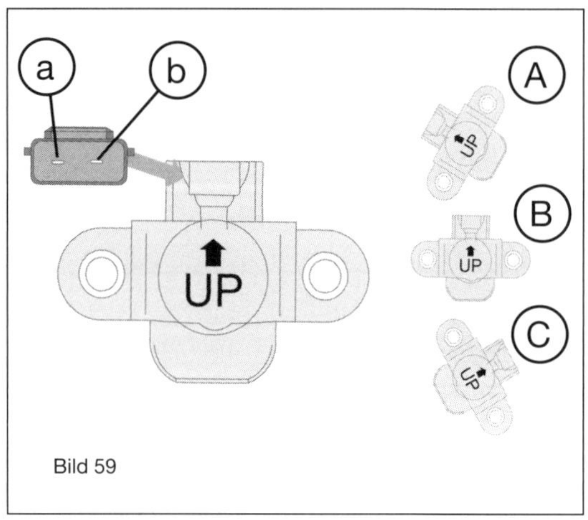

Bild 59
Umkippsensor.
a Sensoranschluss 1
b Sensoranschloss 2
A 45° Neigung nach links
B Stellung gerade
C 45° Neigung nach rechts

(schwarzes Messkabel) an den Anschluss (b) an.

- Stellen Sie das Multimeter auf einen Messwert von 20 kΩ ein.
- Hängen Sie den Temperaturfühler wie im Bild 58 gezeigt in einen Wasserbehälter hinein.
- Erhitzen Sie das Wasser und rühren Sie es durch, um eine gleichmäßige Wärmeverteilung zu erreichen.

Warten Sie ab, bis das Wasser die entsprechende Temperatur erreicht hat. Lesen Sie den entsprechenden Widerstandswert am Multimeter ab und vergleichen Sie ihn mit dem Messwert in der Tabelle unten.

Temperatur am Wassertemperatursensor für das Motorsteuergerät	*Messwert (ca. Angaben)*
20 °C	2 kΩ - 3 kΩ
60 °C	0,550 kΩ - 0,6 kΩ
90 °C	0,230 kΩ - 0,250 kΩ

Temperatur am Wassertemperatursensor für den Tachometer	*Messwert*
20 °C	2 kΩ - 3 kΩ
60 °C	0,550 kΩ - 0,6 kΩ
90 °C	0,230 kΩ - 0,250 kΩ

Der Umkippsensor

Der Umkippsensor oder auch Lage- oder Sturzsensor erfasst mit einem Schwerkraftschalter die Seitenneigung des Fahrzeugs. Die erforderliche Neigung im Stand zum Auslösen des Sensors erscheint nicht sehr groß. Durch die Fliehkräfte in Schräglage muss das Motorrad auf der Seite liegen, um den Sensor auszulösen.

⚠ Der Sensor muss in der vorgegebenen Einbaulage montiert werden! Unfallgefahr!

Durchgang prüfen:

- Demontieren Sie den Sensor wie bereits in diesem Kapitel beschrieben.
- Entsichern Sie den Steckkontakt und ziehen Sie den Steckkontakt ab.
- Stellen Sie einen Messbereich von 1MΩ am Multimeter ein.
- Schließen Sie den Messanschluss (rotes Messkabel) an den linken Anschluss (1 im Bild 59) an.
- Schließen Sie den Masseanschluss (schwarzes Messkabel) an den rechten Anschluss (2) an. Lesen Sie den Widerstand des Sensors in den im Bild 59 gezeigten Stellungen ab und vergleichen Sie die Messwerte mit der nachfolgenden Tabelle.

Sensorlage (Bild 59)	*Messwert*
B (gerade)	3,5 V - 4,5 V
A (45° Neigung nach links)	0,6 V - 1,35 V
C (45° Neigung nach rechts)	0,6 V - 1,35 V

Zu große Seitenneigung schaltet das Einspritz- und Zündsystem ab.

Einspritzventil

Neben der elektrischen Prüfung stehen hier auch hydraulische Prüfungen an.

Widerstandsmessung an der Spule:

Die Widerstandsmessung kann lediglich den Zustand der Spule im Stand bewerten. Aussetzer, die durch die Bewegung im Magnetfeld oder Vibrationen entstehen, werden nicht erkannt.

■ Legen Sie das Anschlusskabel zum Kurbelwellensensor frei.
■ Entriegeln Sie den Anschlussstecker und ziehen Sie ihn ab.
■ Schließen Sie den Messanschluss (rotes Messkabel) an den Anschluss (1 im Bild 60) an.
■ Schließen Sie den Masseanschluss (schwarzes Messkabel) an den Anschluss (2) an.
■ Stellen Sie das Multimeter auf einen Messwert von 1 kΩ (oder 2 kΩ) ein.

Sie sollten hier einen Widerstand von ca. 12 bis 15 Ω ablesen.

Spannungsversorgung der Einspritzdüse:

■ Entsichern Sie den Steckkontakt und ziehen Sie den Steckkontakt ab.
■ Stellen Sie einen Messbereich von 20V DC (Gleichspannung) ein.
■ Schließen Sie den Messanschluss (rotes Messkabel) an den linken Anschluss (1 im Bild 60) (weiß/rotes Kabel) an.
■ Schließen Sie den Masseanschluss (schwarzes Messkabel) an den Batterieminuspol an.
■ Stellen Sie den Killschalter auf die Position »RUN«.
■ Schalten Sie die Zündung ein.
■ Lesen Sie die Spannung ab.

Die Spannung sollte zwischen 12,5 V und 13,5 V Batteriespannung liegen.

Ansteuerung durch das Steuergerät:

Das Steuergerät schaltet den Massekontakt der Einspritzdüse (2 im Bild 60) und steuert so die Spule des Einspritzventils an.

■ Bringen Sie den Tank in Servicestellung. Nähere Informationen hierzu finden Sie im Kapitel 11.
■ Legen Sie die Anschlussstecker der Einspritzventile frei.
■ Schließen Sie mit einem Messadapter den Messanschluss (rotes Messkabel) an den rechten Anschluss (2) an.

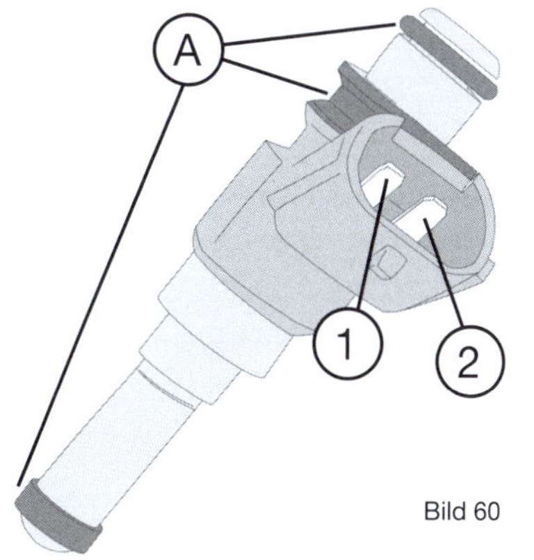

Bild 60

Bild 60
Einspritzventil.
A Dichtungen
1 Spulenanschluss
2 Spulenanschluss

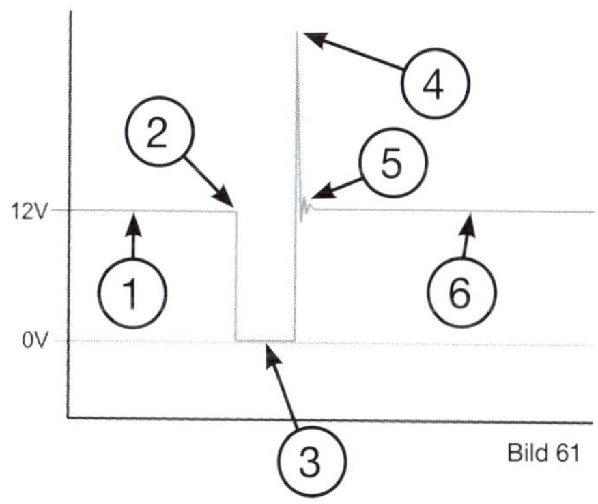

Bild 61

Bild 61
Einspritzsignalbild.
1 Einspitzventil geschlossen
2 Einspritzventil offen
3 Öffnungszeit Einspritzventil
4 Einlassventil wird geschlossen (Spannungsspitze durch Rückinduktion)
5 Ausschwingungen der Spule des Einspritzventils
6 Einspitzventil geschlossen

■ Schließen Sie mit einem Messadapter den Masseanschluss (schwarzes Messkabel) an den Batterieminuspol an.
■ Wählen Sie die Messspannung mit 5 V/Teiler (40 V auf dem Bildschirm) an.
■ Wählen Sie die Zeitachse mit 10ms/Teiler (100 ms auf dem Bildschirm) an.
■ Starten Sie den Motor und lassen Sie ihn im Leerlauf laufen.

Werten Sie das Signalbild aus. Sie sollten im Leerlauf eine Öffnungszeit von etwa 3 bis 5 ms (3 im Bild 61) erkennen können. Die Spannungsspitze am Ende der Einspritzung entsteht durch den Magnetfeldabbau und die Rückinduktion in der Spule.

Dichtigkeitsprüfung:

Um die Dichtigkeit ausreichend genau beobachten zu können, muss der Ansaugstutzen ausgebaut, aber die Kraftstoffdüse mit ihrem Halter fest verbunden sein.

■ Bauen Sie die Sitzbank und die Seitenverkleidung hinten aus. Nähere Informationen hierzu finden Sie im Kapitel 11.
■ Bauen Sie den Ansaugstutzen mit der Einspritzdüse aus.
■ Lassen Sie die Kraftstoffleitung(en) (Vor- und Rücklauf) montiert.

Sichtprüfung | Messen

Bild 62
Einspritzventil.
1 Spulenanschluss
2 Spule
3 Spritzbild (Kraftstoffnebel)

Bild 63
Zündspule.
1 Hochspannungsseite (Sekundärspule)
2 Zündspulengehäuse (Masse)
3 Niederspannungsseite (Primärseite)
a-b Messpunkte Primärspule
c-d Messpunkte Sekundärspule

■ Demontieren Sie die Abdeckung für den Soziussitz.
■ Ziehen Sie das Kraftstoffpumpenrelais ab.
■ Schließen Sie einen Schalter an die Anschlüsse (Pin 3 und Pin 5) an.
■ Schalten Sie die Zündung ein.
■ Schalten Sie die Kraftstoffpumpe ein.

Es sollten sich keine Tropfen an den Düsenbohrungen oder den Anschlüssen bilden. Ist das der Fall, muss die Einspritzdüse ersetzt werden.

Spritzbild:
Um die Dichtigkeit ausreichend genau beobachten zu können, muss der Ansaugstutzen ausgebaut, aber die Kraftstoffdüse mit ihrem Halter fest verbunden sein.
■ Bauen Sie die Sitzbank und die Seitenverkleidung hinten aus. Nähere Informationen hierzu finden Sie im Kapitel 11.
■ Bauen Sie den Ansaugstutzen mit der Einspritzdüse aus. Lassen Sie die Kraftstoffleitung(en) (Vor- und Rücklauf) montiert.
■ Legen Sie den Ansaugstutzen so ab, dass Sie das Spritzbild der Einspritzdüse bewerten können.
■ Ziehen Sie das Kraftstoffpumpenrelais ab.
■ Schließen Sie einen Schalter an die Anschlüsse (30 und 87) an.
■ Schalten Sie die Zündung ein.
■ Schalten Sie die Kraftstoffpumpe ein.

Das Spritzbild sollte einen fein vernebelten Kegel bilden. Eine Strahlbildung weist auf ein defektes oder sogar undichtes Einspritzventil hin.

Zündspulen

Widerstandsmessung an der Primärspule (Niederspannungsseite) (Bild 63):

Die Widerstandsmessung kann lediglich den Zustand der Spule im Stand bewerten. Aussetzer, die durch die Bewegung im Magnetfeld oder Vibrationen entstehen, werden nicht erkannt.
■ Demontieren Sie die rechte Seitenverkleidungen und legen Sie die Zündspule am Helmfach frei.
■ Entriegeln Sie das Anschlusssteckergehäuse für den Primäranschluss und ziehen Sie ihn ab.
■ Schließen Sie den Messanschluss (rotes Messkabel) an den Anschluss (a) an.
■ Schließen Sie den Masseanschluss

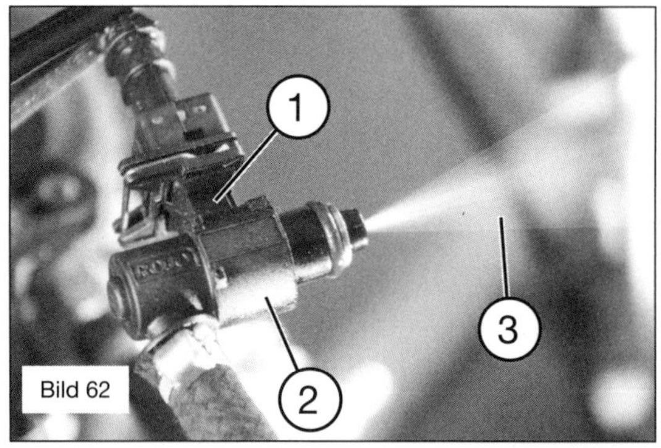

Bild 62

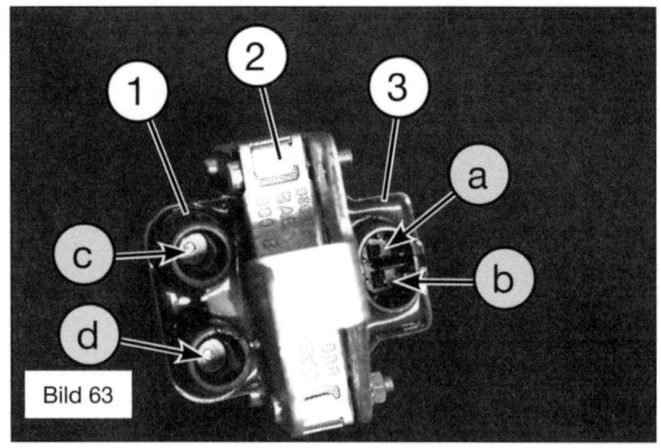

Bild 63

(schwarzes Messkabel) an den Anschluss (b) an.
■ Stellen Sie das Multimeter auf einen Messwert von 200 Ω ein.

Sie sollten hier einen Widerstand von ca. 0,7 Ω bis 1,0 Ω ablesen.

Widerstandsmessung an der Sekundärspule (Hochspannungsseite):

Die Widerstandsmessung kann lediglich den Zustand der Spule im Stand bewerten. Aussetzer, die durch die Bewegung im Magnetfeld oder Vibrationen entstehen, werden nicht erkannt.
■ Demontieren Sie die rechte Seitenverkleidungen und legen Sie die Zündspule am Helmfach frei.
■ Ziehen Sie die (oder das) Zündkabel von der Zündspule ab.

Bei den kleineren Motoren sind lediglich eine Zündkerze und eine einfache Zündspule verbaut.
■ Ziehen Sie das oder die Zündkabel aus der Zündspule heraus.
■ Schließen Sie den Messanschluss (rotes Messkabel) an den Anschluss (c) an.
■ Schließen Sie den Masseanschluss (schwarzes Messkabel) an den Anschluss (d) an. Bei einfachen Zündspulen schließen Sie das Messkabel an die Masse an.

■ Stellen Sie das Multimeter auf einen Messwert von 20 kΩ ein.

Sie sollten hier einen Widerstand von ca. 6,5 kΩ bis 8,5 kΩ ablesen.

Spannungsversorgung der Zündspule:

■ Demontieren Sie die Seitenverkleidungen und legen Sie die Zündspule zur Überprüfung auf der rechten Seite frei.
■ Entriegeln Sie den Anschlussstecker auf der Primärseite (3 im Bild 63) und ziehen Sie ihn ab.
■ Schließen Sie den Messanschluss (rotes Messkabel) an den Anschluss (a) an.
■ Schließen Sie den Masseanschluss (schwarzes Messkabel) an Masse an.
■ Stellen Sie das Multimeter auf einen Messwert von 20 V ein.
■ Stellen Sie den Killschalter auf die Position »RUN«.
■ Schalten Sie die Zündung ein.
■ Lesen Sie die Spannung ab.

Die Spannung sollte zwischen 12,5 V und 13,5 V Batteriespannung liegen.

Ansteuerung durch das Steuergerät:

Das Steuergerät schaltet den Massekontakt der Zündspule und steuert so die Spule der Zündspule an.

■ Demontieren Sie die Seitenverkleidungen und legen Sie die Zündspule zur Überprüfung auf der rechten Seite frei.
■ Entriegeln Sie die beiden Anschlussstecker (a und b im Bild 63) und ziehen Sie sie ab.
■ Schließen Sie mit einem Messadapter den Messanschluss (rotes Messkabel) an den rechten Anschluss (1 im Bild 63) an.
■ Schließen Sie mit einem Messadapter den Masseanschluss (schwarzes Messkabel) an den Batterieminuspol an.
■ Wählen Sie die Messspannung mit 5 V/Teiler (40 V auf dem Bildschirm) an.
■ Wählen Sie die Zeitachse mit 10ms/Teiler (100 ms auf dem Bildschirm) an.
■ Starten Sie den Motor und lassen Sie ihn im Leerlauf laufen.

Werten Sie das Signalbild aus. Sie sollten im Leerlauf eine Öffnungszeit von etwa 3 bis 5 ms (3 im Bild 65) erkennen können. Die Spannungsspitze am Ende der Einspritzung entsteht durch den Magnetfeldabbau und die Rückinduktion in der Spule.

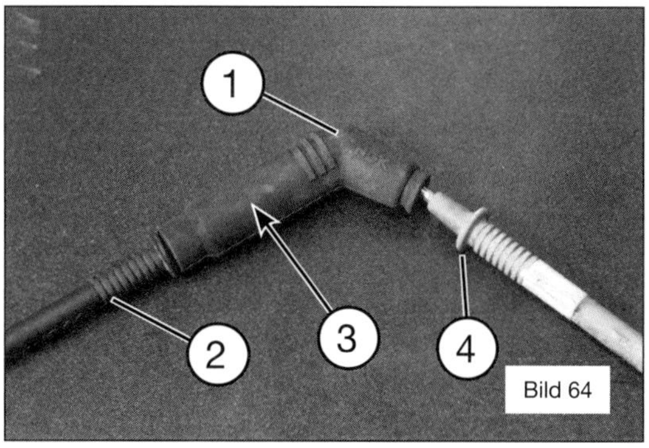

Bild 64

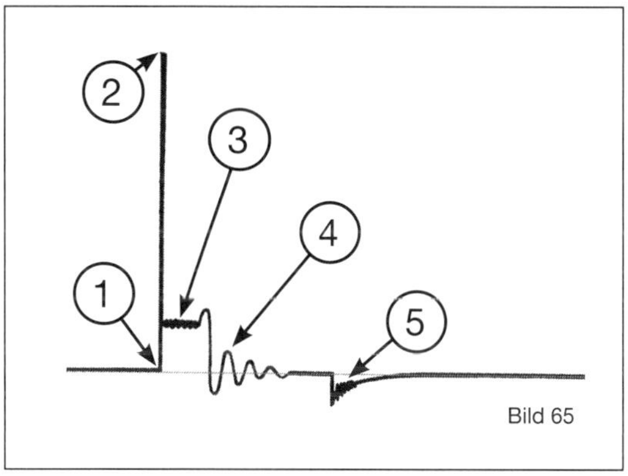

Bild 65

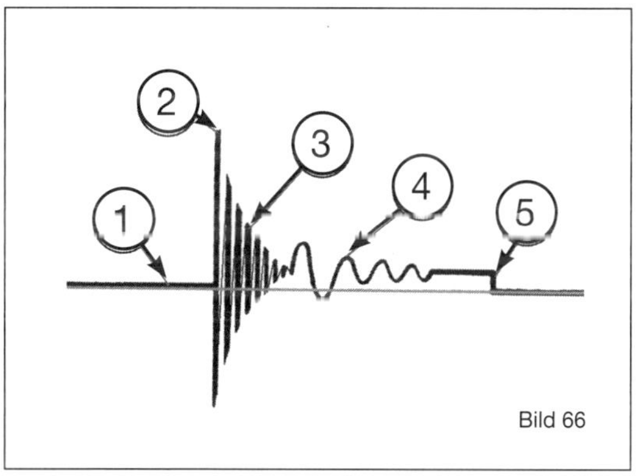

Bild 66

Motorsteuergerät

Das Motorsteuergerät ist am Drosselklappenmodul verbaut. Die Demontage ist im Reparaturumfang für Werkstätten nicht vorgesehen.

Grundsätzlich eignet sich das Motorsteuergerät sehr gut, um die Messpunkte für die einzelnen Bauteile im Einspritzsystem zentral abzugreifen.

Pinbelegung am Motorsteuergerät:

Im Folgenden stellen wir Ihnen die Pinbelegung der Steckkontakte am Motorsteuergerät vor.

Die Pin-Nummerierung entnehmen Sie den Ziffern den Bildern 67 und 68. Die Bilder zeigen die Anschlussstecker von der

Bild 64
Zündkerzenstecker.
1 Kerzenstecker
2 Schwarzes Messkabel
3 Angaben zum Widerstand auf dem Kerzenstecker
4 Rotes Messkabel

Bild 65
Signalbild Zündspule sekundärseitig (Hochspannung).
1 Auslösung durch das Steuergerät
2 Zündspannung
3 Brenndauer (Brennlinie)
4 Ausschwingvorgang der Spule
5 Laden der Spule (Steuergerät Impulsende)

Bild 66
Signalbild Zündspule primärseitig.
1 Spule laden
2 Zündspannung
3 Brenndauer
4 Ausschwingvorgang der Spule
5 Schaltgerät schaltet wieder Masse auf

Sichtprüfung Messen

Kabelanschlussseite her. Die Belegungen der Anschlusspins finden Sie in den nachstehenden Tabellen. Hier haben wir die beiden Varianten mit 26 Steckkontakten und mit 34 Steckkontakten zusammengestellt. Einzelne Belegungen können aufgrund der Ausstattung und Baureihe abweichen.

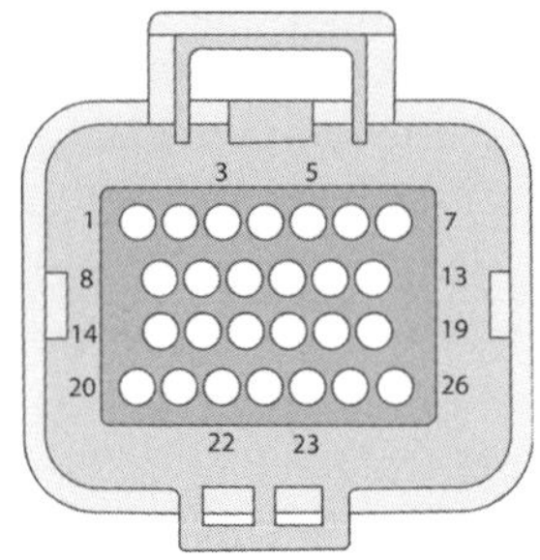

Bild 67

Bild 67
Anschlussstecker Motorsteuergerät (ECU) mit 26 Anschlusspolen.

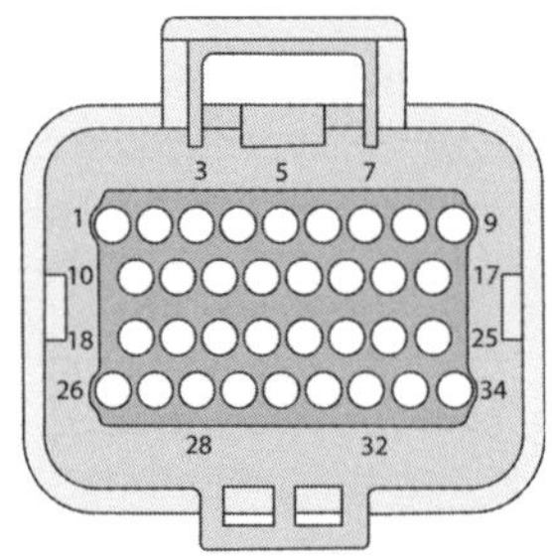

Bild 68

Bild 68
Anschlussstecker Motorsteuergerät (ECU) mit 34 Anschlusspolen.

26 Steckkontakte am Motorsteuergerät

Pin	Funktion	Bemerkung
1	Motorkontrollleuchte	Plus zum Tacho
2	Drehzahlsignal Tachometer	Rechtecksignal
3	CAN Low	Datenbus SG-Kippsperre
4	Lambdasonde (Masse)	Versorgung Lambdasonde
5	Spannungsversorgung (KL15)	Spannungsversorgung
6	Spannungsversorgung (KL30)	Spannungsversorgung
7	Antenne Wegfahrsperre	Ringantenne am Zündschloss
8	Relais Kühlerlüfter	Masse angesteuert
9	Kühlmitteltemperaturfühler	Signal
10	CAN High	Datenbus SG-Kippsperre
11	Lambdasonde (+)	Versorgung Lambdasonde
12	Killschalter	Masse liegt an wenn der Schalter auf »Off« steht
13	OT-Geber	Anschluss a
14	Ansteuerung Einspritzdüse	Masse angesteuert
15	OT-Geber	Anschluss b
16	K-Line	Diagnose
17	LED Wegfahrsperre (Tacho)	Plus zum Tacho
18	Sensor Masse	Killschalter, Kühlmitteltemperaturfühler
19	Masse	nicht immer verbaut
20	Ansteuerung Einspritzrelais	Masse angesteuert
21	Lambdasonde Heizung	-
22	Ansteuerung Zündspule	Masse angesteuert
23	Geschwindigkeitssensor	(nicht immer verbaut)
24	Startrelais	Masse angesteuert
25	Kippsensor	nicht immer verbaut
26	Masseanschluss (KL 31)	Spannungsversorgung

34 Steckkontakte am Motorsteuergerät

Pin	Funktion	Bemerkung
1	Startrelais	Masse angesteuert
2	Frei	-
3	Drehzahlsignal Tachometer	Rechtecksignal
4	Spannungsversorgung (KL15)	Spannungsversorgung
5	Ansteuerung Einspritzdüse	Masse angesteuert
6	Relais Kühlerlüfter	Masse angesteuert
7	Masseanschluss (KL 31)	Spannungsversorgung
8	Ansteuerung Zündspule	Masse angesteuert
9	LED ASR (Tacho)	Plus zum Tacho
10	Ansteuerung Einspritzrelais	Masse angesteuert
11	Motorkontrollleuchte	Plus zum Tacho
12	OT-Geber	Anschluss b
13	OT-Geber	Anschluss a
14	LED-Wegfahrsperre (Tacho)	Plus zum Tacho
15	Masseanschluss (KL 31)	Spannungsversorgung
16	Taste ASR	
17	K-Line	(Diagnose)
18	Bremslichtrelais	Masse angesteuert
19	Eco-Modus-Leuchte	Plus zum Tacho
20	CAN Low	Datenbus
21	Killschalter	Masse liegt an wenn der Schalter auf »Off« steht
22	Kühlmitteltemperaturfühler	Signal
23	Sensor Masse	Killschalter, Kühlmitteltemperaturfühler
24	Lambdasonde (+)	Versorgung Lambdasonde
25	Frei	-
26	Spannungsversorgung (KL30)	Spannungsversorgung
27	Motorkontrollleuchte	Plus zur Kontrollleuchteneinheit
28	CAN High	Datenbus
29	Antenne Wegfahrsperre	Ringantenne am Zündschloss
30	Starttaster	-
31	Bremslichtschalter	Eingang der Bremslichtschalter
32	Kippsensor	
33	Lambdasonde (Masse)	Versorgung Lambdasonde
34	Frei	-

Aktivkohlefilter und Rückschlagventile

Die flüchtigen Kraftstoffgase aus dem Tank werden in dem Aktivkohlefilter aufgefangen und über den Ansaugtrakt wieder der Verbrennung zugeführt.

Wichtig bei diesem System ist die Dichtigkeit zu prüfen, um Falschluft zu vermeiden.

Prüfen Sie die Schlauchanschlüsse, den Zustand der Verschlauchung und die Funktion der Rückschlagventile.

Einbaulage der Verschlauchung:
Auf dem Aktivkohlebehälter sind in der Regel die Anschlüsse beschriftet.

Der Anschluss »DRAIN« ist nicht bei jedem Filterhersteller vorhanden.

Bezeichnung (Kürzel)	Bemerkung Funktion
AIR (A)	Anschluss Frischluft
DRAIN (D)	Entwässerungsanschluss
PURGE (P)	Ansaugstutzen
TANK (T)	Anschluss Tankentlüftung

Einbaulage der Rückschlagventile:
Bei vielen Rückschlagventilen ist ein Pfeil für die Durchflussrichtung eingeprägt. Hier ist die Einbaurichtung leicht festzustellen. Die Durchflussrichtung lässt sich aber auch durch Beaufschlagung mit Unterdruck feststellen.

Wir haben die Flussrichtung der Rückschlagventile im Bild 70 mit Pfeilen dargestellt.

Bei einem sauberen und ausgebauten Ventil lässt sich das auch mit dem Mund leicht prüfen.

Anschlussleitung	Bemerkung Funktion
Anschlussleitung »PURGE«	Zwischen Ansaugstutzen und Aktivkohlefilter, Flussrichtung zum Ansaugstutzen
Anschlussleitung »TANK«	Zwischen Tankentlüftung und Aktivkohlefilter, Flussrichtung zum Aktivkohlefilter

Prüfung der Verschlauchung:
Undichte, beschädigte oder geknickte Anschlüsse können Fehler in der Kraftstoffversorgung (schlechte Tankentlüftung), Abmagern im Leerlauf (Ruckeln, Knallen im Schiebebetrieb, Fehlerspeichereinträge) verursachen.

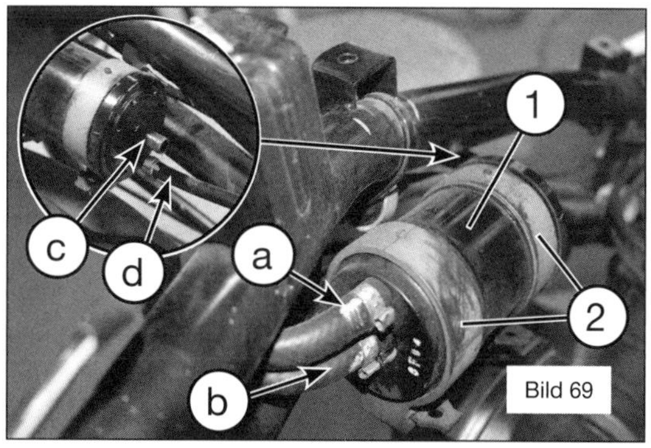

Bild 69
Anschlussschläuche am Aktivkohlefilter.
1 Aktivkohlefilter
2 Haltegummis
a Anschluss Ansaugstutzen (PURGE)
b Anschluss Tankentlüftung (TANK)
c Freier Anschluss (AIR)
d Entwässungsanschluss (DRAIN)

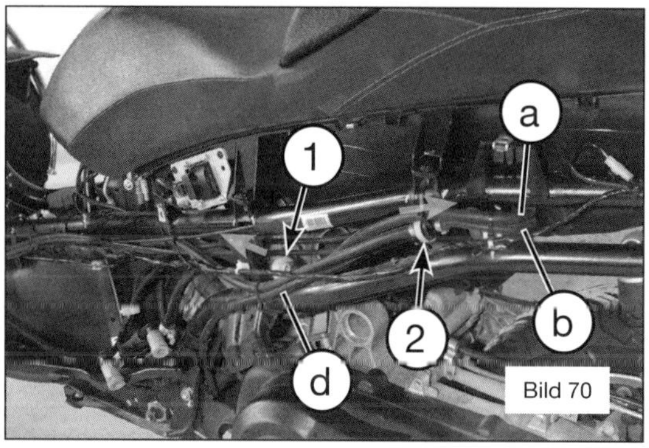

Bild 70
Rückschlagventile am Aktivkohlefilter.
1 Rückschlagventil Durchlass zum Ansaugstutzen
2 Rückschlagventil Durchlass zum Ansaugstutzen
a Anschluss Ansaugstutzen (PURGE)
b Anschluss Tankentlüftung (TANK)
d Entwässungsanschluss (DRAIN)

■ Kontrollieren Sie den festen Sitz der Schläuche und Schellen durch leichtes Ziehen und Verdrehen.

■ Prüfen Sie bei laufendem Motor mit gezielten Sprühstößen mit Bremsenreiniger auf den Schlauch die Dichtigkeit des Anschlussschlauches.

Bei Undichtigkeit und Falschluft wird die Motordrehzahl durch den angesaugten Bremsenreiniger merklich verändert.

■ Prüfen Sie die Schläuche auf Schäden, Knickstellen oder Rissbildung (Bild 71).

■ Befestigen Sie die Schläuche mit Kabelbindern so, dass sie nicht an den Karosserieteilen oder am Rahmen scheuern können.

■ Verwenden Sie ausschließlich Schlauchschellen, die dem Serienstand entsprechen. Geeignet sind neben den verbauten durchaus auch Federbandschellen.

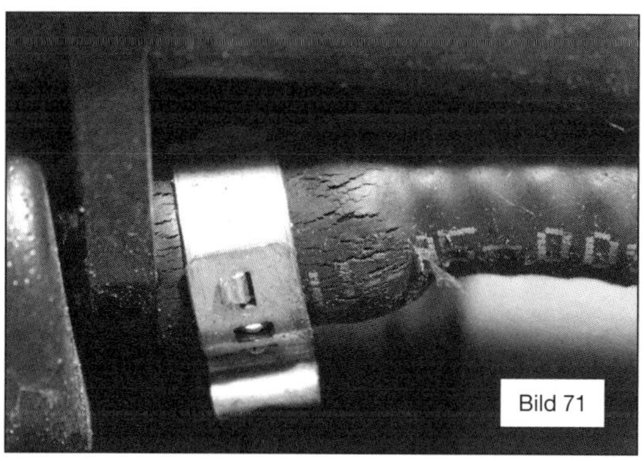

Bild 71
Rissbildung in der Verschlauchung macht eine Erneuerung der Schläuche erforderlich.

Sichtprüfung

Messen

Bilder 72 und 73
MP3 500. Zur besseren Orientierung die Legende zu den Bildern 72 und 73.

1 Generatorregler
2 Aktivkohlefilter
3 Drosselklappenmodul
4 Lenkerschalter rechts
5 Bremslichtschalter rechts
6 Ringantenne
7 Zündschloss
8 Bremslichtschalter links
9 Anschluss Tachometer
10 Vorrüstung Alarmanlage
11 Arbeitsrelais
12 Blinksteuergerät
13 Einspritzventil und Ansaugstutzen
14 Füllstandsgeber
15 Bremslichtschalter Fußbremse
16 Tankdeckel
17 Lambdasonde
18 Nockenwellengeber (wenn verbaut)
19 Generator und OT-Geber
20 Anschlussstecker OT-Geber
21 Generatorregler
22 Bremslichtschalter Handbremse
23 Kraftstofffördermodul
24 ABS-Steuergerät
25 Kühlmitteltemperaturgeber
26 Zündkabel und Zündkerzen
27 Kraftstofftank
28 Sicherungen im Trittbrett links
29 Steuergerät Kippbremse
30 Anschluss Komfortnachrüstung

Bauteillage am Fahrzeug Ansicht von rechts (MP3 500)

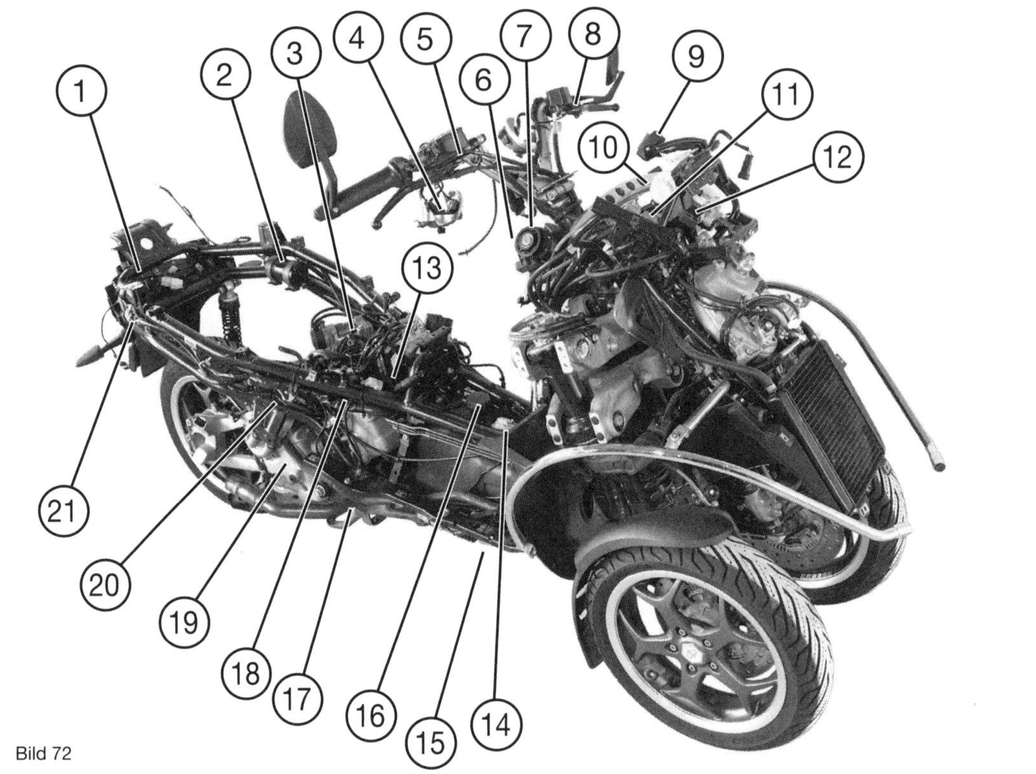

Bild 72

Bauteillage am Fahrzeug Ansicht von links (MP3 500)

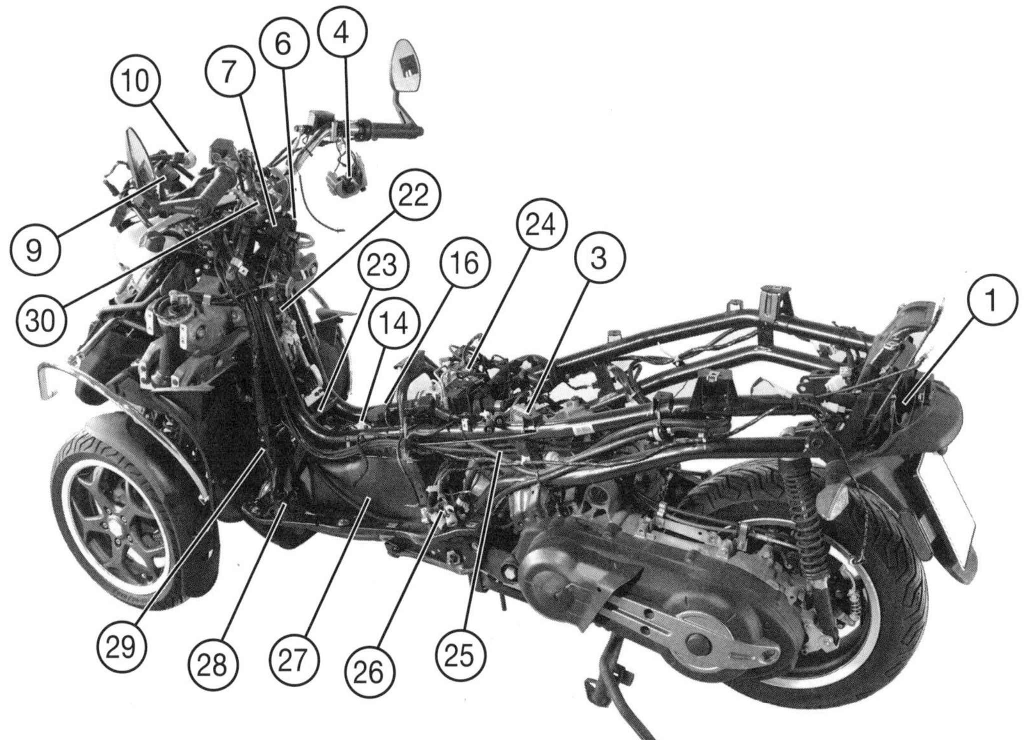

Bild 73

Vorrüstung Alarmanlage

Unter dem Tachometer ist eine runde Steckverbindung (Bild 74) verlegt, die die Nachrüstung einer Alarmanlage an das Fahrzeug gestattet. Hier wird ein Adapter aufgesteckt, der dann in das jeweilige Alarmsystem gesteckt werden kann.

Die Anschlüsse könnten natürlich auch anderweitig verwendet werden.

Vorrüstung Alarmanlage

Pin	Funktion	Bemerkung
1	KL 31 Masseanschluss	-
2	Tankanzeige	Pegelmeldung
3	CAN High	-
4	CAN Low	-
5	K-Line	Diagnose
6	Sitzschalter	Es liegt + an, wenn der Sitz geöffnet ist.
7	KL30 Dauerplus	über FA 4 15 A
8	KL15 geschaltetes Plus	über FB11 7,5 A
9	Frei	-
10	Taster Sitzbanköffnung	Anschluss am Stellmotor
11	Blinklampen links	-
12	Blinklampen rechts	-
13	Frei	-
14	Frei	-

Demontage zum Zugang

- Demontieren Sie das Windschild und die Verkleidungen über dem Scheinwerfer.
- Legen Sie das Anschlusskabel am Verkleidungshalter frei.
- Entsichern Sie die Schutzkappe und ziehen Sie sie ab.

Die Montage erfolgt sinngemäß in umgekehrter Reihenfolge.

Vorrüstung Komfortset

Für die Nachrüstung des Komfortsets, also der Griffheizung und der Beinwärmer, sind im Bereich des Lenkkopfs bereits ein Anschlussstecker vorgesehen.

Die Anschlüsse könnten natürlich auch anderweitig verwendet werden. Die Vorrüstung erspart einige Demontagearbeit für die Nachrüstung. Die Kontrollleuchten können zusammen mit dem jeweiligen Verbraucher angeschlossen werden. Die Anzeige erfolgt dann auch bei Nachrüstungen aus dem Zubehörbereich im Roller eingebunden.

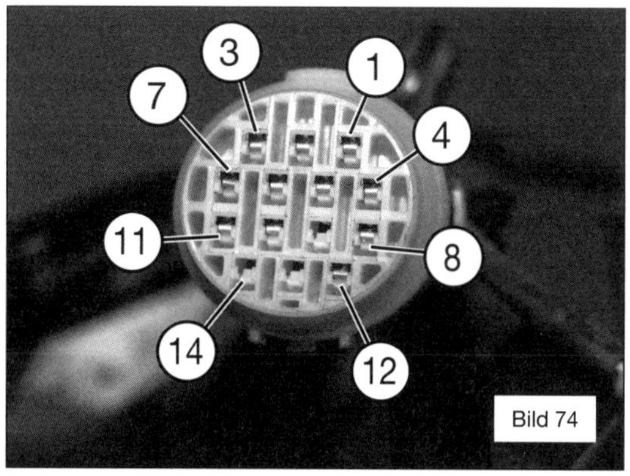

Bild 74

Bild 74
Anschlussstecker Vorrüstung Alarmanlage.
1-12 Anschlusspin (siehe Tabelle links

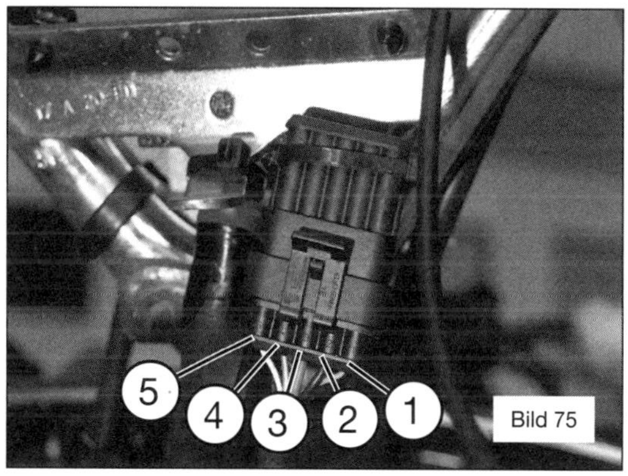

Bild 75

Bild 75
Anschlussstecker Vorrüstung Komfortset.
1-5 Anschlusspin (siehe Tabelle unten

Vorrüstung Komfortset

Pin	Funktion	Bemerkung
1	KL15 geschaltetes Plus	über FB12 7,5 A
2	KL 31 Masseanschluss	-
3	KL30 Dauerplus	über FA 1 15 A
4	Kontrollleuchte	Heizbarer Beinwärmer eingeschaltet
5	Kontrollleuchte	Heizgriffe eingeschaltet

Unter dem Suchbegriff »Tyco AMP« finden Sie recht schnell auf den üblichen Online-Plattformen die passenden Stecker, Kontakte, Abdichtungen und Steckergehäuse.

Das aufgesteckte Steckergehäuse kann auch zum Anschluss weiterverwendet werden.

Demontage zum Zugang

- Demontieren Sie die Lenkerverkleidungen.
- Legen Sie das Anschlusskabel am Lenker frei.
- Entsichern Sie die Schutzkappe und ziehen Sie sie ab.

Die Montage erfolgt sinngemäß in umgekehrter Reihenfolge.

- Beachten Sie die Stärke der Absicherung.

Schaltplan Zünd- und Einspritzsystem (26 PIN Steuergerät)

Bild 76
Schaltplan für Motorsteuergeräte mit 26 Anschlusspins.

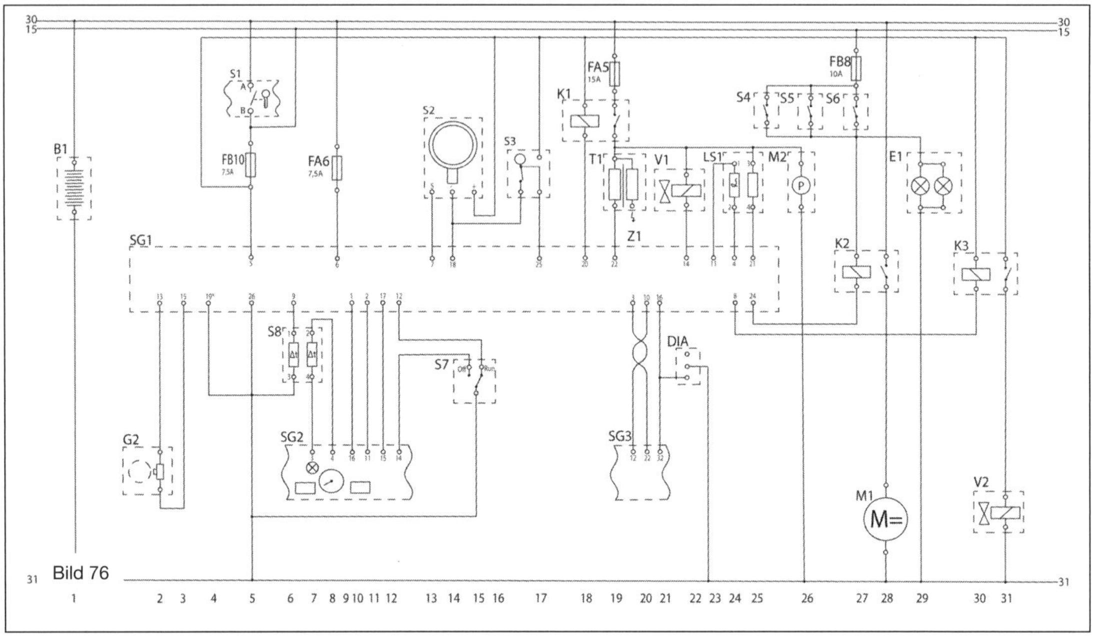

B1 Batterie, DIA Diagnoseanschluss, E1 Bremslichter, FA5 Sicherung Nr. 5 (Sicherungsträger Batterie), FA6 Sicherung Nr. 6 (Sicherungsträger Batterie), FB10 Sicherung Nr. 10 (Sicherungsträger Trittbrett), FB8 Sicherung Nr. 8 (Sicherungsträger Trittbrett), G2 OT-Geber, K1 Einspritzrelais, K2 Startrelais, K3 Kühlerlüfterrelais, LS1 Lambdasonde, M1 Startermotor, M2 Kraftstoffpumpe, S1 Zündschloss, S2 Ringantenne, S3 Kippsensor, S4 Bremslichtschalter links, S5 Bremslichtschalter rechts, S6 Bremslichtschalter Fußbremse, S7 Killschalter, S8 Wassertemperaturfühler, SG1 Motorsteuergerät, SG2 Tachometer, SG3 Steuergerät Kippsperre, T1 Zündspule, V1 Einspritzventil, Z1 Zündkerze

Schaltplan Zünd- und Einspritzsystem (34 PIN Steuergerät)

Bild 77
Schaltplan für Motorsteuergeräte mit 34 Anschlusspins.

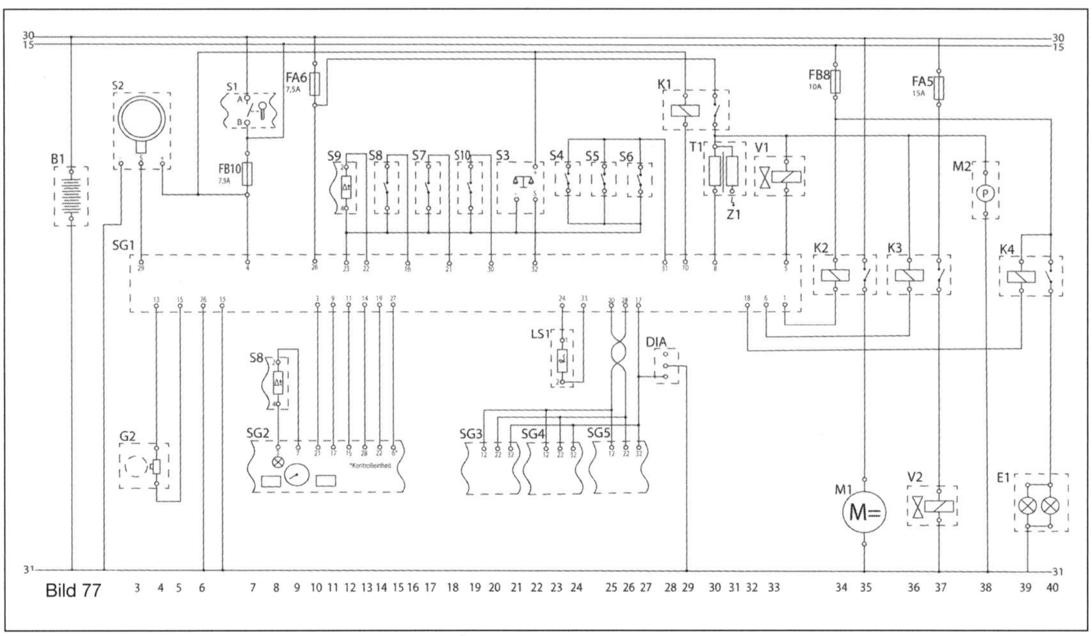

B1 Batterie, DIA Diagnoseanschluss, E1 Bremslichter, FA5 Sicherung Nr. 5 (Sicherungsträger Batterie), FA6 Sicherung Nr. 6 (Sicherungsträger Batterie), FB10 Sicherung Nr. 10 (Sicherungsträger Trittbrett), B8 Sicherung Nr. 8 (Sicherungsträger Trittbrett), G2 OT-Geber, K1 Einspritzrelais, K2 Startrelais, K3 Kühlerlüfterrelais, K4 Relais Bremslichter, LS1 Lambdasonde, M1 Startermotor, M2 Kraftstoffpumpe, S1 Zündschloss, 2 Ringantenne, S3 Kippsensor, S4 Bremslichtschalter links, S5 Bremslichtschalter rechts, S6 Bremslichtschalter Fußbremse, S7 Killschalter, S8 Wassertemperaturfühler, SG1 Motorsteuergerät, SG2 Tachometer, SG3 Steuergerät Kippsperre, SG4 ABS Steuergerät, SG5 Vorbereitung Alarmanlage, T1 Zündspule, V1 Einspritzventil, V2 Lüftermotor, Z1 Zündkerze

10 Motormechanik

Die Motormechanik des sportlichen Zweizylindertriebwerks bis ins Detail zu betrachten, würde den Rahmen des Buches leicht sprengen. Wir möchten Ihnen trotzdem die wichtigsten Arbeiten vorstellen, die Sie zum Bewerten des Zustandes der Motormechanik und natürlich für die Wartung benötigen.

Kompressionsdruck prüfen

Prüfen und Messen ist grundsätzlich immer der bessere, sicherere und oft auch der schnellere Weg, um einen Fehler zu finden. Das trifft natürlich auch auf die Motormechanik zu. Wir stellen Ihnen die wichtigsten Prüfungen genauer vor. Eine der einfachsten Vorgehensweisen, um eine Aussage über den Zustand des Motors treffen zu können, ist die Auswertung eines Kompressionstests (Bilder 2 und 3). Hier wird der Höchstdruck der Verdichtung gemessen. Bei Geräten mit analoger Anzeige erfolgt die Anzeige auf der Messuhr. Der Druck wird mittels eines Autoventils am Ende des Messschlauchs gehalten und muss nach der Messung abgelassen werden. Die Kompressionsschreiber ermöglichen zwar nicht unbedingt eine genauere Messung, erlauben aber eine Dokumentation des Ergebnisses anhand der sogenannten Schreiberkärtchen. Der Preisunterschied zwischen Kompressionsprüfer und Kompressionsschreiber ist erheblich. Für gute Kompressionsschreibersets kann man leicht mehrere Hundert Euro anlegen.

Die Vorgehensweise ist für beide Messgeräte im Wesentlichen gleich.

- Zuerst wird die Zündkerze demontiert und dann der Kompressionsprüfer (je nach Konstruktion das Messgerät) eingeschraubt oder in das Kerzengewinde hineingepresst.
- Die Zündanlage muss stillgelegt werden.
- Nun muss der Motor mit normaler Anlasserdrehzahl gedreht werden. Hierzu muss die Drosselklappe voll geöffnet sein.
- Es wird so lange gestartet, bis der Druck nicht mehr deutlich ansteigt. Der Höchstdruck sollte bei maximal 12 Motorumdrehungen erreicht sein.

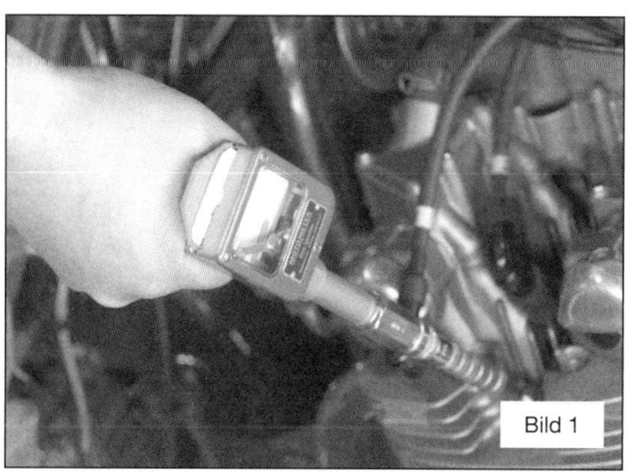

Bild 1

Bild 1 Kompressionsdruckmessung am Motorrad.

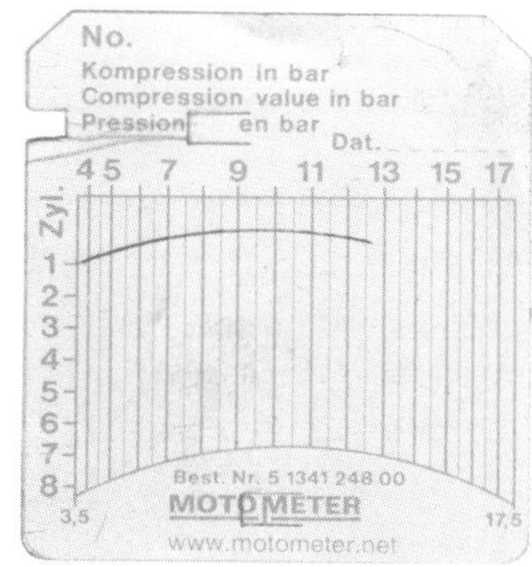

Bild 2

Bild 2 Kompressionsdruck in Ordnung.

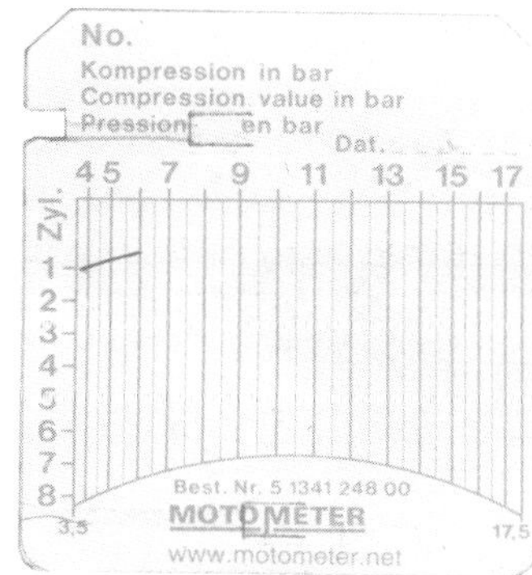

Bild 3

Bild 3 Kompressionsdruck zu niedrig.

Der Kompressionsdruck sollte zwischen 10 und 16 bar liegen.

Ist der Kompressionsdruck geringer, müssen der Zylinderverschleiß geprüft und gegebenenfalls defekte Bauteile erneuert werden. Deutlich höherer Kompressionsdruck weist meistens auf Öl im Zylinder hin. Hier müssten dann Gemischpumpe oder beim 4-Takter die Ölabstreifringe und der Zylinderverschleiß geprüft werden.

Druckverlusttest

Im Gegensatz zum Kompressionstest geht es nicht darum, den eigentlichen Zylinderdruck festzustellen, sondern vielmehr darum, wie groß der Verlust ist und wohin der Druck entweicht. Schon an dieser Beschreibung merkt man, dass die Aussagekraft für eine Diagnose am Motor wesentlich wichtiger ist als die Feststellung des tatsächlichen Kompressionsdrucks beim Kompressionstest. Ein weiterer Unterschied liegt darin, dass der Motor nicht wie beim Kompressionstest gedreht werden muss, um Druck zu erzeugen. Der Motor wird im Bereich des Zünd-OT blockiert. Zumeist reicht ein Schraubenschlüssel hierfür. Nun wird der Brennraum mit Druckluft beaufschlagt. Ähnlich wie beim Druckminderer am Kompressor wird der Luftdurchsatz reduziert und die Differenz hier beim Druckverlusttester in Prozenten angegeben. Ein Verlust bis zu 10 – 15 % kann durchaus als »normal« bezeichnet werden. In einer ruhigen Umgebung kann man schnell durch »Abhören« herausbekommen, wo der Druck entweicht.

- Zuerst wird der Druckverlusttester an den Kompressor angeschlossen und mit Hilfe des Handrades bei abgezogener Messleitung auf 0 % eingestellt.
- Jetzt wird die Messleitung angeschlossen. Die Skala sollte 100 % anzeigen. Reduziert man nun den Luftstrom mit dem Finger, indem man die Messleitung teilweise zuhält, erhält man eine auf der Skala ablesbare »Verlustrate«.
- Nachdem man sich von der Funktion des Testers überzeugt hat, wird die entsprechende Kerze demontiert und der Motor auf den Zünd-OT gedreht.
- Im günstigsten Fall sollte er blockiert werden. Will man ihn festhalten, sollte man auf keinen Fall die Kräfte der Druckluft unterschätzen, die den Motor sehr leicht verdrehen kann. Hier können leicht Verletzungen entstehen.

Bild 4

Bild 4 Druckverlusttest am Motorrad.

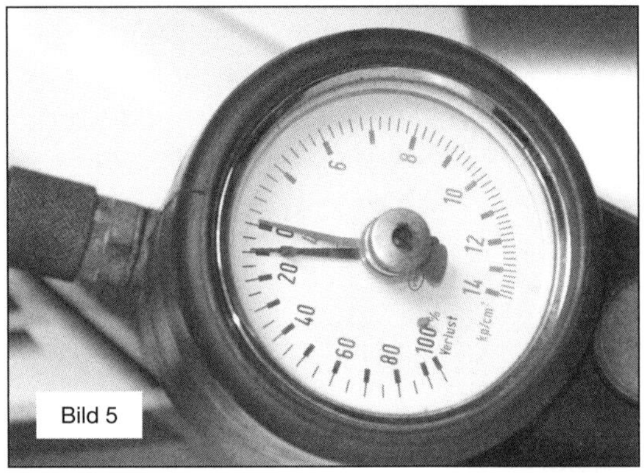

Bild 5

Bild 5 Druckverlust in Ordnung.

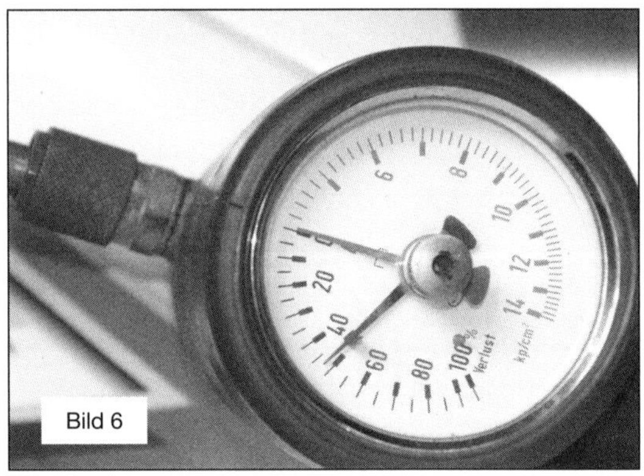

Bild 6

Bild 6 Druckverlust zu hoch.

Es zischt aus dem Motorgehäuse: Der Druck entweicht im Bereich Zylinder oder Kolben. Bei größerem Druckverlust muss der Zylinder demontiert und auf Verschleiß oder Schäden der einzelnen Komponenten geprüft werden.

Es zischt aus dem Einlasskanal:
Das Einlassventil schließt nicht richtig oder ist beschädigt. Es ist durchaus möglich, dass durch längere Standzeiten des Motors Korrosionsspuren das Ventil an seinem Sitz verunreinigen. Leichte Hammerschläge auf das Ventil von oben lassen es schlagartig öffnen und schließen. Oftmals lässt sich dann eine deutliche Verbesserung feststellen.

Es zischt aus dem Auslasskanal:
Das Auslassventil schließt nicht richtig oder ist beschädigt. Wie auch beim Einlassventil ist es durchaus möglich, dass längere Standzeiten des Motors Korrosionsspuren am Ventilsitz hinterlassen haben. Leichte Hammerschläge auf das Ventil von oben lassen es auch hier schlagartig öffnen und schließen. Oftmals lässt sich dann ein deutlich verbessertes Messergebnis feststellen.

Steuerzeiten prüfen

Auch wenn Sie die Steuerkette nicht selbst wechseln müssen, kann es schon für die Diagnose wichtig sein zu erkennen, ob die Steuerzeiten des Motors stimmen oder nicht. Auch zum Einstellen der Ventile ist es erforderlich, den Motor auf die »Zünd-OT-Stellung« zu drehen.

Markierungen an der Kurbelwelle

Ein Viertaktmotor benötigt zwei Kurbelwellenumdrehungen für ein Arbeitsspiel. Somit ergeben sich zwei OT-Stellungen für den Kolben. Unterschieden werden können die beiden OT-Stellungen lediglich nach der Demontage des Ventildeckels. Vergewissern Sie sich grundsätzlich über die Stellung der Nockenwelle zu den Kipphebeln.

Beide Nocken müssen »nach unten« zeigen, die Ventile werden nicht betätigt. Das ist dann der »Zünd-OT«.

Zeigen die Nocken nach oben und die Ventile werden betätigt, steht der Motor im »Überschneidungs-OT«.

OT-Stellung über die Kolbenstellung:

Die OT-Stellung des Zylinders kann über eine Zündkerzenbohrung auf dem Kolbenboden ertastet werden. Die Kurbelwelle muss so weit verdreht werden, dass der Kolben in der höchsten Stellung steht.

Diese Methode eignet sich für die Grundeinstellung des Motors, wenn die Steuerkette demontiert wurde.

- Demontieren Sie die Abdeckung über dem Variomatikdeckel, beziehungsweise den Luftfilterdeckel über der Variomatik.
- Setzen Sie eine passende Stecknuss auf die Zentralmutter der Variomatik auf.
- Bauen Sie eine Zündkerze aus.
- Stecken Sie einen Taststift oder ein anderes geeignetes Werkzeug durch die Zündkerzenbohrung auf den Kolbenboden.
- Verdrehen Sie den Motor, bis Sie über einen Taststift oder ein anderes geeignetes Werkzeug die höchste Kolbenstellung ertasten können.

OT-Stellung über die Nockenstellung:

- Demontieren Sie das Helmfach. Die Arbeiten hierzu haben wir Ihnen im Kapitel 11 zusammengestellt.

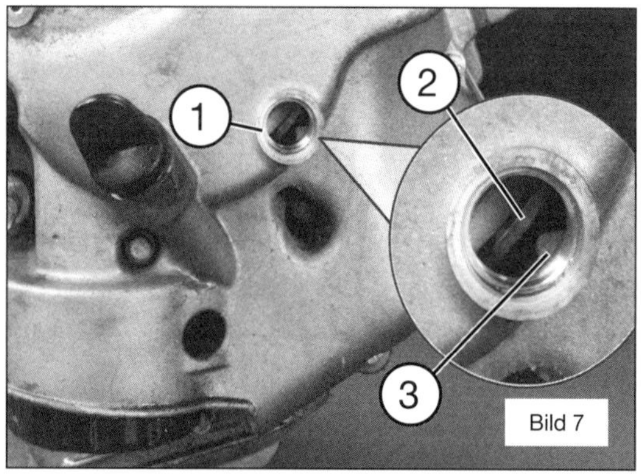

Bild 7
OT-Markierung Generatordeckel und Generatorrotor.
1 Verschlussschraube im Generatordeckel
2 Markierung am Generatorrotor
3 Markierung am Generatordeckel

Bild 8
OT-Markierung an der Nockenwelle.
1 Markierung auf dem Nockenwellenrad (4V)
2 Markierung auf dem Nockenwellenbock

Bild 9
Stellung der Kurbelwelle über den Nutenkeil des Generatorrotors.
1 Position Nutenkeil
2 Gedachte Linie
3 Markierung auf der Nockenwelle
4 Markierung auf dem Nockenwellenbock

- Bauen Sie den Ventildeckel ab.
- Drehen Sie die Verschlussschraube (1 im Bild 7) heraus.
- Demontieren Sie die Abdeckung über dem Variomatikdeckel, beziehungsweise den Luftfilterdeckel über der Variomatik.
- Setzen Sie eine passende Stecknuss auf die Zentralmutter der Variomatik auf.
- Drehen Sie über die variomatikseitige Stecknuss auf der Kurbelwelle den Motor gegen den Uhrzeigersinn, bis die Markierung der Nockenwelle (1 im Bild 8) mit der Markierung (2) auf dem Nockenwellenbock fluchtet.

Die Markierung auf der Nockenwelle (4V oder ein Pfeil) muss mit der Nase im Generatordeckel (2 im Bild 7) fluchten.

Sichtprüfung Messen

Ventildeckel

■ Demontieren Sie das Helmfach. Die Arbeiten hierzu haben wir Ihnen im Kapitel 11 zusammengestellt.

⚠ Verwenden Sie grundsätzlich nur einen passgenauen Schlüssel ohne Verschleißspuren. Der Zugang zu einigen Schrauben ist sehr ungünstig für irgendwelche Reparaturschritte, um eine vermurkste Schraube herauszudrehen.

■ Reinigen Sie den Bereich um den Ventildeckel gründlich.

■ Soweit verbaut, demontieren Sie den Entlüftungsschlauch vom Ventildeckel.

■ Lösen Sie die Schrauben des Ventildeckels und drehen Sie sie heraus.

■ Nehmen Sie den Ventildeckel vom Zylinderkopf ab.

Die Montage erfolgt sinngemäß in umgekehrter Reihenfolge.

■ Ersetzen Sie die Ventildeckeldichtung.

■ Prüfen Sie die Dichtscheiben unter den Ventildeckelschrauben und erneuern Sie diese soweit erforderlich.

Bauteil	Drehmoment
Schraube Ventildeckel	6-7 Nm

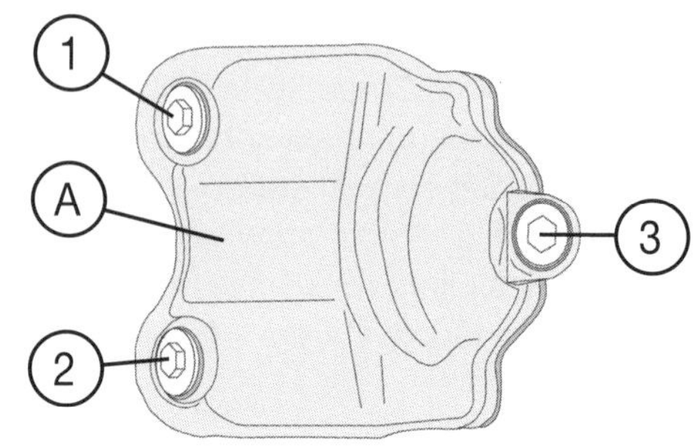

Bild 10

Bild 10
Ventildeckel mit drei Schrauben.
1 - 3 Anzugsfolge der Schrauben
A Ventildeckel

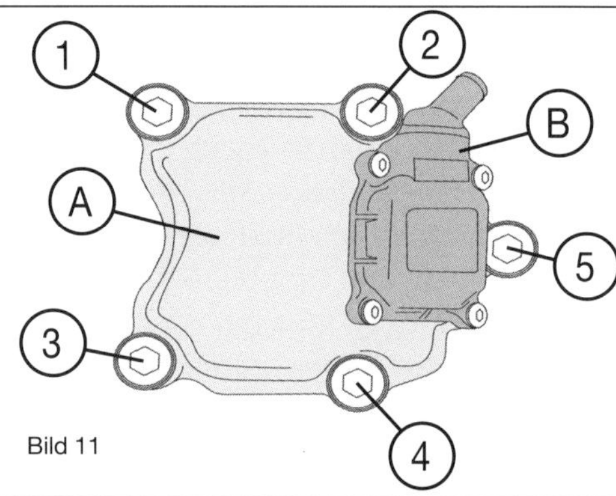

Bild 11

Bild 11
Ventildeckel mit fünf Schrauben.
1 - 5 Anzugsfolge der Schrauben
A Ventildeckel
B Gehäuse Motorentlüftung

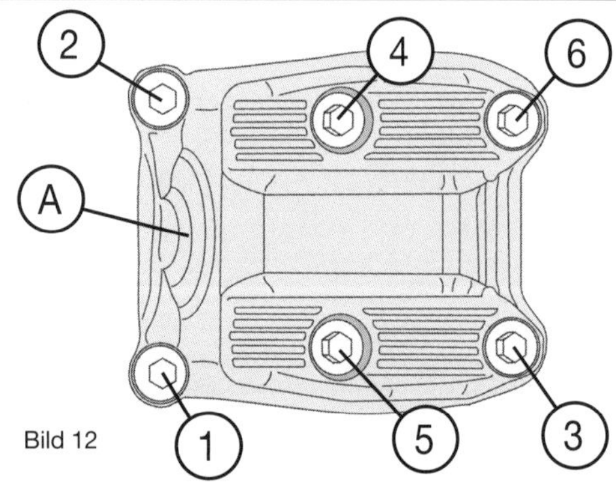

Bild 12

Bild 12
Ventildeckel mit sechs Schrauben.
1 - 6 Anzugsfolge der Schrauben
A Ventildeckel

Ventilspiel

■ Demontieren Sie das Helmfach. Die Arbeiten hierzu haben wir Ihnen im Kapitel 11 zusammengestellt.

■ Lassen Sie den Motor abkühlen.

☞ Das Ventilspiel wird grundsätzlich bei kaltem Motor eingestellt.

■ Bauen Sie den Ventildeckel wie bereits beschrieben ab.

■ Stellen Sie den Motor auf Zünd-OT.

👁 Die Markierungen sollten, wie in den Bildern 7 und 8 gezeigt, erkennbar sein.

■ Prüfen Sie nun das Ventilspiel für die beiden Einlassventile (EV im Bild 13) und die Auslassventile (AV).

☞ Die Fühlerlehre muss sich »saugend«, also mit fühlbarem Widerstand in dem Zwischenraum zwischen Nockenwelle und Einstellschraube bewegen lassen.

■ Lösen Sie die Kontermutter (3) gerade so weit, dass sich die Einstellschraube (4) verdrehen lässt.

■ Stellen Sie das Ventilspiel ein. Durch Drehen im Uhrzeigersinn wird das Ventilspiel kleiner, durch Drehen gegen den Uhrzeigersinn wird das Ventilspiel größer.

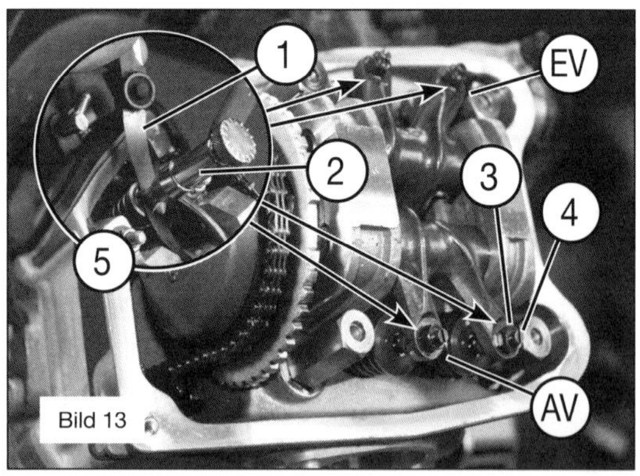

Bild 13

Bild 13
Ventilspiel einstellen.
1 Ventileinstelllehre
2 Ventileinstellschlüssel
3 Kontermutter
4 Einstellschraube
5 Ventilspiel ertasten
EV Einlassventile
AV Auslassventile

■ Ziehen Sie die Kontermutter (3) wieder fest und kontrollieren Sie das Ventilspiel erneut.

Achten Sie darauf, dass das Ventilspiel für die beiden Einlassventile und die beiden Auslassventile jeweils gleich groß sind.

Für die Einstellarbeiten gerade bei den beengten Platzverhältnissen im Piaggio MP3 eignen sich Ventileinstellwerkzeugsets (Bild 14), die sich durchaus schon für unter 15 Euro auf den üblichen Plattformen erwerben lassen.

Fahrzeug	*Ventilspiel EV (AV)*
Piaggio MP3 125	0,10 mm (0,15 mm)
Piaggio MP3 250	0,10 mm (0,15 mm)
Piaggio MP3 300	0,10 mm (0,15 mm)
Piaggio MP3 350	0,10 mm (0,15 mm)
Piaggio MP3 400	0,15 mm (0,15 mm)
Piaggio MP3 500	0,15 mm (0,15 mm)

Bauteil	*Drehmoment*
Schraube Ventildeckel	6 - 7 Nm
Kontermutter Ventileinstell-schraube	10 Nm

Nockenwellen ausbauen

Die Demontage der Nockenwelle läuft für die unterschiedlichen Motorvarianten sehr ähnlich ab. Die beiden großen Motoren mit 400 cm³ und 500 cm³ unterscheiden sich durch zwei wesentliche Details. Die Steuerkette ist rechts (generatorseitig) verbaut. Bei den kleineren Motoren ist sie links (variomatikseitig) verbaut. Wir stellen Ihnen hier eine allgemeingültige Beschreibung zur Verfügung, die für alle Motorvarianten der beschriebenen MP3-Baureihen angewendet werden kann.

Demontage der Nockenwellenantriebs

Für die Demontage des Nockenwellenantriebs muss weder die Steuerkette demontiert werden noch der Kettentrieb auf der Kurbelwelle freigelegt werden.

Achten Sie darauf, dass die Steuerkette nicht in den Kettenkasten hineinrutscht.

Sichern Sie die Steuerkette mit einem Kabelbinder.

■ Demontieren Sie das Helmfach. Die Arbeiten hierzu haben wir Ihnen im Kapitel 11 zusammengestellt.
■ Lassen Sie den Motor abkühlen.

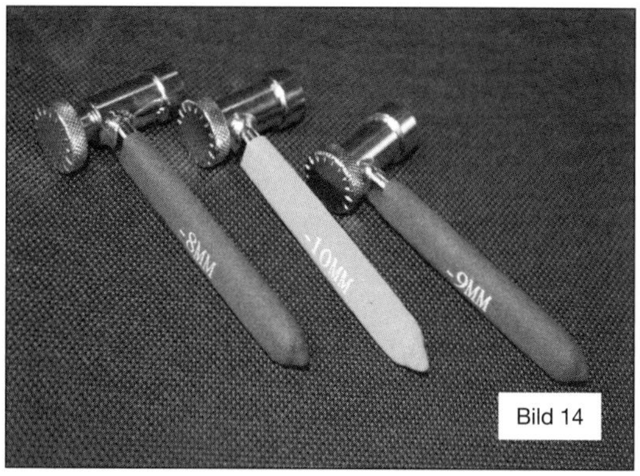

Bild 14

Bild 14
Ventileinstellschlüssel für die gängigsten Ventileinstellschrauben.

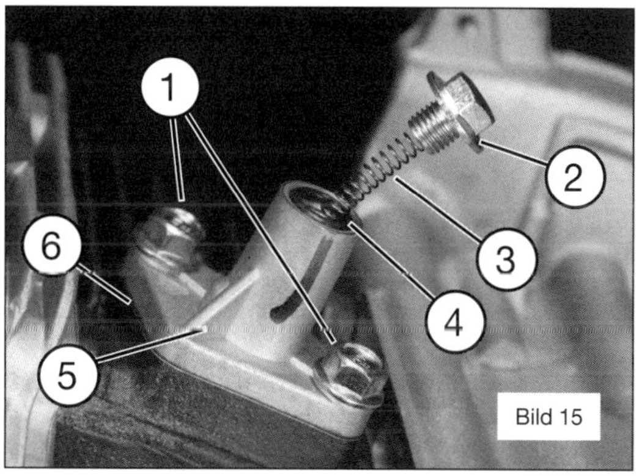

Bild 15

Bild 15
Steuerkettenspanner.
1 Schrauben
2 Verschlussschraube
3 Druckfeder
4 Dichtring
5 Steuerkettenspanner
6 Dichtung

Bild 16

Bild 16
Zentralschraube Nockenwelle.
1 Ratsche mit Stecknuss
2 Gegenhalter
3 Haltekorb des Dekompressionsgewichtes
4 Zentralschraube

■ Reinigen Sie den Bereich um den Ventildeckel, den Ansaugstutzen und um den Steuerkettenspanner gründlich.
■ Demontieren Sie das Drosselklappenmodul und den Ansaugstutzen.
■ Legen Sie die Anschlussleitungen aus dem Arbeitsbereich heraus.

Fangen Sie den austretenden Restkraftstoff aus den Kraftstoffleitungen und dem Einspritzventil mit geeigneten Lappen auf.

■ Demontieren Sie den Ventildeckel, wie bereits beschrieben.
■ Stellen Sie den Motor auf den »Zünd-OT«.
■ Lösen Sie die Verschlussschraube (2 im Bild 15) des Kettenspanners, drehen sie aber nicht heraus.

■ Drehen Sie die beiden Schrauben (1) heraus und nehmen Sie den Steuerkettenspanner (5) heraus.

☞ Er wird durch die Druckfeder (3) komplett ausgefahren.

■ Setzen Sie einen geeigneten Gegenhalter in den Haltekorb des Dekompressionsgewichtes ein und drehen Sie die Zentralschraube (3) los.

■ Nehmen Sie den Haltekorb (3) zusammen mit der Zentralschraube (4) ab.

■ Hängen Sie die Feder (4) aus.

■ Ziehen Sie das Fliehgewicht (1) für die Autodekompression aus der Nockenwelle heraus.

⚠ Achten Sie darauf, dass der Kunststoffring (6 im Bild 18) nicht in den Kettenschacht fällt.

■ Drehen Sie die Schraube (4) heraus.

■ Nehmen Sie die Ausgleichsmasse (3) ab.

■ Nehmen Sie das Nockelwellenrad (5) ab.

■ Soweit verbaut, nehmen Sie das Geberrad (8) ab.

Demontage der Nockenwelle

■ Drehen Sie die Schrauben (4 im Bild 19) heraus.

☞ Bei den kleineren Motoren sind für das Führungsblech lediglich zwei Schrauben verbaut.

■ Ziehen Sie das Führungsblech (1) nach vorne aus der Nockenwellennut heraus.

■ Ziehen Sie die Kipphebelwelle für den Einlass-Kipphebel (2 im Bild 19) heraus.

■ Nehmen Sie den Doppelkipphebel heraus.

■ Ziehen Sie die Kipphebelwelle für den Auslass-Kipphebel (3) heraus.

■ Nehmen Sie den Doppelkipphebel heraus.

■ Ziehen Sie die Nockenwelle aus dem Zylinderkopf heraus.

Die Montage erfolgt sinngemäß in umgekehrter Reihenfolge.

■ Reinigen Sie die Dichtflächen und Anlageflächen des Ventildeckels gründlich mit einem fusselfreien Lappen.

👁 Achten Sie auf die Einbauposition der Nockenwellen.

☞ Achten Sie darauf, dass die Kipphebelwellen und die Kipphebel in der ursprünglichen Einbaulage wieder verbaut werden.

■ Ersetzen Sie die Ventildeckeldichtung.

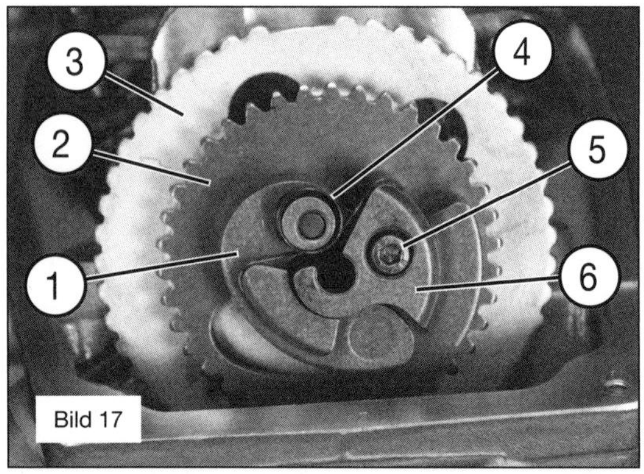

Bild 17

Bild 17
Nockenwellenrad und Autodekompression.
1 Fliehgewicht Autodekompression
2 Nockenwellenrad
3 Geberrad (nur bei Motoren mit Nockenwellengeber)
4 Rückstellfeder
5 Schraube Ausgleichsmasse
6 Ausgleichsmasse

Bild 18

Bild 18
Autodekompression in Teilen.
1 Zentralschraube
2 Haltekorb des Dekompressionsgewichtes
3 Ausgleichsmasse
4 Schraube Ausgleichsmasse
5 Nockenwellenrad
6 Kunststoffring
7 Fliehgewicht Autodekompression
8 Geberrad (nur bei Motoren mit Nockenwellengeber)
9 Rückstellfeder

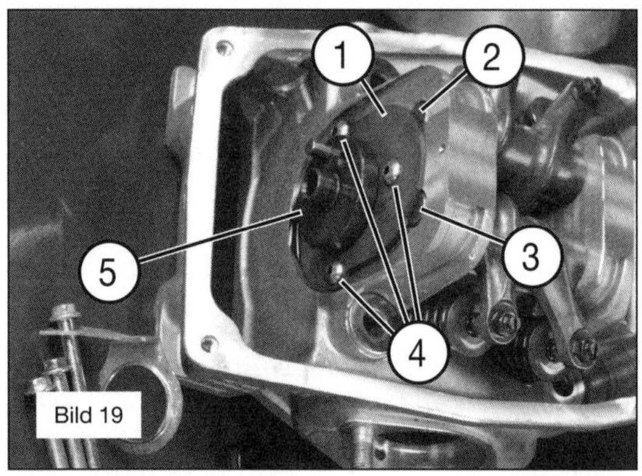

Bild 19

Bild 19
Nockenwelle ausbauen.
1 Führungsblech
2 Kipphebelwelle Einlass
3 Kipphebelwelle Auslass
4 Schrauben
5 Nockenwelle

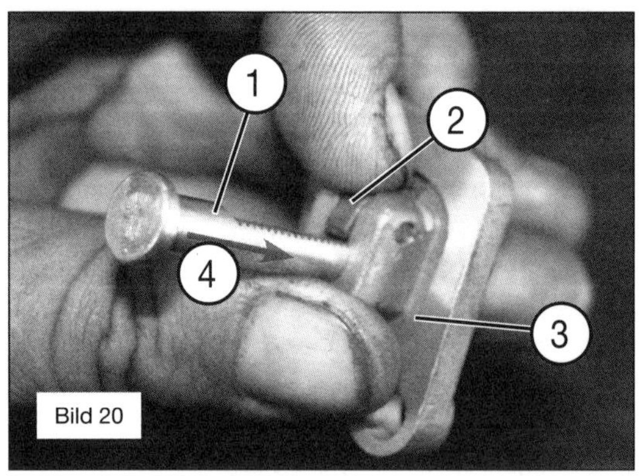

Bild 20

Bild 20
Steuerkettenspanner.
1 Druckstück
2 Raste
3 Steuerkettenspanner
4 Bewegungsrichtung zum Entspannen

■ Tragen Sie etwas Öl vor der Montage der Nockenwelle auf die Lagerstellen auf.

■ Drehen Sie die Verschlussschraube (2 im Bild 15) heraus und nehmen Sie die Druckfeder (3) aus dem Steuerkettenspanner heraus.

■ Drücken Sie die Raste (2 im Bild 20) ein und schieben Sie gleichzeitig das Druckstück (1) in den Steuerkettenspanner (3) hinein.
■ Achten Sie auf die Stellung der Kurbelwelle und der Nockenwelle im »Zünd-OT«.
■ Legen Sie die Steuerkette wieder auf das Nockenwellenrad (Bild 8) auf.

Achten Sie darauf, dass die Steuerkette auf der unteren Seite unter Spannung steht. Die obere Seite wird anschließend durch den Kettenspanner gedrückt.

■ Legen Sie eine neue Dichtung (6 im Bild 15) für den Steuerkettenspanner auf.
■ Setzen Sie den Steuerkettenspanner (5) ein.
■ Drehen Sie die beiden Schrauben (1) fest.
■ Setzen Sie die Druckfeder (3) wieder ein, drehen Sie die Verschlussschraube (2) an.

Der Kettenspanner spannt nun über den Federdruck die Steuerkette.

Prüfen Sie erneut die Markierungen für die Steuerzeiten am Generatorrotor und am Nockenwellenrad (Bild 8).

■ Prüfen Sie abschließend das Ventilspiel.

Bauteil	*Drehmoment*
Schrauben Führungsblech	6 Nm
Zentralschraube Nockenwelle/ Haltekorb (125 - 350 cm³)	8 Nm
Zentralschraube Nockenwelle/ Haltekorb (400 - 500 cm³)	33 Nm
Schraube Ausgleichgewicht Nockenwelle	8 Nm
Kontermutter Einstellschrauben	7 Nm
Schrauben Kettenspanner	12 Nm
Verschlussschraube Kettenspanner	8 Nm
Schaube Nockenwellengeber (soweit verbaut)	4 Nm

Zylinderkopf demontieren

Die Demontage des Zylinderkopfes erfolgt für die einzelnen Modelle sehr ähnlich. Wir werden Ihnen eine allgemeingültige Beschreibung zur Verfügung stellen und die Besonderheiten für die einzelnen Motorvarianten hervorheben.

Für die Demontage des Zylinderkopfes muss weder die Nockenwelle noch die Kipphebel ausgebaut werden.

■ Lassen Sie den Motor abkühlen.
■ Lösen Sie den Kühlschlauch an der Wasserpumpe und am Motorblock.

Bild 21

Bild 21
Thermostat am 400er und 500er.
1 Schelle
2 Temperaturfühler
3 Schelle
4 Thermostat
5 Schraube
6 Halter Thermostat

■ Öffnen Sie den Deckel des Kühlmittelausgleichsbehälters.
■ Stellen Sie einen geeigneten Auffangbehälter unter und lassen Sie das Kühlmittel ablaufen.

Das Kühlmittel sollten Sie nicht wiederverwenden, sondern fachgerecht entsorgen.

MP3 400 und MP3 500:
■ Bauen Sie die Zündkerzen aus.
■ Drehen Sie die Schraube (5 im Bild 21) heraus und nehmen Sie den Halter (6) ab.
■ Demontieren Sie den Kühlschlauch (1) am Zylinderkopf und nehmen Sie ihn zusammen mit dem Thermostat (4) ab.
■ Drehen Sie die Muttern (1 und 2 im Bild 22) heraus.

Weiter für alle Fahrzeuge:
■ Stellen Sie wie bereits beschrieben den Motor auf »Zünd-OT«.
■ Bauen Sie den Ventildeckel ab.
■ Demontieren Sie den Nockenwellenantrieb wie bereits in diesem Kapitel unter der Überschrift »Demontage des Nockenwellenantriebs« beschrieben.

Sichern Sie die Steuerkette mit einem Kabelbinder gegen Hineinrutschen.

Bild 22

Bild 22
Zylinderkopf am 400er und 500er.
1 Schraube oben
2 Schraube unten
3 Schraube seitlich

Sichtprüfung Messen

Zumindest ist es mit dem Kabelbinder leicht möglich, die Steuerkette wieder herauszuziehen, wenn das Kabelbinderende aus dem Kettenschacht herausragt.

- Drehen Sie die Schrauben (A in den Bildern 23 und 24) heraus.
- Drehen Sie die Zylinderkopfmuttern (4 - 1) in zwei Durchgängen los.
- Nehmen Sie den Zylinderkopf ab.

Achten Sie auf den Verbleib der Passhülsen (3 im Bild 25).

- Führen Sie die Steuerkette durch den Kettenschacht aus dem Zylinderkopf heraus.

Die Montage erfolgt sinngemäß in umgekehrter Reihenfolge.

- Reinigen Sie die Dichtflächen gründlich. Erneuern Sie die Zylinderkopfdichtung.

Fahrzeuge bis 350 cm³	
Bauteil	*Drehmoment*
Schrauben Kettenkasten	11 Nm
Zylinderkopfmuttern Stufe 1	7 Nm
Zylinderkopfmuttern Stufe 2	10 Nm
Zylinderkopfmuttern Stufe 3	270°

Fahrzeuge 400 cm³ und 500 cm³	
Bauteil	*Drehmoment*
Mutter an Ein- und Auslass	11 Nm
Schrauben Kettenkasten	11 Nm
Zylinderkopfmuttern Stufe 1	7 Nm
Zylinderkopfmuttern Stufe 2	90°
Zylinderkopfmuttern Stufe 3	90°

Zylinder demontieren

Die Demontage des Zylinders erfolgt für die einzelnen Modelle sehr ähnlich. Die folgende Beschreibung bezieht sich auf den Wechsel der Zylinderfußdichtung soweit der Zylinder sich vom Block gelöst hat.

- Demontieren Sie den Zylinderkopf, wie bereits oben beschrieben.
- Ziehen Sie den Zylinder (2 im Bild 25) gerade von den Stehbolzen ab.

Achten Sie auf den Verbleib der Passhülsen (1 im Bild 26).

- Nehmen Sie die Zylinderfußdichtung vom Motorblock ab.

Die Montage erfolgt sinngemäß in umgekehrter Reihenfolge.

- Verdrehen Sie die Kolbenringe und den Ölabstreifring so, dass die Ringstöße jeweils um 120° (2) versetzt sind.
- Reinigen Sie die Dichtflächen an Zylinder und Motorblock gründlich.
- Erneuern Sie die Dichtungen.

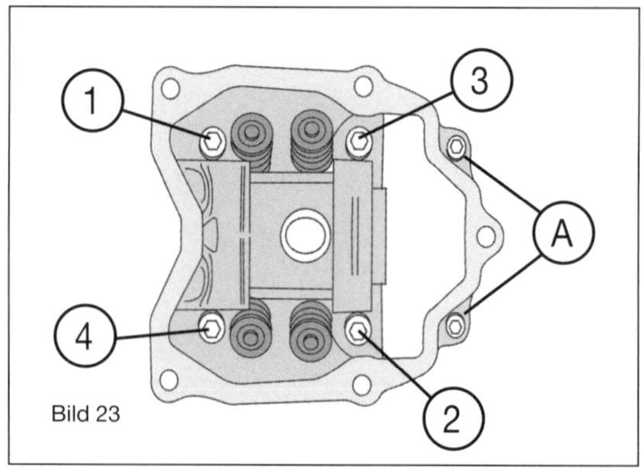

Bild 23
Zylinderkopf bis 350 cm³.
1-4 Anzugsfolge der Zylinderkopfverschraubung
A Schrauben im Kettenschacht

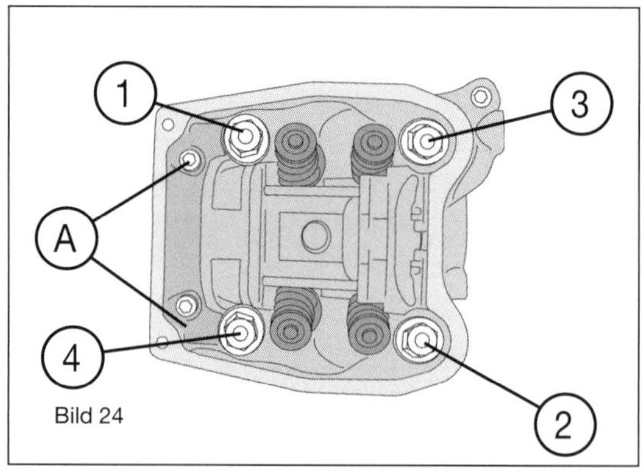

Bild 24
Zylinderkopf 400 cm³ und 500 cm³.
1-4 Anzugsfolge der Zylinderkopfverschraubung
A Schrauben im Kettenschacht

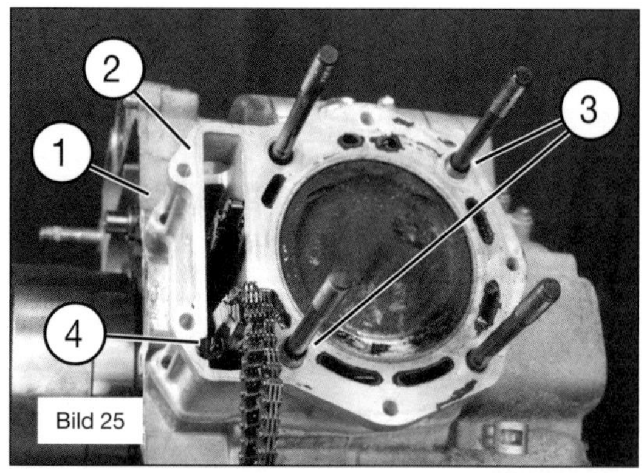

Bild 25
Passhülsen Zylinderkopf.
1 Motorblock
2 Zylinderkopf
3 Passhülsen
4 Führungsschiene

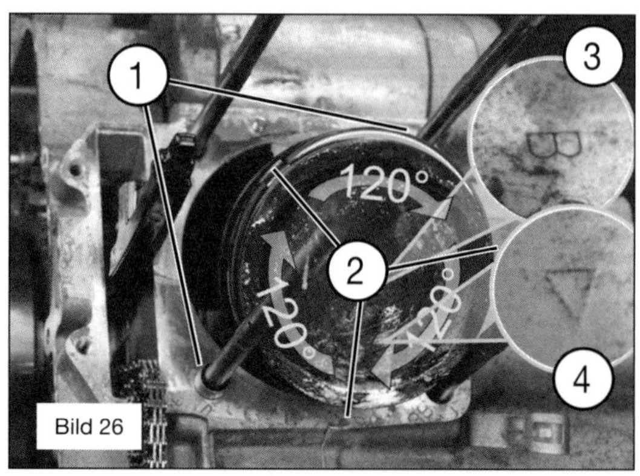

Bild 26
Kolbenmontage und Passhülsen.
1 Passhülsen im Motorblock
2 Ringstoßversatz um 120°
3 Größenkennung des Kolbens
4 Montagerichtung des Kolbens (Pfeil zeigt zum Auslass)

11 Anbauteile und Verkleidungen

Nicht nur um Zugang zu der Technik Ihres Motorrades zu erlangen, müssen die Verkleidungen Ihres Motorrades demontiert werden. Oftmals ist das schon für die Fahrzeugwartung oder die Reinigung sinnvoll und erforderlich.

Schrauben, Verschlüsse und Verrastungen

Zuerst einmal möchten wir Ihnen die Besonderheiten für die Befestigung der Kunststoffteile vorstellen. Natürlich auch, wie Sie mit ihnen umgehen und was Sie beachten müssen.

Rastnasen in Haltegummis (Bild1)
Verkleidungsteile werden recht häufig in Gummilagern befestigt. Das ermöglicht eine Befestigung, die (positiv gerade für die Verkleidung, die auch mal belastet wird) eine gewisse Flexibilität zulässt. Auch Vibrationen können hier weniger Schaden anrichten.

Gleitmittel für leichte Montage.
■ Ein säurefreies Silikonfett erleichtert die Montage der Verkleidungsteile in die Gummilager erheblich. Es muss aber mit Augenmaß zum Einsatz kommen, damit die Verkleidungsteile sich nicht zu leicht abziehen lassen.
■ Regelmäßige Reinigung und ein klein wenig Fett halten die Haltegummis flexibel und ermöglichen eine schadfreie Montage.

Achten Sie darauf, dass die Haltegummis unbeschädigt sind.

Achten Sie darauf, dass die Haltgummis richtig in der vorgesehenen Aufnahme sitzen und dort auch passen.

Stufenschrauben oder Schrauben mit Stufenhülse (Bild 2)
Ein Problem bei Kunststoffteilen sind Verspannungen. Presst eine Schraube den Kunststoff, den sie befestigen soll, zu sehr zusammen, wird der Kunststoff im günstigsten Fall verformt. In den meisten Fällen wird er aber ausbrechen oder einreißen. Bei Verschraubungen mit einer Stufenschraube oder einer Stufenhülse (2 im Bild 2) liegt der Kunststoff unter verträglicher Spannung mit der Scheibe (1) auf der Stufenhülse. Der Andruck beim Anziehen der Schraube (3) wirkt nur auf die Hülse. Der Kunststoff wird durch die Schraube nicht übermäßig belastet.

Bundschrauben (Bild 3)
Bundschrauben, also Schrauben mit Auflagebund (integrierter Unterlagscheibe) sind bei modernen Motorräder fast überall dort verbaut, wo die Schrauben nicht häufig gelöst werden müssen. Die Anlagefläche ist groß und das Material unter der Schraube trägt zum Sichern der Schraube bei, wird aber zumindest oberflächlich verkratzt.

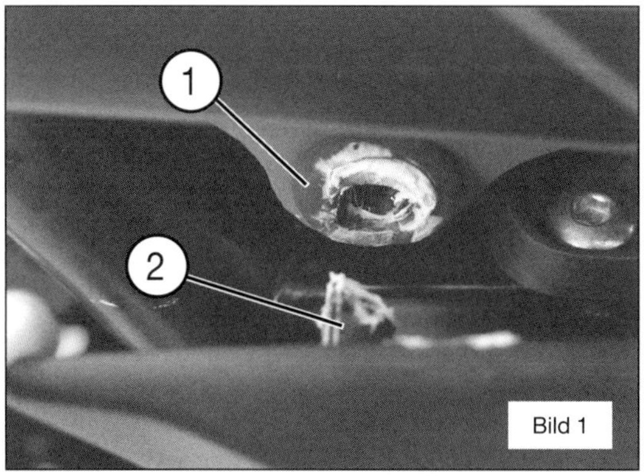

Bild 1
Verrastung in Gummilagern.
1 Gummilager in einer Bohrung
2 Haltenase an einer Verkleidung

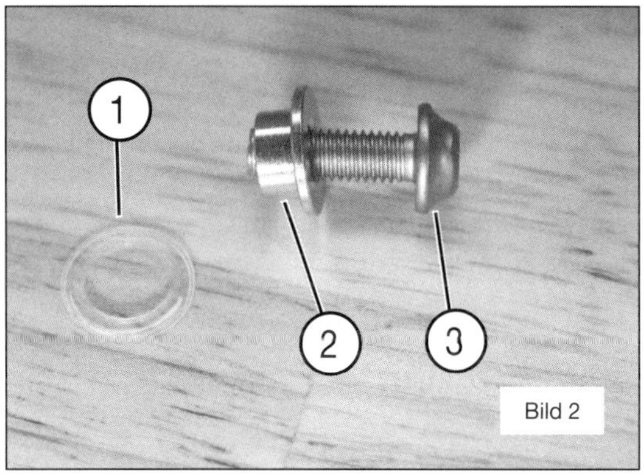

Bild 2
Schraube mit Stufenhülse.
1 Andruckscheibe
2 Stufenhülse
3 Schraube

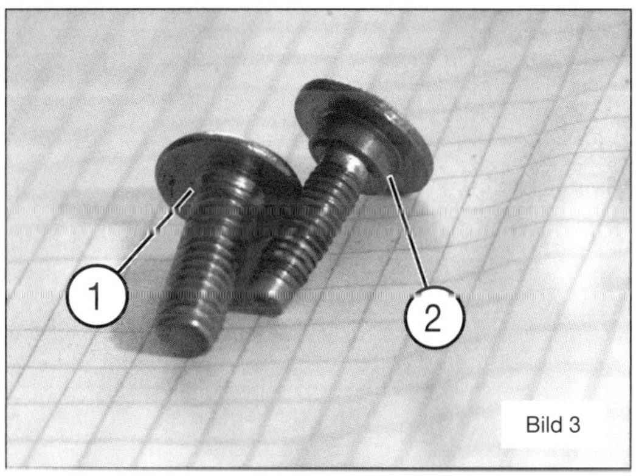

Bild 3
Bundschrauben (Schraube mit integrierter Scheibe).
1 Ohne Stufe (Bundschraube)
2 Mit Stufe (Stufenbundschraube)

Sichtprüfung Messen

☞ Wenn Kunststoffteile verschraubt werden, muss das grundsätzlich mit viel Gefühl erfolgen, um den Kunststoff gerade so nicht zu schädigen, aber trotzdem die Schraube ausreichend fest anzuziehen.

Gummimuttern

In den meisten Fällen, wenn Kunststoffscheiben lösbar aber vibrationseindämmend befestig werden sollen, kommen sogenannte »Gummimuttern« zum Einsatz. Genaugenommen handelt es sich um »Blindnietmuttern«. Beim Anziehen wird die Mutter gestaucht und hält sich in der Bohrung fest. Im Laufe der Jahre zersetzt sich das Gummi und die Verschraubung löst sich. Kontrollieren Sie die Gummimutter ab und an auf Rissbildung und beschaffen Sie sich rechtzeitig Ersatz.

Kunststoffschrauben

Wenn Kunststoffteile miteinander verbunden werden, kommen Kunststoffschrauben zum Einsatz. Um eine schadenfreie Befestigung zu gewährleisten, werden schon bei der Fertigung die Bohrungen für das Kernloch der Kunststoffschrauben vorgesehen. Eine größere Schraube beschädigt die Bohrung und kann so leicht das Kunststoffteil unbrauchbar machen.

■ Verwenden Sie den richtigen Schraubendurchmesser und achten Sie auf die richtige Länge der Schraube.

☞ Wenn Sie die Befestigungsstellen instandsetzen, denken Sie daran eine entsprechende Bohrung für das Kernloch wieder vorzusehen.

Lenkerverkleidung aus- und einbauen

Abdeckung in der Mitte (2 im Bild 6)

■ Hebeln Sie die Lenkerverkleidung (2 im Bild 6) mit einem Kunststoffhebel etwas an.

■ Ziehen Sie die Lenkerverkleidung gerade nach oben heraus (Pfeil).

Die Montage erfolgt sinngemäß in umgekehrter Reihenfolge.

Abdeckung oben (4 im Bild 6)

■ Bauen Sie die beiden Rückspiegel ab.

■ Bauen Sie die Lenkerverkleidung »Mitte« (2 im Bild 6) wie beschrieben aus.

Bild 4

Bild 4
Gummimuttern.

Bild 5

Bild 5
Kunststoffschrauben.

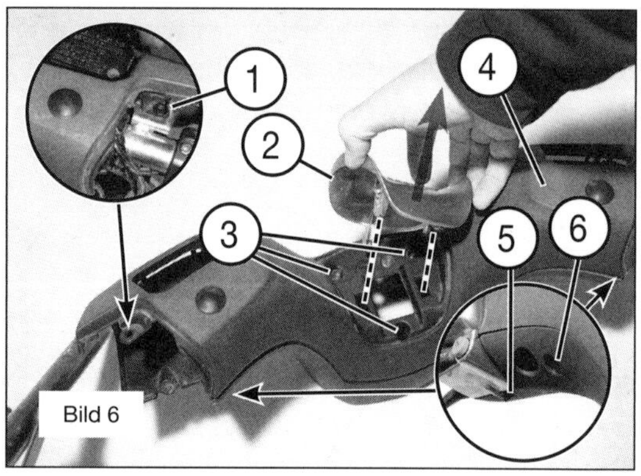

Bild 6

Bild 6
Lenkerverkleidung Mitte und oben.
1 Schraube
2 Lenkerverkleidung Mitte
3 Schrauben
4 Lenkerverkleidung oben
5 Schraube in der Schalterabdeckung (rechts/links)
6 Schraube (rechts/links)
Pfeil Demontagerichtung

■ Drehen Sie die drei Schrauben (3) in der Mitte heraus.

■ Drehen Sie die beiden Schrauben (6) seitlich von unten heraus.

■ Drehen Sie die Verschraubungen (5) zu den Schaltereinheiten heraus.

■ Drehen Sie die beiden Schrauben (1) unter den Schalterabdeckungen von oben heraus.

■ Lösen Sie die Verrastungen zu der Lenkerabdeckung unten und nehmen Sie sie heraus.

Die Montage erfolgt sinngemäß in umgekehrter Reihenfolge.

Bauteil	*Drehmoment*
Schaltereinheiten Schrauben	handfest
Verkleidung oben Schrauben	4 Nm

Abdeckung unten (Bild 7)

■ Bauen Sie die Lenkerverkleidung »Mitte« (2) und »Oben« (4) wie beschrieben aus.

■ Drehen Sie die drei Schrauben am Lenker heraus.

■ Nehmen Sie die Lenkerverkleidung nach hinten ab.

Die Montage erfolgt sinngemäß in umgekehrter Reihenfolge.

Bauteil	*Drehmoment*
Schaltereinheiten Schrauben	handfest

Verkleidung vorne außen

Windschild (Bild 8)

■ Drehen Sie die Verschraubungen (5) des Windschilds heraus.

■ Nehmen Sie das Windschild zusammen mit den Stufenscheiben (1 und 3) und den Unterlagen (4) ab.

Die Montage erfolgt sinngemäß in umgekehrter Reihenfolge.

Bauteil	*Drehmoment*
Windschild Schrauben	handfest

Abdeckrahmen vorne (Bild 9)

■ Bauen Sie das Windschild ab.

■ Hebeln Sie den Abdeckrahmen (3 im Bild 9) über dem Scheinwerfer mit einem Kunststoffhebel vorsichtig aus den Gummilagern (1) heraus und nehmen Sie ihn ab.

Die Montage erfolgt sinngemäß in umgekehrter Reihenfolge.

Tragen Sie etwas säurefreies Fett auf die Gummilager (1) auf. Das erleichtert die zukünftige Demontage erheblich.

Abdeckung vorne (Bild 10)

Die Demontagearbeiten sind für den Zugang zu den Relais, dem Vorratsbehälter für die Einfedersperre (Roll-Lock-System) erforderlich.

■ Bauen Sie das Windschild und den Abdeckrahmen vorne ab.

■ Drehen Sie die beiden Blechschrauben (6 im Bild 10) heraus und nehmen Sie die Standlichtlampe (7) ab.

■ Drehen Sie die beiden Gewindeschrauben (3) heraus.

■ Öffnen Sie den Deckel des Handschuhfachs und drehen Sie die beiden Schrauben (2) heraus.

■ Drehen Sie die vier Schrauben (3) heraus.

■ Nehmen Sie die Abdeckung (4) nach vorne ab.

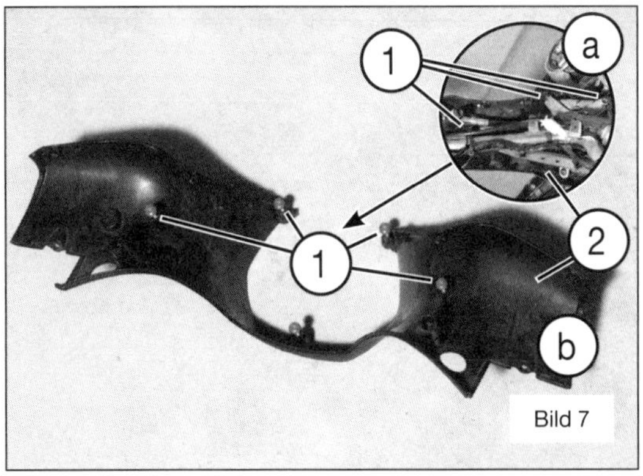

Bild 7

Lenkerverkleidung unten.

a Ansicht im eingebauten Zustand

b Ansicht im ausgebauten Zustand

1 Schrauben

2 Lenkerverkleidung unten

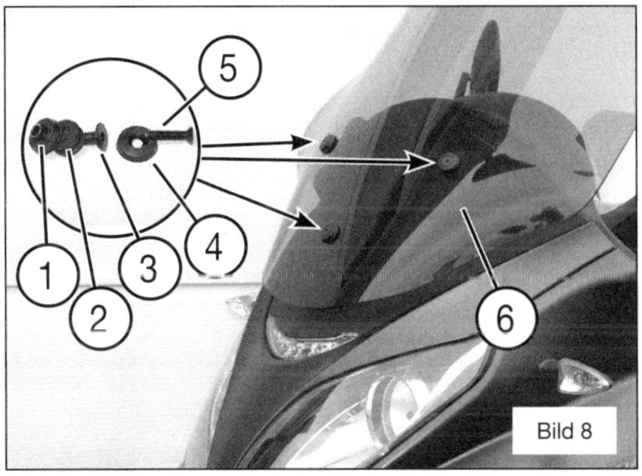

Bild 8

Windschild vorne.

1 Stufenscheibe

2 Lagergummi

3 Stufenscheibe

4 Unterlage

5 Schraube

6 Windschild

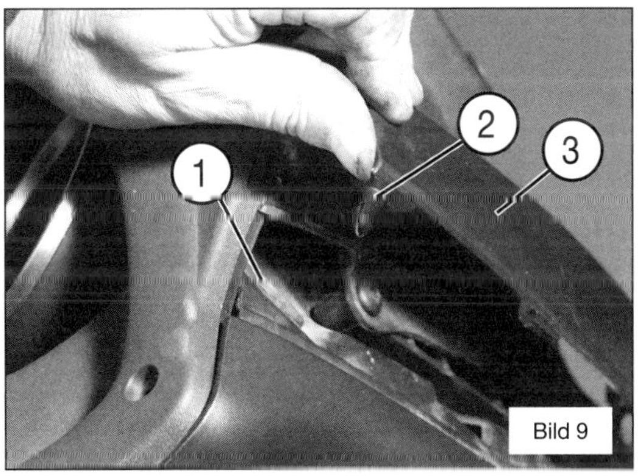

Bild 9

Abdeckrahmen demontieren.

1 Gummilager

2 Rastnase

3 Abdeckrahmen

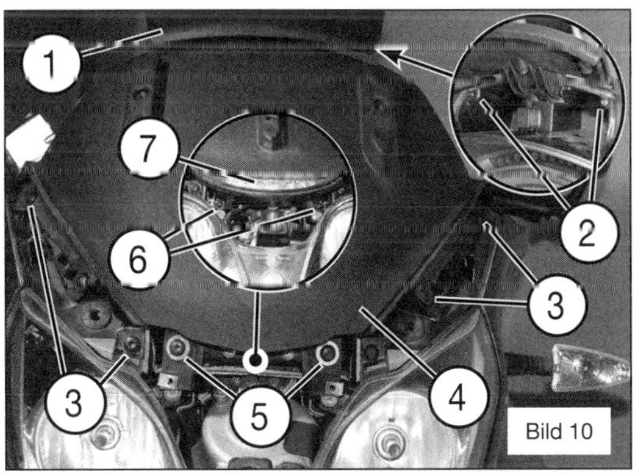

Bild 10

Abdeckung vorne.

1 Deckel Handschuhfach

2 Schrauben

3 Schrauben

4 Abdeckung vorne

5 Schrauben

6 Blechschraube

7 Standlichtlampe

Die Montage erfolgt sinngemäß in umgekehrter Reihenfolge.

Bauteil	*Drehmoment*
Handschuhfach Schrauben	handfest
Standlichtlampe Schrauben	handfest
Abdeckung Schrauben seitlich	5 Nm
Abdeckung Schrauben unten	5 Nm

Beinschild außen

Beinschild oben:

- Demontieren Sie wie bereits beschrieben die Abdeckung vorne.
- Bauen Sie die Kühlerverkleidungen vorne ab.
- Bauen Sie den Scheinwerfer vorne wie im Kapitel 8 beschrieben aus.
- Drehen Sie die vier Schrauben (1 im Bild 11) aus dem Beinschild innen heraus.
- Drehen Sie rechts und links die Schrauben (1 und 3 im Bild 12) heraus und nehmen Sie die Halteplatten (2) ab.
- Drehen Sie rechts und links die beiden Schrauben (1 im Bild 13) im Radlauf zum Innenkotflügel heraus.
- Ziehen Sie die Steckverbindungen zum Blinker rechts und links ab und legen Sie sie frei.
- Ziehen Sie die Rastnasen aus dem Innenkotflügel im Radhaus heraus.
- Nehmen Sie das Beinschild außen vorsichtig ab.

Die Montage erfolgt sinngemäß in umgekehrter Reihenfolge.

Bauteil	*Drehmoment*
Handschuhfach Schrauben	handfest
Standlichtlampe Schrauben	handfest

Kühlerverkleidungen vorne (Generation 1):

- Bei Fahrzeugen der ersten Generation lösen Sie das Piaggio-Logo in der Frontverkleidung (1 im Bild 14), indem Sie auf der rechten Seite mit einem kleinen Schraubendreher das Logo anheben.
- Drehen Sie die Schraube unter dem Logo heraus und ziehen Sie den Rahmen des Kühlergrills nach vorne ab.
- Drehen Sie die vier Schrauben im Kühlergrill heraus und nehmen Sie den Kühlergrill ab.
- Drehen Sie die beiden Schrauben (5 im Bild 15) im Radkasten links und rechts heraus.
- Drehen Sie die vier Schrauben der Kühlerverkleidung (7 im Bild 15) heraus.

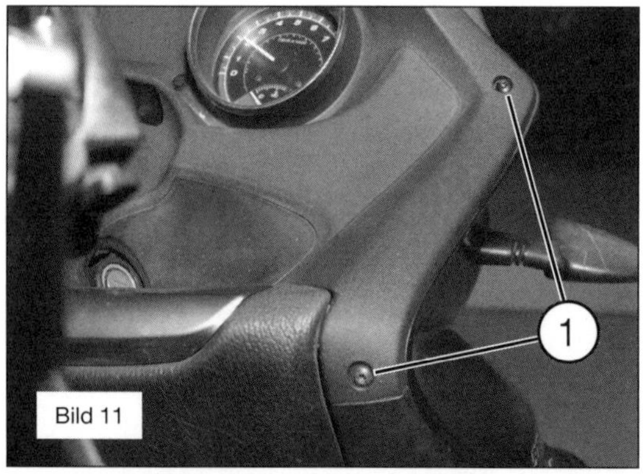

Bild 11

Bild 11
Beinschild außen.
1 Schrauben

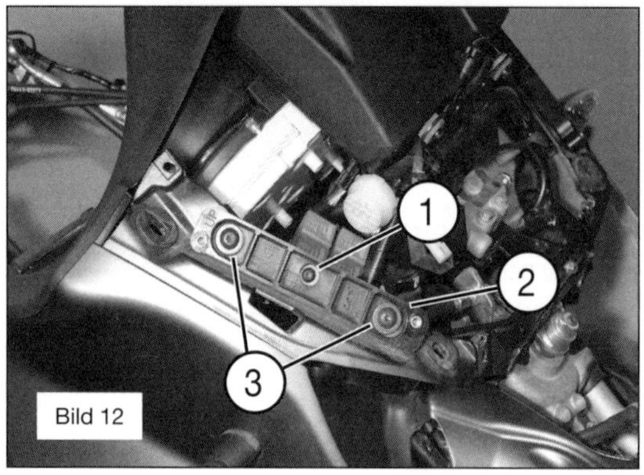

Bild 12

Bild 12
Beinschild außen.
1 Schraube
2 Halteplatte
3 Schrauben

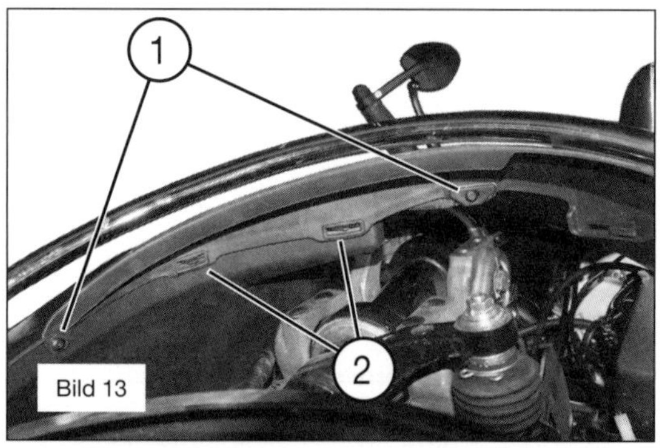

Bild 13

Bild 13
Beinschild außen.
1 Schrauben
2 Rastnasen

Bild 14

Bild 14
Logo Piaggio mit Schraubendreher lösen.
1 Piaggio-Logo
2 Schraubendreher

- Nehmen Sie die Kühlerverkleidung nach vorne ab.

Kühlerverkleidungen vorne (Generation 2):

- Drehen Sie die vier Schrauben (1 im Bild 16) im Kühlergrill (2) heraus und nehmen Sie ihn ab.

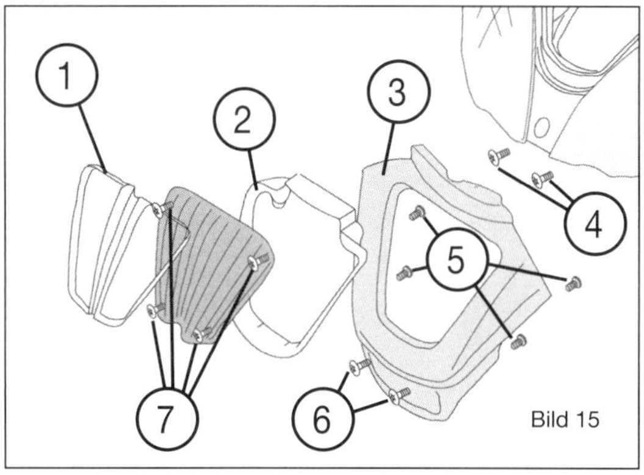

Bild 15

- Drehen Sie die Schrauben (1 und 3 im Bild 17) in der Kühlerverkleidung (2) heraus und nehmen Sie sie ab.
- Drehen Sie die Schrauben (2 und 4 im Bild 18) heraus und nehmen Sie den Verkleidungsrahmen (1) ab.
- Drehen Sie die Schrauben (2) heraus und nehmen Sie den Verkleidungsrahmen (1) ab.
- Drehen Sie die Schrauben (3) heraus.

Die Montage erfolgt sinngemäß in umgekehrter Reihenfolge.

Tipp: Drehen Sie die Schrauben zuerst immer leicht an und richten Sie die Kunststoffteile vorsichtig aus.

Tipp: Achten Sie auf die Verwendung der richtigen Schrauben in der richtigen Länge.

Bauteil	*Drehmoment*
Schrauben im Kunststoff	handfest
Schrauben in Blechklammer	handfest
Gewindeschrauben M6	8 Nm

Radhausverkleidungen vorne

Kühlerverkleidung innen:

- Bauen Sie wie bereits beschrieben die Kühlerverkleidungen vorne ab.
- Drehen Sie die beiden Schrauben (1 im Bild 19) unten vorne heraus.
- Drehen Sie die beiden Schrauben (9) von unten heraus.
- Drehen Sie die beiden Schrauben (3 im Bild 18) oben neben dem Kühler heraus.
- Drehen Sie die beiden Schrauben (2 im Bild 19) im Radhaus heraus.
- Drücken Sie die Kühlerverkleidung (8) hinten (Pfeil) nach oben, ziehen Sie sie nach hinten und nehmen Sie sie aus dem Kühlerrahmen heraus.
- Nehmen Sie die Kühlerverkleidung innen nach unten heraus.

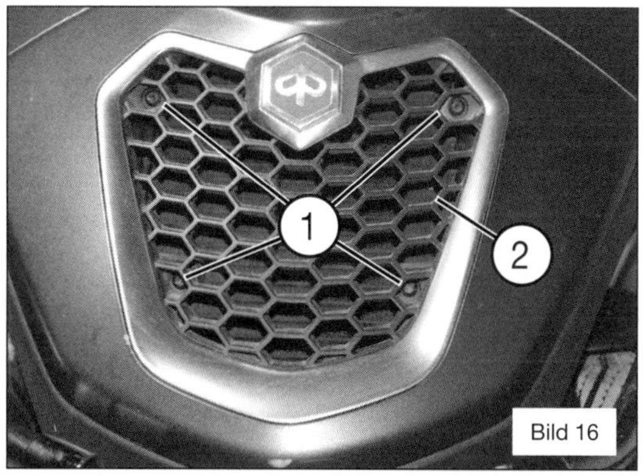

Bild 16

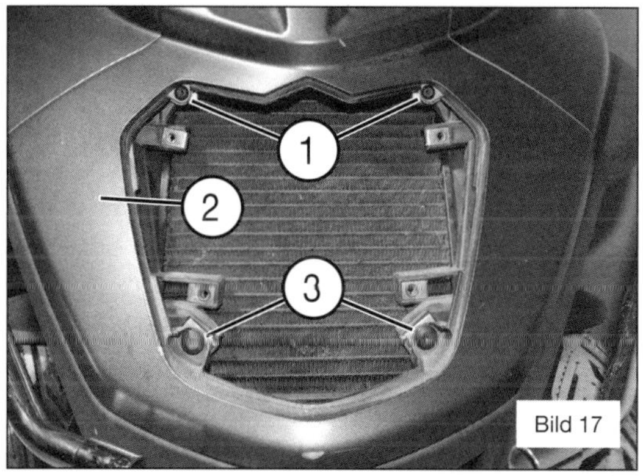

Bild 17

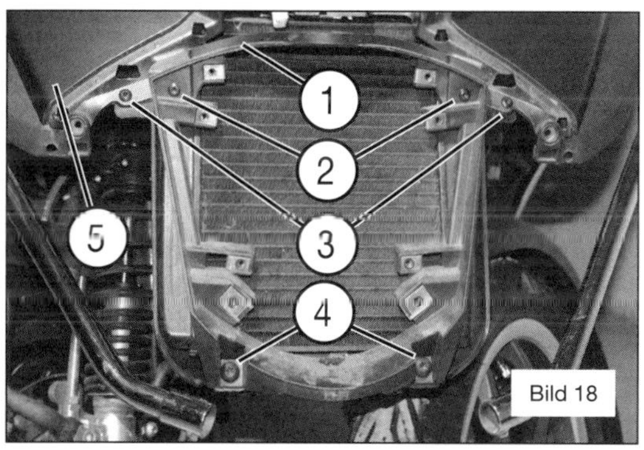

Bild 18

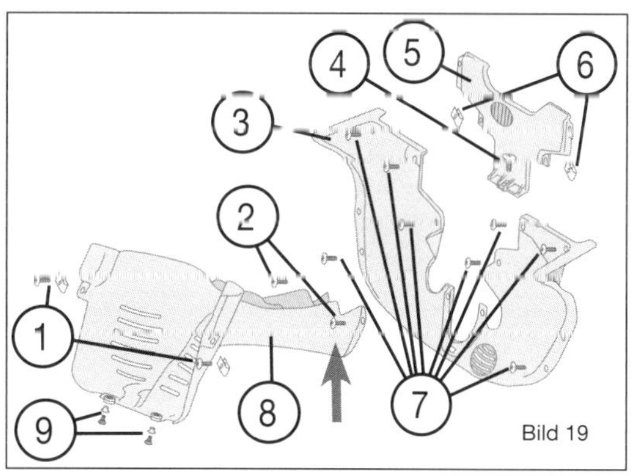

Bild 19

Radspritzschutz:

- Bauen Sie die Kühlerverkleidung innen wie beschrieben aus.
- Drehen Sie die Schrauben (7 im Bild 19) heraus und nehmen Sie den Radspritzschutz (3) nach unten heraus.

Bild 15
Kühlerverkleidung (Generation 1).
1 Zierrahmen
2 Rahmen
3 Kühlerverkleidung
4 Schrauben
5 Schrauben
6 Schrauben
7 Schrauben

Bild 16
Kühlerverkleidung (Generation 2).
1 Schrauben
2 Kühlergrill

Bild 17
Kühlerverkleidung (Generation 2).
1 Schrauben
2 Kühlerverkleidung
3 Schrauben

Bild 18
Verschraubung unten Beinschild außen.
1 Verkleidungsrahmen
2 Schrauben
3 Schrauben
4 Schrauben
5 Beinschild außen

Bild 19
Spritzschutz im Radhaus.
1 Verschraubung vorne
2 Schrauben
3 Radspritzschutz
4 Schraube
5 Radhausverkleidung Mitte
6 Klammern
7 Schrauben
8 Kühlerverkleidung innen
9 Verschraubung unten
Pfeil Bewegungsrichtung

Sichtprüfung Messen

Bild 20
Kotflügel und Halter.
1 Schrauben hinten
2 Kotflügelhalter
3 Befestigungspunkte
4 Schrauben
5 Halteschelle
6 Schraube

Bild 21
Verkleidung vorne innen.
1 Tachometer mit Verkleidung
2 Schrauben
3 Abdeckung
4 Schrauben
5 Tastenfeld
6 Schrauben
7 Schrauben
8 Schrauben
9 Abdeckung
10 Prallschutz
11 Beinschlid innen
12 Schrauben

Radhausverkleidungen Mitte:
■ Bauen Sie den Radspritzschutz wie beschrieben aus.
■ Drehen Sie die Schraube (4 im Bild 19) heraus und nehmen Sie die Radhausverkleidung Mitte ab.

Die Montage erfolgt sinngemäß in umgekehrter Reihenfolge.
■ Richten Sie die Kunstoffteile vor dem Anziehen der Schrauben zueinander aus.

Bauteil	*Drehmoment*
Schrauben im Kunststoff	handfest
Gewindeschrauben M6	8 Nm

Kotflügel vorne
■ Drehen Sie die Schrauben (1 und 6 im Bild 20) heraus.
■ Nehmen Sie den Kotflügel mit Halter vom Steuerrohr ab.
■ Drehen Sie die Schraubungen (4) heraus und nehmen Sie die Schelle (5) und den jeweiligen Kotflügel vom Halter (2) ab.

Die Montage erfolgt sinngemäß in umgekehrter Reihenfolge.

Bauteil	*Drehmoment*
Kotflügelhalter Schrauben vorne	45 Nm
Kotflügelhalter Schrauben hinten	10 Nm
Schrauben im Kunststoff	handfest

Verkleidung vorne innen

Tastenfeld
■ Bauen Sie die Lenkerverkleidungen wie beschrieben aus.
■ Drehen Sie die beiden Schrauben (4 im Bild 21) der Abdeckung vor der Schaltereinheit heraus und nehmen Sie die Abdeckung (3) ab.
■ Drehen Sie die beiden Schrauben der Schaltereinheit (6) heraus.
■ Hebeln Sie die Schaltereinheit (5) vorsichtig nach oben heraus.
■ Entsichern Sie den Steckkontakt und ziehen Sie ihn ab.

Tachometer
■ Bauen Sie das Tastenfeld, das Windschild den Abdeckrahmen und die Abdeckung wie beschrieben aus.
■ Bauen Sie die Abdeckung links über dem Kühlerverschlussdeckel ab.

Bild 20

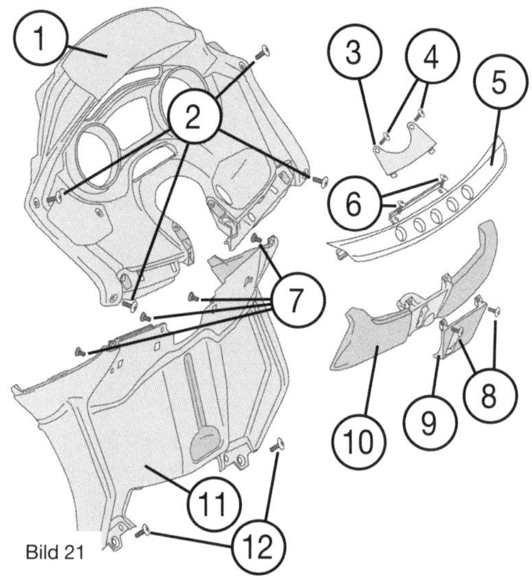

Bild 21

■ Demontieren Sie den Kühlerverschlussdeckel und die Abdeckung (3).
■ Entsichern Sie die Anschlussstecker zum Tachometer, zum Anzeigenfeld und zur USB-Anschlussdose und ziehen Sie sie ab.
■ Heben Sie den Tachometer mit der Verkleidung vorsichtig aus den Führungen vorne heraus.
■ Heben Sie den Tachometer mit der Verkleidung über den Anschlussstutzen des Kühlmittelausgleichbehälters und dem Zündschloss nach vorne heraus.

Beinschild innen
■ Bauen Sie das Beinschild außen und die Kühlerverkleidungen ab.
■ Bauen Sie den Tachometer mit der Verkleidung wie beschrieben aus.
■ Drehen Sie die Schrauben (7 im Bild 19) heraus.
■ Drehen Sie die Schrauben (8 im Bild 21) heraus und nehmen Sie die Abdeckung (9) ab.
■ Drehen Sie die Schrauben (7) heraus.
■ Nehmen Sie den Prallschutz (10) ab.
■ Drehen Sie die Schraube oben in der Mit-

te und die beiden Schrauben (12) heraus.
■ Lösen Sie die Parkbremse und nehmen Sie das Beinschild innen (11) ab.

Trittbrett

■ Bauen Sie die Sitzbank ab.
■ Bauen Sie die Seitenverkleidungen ab.
■ Drehen Sie die Blechschraube (2 im Bild 22) und die Schrauben (3) heraus und nehmen Sie die Fußraste ab.

Trittbrett rechts:

■ Ziehen Sie den Gummibalg (7) nach unten, drehen Sie die Schrauben heraus und nehmen das Pedal (5) ab.

Weiter für beide Seiten:

■ Drehen Sie die Schrauben (9 und 10) heraus.
■ Drehen Sie die Schraube 1 im Bild 23 heraus.
■ Drehen Sie die Schraube (4) heraus. Ziehen Sie die Trittbrettverkleidung von der Radkastenverkleidung ab.
■ Schwenken Sie das Trittbrett mit der Trittbrettverkleidung hinten nach oben und nehmen Sie sie vorsichtig vom Rahmen ab.

Die jeweilige Montage erfolgt sinngemäß in umgekehrter Reihenfolge.

Bauteil	*Drehmoment*
Schrauben im Kunststoff	handfest
Schrauben in Blechklammer	handfest

Seitenverkleidungen hinten

Seitenverkleidung

■ Bauen Sie die Sitzbank ab.
■ Wenn vorhanden, das Topcase abbauen.
■ Drehen Sie die vier Schrauben am Haltegriff heraus und nehmen Sie ihn ab.
■ Drehen Sie die Schrauben (2 im Bild 25) heraus und nehmen Sie die Abdeckung (6) ab.
■ Drehen Sie die Schrauben (3, 4 und 5) heraus.
■ Drehen Sie die Schrauben (3 im Bild 24) heraus.
■ Öffnen Sie die Tankklappe und drehen Sie den Tankdeckel (2) ab.
■ Drehen Sie die Schrauben (3 und 5) heraus.
■ Drehen Sie die Schraube (4) heraus.
■ Schwenken (1) Sie die Seitenverkleidungen etwas nach oben und ziehen Sie die Steckkontakte zu den Rücklichtern ab.
■ Schwenken (1) Sie die Verkleidungen weiter nach oben und hängen sie den Zug zur Tankklappe aus.

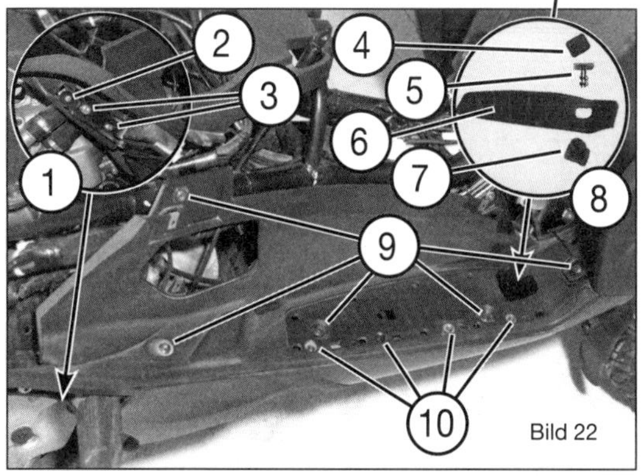

Bild 22

Bild 22
Trittbrett demontieren.
1 Fußraste hinten
2 Schraube
3 Schrauben
4 Pedalgummi
5 Pedal
6 Trittbrettbelag
7 Gummibalg
8 Fußbremspedal
9 Schrauben
10 Schrauben

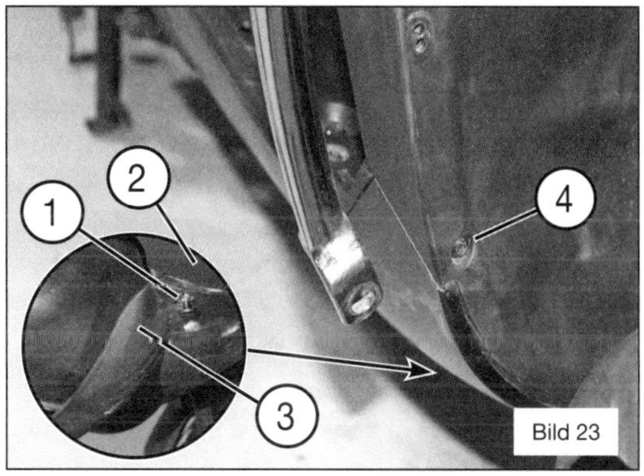

Bild 23

Bild 23
Trittbrett unten.
1 Schraube
2 Verkleidung Trittbrett
3 Verkleidung Radkasten
4 Schraube

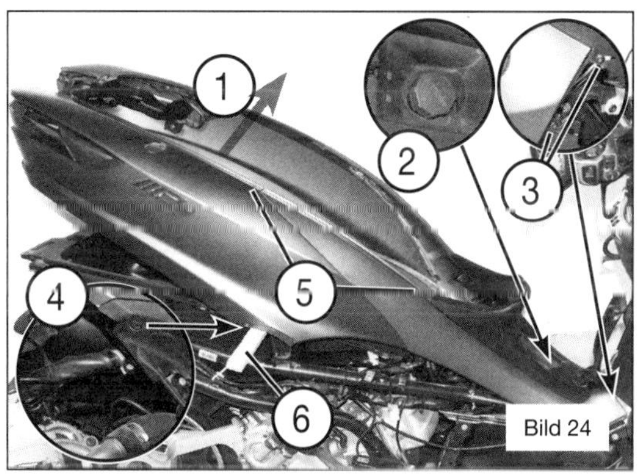

Bild 24

Bild 24
Seitenverkleidung seitlich.
1 Bewegungsrichtung zum Abheben der Verkleidung
2 Tankdeckel
3 Schrauben
4 Schraube
5 Schrauben
6 Holzleiste zum Ablegen der Verkleidung bei Montagearbeiten

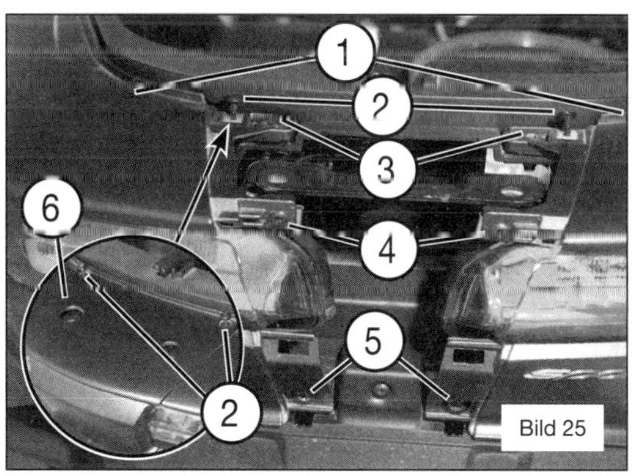

Bild 25

Bild 25
Seitenverkleidung hinten.
1 Seitenverkleidung
2 Schrauben der Abdeckung Mitte
3 Schrauben
4 Schrauben
5 Schrauben
6 Abdeckung Mitte

■ Nehmen Sie die Verkleidung nach oben heraus.

Die Montage erfolgt sinngemäß in umgekehrter Reihenfolge.

Sichtprüfung Messen

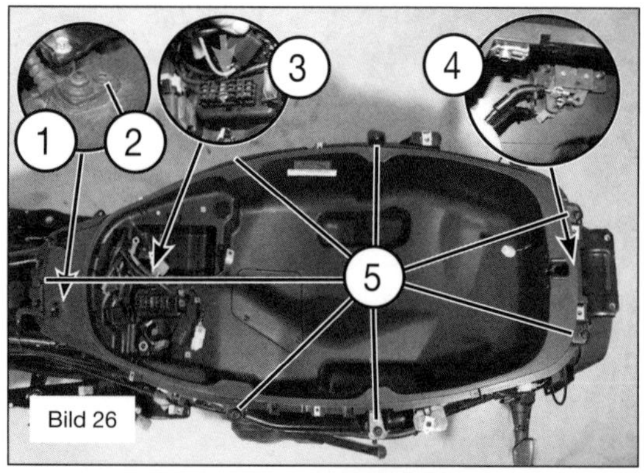

Bild 26

Bild 26
Helmfach ausbauen.
1 Helmfachtaster
2 Schraube
3 Sicherungsträger FA
4 Helmfachschloss
5 Verschraubungen Helmfach
Pfeil Raste betätigen

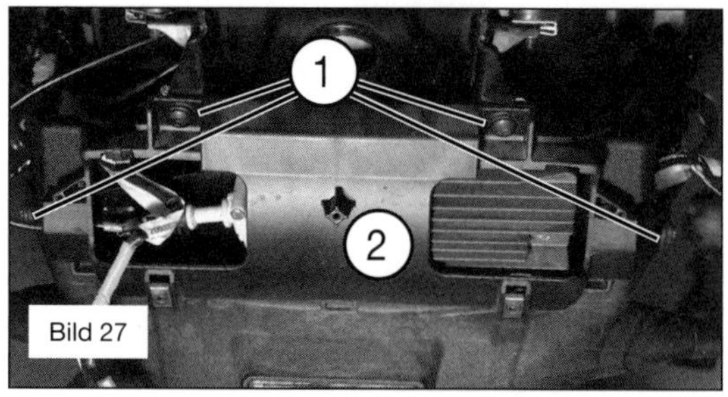

Bild 27

Bild 27
Kennzeichenträger.
1 Schrauben
2 Kennzeichenträger

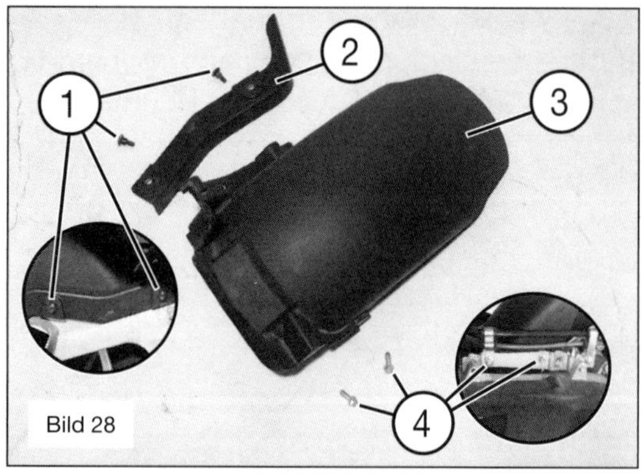

Bild 28

Bild 28
Radverkleidung ausbauen.
1 Schrauben rechts
2 Kabelschutz
3 Radverkleidung hinten
4 Schrauben links unter dem Luftfilterkasten

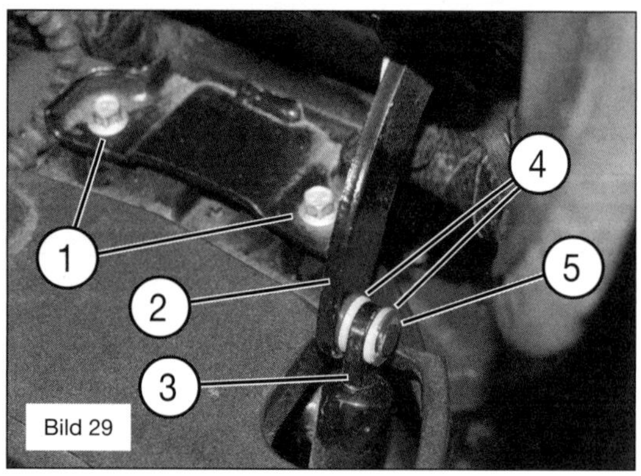

Bild 29

Bild 29
Sitzbank ausbauen.
1 Schrauben
2 Stütze Sitzbank
3 Gasdruckdämpfer
4 Kunststoffscheiben
5 Sicherungsring

Helmfach

■ Bauen Sie die Sitzbank ab.
■ Bauen Sie Batterie und Startrelais aus.
■ Ziehen Sie den Stecker für den Umkippsensor ab und legen Sie den Anschlussstecker für das Diagnosekabel frei.
■ Drehen Sie die Schraube (2 im Bild 26) los und ziehen Sie den Helmfachtaster (1) heraus.
■ Hängen Sie die Züge des Helmfachschlosses (4) aus.

Kennzeichenträger

■ Bauen Sie die Seitenverkleidungen wie beschrieben ab.
■ Drehen Sie die Schrauben (11 und 14 im Bild 12 des Kapitels 8) heraus und nehmen Sie die Verkleidung oben (13) ab.
■ Drehen Sie die Schrauben (1 im Bild 27) heraus.
■ Nehmen Sie den Kennzeichenträger (2) ab.
■ Entsichern Sie die Steckkontakte der Blinkleuchten und ziehen Sie sie ab.

Radverkleidung hinten

■ Lösen Sie den Luftfilterkasten und drehen Sie die Schrauben (4 im Bild 28) heraus.
■ Drehen Sie die Schrauben (1) heraus.
■ Nehmen Sie den Radkotflügel nach hinten ab.

Achten Sie auf die Kabelführung für den ABS-Sensor für das Hinterrad.

Die jeweilige Montage erfolgt sinngemäß in umgekehrter Reihenfolge.

Bauteil	*Drehmoment*
Schrauben im Kunststoff	handfest
Schrauben in Blechklammer	handfest
Verschraubung Helmfach	10 Nm
Schraube Helmfachtaster	handfest

Sitzbank

Sitzbank demontieren

■ Öffnen Sie die Sitzbank.
■ Legen Sie den Steckkontakt für die Sitzbelegung frei, entsichern ihn und ziehen ihn ab.
■ Demontieren Sie den Sicherungsclip (5) und nehmen Sie die Kunststoffscheibe vorne (4) ab.
■ Halten Sie den Sitz etwas hoch und ziehen Sie den Gasdruckdämpfer (3) ab.
■ Drehen Sie die beiden Schrauben (1) heraus und nehmen Sie den Sitz ab.

Die Montage erfolgt sinngemäß in umgekehrter Reihenfolge.

Bauteil	*Drehmoment*
Schrauben Sitzbank/Rahmen	10 Nm
Abdeckung Kabel Sitzbelegung	Handfest

12 Antrieb und Kupplung

Einer der wenigen Vorteile des Riemengetriebes liegt sicherlich an seiner stufenlosen Abstimmbarkeit. Die Ansteuerung erfolgt über sogenannte Variomatikrollen. Fehler an der Variomatik sind nicht unbedingt leicht zu lokalisieren. Der Funktionsablauf ist recht komplex und zudem ohne Demontage von außen nicht erkennbar. Um nicht die gesamte Variomatik zerlegen zu müssen, ist es vorteilhaft, einige Bauteile und typische Eigenschaften hierzu genauer zu betrachten. Veränderungen an der Motorcharakteristik können beispielsweise einen späteren Schaltpunkt erforderlich machen, da die Motordrehzahl angestiegen ist und die höchste Motordrehzahl erst wesentlich später erreicht wird. Um das Schaltverhalten der Variomatik beeinflussen zu können, muss man lediglich die physikalischen Hintergründe betrachten. Mit Hilfe der Masse der einzelnen Variomatikrollen kann das »Schaltverhalten« der Variomatik beeinflusst werden. Veränderte Andruckfedern sowie speziell angepasste Variomaten können ein eigenes angepasstes Verhalten auf den Motor ermöglichen.

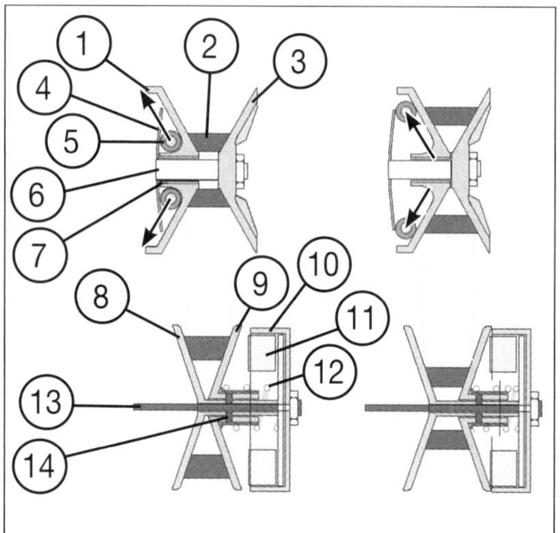

Bild 1

Bild 1
Gummimuttern.
1 Variatorscheibe
2 Keilriemen
3 Lüfterrad
4 Gegenscheibe
5 Variorolle
6 Gleithülse
7 Gleitlager
8 Statische Ausgleichsscheibe
9 Bewegliche Ausgleichsscheibe
10 Kupplungsglocke
11 Anfahrkupplung
12 Gegendruckfeder
13 Getriebe Eingangswelle
14 Lager Variomatik

Nr.	*Bezeichnung*	*Aufgabe*
1	Variatorscheibe	Durch die Variorollen geregelt, die Übersetzung verändern
2	Keilriemen	Antriebskräfte übertragen
3	Lüfterrad	Kühlungsluft in das Gehäuse ansaugen
4	Gegenscheibe	Abstützung für die Variorollen
5	Variorolle	Drehzahlabhängige Regelung der Übersetzung
6	Gleithülse	Lagerung
7	Gleitlager	Fast spielfreie Führung
8	Statische Ausgleichsscheibe	Gegenlager für den Antriebsriemen
9	Bewegliche Ausgleichsscheibe	Ausgleich der Längen durch die Übersetzungsänderung
10	Kupplungsglocke	Antrieb des Radgetriebes
11	Anfahrkupplung	Trennen und Fügen des Radantriebes vom Motor
12	Gegendruckfeder	Gegenkraft gegen die Fliehkräfte der Variomatikrollen
13	Getriebe Eingangswelle	Drehzahl und Drehmoment auf das Radgetriebe übertragen
14	Lager Variomatik	Lagerung der Ausgleichsscheiben

Demontage der Variomatik

Die Montagearbeiten an der Variomatik unterscheiden sich für die unterschiedlichen Motorvarianten nicht wesentlich. Exemplarisch zeigen wir Ihnen die Arbeitsschritte an unserer 500er Piaggio MP3 anhand der Bilder. Im Text werden wir die Besonderheiten, soweit diese denn relevant sind, zu den einzelnen Motorvarianten hervorheben.

Demontage des Variomatikdeckels

■ Soweit verbaut, demontieren Sie die Schutzabdeckung über dem Variomatikdeckel. Drehen Sie hierzu die Schrauben (1 im Bild 2) heraus und nehmen Sie die Schutzabdeckung (2) ab.

■ Ziehen Sie die Abdeckung (4) über der Zentralmutter ab. Für die 125er und die 250er sitzt die Abdeckung im Kupplungsdeckel und muss dann hier ausgeclipst werden.

Sichtprüfung Messen

Bild 2
Schutzabdeckung Variomatik-Deckel.
1 Schrauben
2 Schutzabdeckung
3 Variomatikdeckel
4 Abdeckung

Bild 3
Variomatik-Deckel.
1 Schrauben
2 Variomatikdeckel
3 Zentralmutter Getriebewelle

Bild 4
Luftfilter bis 350 cm³.
1 Luftfilter
2 Stufenbuchse
3 Schraube
4 Abdeckung
5 Schutzabdeckung Variomatikdeckel
6 Schrauben
7 Luftführung

Bei den Motorvarianten bis 350 cm³ wird die Kupplungsglocke durch die Bohrung im Variomatikdeckel gegengehalten. Die 400er und die 500er weisen auf der Getriebewelle ein Sechskantprofil auf. Hier kann mit einem Steckschlüssel und einer Ratsche gegengehalten werden.

■ Lösen Sie die Zentralmutter gegen den Uhrzeigersinn.

Motoren mit dem Öleinfüllstutzen im Bereich des Variomatikdeckels:

■ Drehen Sie die Verschlussschraube heraus und stecken Sie einen Lappen in die Öffnung ein, um das Eindringen von Verschmutzungen in die Ölversorgung zu vermeiden.

Weiter für alle Varianten:

■ Drehen Sie die Schrauben (1 im Bild 3) heraus.

■ Nehmen Sie den Variomatikdeckel ab.

Achten Sie auf den Verbleib der verbauten Passhülsen.

Die Montage erfolgt sinngemäß in umgekehrter Reihenfolge.

■ Reinigen Sie die Dichtungs- und Anlageflächen gründlich.

■ Reinigen Sie den Variomatikdeckel und soweit verbaut auch den Luftfilter für die Variomatik gründlich.

■ Prüfen Sie die Leichtigkeit und Spielfreiheit der Schlagrolle.

Bauteil	*Drehmoment*
Schraube Abdeckung Luftfilter der Variomatik	7 Nm
Schraube Variomatikabdeckung	20 Nm
Schraube Variomatikdeckel	12 Nm
Zentralschraube Kupplung (bis 300 cm³)	50 Nm
Zentralschraube Kupplung (350 cm³)	75 Nm
Zentralschraube Kupplung (400 cm³ und 500 cm³)	95 Nm

Demontage des Variomatikluftfilters

Variomatikluftfilter bei Fahrzeugen bis 350 cm³ Hubraum:

■ Clipsen Sie die Abdeckung (4 im Bild 4) heraus und nehmen Sie sie ab.

■ Drehen Sie die Schrauben (3) heraus und nehmen Sie die Schutzabdeckung (5) ab.

■ Drehen Sie die Schrauben (6) heraus und

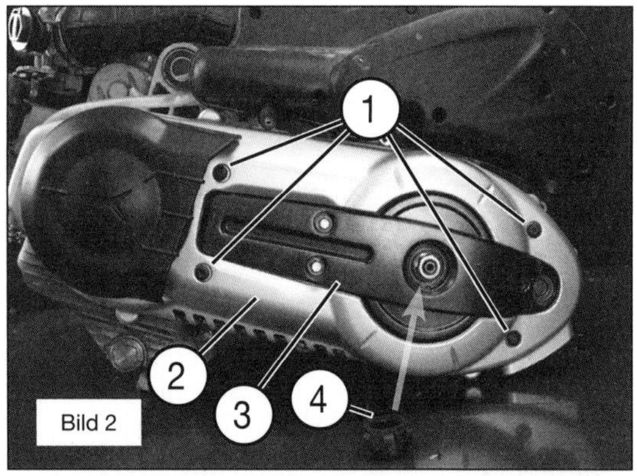

Bild 2

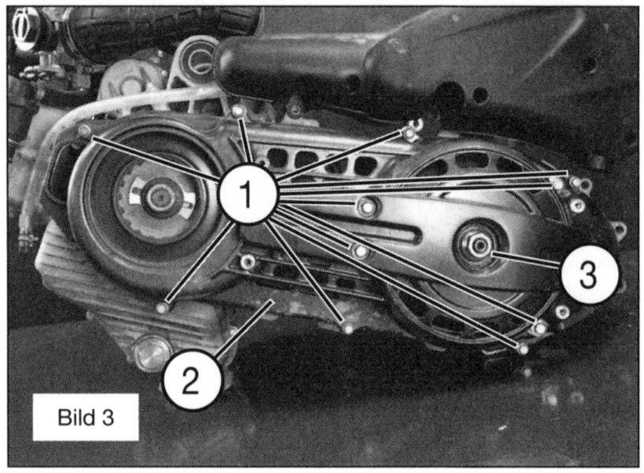

Bild 3

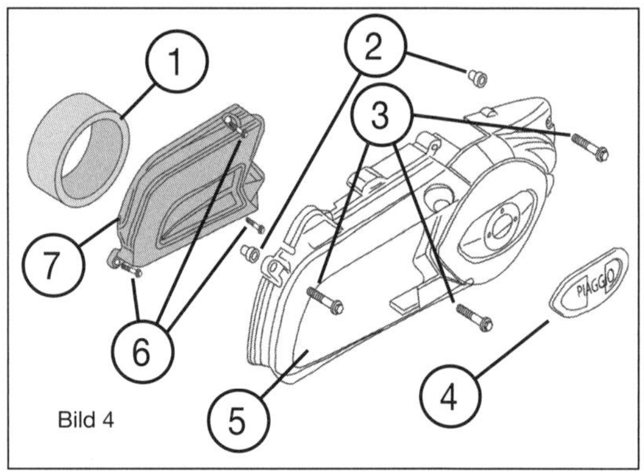

Bild 4

nehmen Sie die Luftführung (7) ab.

■ Nehmen Sie den Luftfilter heraus.

■ Reinigen Sie den Luftfilter mit einem Filterreiniger oder einem schonenden Spülmittel und trocknen Sie in einem sauberen saugfähigen Lappen.

■ Reinigen Sie die Luftführung und den Variomatikdeckel im Bereich des Luftfilters gründlich.

Die Montage erfolgt sinngemäß in umgekehrter Reihenfolge.

Bauteil	*Drehmoment*
Befestigungsschrauben Schutzabdeckung	10 Nm
Schrauben Luftführung	7 Nm

Variomatikluftfilter bei Fahrzeugen mit 400 cm³ und 500 cm³ Hubraum:

- Demontieren Sie die Schutzabdeckung, wie bereits beschrieben.
- Demontieren Sie auf der Vorderseite der Schutzabdeckung die zwei Schrauben des Luftfilters und nehmen Sie ihn ab.
- Reinigen Sie den Luftfilter mit einem Filterreiniger oder einem schonenden Spülmittel und trocknen Sie ihn in einem sauberen saugfähigen Lappen.
- Reinigen Sie die Luftführung und den Variomatikdeckel im Bereich des Luftfilters gründlich.

Die Montage erfolgt sinngemäß in umgekehrter Reihenfolge.

Bauteil	*Drehmoment*
Befestigungsschrauben Schutzabdeckung	10 Nm
Schrauben Luftfilter	handfest

Demontage der Variomatik (vorne)

- Demontieren Sie den Variomatikdeckel wie bereits beschrieben.
- Halten Sie die das Lüfterrad (2 im Bild 6) mit einem geeigneten Gegenhalter fest und lösen Sie die Zentralmutter (1) auf der Kurbelwelle.
- Nehmen Sie das Lüfterrad (2) und die Unterlagscheibe (4) von der Kurbelwelle ab.
- Nehmen Sie die Kupplungsglocke (3) von der Getriebewelle ab.
- Nehmen Sie die Unterlagscheibe (3 im Bild 7) von der Kurbelwelle ab.
- Nehmen Sie den Antriebsriemen zusammen mit den Ausgleichsscheiben ab.
- Drücken Sie mit den Fingern hinter der beweglichen Riemenscheibe (2 im Bild 7) die Andruckscheibe in die bewegliche Riemenscheibe hinein und ziehen Sie sie von der Kurbelwelle ab.
- Nehmen Sie die Andruckscheibe (2 im Bild 8) aus der beweglichen Riemenscheibe (3) heraus.
- Ziehen Sie die Gleithülse (5) aus der beweglichen Riemenscheibe (3) heraus.
- Nehmen Sie die Variorollen (4) aus der beweglichen Riemenscheibe (3) heraus.
- Ziehen Sie die Varioecken (1) von der Andruckscheibe (2) ab.
- Reinigen Sie alle Bauteile der Variomatik gründlich und entfetten Sie sie.

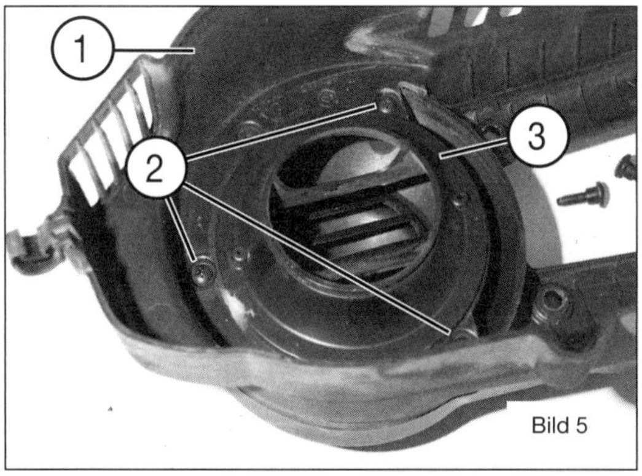

Bild 5
Luftfilter bei den 400 cm³ und 500 cm³ Motoren (soweit verbaut).
1 Abdeckung Varimatikdeckel
2 Schrauben
3 Filtergehäuse

Bild 6
Variomatik ohne Deckel.
1 Zentralmutter
2 Lüfterrad
3 Kupplungsglocke
4 Unterlagscheibe

Bild 7
Variomat auf der Kurbelwelle.
1 Antriebsriemen
2 Bewegliche Riemenscheibe
3 Unterlagscheibe

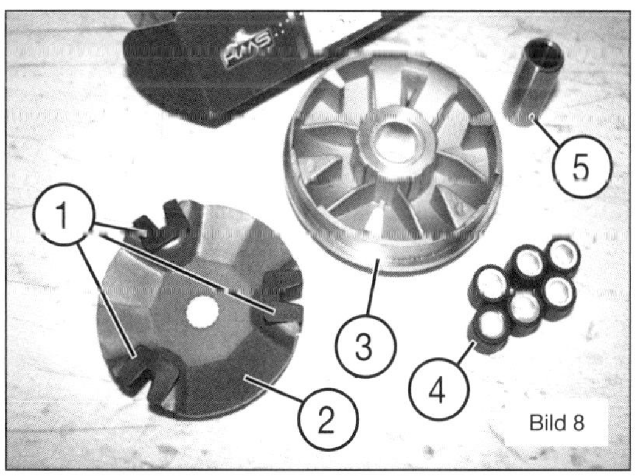

Bild 8
Variomatik in Teilen.
1 Varioecken
2 Andruckscheibe
3 Bewegliche Riemenscheibe
4 Variorollen
5 Gleithülse

Prüfen Sie die Varioecken (1), die Variorollen (4) und den Variator auf Verschleißspuren.

Prüfen Sie die Gleithülse und die Lagerung in der beweglichen Riemen-

Sichtprüfung Messen

scheibe auf Verschleiß und Kippspiel.

Die Montage erfolgt sinngemäß in umgekehrter Reihenfolge.

Auch wenn Piaggio weder die Reinigung der Lagerflächen noch die Nachfettung empfiehlt, tragen wir grundsätzlich einen »Hauch« Fett auf die Lagerbuche vor der Montage auf.

- Achten Sie darauf, an welchen Stellen Unterlagscheiben verbaut worden sind.
- Soweit verbaut, den Abstandshalter auf die Gleithülse zwischen die bewegliche Riemenscheibe und das Lüfterrad aufschieben.

Bauteil	Drehmoment
Zentralmutter Riemenscheibe-Kurbelwelle (125 cm³ - 300 cm³)	80 Nm
Zentralmutter Riemenscheibe-Kurbelwelle (350 cm³)	125 Nm
Zentralmutter Riemenscheibe-Kurbelwelle (400 cm³ und 500 cm³)	170 Nm

Demontage Ausgleichscheiben und Anfahrkupplung (hinten) (außer 350cm³)

- Demontieren Sie den Variomatikdeckel wie bereits beschrieben.
- Bauen Sie das Lüfterrad wie bereits für die Demontage der Variomatik vorne beschrieben ab.
- Ziehen Sie die Ausgleichsscheiben mit der Anfahrkupplung von der Getriebewelle ab. Spannen Sie den Belagträger in einen Schraubstock ein.
- Setzen Sie einen passenden Sechstkantschlüssel auf die Flachmutter (3 im Bild 11) auf.
- Halten Sie den Belagträger mit einem geeigneten Gegenhalter fest.
- Lösen Sie die Flachmutter gegen den Uhrzeigersinn etwa eine halbe Umdrehung.
- Legen Sie die Ausgleichsscheiben in eine Radlagerpresse ein und spannen Sie diese leicht vor, sodass sich die Flachmutter (9 im Bild 12) wieder von Hand drehen lässt.
- Drehen Sie die Flachmutter (9) ab und entspannen Sie die Radlagerpresse langsam.
- Nehmen Sie den Belagträger (1) und die Gegendruckfeder (8) ab.

Demontage der Anfahrkupplung:

- Bauen Sie die Sicherungsringe (10 im Bild 12) am Belagträger (1) ab.
- Hängen Sie die Kupplungsfedern (12) aus.
- Nehmen Sie die Kupplungsbacken (14) vom Belagträger ab.
- Nehmen Sie die Anschlaggummis (13) vom Kupplungsbelagträger (1) ab.
- Kontrollieren Sie die Lagerung der Kupplungsbacken auf dem Belagträger.

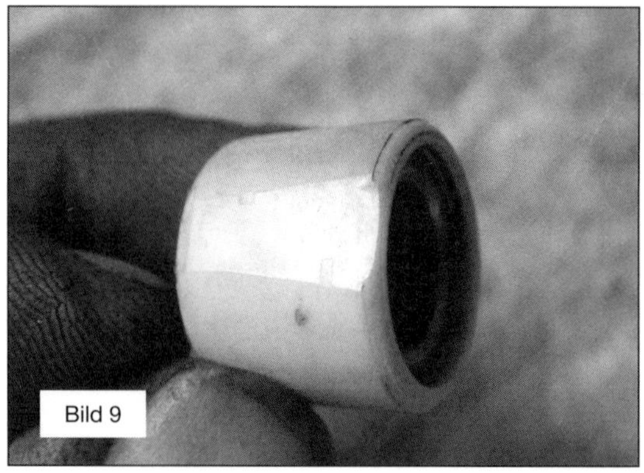
Bild 9

Bild 9
Fast normaler Verschleiß. Die flache Stelle an den Variorollen sollte allerdings fast gerade verlaufen. Hier kann die Gleithülse oder die Lagerung verschlissen sein.

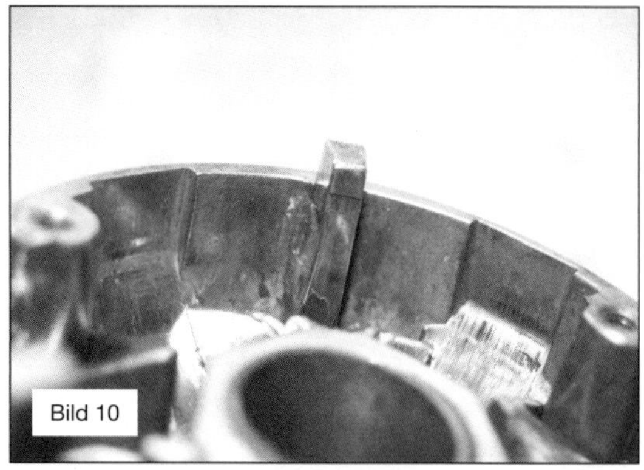
Bild 10

Bild 10
Variator verschlissen. Starke Verschleißspuren in den Laufbahnen der Variorollen und an der Führung des Variators.

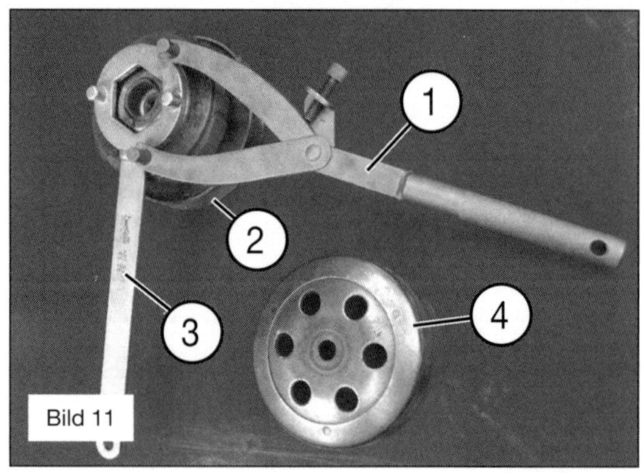

Bild 11

Bild 11
Lösen der Flachmutter.
1 Gegenhalter
2 Ausgleichscheiben
3 Sechskantschlüssel
4 Kupplungsglocke

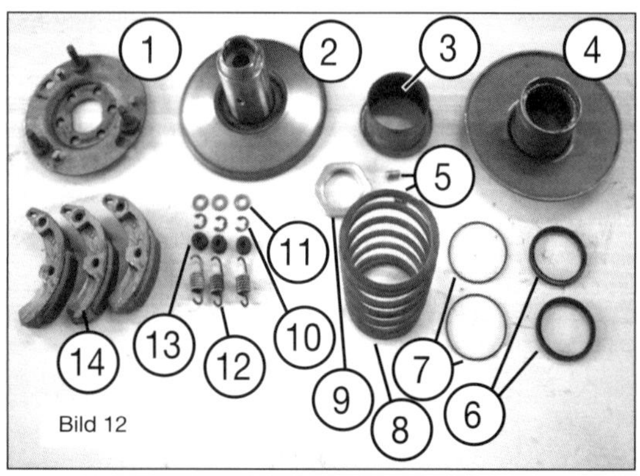

Bild 12

Bild 12
Ausgleichsscheibe in Teilen.
1 Belagträger
2 Statische Scheibenhälfte
3 Abdeck- und Führungshülse
4 Bewegliche Scheibenhälfte
5 Sicherungsstifte
6 Wellendichtringe
7 O-Ringe
8 Gegendruckfeder
9 Flachmutter
10 Sicherungsringe
11 Unterlegscheiben
12 Kupplungsfedern
13 Anschlaggummis
14 Kupplungsbacken

■ Kontrollieren Sie den Zustand der Kupplungsbeläge.

Die Belagstärke sollte mindestens 1 mm betragen.

Die Montage erfolgt sinngemäß in umgekehrter Reihenfolge.

Bauteil	*Drehmoment*
Zentralmutter Kupplungsmutter (125 cm³ - 300 cm³)	50 Nm
Zentralmutter Kupplungsmutter (400 cm³ und 500 cm³)	70 Nm

Demontage der Riemenscheibenhälften:

■ Hebeln Sie die Abdeck- und Führungshülse (1 im Bild 13) von der beweglichen Scheibenhälfte ab.

■ Ziehen Sie mit einer Spitzzange (1 im Bild 14) die Sicherungstifte (2) aus den Ausgleichsscheiben heraus.

■ Ziehen Sie die beiden Riemenscheibenhälften auseinander.

■ Reinigen Sie die Lagerstellen gründlich.

■ Prüfen Sie die Sicherungsstifte und die Bohrung der Sicherungsstifte in der statischen Riemenscheibenhälfte.

■ Prüfen Sie die Laufbahn der Sicherungsstifte auf Schäden und Verschleiß.

Die Bewegung der beiden Riemenscheibenhälften muss ruck- und spielfrei ablaufen.

Die Montage erfolgt sinngemäß in umgekehrter Reihenfolge.

Bild 13

Bild 13
Demontage der Riemenscheibenhälften.
1 Abdeck- und Führungshülse
2 Schraubendreher

Bild 14

Bild 14
Demontage der Riemenscheibenhälften.
1 Spitzzange
2 Stift

Reibscheibenkupplung am Piaggio MP3 350

Der MP3 350 verwendet eine andere Bauform der Anfahrkupplung (Bild 15). Die Funktion bleibt aber die gleiche. Bei steigender Drehzahl werden die Fliehkraftrollen (4 im Bild 15) nach außen getrieben und drücken das Kupplungspaket zusammen. So entsteht dann ein Kraftschluss zwischen

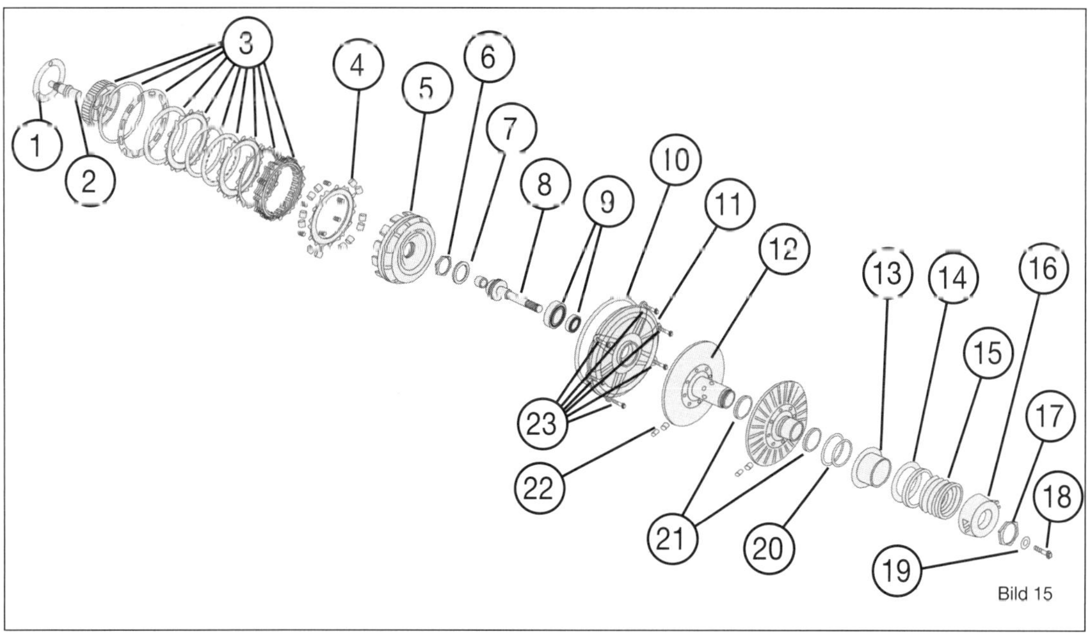

Bild 15

Bild 15
Kupplung beim 350er MP3.
1 Lagerscheibe
2 Kupplungsausgangswelle
3 Kupplungspaket
4 Variorollen, Druckplatte und Rückstellfedern
5 Kupplungskorb
6 Flachmutter (Nutmutter)
7 Scheibe
8 Getriebeeingangswelle
9 Dichtring und Lager
10 Dichtring
11 Gehäusedeckel
12 Statische Riemenscheibenhälfte
13 Abdeck- und Führungshülse
14 Scheibe
15 Gegendruckfeder
16 Federbecher
17 Flachmutter (Nutmutter)
18 Schraube
19 Scheibe
20 Dichtringe
21 Wellendichtringe
22 Sicherungsstifte
23 Schrauben

Bild 16
Demontage der Riemenscheibenhälften.
1 Getriebeausgangswelle (Radanschluss)
2 Getriebedeckel
3 Schrauben
A Position der Passhülsen

Bild 17
Blockieren der Kupplung.
1 Lücke
2 Kugellager
3 Kupplungskorb
4 Kupplungskern

der Kupplungseingangswelle (8) und der Kupplungsausgangswelle (2). Der Vorteil liegt in der vergrößerten Kupplungsreibfläche. Für die Abstimmung sind wie für die »normale Kupplung« Tuning-Komponenten zur Abstimmung lieferbar. Natürlich aufgrund der deutlich geringeren Marktanteile in deutlich geringerem Umfang, was die Anbieter der Komponenten betrifft.

Ausbau des Radgetriebedeckels

■ Lassen Sie das Getriebeöl über die Ablassschraube unten ablaufen.
■ Drehen Sie die Schrauben (3 im Bild 16) heraus.
■ Lösen Sie den Getriebedeckel (2) von der Dichtmasse und nehmen Sie ihn zusammen mit den Getrieberädern ab.

Ausbau der Kupplungseinheit

■ Verdrehen Sie die Riemenscheibenwelle so weit, dass Sie durch das Getriebelager unten eine Lücke zwischen Kupplungskern und Kupplungskorb erkennen können.
■ Setzen Sie das Spezialwerkzeug (PIAGGIO 02918Y) zur Feststellung der Kupplung oder ein anderes geeignetes Werkzeug ein.
■ Lösen Sie die Mutter auf der Kupplungsausgangswelle (2 im Bild 15) und nehmen Sie das Antriebsrad ab.

⚠ Markieren Sie die Außenseite des Ritzels, um zu verhindern, dass das Ritzel falsch herum verbaut wird. Das kann aufgrund des dann veränderten Tragbildes zu Schäden führen.

■ Drehen Sie die Schrauben (23) heraus.
■ Hebeln Sie mit zwei Schraubendrehern den Kupplungsdeckel möglicht gerade aus dem Block heraus.
■ Nehmen Sie den Deckel zusammen mit der Kupplungseinheit vorsichtig heraus.

Zerlegen der Kupplungseinheit

■ Nehmen Sie den Kupplungsdeckel (11) von der Kupplungseingangswelle (8) ab.
■ Legen Sie die Kupplungseinheit in das Spezialwerkzeug PIAGGIO 020919Y ein.
■ Spannen Sie die Flügelschrauben so weit vor, dass der Sprengring des Kupplungspaketes (3) im Kupplungskorb (5) entlastet ist.
■ Drehen Sie die drei Schrauben heraus und nehmen Sie die Lagerscheibe (1) ab.
■ Nehmen Sie den Sicherungsring des

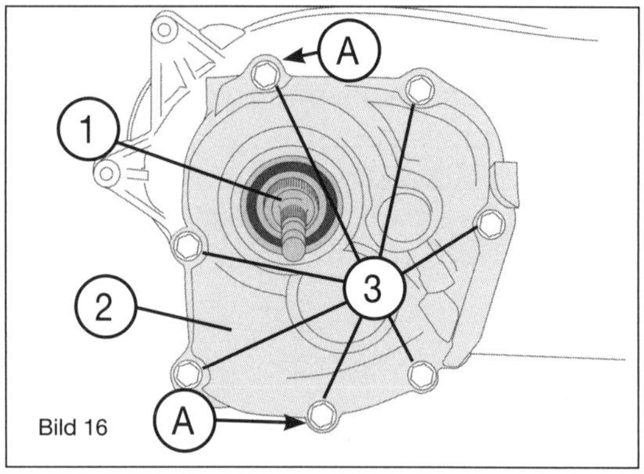

Bild 16

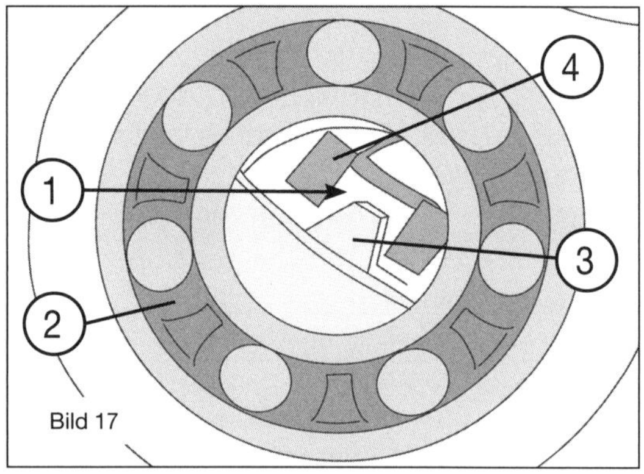

Bild 17

Kupplungspakets (3) aus dem Kupplungskorb (5) heraus.
■ Entspannen Sie die Flügelschrauben wieder und nehmen Sie das Spezialwerkzeug ab.
■ Nehmen Sie die Tellerfeder heraus. Der erhöhte Außenrand liegt oben.
■ Nehmen Sie die obere Scheibe zur Federhalterung heraus (Federgegenlager).
■ Nehmen Sie den Sicherungsring (Spielausgleichfeder) heraus.
■ Nehmen Sie die innengezahnte Scheibe ab. Der Reibbelag liegt oben.
■ Nehmen Sie die außengezahnte Scheibe ab.
■ Nehmen Sie den Sicherungsring (Spielausgleichfeder) heraus.
■ Nehmen Sie die innengezahnte Stahlscheibe ab.
■ Nehmen Sie die außengezahnte Scheibe ab.
■ Nehmen Sie in innengezahnte Stahlscheibe ab.
■ Nehmen Sie die außengezahnte Scheibe ab.
■ Nehmen Sie die Spielausgleichfeder der Kupplungsscheiben heraus.
■ Nehmen Sie die innengezahnte Scheibe ab. Der Reibbelag liegt unten.

■ Nehmen Sie die Spielausgleichfeder der Kupplungsscheiben heraus.
■ Nehmen Sie den Kupplungskern ab.

⚠ Achten Sie darauf, dass die Vibrationsdämpferfedern nicht herausfallen.

■ Ziehen Sie die Kupplungsantriebswelle aus dem Kupplungskorb heraus.
■ Nehmen Sie die sechs Rückstellfedern heraus.
■ Nehmen Sie die untere Scheibe zur Federhalterung heraus (Federgegenlager).
■ Nehmen Sie die Fliehgewichtrollen heraus.

Die Montage erfolgt sinngemäß in umgekehrter Reihenfolge.
■ Prüfen Sie die Bauteile und Anlageflächen auf Verschleiß und Schäden.
■ Achten Sie auf den Sitz der Vibrationsdämpferfedern im Kupplungskorb zu den innenverzahnten Kupplungsscheiben.

Demontage Ausgleichscheiben und Anfahrkupplung (hinten) (350 cm³)
■ Demontieren Sie den Variomatikdeckel wie bereits beschrieben.
■ Bauen Sie das Lüfterrad wie bereits für die Demontage der Variomatik vorne beschrieben ab.
■ Ziehen Sie die Ausgleichsscheiben mit der Anfahrkupplung von der Getriebewelle ab.
■ Spannen Sie den Belagträger in einen Schraubstock ein.
■ Setzen Sie einen passenden Sechskantschlüssel auf die Flachmutter (3 im Bild 11) auf.
■ Halten Sie den Belagträger mit einem geeigneten Gegenhalter fest.
■ Lösen Sie die Flachmutter gegen den Uhrzeigersinn etwa eine halbe Umdrehung.
■ Montieren Sie das Spezialwerkzeug PIAGGIO 020111Y und drücken Sie die Kupplung so weit zusammen, dass sich die Flachmutter (Nutmutter) abdrehen lässt.
■ Entspannen Sie das Spezialwerkzeug langsam und nehmen Sie die Mutter und den Federbecher ab.
■ Drehen Sie die Flachmutter (9) ab und entspannen Sie die Radlagerpresse langsam.
■ Nehmen Sie den Belagträger (1) und die Gegendruckfeder (8) ab.

Die Montage erfolgt sinngemäß in umgekehrter Reihenfolge.
■ Prüfen Sie die Bauteile und Anlageflächen auf Verschleiß und Schäden.

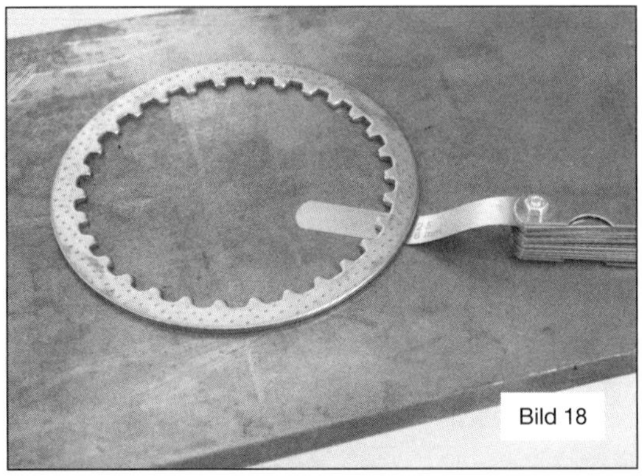
Bild 18

Bild 18
Verzug (Welligkeit) der Kupplungsscheibe messen. Baulänge der entspannten Feder mit der Fühlerlehre ertasten.

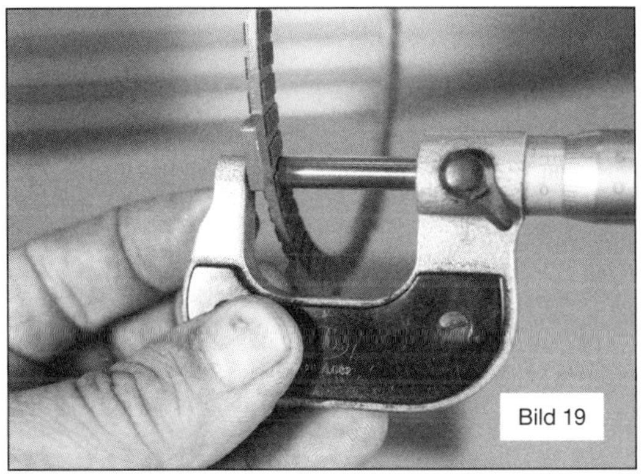
Bild 19

Bild 19
Stärke der Kupplungsscheibe mit Belägen messen. Stärke der Kupplungsscheibe mit eine Bügelmessschraube erfassen.

Verschleißprüfungen an der Kupplung
Mit den im Folgenden beschriebenen Messungen und Prüfungen können Sie den Zustand der Kupplung nach den Herstellervorschriften prüfen und bewerten.

Verzug der Kupplungsscheibe (Bild 18):
■ Bauen Sie das Kupplungspaket aus.
■ Legen Sie die Kupplungsscheibe (egal ob Reib- oder Stahlscheibe) auf einer ebenen Platte ab.
■ Prüfen Sie, ob Sie eine Fühlerlehre an einer oder mehreren Stellen zwischen die Kupplungsscheibe und die Unterlage schieben können (Bild 18).

Wenn Sie lediglich eine Fühlerlehre mit max. 0,20 mm unterschieben können,

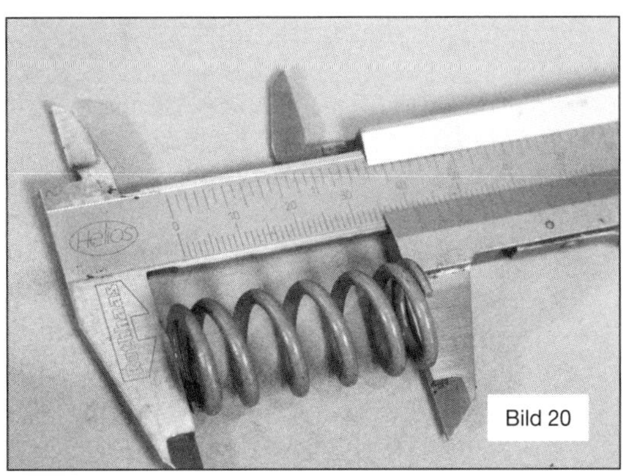

Bild 20

Bild 20
Federlänge messen
Baulänge der entspannten Feder mit dem Messschieber messen.

Sichtprüfung   Messen

ist der Verzug nach Herstellerangaben in Ordnung.

Bauteil	*Messwert*
Welligkeit der Scheiben	0,2 mm

Belagstärke der Scheibe (Bild 19):

■ Bauen Sie das Kupplungspaket aus.

Die Messung mit der Fühlerlehre wie im Bild 19 vorgestellt, kann helfen zu entscheiden, ob einzelne Beläge stärkeren Verschleiß aufweisen. Dazu messen Sie wie im Bild gezeigt die Stärke des Reibbelags an mehreren Stellen auf der Trägerplatte. Notieren Sie sich die Messergebnisse und vergleichen Sie sie mit der Tabelle im Anschluss.

Bauteil	*Messwert*
Bauhöhe Kupplungsscheibe mit doppeltem Belag	3,92 mm - 2,08 mm
Bauhöhe Kupplungsscheibe mit einfachem Belag	1,90 mm - 2,0 mm
Stahlscheibe	1,36 mm - 1,435 mm

Bauhöhe der Kupplungsrückstellfeder (Bild 20):

■ Bauen Sie das Kupplungspaket aus.

■ Zerlegen Sie die Kupplungseinheit, wie bereits beschrieben.

■ Nehmen Sie die Rückstellfedern heraus.

■ Messen Sie die Federlänge unbelastet mit einem Messschieber.

Die Federn müssen alle die gleiche Bauhöhe aufweisen. Die Mindestbauhöhe sollte 15,0 mm - 15,3 mm betragen.

■ Die Federn dürfen nicht verzogen sein.

Bauteil	*Messwert*
Rückstellfedern	15,0 mm - 15,3 mm

Bauhöhe der Spielausgleichsfeder messen:

■ Bauen Sie das Kupplungspaket aus.

■ Zerlegen Sie die Kupplungseinheit, wie bereits beschrieben.

■ Nehmen Sie die Spielausgleichsfedern heraus.

■ Messen Sie die Bauhöhe am Rand unbelastet mit einem Messschieber. Alle Federelemente müssen in etwa die gleiche Höhe aufweisen.

Die Federn müssen alle die gleiche Bauhöhe aufweisen.

Bauteil	*Messwert*
Bauhöhe Spielausgleichsfedern	2,8 mm - 3,2 mm

Bauhöhe der Ausgleichsfeder der Variomatik:

■ Demontieren Sie den Variomatikdeckel wie bereits beschrieben.

■ Zerlegen Sie die Ausgleichscheiben für den 350er MP3 wie bereits zuvor beschrieben.

■ Messen Sie die Federlänge unbelastet mit einem Messschieber.

Die Federn müssen alle die gleiche Bauhöhe aufweisen. Die Mindestbauhöhe sollte 0,98 mm - 101,5 mm betragen.

■ Die Feder darf nicht verzogen sein.

Bauteil	*Messwert*
Rückstellfedern	0,98 mm - 151,5 mm

Verschleiß am Kupplungskorb oder Kupplungskern:

Im Laufe der Betriebszeit entstehen durch den Lastwechsel Schäden an Kupplungskern und Kupplungskorb. Sind die Einschläge zu tief, verhakt sich der Kupplungsbelag und es kann zu Schwierigkeiten beim Ein- oder Auskuppeln kommen.

■ Bauen Sie den Kupplungskern und den Kupplungskorb wie bereits beschrieben aus.

■ Prüfen Sie die Anlagepunkte der Kupplungsreibscheiben im Kupplungskorb.

Sind Kerben und Einschläge an den Anlageflächen erkennbar, kann die Kupplung verklemmen oder schwerer zu bedienen sein. Der Kupplungskorb muss dann ersetzt werden.

Bauteil	*Drehmoment*
Zentralmutter Kupplung	65 Nm
Kupplungsdeckel (Schrauben M6)	12 Nm
Getriebedeckel (Schrauben M8)	25 Nm
Zahnrad Kupplungswelle	100 Nm
Ölablassschraube Hinterradgetriebe	16 Nm
Öleinfüllschraube	15 Nm

Bild 21

Bild 21
Schäden an der Kupplung.
1 Einschläge im Kupplungskorb
2 Einschläge im Kupplungskern

Radgetriebe

Das Radgetriebe hat die Aufgabe die hohe Drehzahl des Variomatikgetriebes zu untersetzen und somit in eine gewünschte Raddrehzahl mit einem entsprechenden Drehmoment umzuwandeln.

Für viele Motorvarianten sind andere Getriebeübersetzungen erhältlich. Durch diese recht unauffällige Tuningmaßnahme kann die Reisegeschwindigkeit der schon recht flotten Piaggiomotoren verbessert werden.

Demontage des Radgetriebes

- Bauen Sie den Endschalldämpfer ab. Die Arbeiten hierzu finden Sie im Kapitel 13 »Abgassystem«.
- Demontieren Sie die Radstütze. Die Arbeiten hierzu finden Sie im Kapitel 16 »Rad und Reifen« im Detail.
- Bauen Sie das Hinterrad aus.
- Lassen Sie das Getriebeöl ablaufen.
- Demontieren Sie den Variomatikdeckel.

Soll der Zahn- oder Antriebsriemen wieder montiert werden, markieren Sie die Laufrichtung vor der Demontage.

- Demontieren Sie den Variomaten.
- Demontieren Sie die Ausgleichsscheiben zusammen mit der Antahrkupplung und dem Antriebsriemen.
- Drehen Sie die Schrauben im Getriebedeckel in der Reihenfolge 7 - 1 heraus.
- Hebeln Sie den Getriebedeckel vorsichtig vom Motorblock ab.

Hilfreich kann hier ein Kunststoffhebel oder aber auch eine Wasserpumpenzange sein (Bild 25).

- Nehmen Sie den Getriebedeckel zusammen mit den Getrieberädern ab.
- Ziehen Sie die verbliebenen Wellen aus dem Getriebe heraus.

Achten Sie darauf, dass die Getrieberäder nicht herausfallen.

Achten Sie auf die Einbauposition eventuell verbauter Anlauf- und Distanzscheiben.

Achten Sie auf den Verbleib der Passhülsen (A in den Bilder 22 - 24)

Radgetriebeeingangsrad beim 350 cm³ Motor:

- Verdrehen Sie die Riemenscheibenwelle so weit, dass Sie durch das Getriebelager unten eine Lücke zwischen Kupplungskern und Kupplungskorb (Bild 26) erkennen können.
- Setzen Sie das Spezialwerkzeug (PIAGGIO 02918Y) zur Feststellung der Kupplung oder ein anderes geeignetes Werkzeug ein.

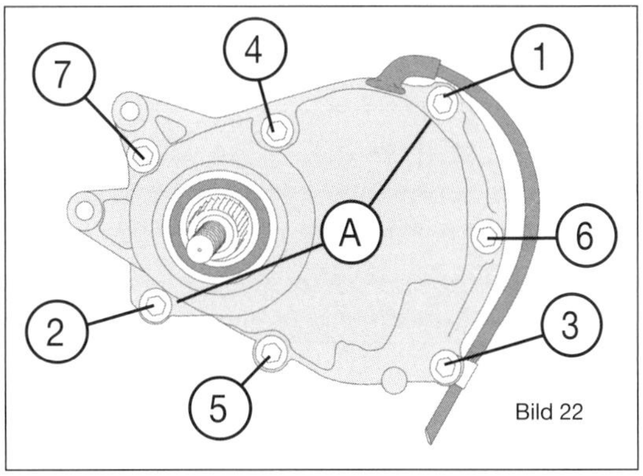

Bild 22
Getriebedeckel 125 cm³ bis 300 cm³.
1-7 Anzugsfolge Schrauben
A Einbauposition der Passhülsen

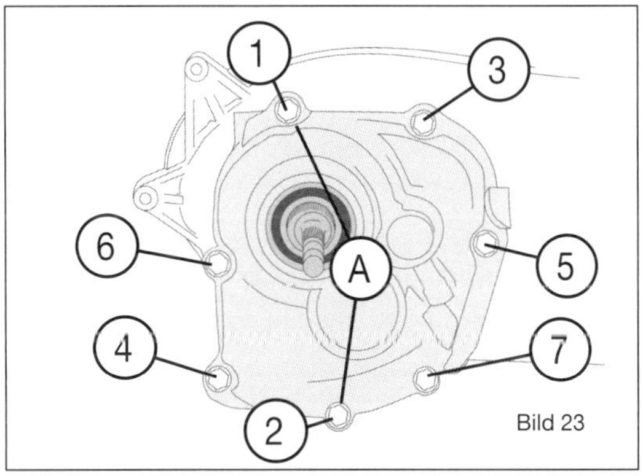

Bild 23
Getriebedeckel 350 cm³.
1-7 Anzugsfolge Schrauben
A Einbauposition der Passhülsen

Bild 24
Getriebedeckel 400 cm³ 500 cm³.
1-7 Anzugsfolge Schrauben
A Einbauposition der Passhülsen

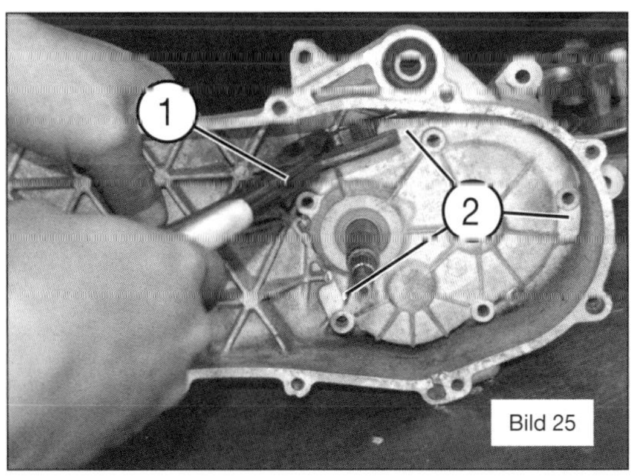

Bild 25
Abheben des Radgetriebedeckels.
1 Rohrzange
2 Abhebelflächen

■ Lösen Sie die Mutter auf der Kupplungsausgangswelle (2 im Bild 15) und nehmen Sie das Antriebsrad ab.

⚠ Markieren Sie die Außenseite des Ritzels, um zu verhindern, dass das Ritzel falsch herum verbaut wird. Das kann aufgrund des dann veränderten Tragbildes zu Schäden führen.

Die Montage erfolgt sinngemäß in umgekehrter Reihenfolge.
■ Reinigen Sie die Dichtflächen gründlich.
■ Erneuern Sie die Dichtungen soweit verbaut.
■ Prüfen Sie den Zustand der Wellendichtringe und erneuern Sie sie soweit erforderlich.

Wechsel der Getriebewellendichtringe
■ Demontieren Sie das Radgetriebe, wie bereits beschrieben.

Betrachten Sie sich die Einbaurichtung und die Einbauhöhe des Welldichtrings genau. Notieren Sie sich die Position oder erstellen Sie ein Foto oder eine Skizze.
■ Hebeln Sie den zu wechselnden Wellendichtring mit einem Montagehaken heraus.
■ Reinigen Sie die Sitzfläche des Wellendichtrings gründlich.
■ Tragen Sie etwas Getriebeöl auf den Rand des Wellendichtrings auf.
■ Setzen Sie den neuen Wellendichtring gerade auf der Sitzfläche an.
■ Legen Sie eine passende Einzugshilfe oder eine Ratschennuss auf den Wellendichtring auf.
■ Stecken Sie eine Gewindespindel (Schraube) durch die Einzugshilfe und unterlegen Sie diese auf der anderen Seite der Bohrung mit einer Unterlagscheibe.
■ Ziehen Sie den Wellendichtring über die Einzugshilfe gerade in die Bohrung im Getriebegehäuse ein.

Bauteil	Messwert
Getriebeöl (125 cm³ - 300 cm³ Motoren) SAE 75W-140, GL5	250 cm³
Getriebeöl (350 cm³ Motoren) keine Angabe	500 cm³
Getriebeöl (400 cm³ - 500 cm³ Motoren) SAE 85W-90, besser als GL3	250 cm³

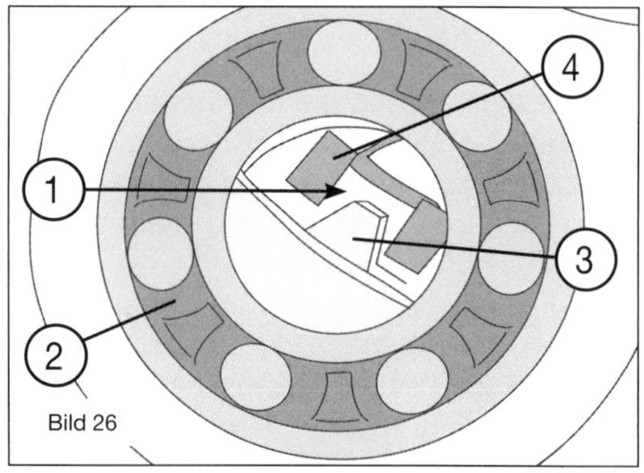

Bild 26

Bild 26
Blockieren der Kupplung.
1 Lücke
2 Kugellager
3 Kupplungskorb
4 Kupplungskern

Ölwechsel am Radgetriebe
Üblicherweise ist bei Piaggio-Motoren auf der Oberseite des Radgetriebegehäuses eine schwarze Kunststoffschraube verbaut, die als Einfüll- und auch als Peilstab benutzt wird.

☞ Eine Ausnahme bildet der 350er-Motor. Hier ist die Einfüllschraube hinten verbaut und auch als Maschinenschraube mit einem Dichtring ausgeführt.

Ölkontrolle:

⚠ Die Kontrolle des Ölstandes sollte grundsätzlich bei kaltem Motor erfolgen.
■ Lösen Sie die Öleinfüllschraube.

Alle außer dem 350er Motor:
■ Kontrollieren Sie den Ölstand am Ölpeilstab.

Er sollte zwischen Minimum und Maximum stehen.

350er Motor:
■ Drehen Sie die obere Schraube unter dem Stoßdämpferhalter auf der hinteren Seite (hinteres Ende des Motors) heraus.

☞ Diese Schraube ist die Einfüllschraube und gleichzeitig die Kontrollschraube für den Getriebeölstand.

Soweit hier Getriebeöl austritt, ist der Ölstand in Ordnung. Ist das nicht der Fall, muss das Getriebeöl aufgefüllt werden, bis es aus der Bohrung abläuft.

Bauteil	Drehmoment
Schrauben Getriebedeckel	23 Nm
Ölablassschraube	16 Nm
Öleinfüllschraube	15 Nm
Radschrauben Felge	25 Nm
Zentralschraube Antriebswelle	120 Nm

Demontage des Schlagschutzrades

Das Schlagschutzrad verhindert, dass der Antriebsriemen so stark flattert, dass er sich in der Riemenscheibe verhängt. Das hätte schnell höheren Verschleiß und sogar eventuelle Riemenschäden zur Folge.

- Demontieren Sie den Variomatikdeckel wie bereits beschrieben.
- Drehen Sie die Schraube (1 im Bild 27) heraus.
- Nehmen Sie das Schlagschutzrad ab.

Die Montage erfolgt sinngemäß in umgekehrter Reihenfolge.

- Prüfen Sie, dass sich die Schlagschutzrolle leicht drehen lässt und kein Spiel in der Lagerung aufweist.

Bauteil	*Drehmoment*
Zentralmutter Kupplung	65 Nm

Bild 27
Schlagschutzrad im Variomatikkasten.
1 Schlagschutzrad
2 Schraube

Geführte Fehlersuche

Für die Fehlersuche in der Mechanik der Variomatik und den umliegenden Teilen ist es erforderlich, die Funktionen genau zu kennen und zu beobachten. Wir geben Ihnen in den folgenden Tabellen die wichtigsten Prüfungen und Tests für die Kraftübertragung, die wir in diesem Kapitel vorgestellt haben, Schritt für Schritt vor.

Prüfungen auf Abstimmung und Verschleiß

A Variomatik schaltet nicht richtig

Aufgabe	Information	Ergebnis (Sollwerte)
1 Variorollen verschlissen	Variorollen prüfen und gegebenenfalls erneuern	
2 Variorollen zu schwer	Gewichtsklasse und Zustand der Variorollen prüfen	
3 Gleithülse schwergängig	Variomat zerlegen, reinigen und neu fetten	
4 Ausgleichsscheiben schwergängig	Ausgleichsscheiben zerlegen, reinigen und neu fetten (lassen)	
5 Ausgleichsfeder zu weich	Gewichtsklasse und Zustand der Ausgleichsfeder prüfen	

Fehlfunktionen der Kupplung

A Roller hat keine Leistung beim Anfahren

Aufgabe	Information	Ergebnis (Sollwerte)
1 Gleithülse schwergängig	Variomat zerlegen, reinigen und neu fetten	-
2 Variorollen zu schwer	Gewichtsklasse und Zustand der Variorollen prüfen	Nach Hersteller angaben prüfen
3 Anfahrkupplung defekt	Anfahrkupplung prüfen, gegebenenfalls erneuern	-
4 Hinterrad treibt bereits im Leerlauf an	Kupplungsfedern und Kupplungsbacken auf Schäden und Leichtgängigkeit prüfen	-
5 Kupplung rubbelt beim Anfahren	Kupplungsbeläge auf den Zustand, Verschleiß und Lagerung prüfen	Min. 1 mm
6 Kupplung macht beim Anfahren Geräusche	Kupplungsbeläge auf den Zustand, Verschleiß prüfen	

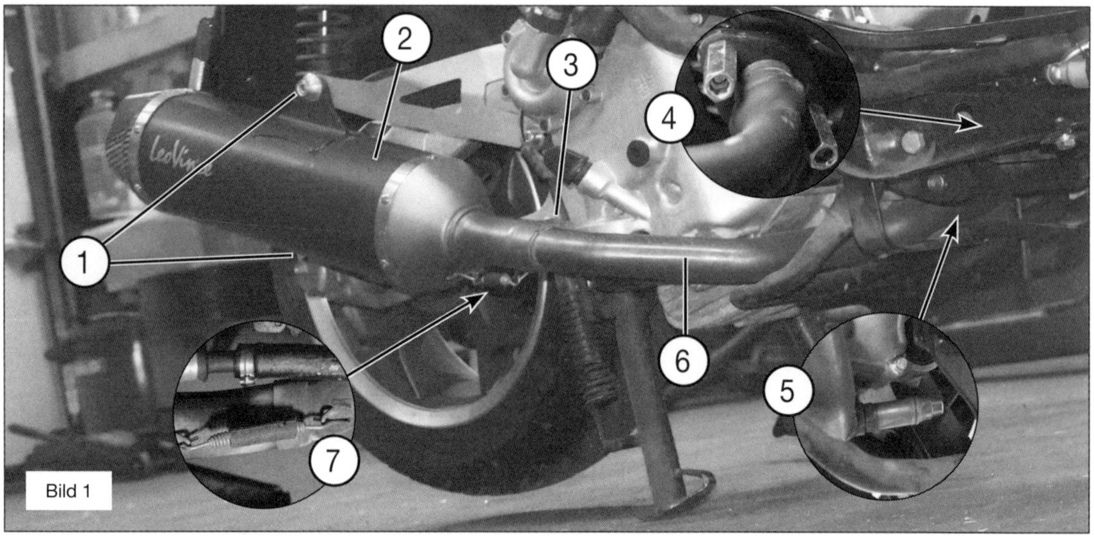

Bild 1

Bild 1
Auspuffsystem Piaggio MP3.
1 Verschraubungen Endschalldämpfer
2 Endschalldämpfer
3 Schelle zum Abgaskrümmer
4 Verschraubung am Abgaskrümmer
5 Lambdasonde
6 Abgaskrümmer
7 Haltefedern »Slip-On-System«

13 Abgassystem

Das Abgassystem eines modernen Fahrzeugs gehört auch zum Gemischaufbereitungssystem. Zumindest hat die Abgasanlage einen nicht unerheblichen Einfluss auf das System. In heutigen Fahrzeugen sind grundsätzlich mindestens eine Lambdasonde und ein Katalysator verbaut. Kommende Generationen werden dem Technologiestand der PKW-Technik folgen und somit weitere Sensoren und andere Katalysatoren verwenden müssen. Die Abgasreinigungssystem verursachen übrigens keinen Leistungsverlust.

Endschalldämpfer demontieren

- Lassen Sie die Abgasanlage abkühlen.
- Bei Sportschalldämpfern wie beim Leovinci hängen Sie die Federn zum Endschalldämpfer aus.

Beim Originalschalldämpfer drehen Sie die Schelle auf.

- Drehen Sie die Schrauben (1 im Bild 1) heraus.
- Ziehen Sie den Endschalldämpfer ab.

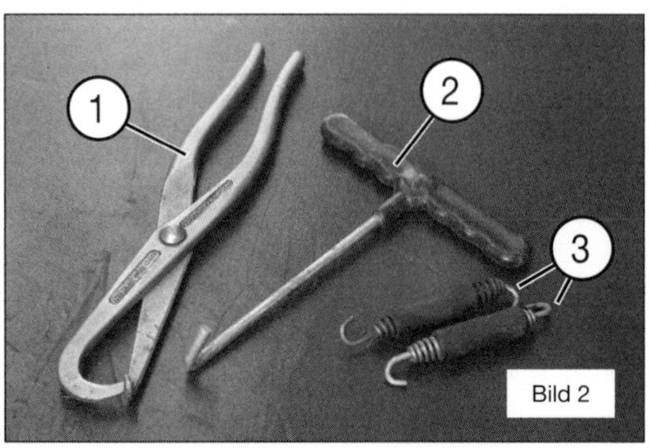

Bild 2

Bild 2
Demontagewerkzeug.
1 Federzange
2 Zughaken
3 Auspufffedern

Die Montage erfolgt sinngemäß in umgekehrter Reihenfolge.

- Prüfen Sie den Zustand der Auspufffeder(n) bei Sportschalldämpfern.
- Prüfen Sie den Zustand der Dichtungen.

Achten Sie darauf, dass die Auspufffedern sicher eingehängt sind.

Bauteil	*Drehmoment*
Schraube Endschalldämpfer M8	20 Nm
Schelle Einschalldämpfer	17 Nm

Abgaskrümmer demontieren

Die beiden Abgaskrümmer sind am Zylinderkopf verschraubt (3 im Bild 1).

Demontage des vorderen Abgaskrümmers

Der Zugang zu den Verschraubungen am Zylinderkopf erfolgt am besten von unten.

- Lassen Sie die Abgasanlage abkühlen.
- Bauen Sie den Endschalldämpfer wie beschrieben ab.
- Legen Sie den Anschluss zur Lambdasonde frei.
- Entsichern Sie den Steckkontakt und ziehen Sie ihn ab.
- Lösen Sie die Muttern (3 im Bild 1) und schrauben Sie sie ab.
- Ziehen Sie den Krümmer von den Bolzen im Zylinderkopf ab.
- Nehmen Sie den Krümmer nach unten und nach hinten heraus.

Die Montage erfolgt sinngemäß in umgekehrter Reihenfolge.

■ Erneuern Sie die Dichtung zwischen Zylinderkopf und Krümmer

Bauteil	*Drehmoment*
Schraube Krümmer	25 Nm

Dichtigkeit der Abgasanlage

Optische Kontrolle

Die Dichtigkeit der Slip-on-Auspuffanlagen hängt von den Übergangsstellen zwischen Auspuffteilen und der Federspannung ab.

■ Lassen Sie die Abgasanlage abkühlen.

Bei Undichtigkeit zerlegen Sie die Abgasanlage im Bereich der georteten Undichtigkeit und prüfen Sie die Übergänge auf Verzug und Risse.

Dichtigkeitsprüfung

■ Lassen Sie den Motor im Leerlauf laufen.

■ Lassen Sie einen zweiten Mechaniker mit einem Lappen den Auspuff verschließen.

■ Bewegen Sie die Verbindungsstellen.

■ Hören Sie die Bauteile der Abgasanlage auf Zischgeräusche ab.

Arbeiten an der Lambdasonde

Die Lambdasonde gehört genau genommen eigentlich zum Gemischaufbereitungssystem, das wir im Kapitel 9 »Zünd- und Einspritzsystem« behandelt haben. Da sie aber im Abgassystem verbaut ist, stellen wir die Arbeiten rund um die Lambdasonde an dieser Stelle vor.

Aufgabe und Funktion

Verbaut ist eine Spannungssprungsonde mit Heizung. Sie heißt so, weil im Betrieb die erzeugte elektrische Spannung bis zu 7-mal von 0,1 V auf 0,9 V pro Sekunde springt. Die Sonde arbeitet bei einer Betriebstemperatur zwischen etwa 300 °C und 700 °C. Damit die Temperatur schneller erreicht wird, ist die Lambdasonde beheizt. Die Lambdasonde ist eine eigene Spannungsquelle. Sie liefert eine Spannung zwischen 0,1 V (mageres Gemisch) und 0,9 V (fettes Gemisch) an das Motorsteuergerät. Entsprechend dem Messwert wird die Gemischzusammensetzung zum Beispiel durch die Ansteuerzeiten der Einspritzventile angepasst. Das Ziel ist »Lambda 1«. Es wird dann ein Spannungswert von 0,45 V an das Motorsteuergerät übermittelt.

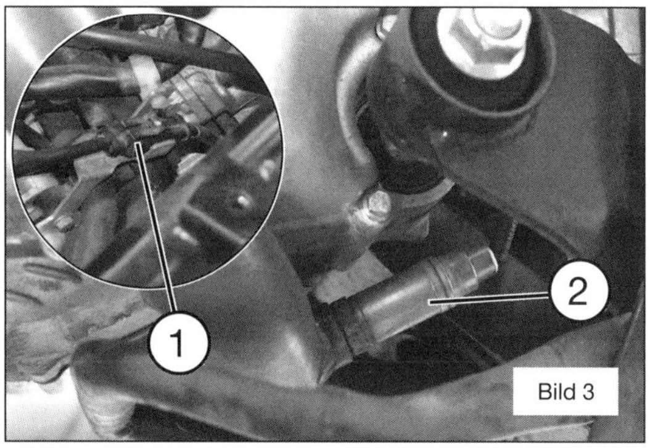

Bild 3

Bild 3
Lambdasonde im Abgaskrümmer.
1 Anschlussstecker
2 Lambdasonde

De- und Montage

■ Bauen Sie die Trittbrettverkleidungen unten ab.

■ Legen Sie das Anschlusskabel (1 im Bild 3) der Lambdasonde im Bereich des Motorblocks rechts frei und entsichern Sie den Steckkontakt und ziehen Sie ihn auseinander.

■ Lassen Sie die Abgasanlage abkühlen.

■ Setzen Sie einen genau passenden Schlüssel auf den Sechskant der Lambdasonde auf und lösen Sie die Lambdasonde.

■ Drehen Sie die Lambdasonde heraus.

Führen Sie das Anschlusskabel mit der Drehbewegung mit.

Die Montage erfolgt sinngemäß in umgekehrter Reihenfolge.

Die Sondenbohrungen dürfen nicht verschmutzt werden.

Bauteil	*Drehmoment*
Lambdasonde	45 Nm
Verkleidungsschrauben Trittbrett unten	10 Nm

Prüfung mit dem Multimeter

Widerstandsmessung an der Sondenheizung:

■ Bauen Sie den Tank wie bereits beschrieben aus.

■ Legen Sie den Anschlussstecker der Lambdasonde frei und ziehen Sie den Steckkontakt auseinander.

■ Stellen Sie das Multimeter auf einen Messbereich von 200 Ω ein.

■ Schließen Sie die Messkabel des Multimeters an die beiden schwarzen Anschlüsse der Lambdasonde an.

■ Lesen Sie das Messergebnis am Display

des Multimeters ab.

Sie sollten ein Messergebnis zwischen 10 Ω und 20 Ω feststellen.

Spannungsmessung an der Sondenheizung:

- Bauen Sie den Tank wie bereits beschrieben aus.
- Legen Sie den Anschlussstecker der Lambdasonde frei.
- Stecken Sie Messadapterkabel (Y-Kabel) in die Leitung ein oder greifen Sie die drei Anschlüsse mit einem Nadelabgreifer ab.
- Montieren Sie den Tank wieder provisorisch.
- Lassen Sie den Motor laufen.
- Befestigen Sie das Minuskabel Ihres Multimeters an Masse.
- Schließen Sie das andere Messkabel an den Anschlusspin (braunes Kabel am Kabelbaum) für die Sondenheizung an.
- Lesen Sie die Spannung ab.

Die sollte Batteriespannung, also etwa 12,5 bis 13,5 V betragen.

Sondenspannung messen:

Mit dem Multimeter ist es zwar möglich, die Spannung zu messen, die die Sonde bei Betriebstemperatur abgibt, der Spannungswert zeigt aber nur die Reaktion der Sonde. Die Spannungssprungsonde muss aber eine Regelfrequenz von etwa 1 Hz erreichen können. Das ist ein Spannungshub pro Sekunde. Diese Auswertung ist mit dem Multimeter nicht möglich. Somit kann keine Aussage zur Funktion der Sonde unter dem Aspekt der Alterung getroffen werden. Der Spannungswert der Sonde wird über die einzelnen Messungen in einer Anzeige zusammengefasst. Erhöhen Sie die Motordrehzahl auf etwa 2000 1/min und beobachten Sie die Anzeige des Multimeters.

Je nach Gemischzusammensetzung zwischen 0,1 und 1,1 V. Liegt der Messwert dauerhaft bei 0,45 V und weicht auch bei kurzen Veränderungen der Gasstellung nicht ab, hat das Steuergerät einen Ersatzwert gesetzt. Die Sonde ist (noch) nicht betriebsbereit oder defekt.

- Lassen Sie den Motor warm laufen.
- Schließen Sie den Minusanschluss des Multimeters an die Sondenmasse an.
- Schließen Sie den Plusanschluss des Multimeters an das Signalkabel der Sonde an.
- Schalten Sie das Multimeter auf einen Spannungsbereich bis 2 V DC.
- Halten Sie kurzfristig den Luftfilter zu und beobachten Sie, ob die Spannung ansteigt.
- Lassen Sie gezielt Falschluft zu (Schlauch zum Tankentlüftungsventil) und beobachten Sie, ob die Spannung abfällt.

Prüfung mit dem Oszilloskop

- Lassen Sie den Motor warm laufen.
- Schließen Sie den Minusanschluss des Oszilloskops an die Sondenmasse an.
- Schließen Sie den Plusanschluss des Oszilloskops an das Signalkabel der Sonde an.
- Schalten Sie das Oszilloskop auf einen Spannungsbereich bis 2 V DC.
- Wählen Sie eine Zeiteinheit, die Ihnen einen Überblick über 10 s erlaubt.
- Halten Sie kurzfristig den Luftfilter zu und beobachten Sie, ob die Spannung ansteigt.
- Lassen Sie gezielt Falschluft zu (Schlauch zum Tankentlüftungsventil) und beobachten Sie, ob die Spannung abfällt.
- Zählen Sie die Spannungssprünge (Bild 4) während des Motorleerlaufs aus.

Sie sollten bei einem Messzeitraum von 10 s mehr als 6 Spannungshübe auszählen können. Das entspricht 60 Hüben pro Minute, also einer Frequenz von 1 Hz.

Prüfung mit dem OBD-Diagnosetester

Über den Diagnosetester können Sie den Spannungsverlauf der Lambdasonde als Zahlenwert sowie grafisch darstellen.

- Legen Sie den OBD-Anschluss unter der Sitzbank frei.
- Schließen Sie einen Anschlussadapter (je nach Ausführung des OBD-Anschlusses) und einen geeigneten OBD-Tester an.
- Lassen Sie den Motor laufen.
- Wählen Sie nach der Startmaske des Testers die »Livedaten« an.

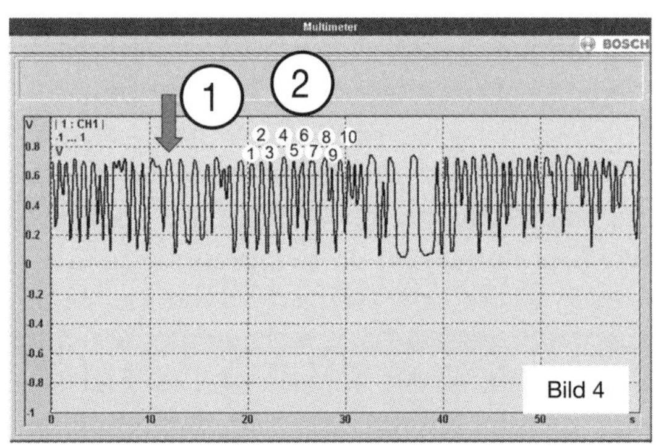

Bild 4
Spannungsverlauf an der Lambdasonde.
1 Spannungssprung
2 Anzahl auszählen

■ Wählen Sie aus der Datenliste die Zeile »O2S11(V)« an.

Das Kürzel bedeutet Sauerstoffsonde »1« der Zylinderbank »1«.

■ Lesen Sie den Spannungswert in der Zeile ab.

Je nach Gemischzusammensetzung zwischen 0,1 und 1,1 V. Liegt der Messwert dauerhaft bei 0,45 V und weicht auch bei kurzen Veränderungen der Gasstellung nicht ab, hat das Steuergerät einen Ersatzwert gesetzt. Die Sonde ist (noch) nicht betriebsbereit oder defekt.

Grafische Darstellung:

■ Wählen Sie mit der Entertaste die grafische Darstellung des Zahlenwertes an. Die meisten Tester verzichten auf die Angabe der Zeitachse. Sie können aber im Vergleich mit der Uhr, die Sie 10 Sekunden beobachten, die Spannungshübe auszählen und so auch die Sondenalterung bewerten.

Sie sollten bei einem Messzeitraum von 10 s mehr als 6 Spannungshübe auszählen können. Das entspricht 60 Hüben pro Minute, also einer Frequenz von 1 Hz.

Zu geringe Spannungshübe müssen nicht zwangsweise eine defekte Lambdasonde als Ursache haben. Es ist durchaus möglich, dass die Steckkontakte zur Sonde oder auch der Masseanschluss korrodiert sind und somit einen Spannungsabfall verursachen. Wenn die Hubanzahl stimmt, sehen Sie sich die Anschlüsse (auch die Auspuffmasse) genauer an.

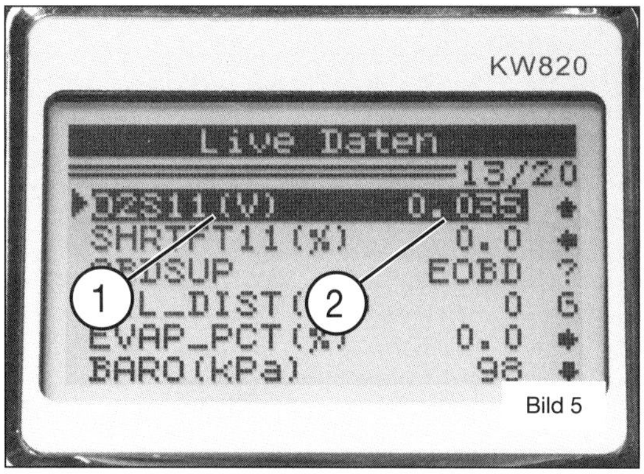

Bild 5

Bild 5
Sondenspannung »O2S11« (V) über den OBD-Tester.
1 »O2S11« (V) = Sauerstoffsonde 1 in Zylinderbank 1
2 Spannungsmesswert

Geführte Fehlersuche

Im Folgenden werden wir Ihnen für das Kapitel »Abgassystem« eine Fehlersuchanleitung an die Hand geben, die die Bauteile, die wir in diesem Kapitel vorgestellt haben, ergänzen.

Das Kapitel »Abgassystem« sollten Sie aber nie als absolut abgegrenzt zum »Zünd- und Einspritzsystem« sowie zur »Elektrischen Anlage« sehen. Ab und an ist es sinnvoll, die Fehlersuchen und die Beschreibungen dieser beiden Kapitel aufgrund der Zusammenhänge in die Fehlersuche zum Abgassystem mit einzubeziehen.

Prüfungen am Abgassystem

A Auspuff knallt (Fehlzündungen)		
Aufgabe	Information	Ergebnis (Sollwerte)
1 Krümmerdichtung prüfen	■ Optische Kontrolle auf Verrußungsspuren im Krümmerbereich ■ Anzugsdrehmoment der Krümmer prüfen	25 Nm
2 Abgasrohre auf Schäden prüfen 3 Endschalldämpfer auf Schäden prüfen	■ Optische Kontrolle auf Verrußungsspuren, Risse oder Löcher	-
4 Gemischaufbereitungssystem prüfen	■ Kraftstoffdruck prüfen ■ Dichtigkeit des PPC-Systems und der Verschlauchung prüfen ■ Dichtigkeit des Ansaugtraktes und des Drosselklappenmoduls prüfen ■ Dichtung der Dichtringe an den Einspritzventilen prüfen	-
5 Zündanlage prüfen	■ Zündspulen, Zündkerzenstecker, Zündkabel, Zündkerzen prüfen	-
6 Motormechanik prüfen	■ Kompressionsdruck messen ■ Ventilspiel prüfen	Siehe Kapitel 10

B Auspuff rasselt

Aufgabe	Information	Ergebnis (Sollwerte)
1 Verschraubungen prüfen	■ Verbindungsstellen zwischen Krümmern, Sammelrohr, Zwischenrohr (soweit verbaut) und Endschalldämpfer prüfen ■ Verschraubung am Krümmer prüfen ■ Verschraubung des Schalldämpfers am Rastenträger prüfen	handfest 25 Nm 20 Nm
2 Endschalldämpfer auf Schäden prüfen	■ Optische Kontrolle auf Verrußungsspuren, Risse oder Löcher ■ Auspuffanlage ausbauen und schütteln, um lose Teile feststellen zu können	-
3 Dichtungen der Abgasanlage prüfen	■ Dichtringe am Abgaskrümmer und im Übergang zum Endschalldämpfer prüfen	
4 Schnellverschlusssystem Slip-On auf korrekten Sitz prüfen	■ Federspannung kontrollieren ■ Sitz des Slip-On-Rohrs prüfen	

C Motorkontrollleuchte ist an

Aufgabe	Information	Ergebnis (Sollwerte)
1 Fehlerspeicher für das Motorsteuergerät abfragen	■ Fehlerspeicher auslesen und Einträge notieren ■ Anschließend Probefahrt durchführen und Fehlerspeicher erneut abfragen.	-
2 Entsprechend des Fehlercodeeintrags die Fehlersuche durchführen	■ Beachten Sie die Beschreibungen »Messen und Prüfen« für die Gemischaufbereitung	-
3 Istwerte des Motorsteuergerätes auf Kausalität prüfen	■ Messwerte für den Kühlmittelsensor prüfen ■ Messwerte für den Ansauglufttemperaturfühler prüfen ■ Messwerte und den Signalbildverlauf für den MAP-Sensor prüfen ■ Messwerte und den Signalbildverlauf für den Drosselklappenpoti prüfen	-
4 Prüfung der Alterung der Lambdasonde durchführen	■ OBD-Tester oder Oszilloskop siehe auch »Arbeiten an der Lambdasonde« ■ Regelhübe auszählen	1 Hz, 0,1 V bis 1,1 V
5 Messwerte der Lambdasonde prüfen		
6 Ansaugtrakt und Drosselklappenstück auf Undichtigkeiten prüfen	■ Ansaugtrakt optisch kontrollieren und gezielt mit Bremsenreiniger absprühen ■ Ansaugstutzen und Abdichtung am Zylinderkopf auf Undichtigkeiten prüfen	-
7 Lambdasonde auf Dichtigkeit prüfen	■ Lambdasondendichtung prüfen und Lambdasonde nachziehen ■ Auf Abgasspuren achten	45 Nm

14 Kühlsystem

Das Kühlsystem gerät eigentlich nur dann in den Fokus des Mechanikers, wenn die Kühlung unzureichend ist und der Motor überhitzt. Weiterhin könnte auch ein Kühlmittelverlust ein Grund sein, das Kühlsystem genauer unter die Lupe zu nehmen. Den Kühlmitteltemperaturfühler haben wir bereits im Kapitel 9 »Zünd- und Einspritzsystem« beschrieben. Bei dem MP3 sind im Temperaturfühler zwei Messwiderstände verbaut. Entsprechend taucht er auch in diesem Kapitel wieder auf.

Verbrühungsgefahr! Das Kühlsystem steht bei heißem Motor unter Druck. Öffnen Sie niemals den Druckverschluss oder andere Bauteile des Kühlsystems, solange das System nicht abgekühlt ist.

Tragen Sie grundsätzlich Augenschutz und Handschuhe.

Aufbau und Funktion

Die Flüssigkeitskühlung ermöglicht eine deutlich gleichmäßigere Kühlung als die Luftkühlung, die gerade in älteren Motorrädern eingesetzt wurde. Zudem wird die Kühlleistung entsprechend der Kühlmitteltemperatur geregelt. Im Wesentlichen besteht das Kühlsystem aus den Kühlkanälen und Volumen im Zylinderblock und Zylinderkopf, die die Kühlung für den Zylinder und den Brennraum umgeben, der Kühlmittelpumpe (Wasserpumpe) (9 im Bild 1) dem Kühler (4) und dem Thermostat (1), der sich zwischen dem Kühler (4) und den Zylindern befindet.

Bei kaltem Motor
Der Thermostat (1 im Bild 1) ist geschlossen. Das Kühlmittel wird um den Zylinder und im Zylinderkopf erwärmt. Bei etwa 60 °C beginnt der Thermostat (1) zu öffnen. Die Öffnung des Thermostats erfolgt stufenlos und natürlich temperaturabhängig. Steigt die Kühlmitteltemperatur weiter, wird bei etwa 75 °C der Thermostat voll geöffnet sein.

Bei warmem Motor
Der Thermostat (1) hat bei Vollöffnung einen Ringspalt von etwa 8 mm, durch den das

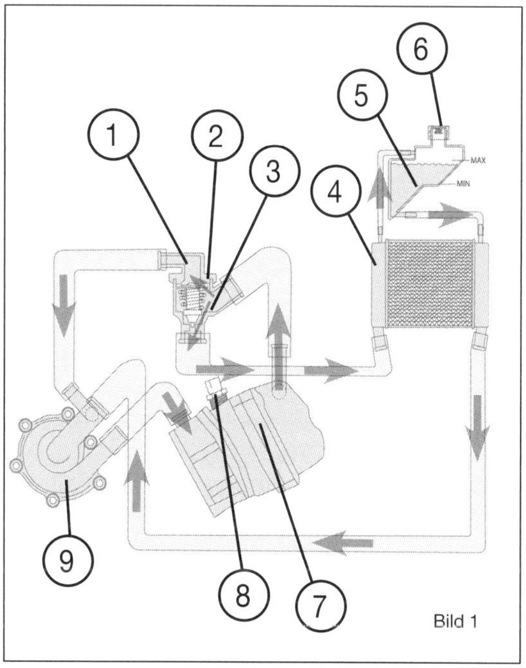

Bild 1
Kühlsystem in der Übersicht.
1 Thermostat
2 Kleiner Kühlkreislauf
3 Großer Kühlkreislauf
4 Kühler
5 Ausgleichsbehälter
6 Kühlerdeckel (Druckverschluss)
7 Zylinder/Zylinderkopf
8 Temperaturfühler
9 Wasserpumpe
Pfeile Flussrichtung

Kühlmittel von dem Kühler (4) fließen kann. Über feine Kanäle und die Kühlerlamellen wird die Kühlmitteltemperatur an die Luft abgegeben. Während der Fahrt wird der Kühler durch Fahrtwind durchströmt. Im Stand erzeugt der elektrische Kühlerlüfter den Luftstrom. Je nachdem wie warm das Kühlmittel ist, wird der Thermostat stufenlos geöffnet oder geschlossen.

Ziel des Thermostaten in diesem System ist es, die Motortemperatur von etwa 80 °C nach dem Kaltstart schnell zu erreichen und im Betrieb möglichst gleichmäßig zu halten.

Volumenausgleich und Systemdruck
Mit der Kühlmitteltemperatur verändert sich auch das Kühlmittelvolumen. Um die Volumenänderung ausgleichen zu können, ist ein Ausgleichsbehälter (5) verbaut. Der Druckverschluss (6) oder auch Kühlerverschlussdeckel trennt den Ausgleichsbehälter (5) bis zu einem Druck von etwa 0,9 bar von der Außenluft ab. Liegt der Druck darüber, wird der Druck über den Kühlerdeckel abgebaut, um Schäden am Kühlsystem abzuwenden.

Der Kühlmitteldruck ermöglicht die Kühlmitteltemperatur über den normalen Siedepunkt anzuheben.

Kühlt der Motor wieder ab, wird auch das Volumen des Kühlmittels kleiner. Auch das Volumen muss wieder aus dem Ausgleichsbehälter ausgeglichen werden.

Sichtprüfung Messen

Kühlmittel

Die Aufgabe des Kühlmittels liegt nicht nur beim Transport der Wärme vom Motor an die Außenluft. Es soll zudem Geräusche dämpfen, das Kühlsystem vor Frost schützen, bewegliche Teile des Kühlsystems schmieren und es stellt den Korrosionsschutz sicher.

Frostschutz des Kühlmittels prüfen

Zur Frostschutzprüfung wird ein handelsüblicher Ansaugprüfer (Bild 4) oder für genauere Prüfung ein sogenanntes Refraktometer (Bild 2) benötigt. Beim Ansaugprüfer wird der jeweilige Frostschutz in °C angezeigt. Die Skala »1« des Refraktometers bezieht sich auf die Kühlmittelzusätze G12, G12 plus, G12 Plusplus, G30 und G64. Die Skala »2« bezieht sich nur auf zu verwendenden Kühlmittelzusatz G13.

■ Prüfen Sie den Kühlmittelstand im Ausgleichsbehälter bei kaltem Motor.

■ Den genauen Wert bei den Prüfungen liest man an der Hell-Dunkel-Grenze ab. Zur besseren Veranschaulichung der Hell-Dunkel-Grenze wird mit der Pipette ein Tropfen Wasser auf das Glas gebracht. Die Hell-Dunkel-Grenze ist dann deutlich an der »Waterline« zu erkennen (Bild 3). Der Frostschutz muss bis etwa -25 °C gewährleistet sein.

Praxistipp:
Destilliertes Wasser als Mischbasis

Zum Befüllen wird laut Werkstattunterlagen einiger Fahrzeughersteller ausdrücklich destilliertes Wasser (plus Frostschutz) vorgeschrieben. »Leitungswasser mit dem vorgeschriebenen Frostschutzzusatz« ist nicht immer ausreichend. Auch dann, wenn der Hersteller das Anmischen mit Leitungswasser zulässt, kann das Verwenden von destilliertem Wasser Vorteile haben. Durch die unterschiedlichen Inhaltsstoffe, die länderspezifisch und sogar regionalspezifisch sein können, haben einige Hersteller entschieden, die Wasserqualität für Kühlsysteme zu definieren. Destilliertes Wasser erfüllt alle Anforderungen. Aus diesem Grund wird empfohlen, auch bei älteren Modellen das Kühlmittel bei Ergänzungen und Neubefüllungen mit destilliertem Wasser anzumischen.

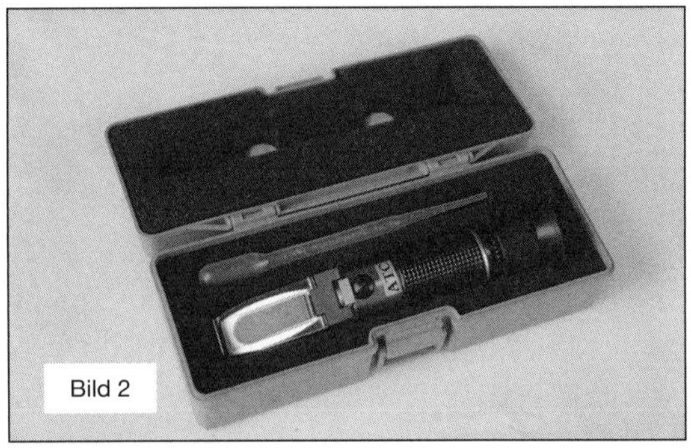
Bild 2

Bild 2
Refraktometer zur Frostschutzgehaltsprüfung.

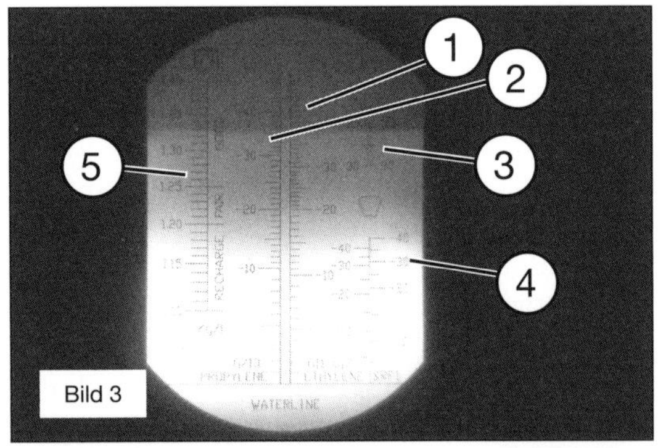

Bild 3

Bild 3
Sichtfeld des Refraktometers.
1 G12; G12 Plus, G12 Plusplus, G11 und auch G30
2 G13
3 Ad Blue
4 Scheibenfrostschutz
5 Säuredichte der Batterie

Bild 4

Bild 4
Frostschutzspindel zur Frostschutzgehaltsprüfung.

■ Bei zu geringem Frostschutz Kühlflüssigkeit ablassen und durch Kühlmittelzusatz G46 (grün) ergänzen.

■ Probefahrt durchführen und Frostschutz des Kühlmittels erneut prüfen.

Frostschutz und Mischung

Es ist sehr wichtig, das richtige Kühlmittel in der richtigen Mischung zu verwenden.
Zu großer Wasseranteil bedeutet tatsächlich eine etwas bessere Kühlleistung, aber gleichzeitig werden die Eigenschaften wie Schmierung, Korrosions- und Frostschutz beeinträchtigt.

Nachvollziehen lassen sich über die Anbieter im Markt zwei mögliche Kühlmittelkonzentrate. G30 mit pinker Einfärbung und G48 mit blaugrüner Einfärbung, beide werden 1:1 mit Wasser angemischt.

Marktüblich ist für ein Mischungsverhältnis von 1:1 ein Frostschutz bis -25 °C. Piaggio macht hier keine Angaben.

Anmischen von Kühlmittel:
Um ein möglicht günstiges Mischungsverhältnis im Kühlsystem zu verwenden, ist es erforderlich, entweder ein gebrauchsfertiges Kühlmittel zu kaufen oder sich ein gebrauchsfertiges Gemisch selbst herzustellen. Wie schon erwähnt, liegt die Aufgabe des Kühlmittels nicht nur beim Frostschutz. Der läge mit reinem Konzentrat bei über 40 °C. Allerdings wäre die Wärmeleitfähigkeit deutlich eingeschränkt. Der Motor kann überhitzen.

- Füllen Sie etwa die Hälfte der benötigten Kühlmittelmenge des Konzentrats in einen Behälter zum Anmischen.
- Füllen Sie etwa ein Viertel der benötigten Kühlmittelmenge als Wasser in den Behälter zum Anmischen zu dem Konzentrat.
- Rühren Sie kurz durch und prüfen Sie den Frostschutz (Bilder 2 - 4).
- Je nach Messergebnis füllen Sie destilliertes Wasser oder Konzentrat nach, um den Frostschutz zwischen -25 °C und -35 °C anzumischen.
- Füllen Sie das fertige Gemisch am besten in eine alte Konzentratflasche und vermerken Sie den eingestellten Frostschutzgehalt mit einem wasserfesten Stift als »gebrauchsfertig« gut sichtbar auf der Flasche.

Kühlmittelstand prüfen und auffüllen
Den Kühlmittelstand sollten Sie bei Ihren regelmäßigen Kontrollen und im Rahmen der Wartungsarbeiten kontrollieren. Einsehbar und erreichbar sind der Ausgleichsbehälter und der Verschlussdeckel auf der linken Fahrzeugseite neben dem Tachometer.

Der Kühlmittelstand muss bei kaltem Motor geprüft werden.

- Halten Sie das Motorrad auf einer geraden Position. Bei einer Kontrolle auf einer Schräge würde das Ergebnis verfälscht.
- Kontrollieren Sie, dass der Kühlmittelstand zwischen den Markierungen »L« (Low) (Min.) und »F« (Full) (Max.) liegt.
- Korrigieren Sie den Kühlmittelstand soweit erforderlich.

Bei nicht verbrauchsbedingtem Flüssigkeitsverlust muss die Ursache ermittelt und beseitigt werden. Im Grunde genommen sollte zwischen den Wartungsintervallen kein Kühlmittelverlust feststellbar sein.

Kühlmittel wechseln
Ablassen des Kühlsystems:

Der Kühlmittelvorratsbehälter läuft bei diesem geschlossenen System beim Ablassen mit ab.

- Lassen Sie den Motor abkühlen.
- Legen Sie soweit erforderlich den Verschlussdeckel des Ausgleichsbehälters frei.
- Drehen Sie den Kühlerverschlussdeckel (Druckverschlussdeckel) ab.
- Stellen Sie einen Auffangbehälter unter die rechte Motorblockseite unter die Wasserpumpe. Er sollte etwa 3,0 l Kühlflüssigkeit aufnehmen können.
- Öffnen Sie die Schlauchschelle und ziehen Sie den Kühlmittelschlauch (2 im Bild 5) »Rücklauf« vom Kühler ab.
- Lassen Sie das Kühlmittel ablaufen.
- Verwenden Sie eine neue geeignete Schlauchschelle und montieren Sie den Kühlmittelschlauch wieder am Anschlusstutzen der Wasserpumpe.

Befüllen des Kühlsystems:

- Füllen Sie das Kühlsystem über den Verschlussdeckel (Druckverschlussdeckel) bis zum Einfüllstutzen des Kühlers mit »gebrauchsfertiger Kühlflüssigkeit« auf.

Füllen Sie die Kühlflüssigkeit langsam ein, damit die Luft aus dem Kühlsystem entweichen kann.

- Füllen Sie den Ausgleichsbehälter bis zur Markierung »MAX« auf.
- Lassen Sie den Motor laufen.
- Öffnen Sie die Entlüftungsschraube am Zylinderkopf (1 im Bild 6 oder Bild 7) und

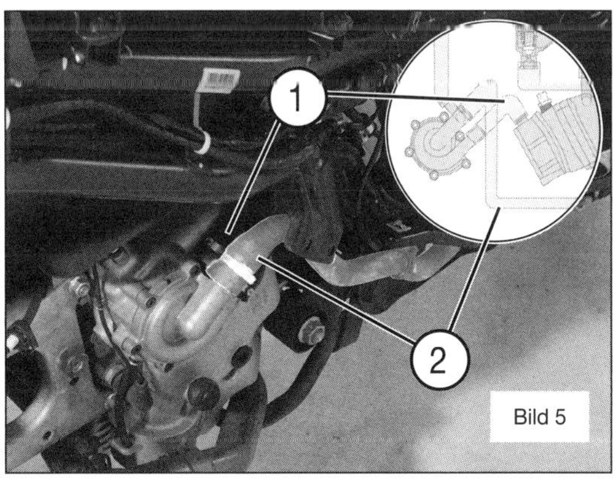

Bild 5
Schlauchanschlüsse an der Wasserpumpe.
1 Vorlauf zum Motor
2 Rücklauf vom Kühler

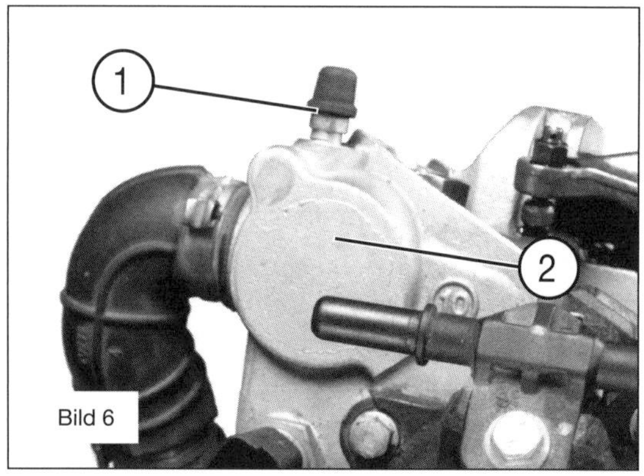

Bild 6
Kühlmittelentlüftungsschraube am Zylinderkopf (400 cm³ und 500 cm³).
1 Entlüftungsschraube
2 Zylinderkopf (Ansicht von oben)

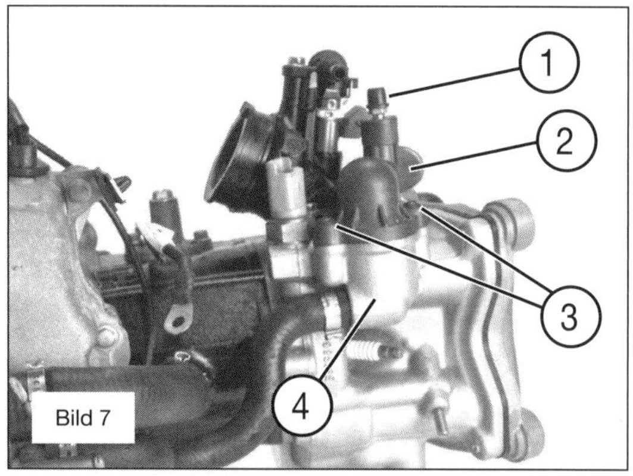

Bild 7
Thermostat im Zylinderkopf (125 cm³ - 350 cm³).
1 Entlüftungsschraube
2 Thermostatgehäuse
3 Schrauben
4 Einbauposition des Thermostaten

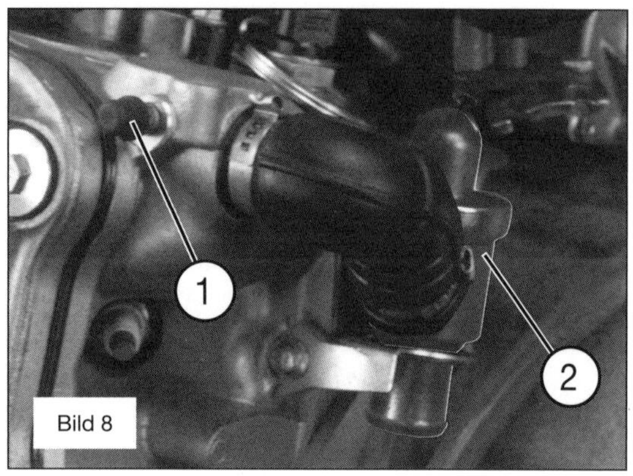

Bild 8
Kühlmittelentlüftungsschraube am Zylinderkopf.
1 Entlüftungsschraube
2 Zylinderkopf (Ansicht von oben)

warten Sie, bis an der Entlüftungsschraube keine Luft mehr austritt.
- Kontrollieren Sie, dass der Kühlmittelstand zwischen den Markierungen »L« (Low) (Min.) und »F« (Full) (Max.) liegt.
- Korrigieren Sie den Kühlmittelstand soweit erforderlich.
- Lassen Sie den Motor bis zum Zuschalten des Lüftergebläses warm laufen.
- Öffnen Sie die Entlüftungsschraube am Zylinderkopf (1 im Bild 6 oder Bild 7) und warten Sie, bis an der Entlüftungsschraube keine Luft mehr austritt.
- Lassen Sie den Motor wieder abkühlen.
- Kontrollieren Sie den Kühlmittelstand und korrigieren Sie ihn wenn erforderlich.

Thermostat

Der Thermostat öffnet oder schließt je nach Bedarf den Kühlkreislauf zwischen Motor und Kühler. Angesteuert wird er durch ein Wachselement, das bei steigender Temperatur das Ventil aufdrückt und stufenlos einen Ringspalt zum Kühler freigibt.

Demontage des Thermostaten (Motoren bis 350 cm³)

Der Thermostat ist auf der rechten Motorseite am Zylinderkopf verbaut. Er befindet sich unter dem Thermostatgehäuse (oder Anschlussstutzen für den Kühlmittelschlauch) (2 im Bild 7).

- Lassen Sie den Motor abkühlen.
- Lassen Sie das Kühlmittel wie beschrieben ab.
- Demontieren Sie die Seitenverkleidungen und das Helmfach.
Die Arbeiten hierzu haben wir im Kapitel 11 beschrieben.
- Drehen Sie die beiden Schrauben (3) heraus.
- Nehmen Sie das Thermostatgehäuse nach oben ab.
- Nehmen Sie den Thermostat mit Dichtung aus dem Zylinderkopf heraus.

Die Montage erfolgt sinngemäß in umgekehrter Reihenfolge.
- Prüfen Sie vor der Montage den Thermostaten auf Funktion.
- Verwenden Sie Schellen, die dem Serienstand entsprechen.
- Prüfen Sie das Kühlsystem auf Dichtigkeit.

Bauteil	*Drehmoment*
Schlauchschellen	handfest
Schrauben Thermostatgehäuse	4 Nm

Demontage des Thermostaten (Motoren 400 cm³ und 500 cm³)

Der Thermostat ist auf der linken Motorseite am Zylinderkopf verbaut. Es befindet sich als eine geschlossene Einheit mit den Schlauchanschlüssen in einem Halter am Zylinderkopf. Er kann nur als komplette Einheit ersetzt werden.
- Lassen Sie den Motor abkühlen.

■ Lassen Sie das Kühlmittel wie beschrieben ab.
■ Demontieren Sie die Seitenverkleidungen und das Helmfach. Die Arbeiten hierzu haben wir im Kapitel 11 beschrieben.
■ Lösen Sie die Schelle und ziehen Sie die Kühlschläuche vom Thermostat (2 im Bild 8) ab.
■ Nehmen Sie das Thermostatgehäuse (2) aus dem Halter am Zylinderkopf heraus.

Die Montage erfolgt sinngemäß in umgekehrter Reihenfolge.
■ Prüfen Sie vor der Montage den Thermostaten auf Funktion.
■ Verwenden Sie Schellen, die dem Serienstand entsprechen.
■ Prüfen Sie das Kühlsystem auf Dichtigkeit.

Bauteil	*Drehmoment*
Schlauchschellen	handfest

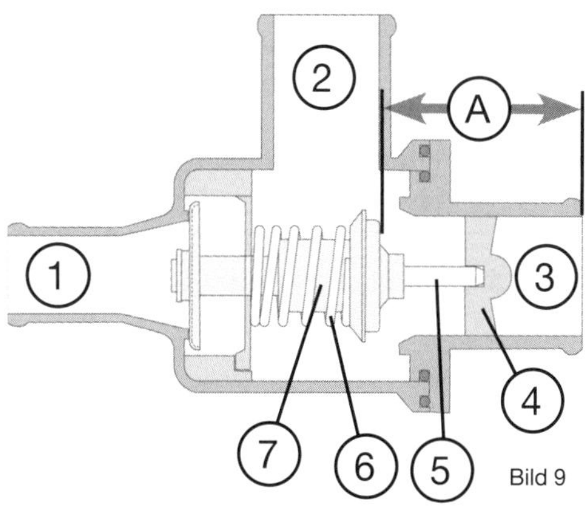

Bild 9

Bild 9
Thermostat im Schnitt.
A Abstand bei Vollöffnung
1 Rückleitung vom Motor
2 Zulauf zur Wasserpumpe
3 Anschluss vom rechten Kühler
4 Stützlager
5 Druckstange
6 Druckfeder
7 Wachselement

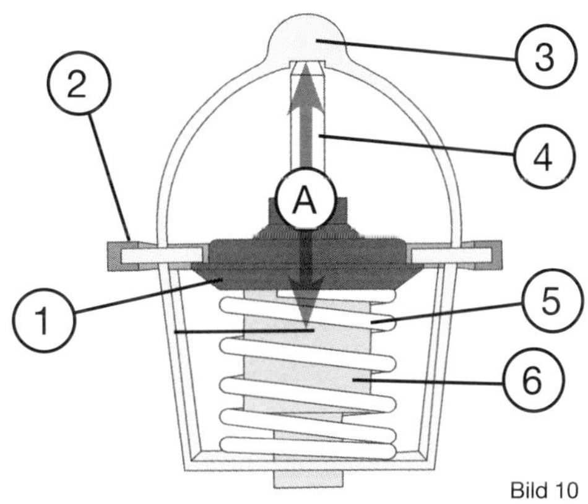

Bild 10

Bild 10
Thermostat im Schnitt.
A Abstand bei Vollöffnung
1 Ventilteller
2 Dichtring
3 Stützlager
4 Druckstange
5 Druckfeder
6 Wachselement

Prüfung des Thermostaten

Der Thermostat ist bei den großen Motoren fest in seinem Gehäuse verbaut und kann nicht vom Gehäuse getrennt werden. Er kann anhand des Anschlusses zum Kühler beurteilt werden. Aufgrund der Bauweise ist das allerdings nur schwer möglich.

Prüfung im eingebauten Zustand:
■ Demontieren Sie die Seitenverkleidungen und das Helmfach. Die Arbeiten hierzu haben wir im Kapitel 11 beschrieben.
■ Montieren Sie eine Abgasabsauganlage am Auspuff.
■ Lassen Sie den Motor laufen.

Es besteht Vergiftungsgefahr. Neben einer guten Belüftung müssen die Abgase ins Freie abgeführt werden.

Kontrollieren Sie in regelmäßigen Abständen die Temperatur der Anschlussschläuche des Thermostaten mit einem Lasertemperaturmesser oder einem anderen geeigneten Thermometer.

Die Temperatur nach dem Thermostat (Schlauch geht auf der linken Seite nach vorne zum Kühler) wird mit steigender Motortemperatur unterschiedlich ausfallen.

■ Solange der Thermostat geschlossen ist, wird die Temperatur am Kühlschlauch (zum Kühler) nur geringfügig verändert. Die Temperatur am Kühlschlauch (vom Zylinderkopf) steigt aber stetig.
■ Ab etwa 85 °C (die Temperatur kann durchaus zwischen 75 °C und 85 °C liegen) öffnet der Thermostat und die Temperatur am Kühlmittelschlauch zwischen dem Thermostat und dem Kühler (8) wird schnell ansteigen und annähernd gleich groß ausfallen.

Prüfung im ausgebauten Zustand:
■ Legen Sie den Thermostat in ein Wasserbad (Bild 11) ein und erwärmen Sie das Wasser auf einer Kochplatte langsam.

Die Öffnung des Thermostaten für die großen Motoren kann lediglich mit einer Taschenlampe und einer Spitzzange beobachtet werden.

Das Thermoelement muss sich langsam öffnen. Das können Sie beim Hindurchsehen durch einen Lichtspalt erkennen. Der Öffnungsbeginn liegt etwa bei 60 °C, die vollständige Öffnung bei ca. 90 °C, hierzu muss aber der Thermostat oder das

Sichtprüfung Messen

komplette Thermostatgehäuse im Wasserbad aufgehängt werden. Der Öffnungsweg ist nicht angegeben.

- Die Öffnung muss ruckfrei erfolgen.
- Der Thermostat darf nicht verklemmen.

Wenn der Öffnungsweg nur klein ausfällt, der Thermostat klemmt oder sehr spät reagiert, sollten Sie ihn ersetzen.

Wasserpumpe

Dichtheitsprüfung der Wasserpumpe

Die Wasserpumpe kann in unterschiedliche Richtungen Undichtigkeiten aufweisen.

Für die Undichtigkeiten auf der Kühlmittelseite sollten Sie die Prüfung grundsätzlich bei kaltem Motor mit dem Systemdruckprüfer durchführen. Bei warmem Motor besteht nicht nur Verbrühungsgefahr, zusätzlich können geringe Kühlmittelspuren verdampfen, ohne erkannt zu werden.

Kühlmittelverlust nach außen:

- Lassen Sie den Motor abkühlen.
- Demontieren Sie den Druckverschluss (Kühlerdeckel) wie bereits beschrieben.
- Montieren Sie einen passenden Adapter und beaufschlagen Sie das Kühlsystem mit etwa 1,0 bar.

Kontrollieren Sie die Bauteile des Kühlsystems auf »Feuchtstellen« oder sogar deutliche Kühlmittelspuren.

Kontrollieren Sie die Bohrung (2 im Bild 12) der Wasserpumpe auf austretendes Kühlmittel. Bei Piaggio wird dieser Ablauf über einen Schlauch nach unten geführt. Abtropfendes Kühlmittel weist immer auf eine undichte Wasserpumpe hin.

Kühlmittelverlust nach innen:

Kühlmittel kann natürlich auch an den Verbindungsstellen zwischen Zylinderkopf und Zylinder oder auch im Zylinder zum Aus- oder Einlasskanal verloren gehen. Die Prüfverfahren hierzu stellen wir Ihnen in diesem Kapitel unter der Überschrift »Test- und Prüfverfahren« genauer vor.

Ölverlust nach außen:

Die Innenseite des Generatordeckels nimmt bei allen Motorvarianten den Wellendichtring zur Ölabdichtung auf. Der Aufbau ist für alle Motoren zumindest sehr ähnlich. Soweit der Dichtring (3 im Bild 13) undicht wird, kann Motoröl aus dem Ablaufschlauch (2 im Bild 12) austreten.

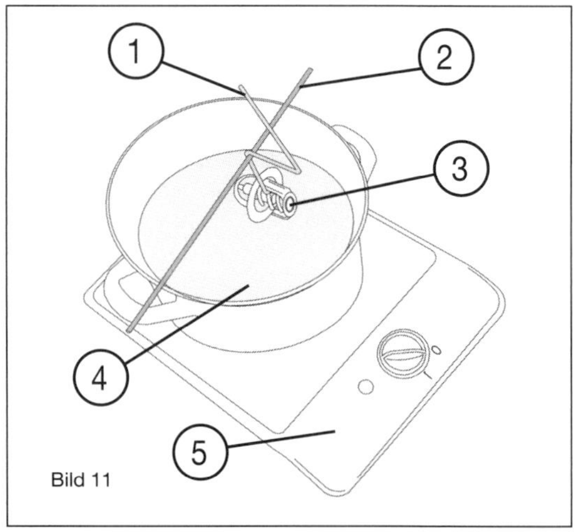

Bild 11
Versuchsaufbau zur Thermostatprüfung.
1 Haltedraht
2 Ablagedraht
3 Thermostat
4 Wasser
5 Heizplatte

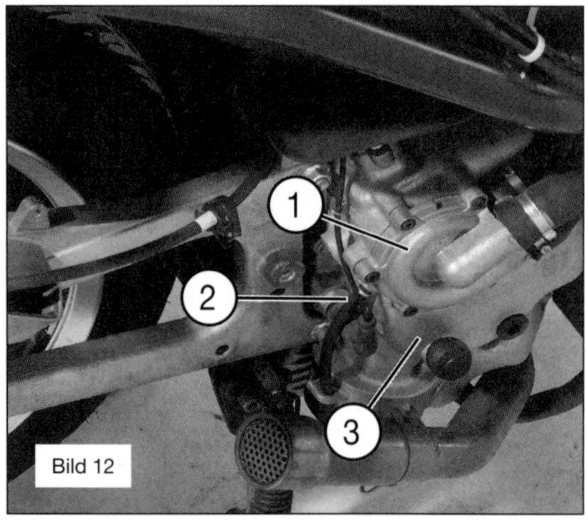

Bild 12
Wasserpumpe im Generatordeckel.
1 Wasserpumpengehäuse
2 Ablaufschlauch
3 Generatordeckel

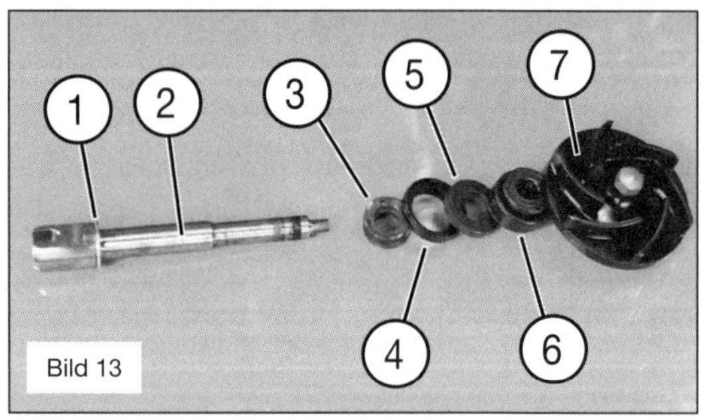

Bild 13
Wasserpumpendichtpackung.
1 Anlaufscheibe
2 Wasserpumpenwelle
3 Öldichtring
4 Ring
5 Distanzstück
6 Wasserpumpendichtring
7 Wasserpumpenrad

Demontage der Wasserpumpe

Die Wasserpumpe ist im Kupplungsdeckel verbaut.

- Lassen Sie den Motor abkühlen.
- Lassen Sie das Kühlmittel ablaufen.
- Lassen Sie das Motoröl ablaufen.
- Demontieren Sie den Generatordeckel wie wir bereits im Kapitel 6 unter der Überschrift »Demontage des Generatorreglers« beschrieben haben.

Bild 14

Bild 14
Wasserpumpe im Generatordeckel.
1 Generatordeckel
2 Wasserpumpenwelle
3 Wasserpumpenrad (Impeller)

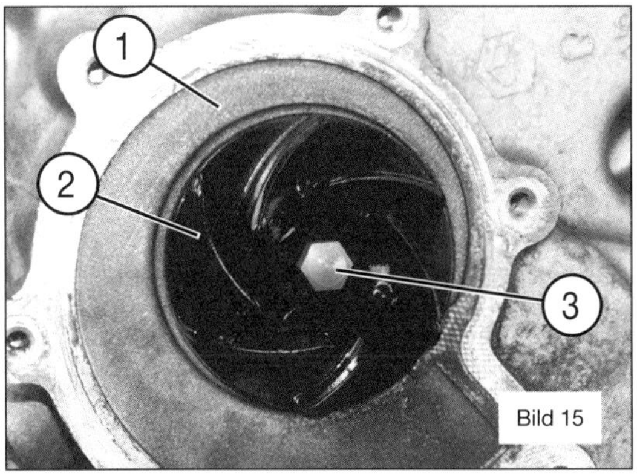

Bild 15

Bild 15
Wasserpumpe im Generatordeckel.
1 Wasserpumpengehäuse
2 Ablaufschlauch
3 Generatordeckel

■ Demontieren Sie die Seitenverkleidungen und das Helmfach. Die Arbeiten hierzu haben wir im Kapitel 11 beschrieben.
■ Demontieren Sie den Kupplungsdeckel, wie bereits beschrieben.
■ Halten Sie die Antriebswelle (5 in den Bildern 16 - 19) am Antriebsrad fest und lösen Sie den Impeller (1) mit einem passenden Steckschlüssel.

⚠ Linksgewinde! Kontrollieren Sie die erforderliche Drehrichtung an der neuen Wasserpumpenwelle aus dem Reparatursatz.

■ Entsichern Sie das Antriebsrad (4) und demontieren Sie es.
■ Drücken Sie die Antriebswelle (5) aus den Lagern (3).
■ Reinigen Sie die Dichtflächen des Generatordeckels gründlich.

Die Montage erfolgt sinngemäß in umgekehrter Reihenfolge zur Demontage.
■ Prüfen Sie die Wasserpumpenwelle und den Impeller auf Schäden.
■ Prüfen Sie die Lagerung der Wasserpumpenwelle auf Schäden.
■ Erneuern Sie die Dichtringe (2 und 6) im Generatordeckel.
■ Erneuern Sie die Dichtringe (Außendichtung) im Wasserpumpendeckel.
■ Prüfen Sie die Dichtigkeit des Kühlsystems.

Demontage des Dichtpakets und des Wellendichtrings

☞ Grundsätzlich ist es möglich, das Dichtpaket (2 in den Bildern 16-19) für die Wasserpumpe einzeln zu wechseln. Sinnvoller ist es, aufgrund der geringen

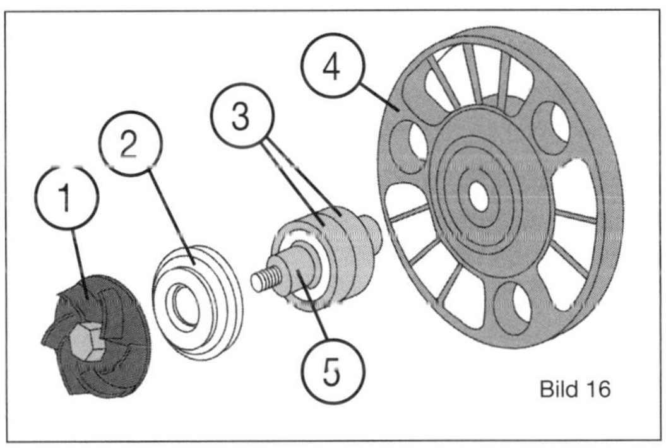

Bild 16

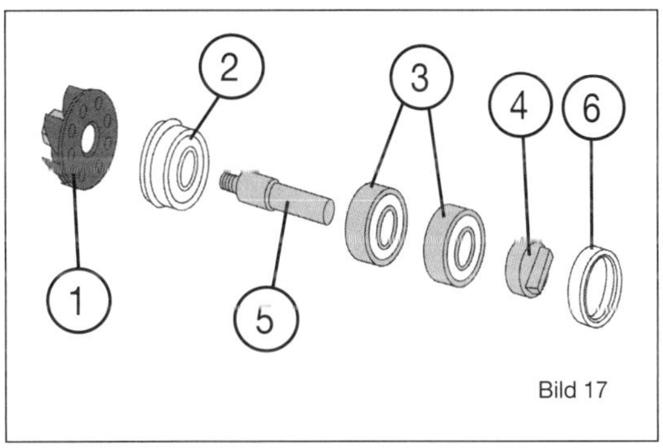

Bild 17

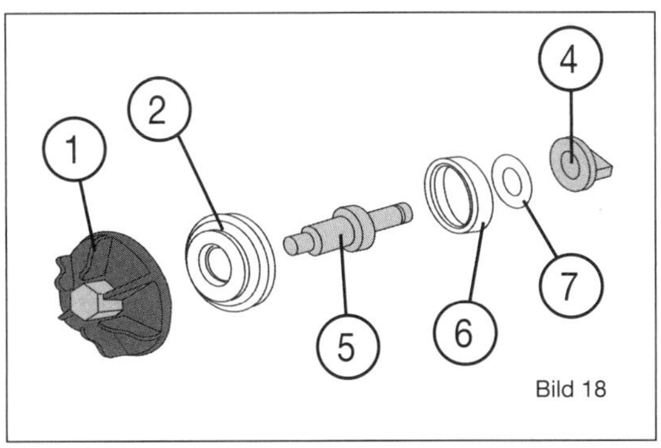

Bild 18

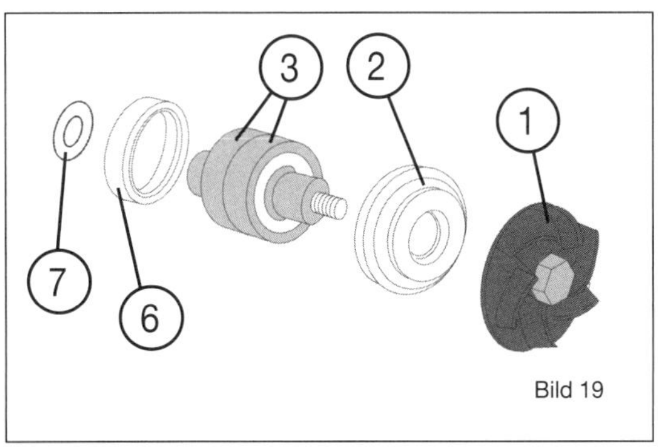

Bild 19

Bild 16 bis Bild 19
Wasserpumpen in Teilen.
Bild 16 MP3 125 cm³
Bild 17 MP3 300 cm³
Bild 18 MP3 350 cm³
Bild 19 MP3 500 cm³
1 Impeller
2 Dichtpackung Wasserpumpe
3 Kugellager
4 Antriebsrad
5 Wasserpumpenwelle
6 Öldichtring
7 Anlaufscheibe

Bild 20
Montageansicht im Schnittbild.
1 Durchschlag
2 Wellendichtring
3 Durchschlag
4 Dichtpaket Wasserpumpe
5 Lagerschild

Bild 21
Montageansicht im Schnittbild.
1 Ausgleichsbehälter
2 Druckverschluss (Kühlerdeckel 0,9 bar)

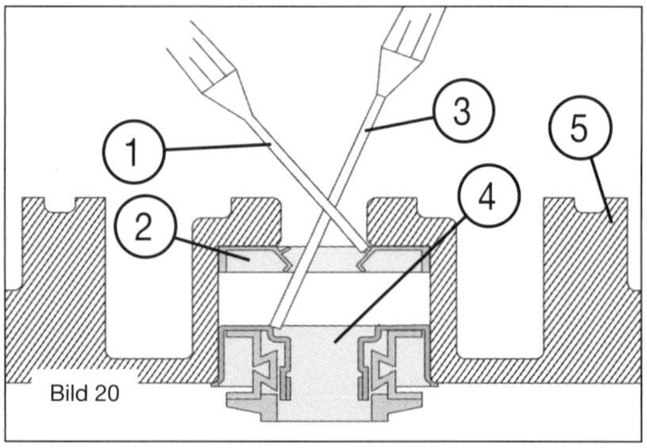

Zusatzkosten den Wellendichtring (6) in diesem Arbeitsschritt mit zu ersetzen.

- Legen Sie den Kupplungsdeckel mit dem Dichtpaket nach unten auf eine Kunststoffhülse, deren Bohrung etwas größer ist als der Außendurchmesser des Dichtpakets der Wasserpumpe.
- Treiben Sie das Dichtpaket (4 im Bild 20) mit einem Durchschlag (1) möglichst gleichmäßig aus dem Lagerschild (5) heraus.
- Treiben Sie den Wellendichtring (2) mit einem Durchschlag (1) möglichst gleichmäßig aus dem Lagerschild (5) heraus.

Zur Montage reinigen Sie die Anlageflächen des Lagerschildes gründlich.

- Tragen Sie etwas Montageschmiermittel wie das MOLYKOTE® G-N in die Wandung der Bohrung auf.
- Drücken Sie den Wellendichtring mit einem passenden Rohr (es muss auf dem Außenrad des Wellendichtrings aufsitzen) gerade in die Bohrung des Lagerschildes ein.

Sehr gut gelingt das mit der Hubspindel einer Ständerbohrmaschine.

- Drücken Sie auch das Dichtpaket mit einem passenden Rohr (es muss auf dem Außenrad des Dichtpakets aufsitzen) gerade in die Bohrung des Lagerschildes ein.
- Prüfen Sie den Sitz des Dichtpakets und des Wellendichtrings.

Bauteil	*Drehmoment*
Schrauben Wasserpumpendeckel	4 Nm
Schrauben Generatordeckel	12 Nm
Impeller Wasserpumpe	5 Nm

Druckverschluss

Der Druckverschluss (Kühlerdeckel) dichtet

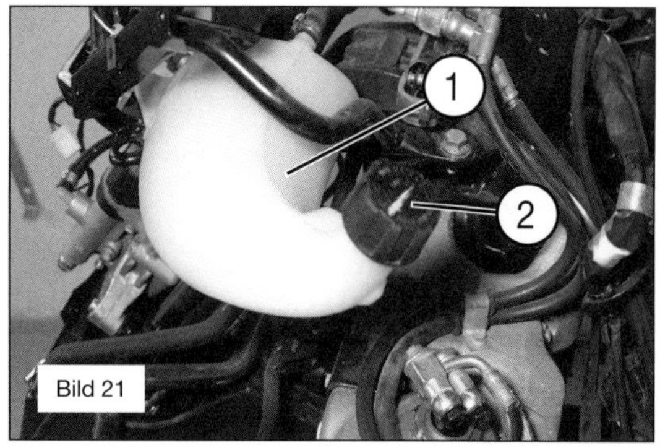

das Kühlsystem nach außen ab. Er beinhaltet zwei Ventile (Bild 21), die in unterschiedliche Richtungen wirken.

Achtung: Das Kühlsystem kann unter Druck stehen. Öffnen Sie den Deckel langsam.

Druckverschluss (Kühlerdeckel) demontieren

- Lassen Sie den Motor abkühlen.
- Drehen Sie den Kühlerverschlussdeckel (Druckverschlussdeckel) (2 im Bild 21) gegen den Uhrzeigersinn.
- Nehmen Sie den Deckel herunter und nehmen Sie ihn nach oben ab.

Die Montage erfolgt sinngemäß in umgekehrter Reihenfolge.

Prüfen Sie die Dichtringe im Verschlussdeckel auf Schäden.

Prüfen Sie den Öffnungsdruck des Druckverschlusses. Die Prüfung stellen wir Ihnen im Anschluss unter den »Test- und Prüfverfahren« vor.

Kühler und Lüfter

Kühler demontieren

- Lassen Sie den Motor abkühlen.
- Lassen Sie das Kühlmittel wie beschrieben ab.
- Bauen Sie die Frontverkleidungen wie im Kapitel 11 beschrieben ab.
- Lösen Sie die Schlauchschellen der Kühlmittelschläuche (1, 3, 9 und 10 im Bild 23) am Kühler.
- Klemmen Sie die Kühlschläuche (2, 4, 5 und 6) ab.
- Legen Sie das Anschlusskabel zum Lüftermotor frei und trennen Sie die Steckverbindung.
- Drehen Sie die Befestigungsschraube (A im Bild 22) oben in der Mitte heraus.

■ Nehmen Sie den Kühler (12 im Bild 23) ab.

Kühlerlüfter ausbauen

■ Lassen Sie den Motor abkühlen.

■ Bauen Sie die Frontverkleidung wie beschrieben aus.

■ Bauen Sie den Kühler wie bereits beschrieben aus.

■ Drehen Sie die Befestigungsschraube (7 im Bild 23) heraus.

■ Nehmen Sie die Lüfterzarge (8) zusammen mit dem Lüftermotor vom Kühler ab.

Die Montage erfolgt sinngemäß in umgekehrter Reihenfolge zur Demontage.

■ Prüfen Sie die Dichtigkeit des Kühlsystems.

Bauteil	*Drehmoment*
Schrauben Kühlerbefestigung	10 Nm
Schrauben Lüftermotor	10 Nm

Test- und Prüfverfahren

Unter dieser Überschrift stellen wir Ihnen die Test- und Prüfverfahren rund um das Kühlsystem vor.

Kühlsystem auf Dichtigkeit prüfen

Zur Prüfung der Dichtheit des Kühlsystems und des Überdruckventils wird ein Kühlsystem-Prüfgerät mit Adapter (Bild 24) benötigt.

⚠ Der Motor muss betriebswarm sein. Das Kühlsystem steht unter Druck.

■ Öffnen Sie den Druckverschluss (Kühlerdeckel) langsam und lassen Sie in der ersten Stufe vor der endgültigen Öffnung des Deckels den Restdruck ab.

■ Druckverschluss (Kühlerdeckel) am Kühler öffnen.

■ Adapter für Kühlsystemprüfgerät auf den Kühler schrauben.

■ Anschlussstück in den Adapter für Kühlsystemprüfgerät klemmen und das Anschlussstück über den mitgelieferten Verbindungsschlauch mit dem Kühlsystem-Prüfgerät verbinden.

■ Mit der Handpumpe des Kühlsystemprüfgerätes ca. 1,5 bar Überdruck erzeugen.

Fällt der Druck ab:

■ Undichte Stelle suchen und den Fehler beseitigen.

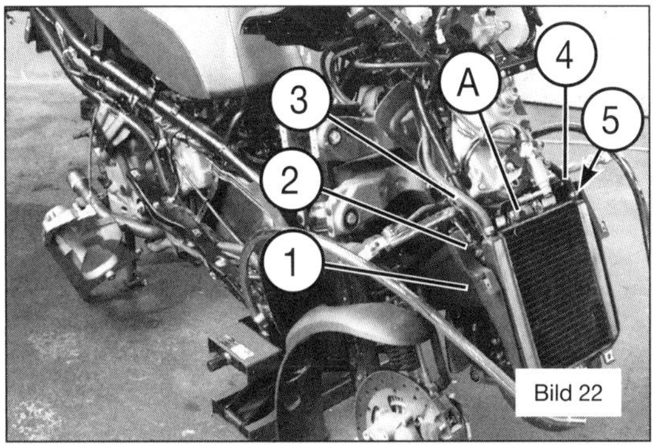

Bild 22

Bild 22
Kühler in der MP3 500.
1 Luftführung vorne
2 Kühlschlauch zur Wasserpumpe
3 Anschluss Ausgleichsbehälter oben
4 Anschluss Ausgleichsbehälter unten
5 Kühlschlauch zum Thermostat
A Befestigungsschraube

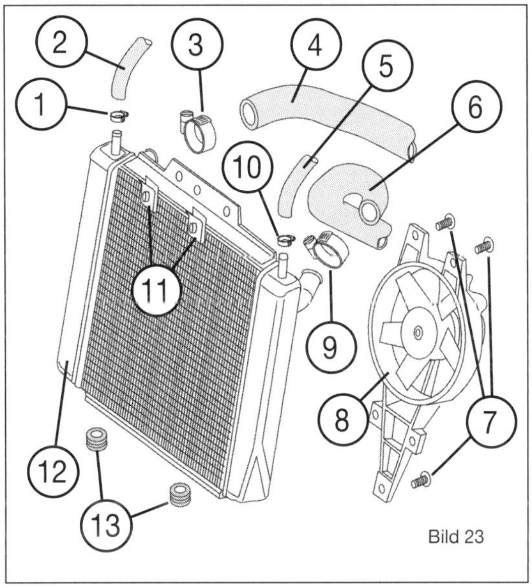

Bild 23

Bild 23
Bauteilansicht Kühler und Lüfter.
1 Schelle
2 Anschluss Ausgleichsbehälter oben
3 Schelle
4 Kühlschlauch zur Wasserpumpe
5 Anschluss Ausgleichsbehälter unten
6 Kühlschlauch zum Thermostat
7 Schrauben
8 Lüfter mit Lüfterzarge
9 Schelle
10 Schelle
11 Gewindeklammer
12 Kühler
13 Lagergummis

⚠ Bevor das Kühlsystemprüfgerät vom Verbindungsschlauch oder Anschlussstück getrennt wird, muss unbedingt der vorhandene Druck abgebaut werden.

■ Dazu das Druckentlastungsventil am Kühlsystem-Prüfgerät drücken, bis das Druckmanometer den Wert »0« anzeigt.

Überdruckventil im Verschlussdeckel des Kühlmittelbehälters prüfen

■ Verschlussdeckel des Kühlmittel-Ausgleichsbehälters in den Adapter für das

Bild 24

Bild 24
Kühlsystemprüfgerät mit diversen Adaptern für Kühlmittelbehälter und Kühlerdeckel.

Sichtprüfung Messen

Kühlsystemprüfgerät schrauben, Anschlussstück in den Adapter des Kühlsystemprüfgerätes klemmen und das Anschlussstück über den mitgelieferten Verbindungsschlauch mit dem Kühlsystem-Prüfgerät verbinden.

■ Mit der Handpumpe des Kühlsystemprüfgerätes einen Überdruck von max. 1,1 bar (Kennung »1,1« auf dem Kühlerdeckel im Bild 26) erzeugen. Das Überdruckventil darf noch nicht öffnen.

Öffnet das Überdruckventil vorzeitig: Verschlussdeckel ersetzen.

■ Druck auf über 1,1 bar erhöhen. Das Überdruckventil muss öffnen.

Öffnet das Überdruckventil nicht: Verschlussdeckel ersetzen.

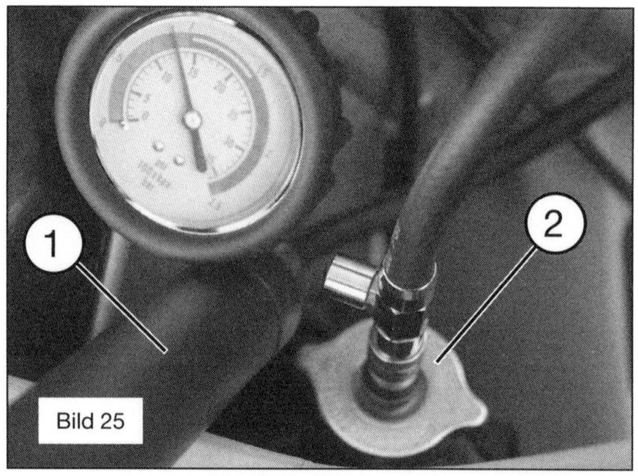

Bild 25

Druckprüfung am Kühlerdeckel.
1 Prüfpumpe
2 Adapter

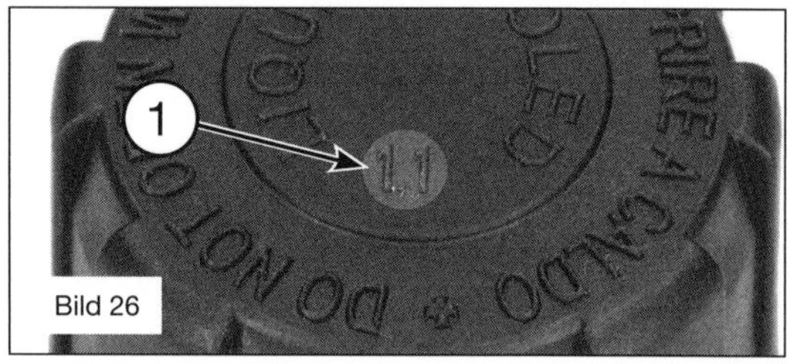

Bild 26

Kennung am Kühlerdeckel.
1 Kennziffer 1,1 = 1,1 bar

CO_2 Test am Kühlsystem

Interner Kühlmittelverlust ist recht schwierig zu erkennen. Oftmals entweicht der Überdruck über den Ausgleichsbehälter und das Kühlsystem ist erst in einem recht späten Stadium auffällig. Zudem bedeutet die Demontage von Zylinderkopf und Kopfdichtung erhebliche Kosten und großen Montageaufwand. Eine sichere Diagnose, ob die Zylinderkopfdichtung oder der Zylinderkopf undicht ist oder nicht, ist sehr hilfreich.

Bei Schäden an der Zylinderkopfdichtung kann Kühlflüssigkeit in den Brennraum aber auch Brenngas ins Kühlsystem gelangen. Die Indikatorflüssigkeit im Tester verfärbt sich grünlich (B im Bild 28), wenn sie mit CO_2 in Berührung kommt. Der Test ermöglicht es, auch kleine Schäden an der Zylinderkopfdichtung ohne große Demontagearbeiten nachzuweisen.

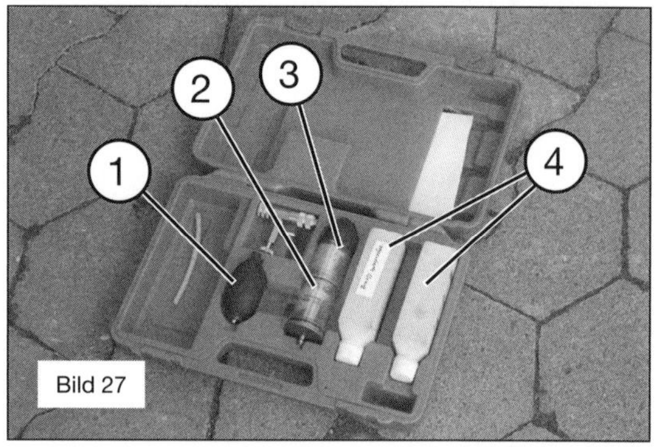

Bild 27

CO_2-Testset.
1 Pumpball
2 Oberkammer
3 Unterkammer
4 Indikatorflüssigkeit

■ Lassen Sie den Motor und das Kühlsystem etwas abkühlen.

■ Füllen Sie die Indikatorflüssigkeit in beide Kammern (2 und 3 im Bild 27) des CO_2-Testers bis zur Markierung ein.

■ Montieren Sie den Saugball (1) auf den oberen Anschluss.

■ Lassen Sie den Motor laufen.

■ Öffnen Sie den Verschluss am Kühler und setzen Sie den Anschluss auf dem Kühlerflansch auf.

■ Senken Sie den Kühlmittelstand mit einem Frostschutzprüfer etwa 3 - 5 cm ab.

⚠ Der Tester darf kein Kühlmittel ansaugen. Passiert das, muss die Indikatorflüssigkeit entsorgt und der Tester gereinigt werden.

■ Drücken Sie den Saugball zusammen und saugen Sie Luft aus dem Kühler durch das Testgerät an (Bild 28). Die Indikatorflüssigkeit wird hierbei aufgeschäumt.

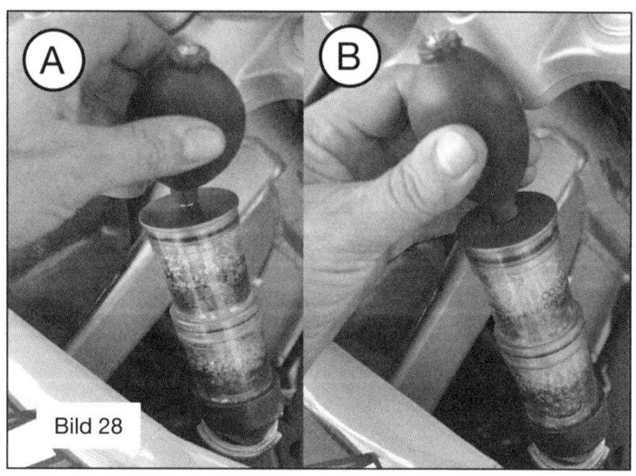

Bild 28

CO_2-Testset im Einsatz.
A (Flüssigkeit bleibt blau)
CO_2 nicht nachweisbar
B (Flüssigkeit wird grün)
CO_2 nicht nachweisbar

■ Verfärbt sich die Indikatorflüssigkeit nach 15 Pumpvorgängen nicht (A), kann kein CO_2 über dem Kühlmittel nachgewiesen werden.

■ Verfärbt sich die Indikatorflüssigkeit grünlich (B), kann davon ausgegangen werden, dass die Zylinderkopfdichtung, der Zylinder oder der Zylinderkopf defekt ist.

Geführte Fehlersuche

Im Folgenden werden wir Ihnen für das Kapitel »Kühlsystem« eine Fehlersuchanleitung an die Hand geben.
Die Fehlersuchanleitung soll die vorgestellten Bauteile im Rahmen typischer Fehlerbeschreibungen aus der Praxis und die entsprechenden Prüfverfahren verbinden. Sie sollen mit der Fehlerbeschreibung in die Lage versetzt werden, Ihre Fehlersuche zu strukturieren oder zumindest Ihren Auftrag an die Werkstatt Ihres Vertrauens genauer zu formulieren.

Prüfungen am Kühlsystem

A Motor überhitzt (Lüftermotor läuft dauernd/oft)

Aufgabe	Information	Ergebnis (Sollwerte)
1 Temperaturfühler prüfen	Siehe Kapitel 9	Tabelle
2 Frostschutzgehalt prüfen	Ein zu großer Frostschutzgehalt vermindert die Wärmeleitfähigkeit des Kühlmittels	-25 °C bis -35 °C

B Kühlleistung zu gering

Aufgabe	Information	Ergebnis (Sollwerte)
1 Kühlmittelstand prüfen	■ Der Kühler muss bis zum Druckverschlussflansch gefüllt sein ■ Der Kühlmittelstand im Ausgleichsbehälter liegt innerhalb der Markierungen	Zwischen »L« und »F«
2 Frostschutzgehalt prüfen	Ein zu großer Frostschutzgehalt vermindert die Wärmeleitfähigkeit des Kühlmittels	-25 °C bis - 35 °C

C Motor wird zu heiß

Aufgabe	Information	Ergebnis (Sollwerte)
1 Kühlmittelstand prüfen	■ Der Kühler muss bis zum Druckverschlussflansch gefüllt sein ■ Der Kühlmittelstand im Ausgleichsbehälter liegt innerhalb der Markierungen	Zwischen »L« und »F«
2 Frostschutzgehalt prüfen	Ein zu großer Frostschutzgehalt vermindert die Wärmeleitfähigkeit des Kühlmittels	-25 °C bis - 35 °C
3 Thermostat prüfen	■ Öffnung in einem Wasserbad prüfen. Maximalöffnung des Ringspalts etwa 8 mm	Öffnungsbeginn bei etwa 60 °C
4 Zustand des Kühlers prüfen	■ Lamellen sind durchlässig ■ Kühler ist nicht verformt	-
5 Zustand des Impellers der Wasserpumpe kontrollieren	■ Impeller ist fest verschraubt und weist kein Spiel auf ■ Förderschaufeln des Impellers sind unbeschädigt und vollständig vorhanden	
6 Antrieb der Wasserpumpe prüfen	■ Erste Kontrolle durch Verdrehen des Impellers, prüfen dass die Antriebsräder und deren Zähne noch vorhanden sind ■ Demomontage des Kupplungsdeckels und der Kupplung mit Kupplungskorb, um den Antrieb optisch bewerten zu können.	
7 Zylinderkopf und Kopfdichtung prüfen	■ CO_2-Test am Kühlsystem durchführen. Eine Gasblase verhindert den Kühlmittelfluss oder schränkt ihn ein	Kein CO_2-Nachweis

D Motor wird nicht warm (Kühler und Kühlmitteltemperaturanzeige)		
Aufgabe	Information	Ergebnis (Sollwerte)
1 Kühlmittelstand prüfen	■ Der Kühler muss bis zum Druckverschlussflansch gefüllt sein ■ Der Kühlmittelstand im Ausgleichsbehälter liegt innerhalb der Markierungen	Zwischen »L« und »F«
2 Frostschutzgehalt prüfen	Ein zu großer Frostschutzgehalt vermindert die Wärmeleitfähigkeit des Kühlmittels	-25 °C bis -35 °C

E Kühlmittelverlust		
Aufgabe	Information	Ergebnis (Sollwerte)
1 Kühlmittelschläuche und Kühler prüfen	Rissbildung, Blasen, lose Schellen	-
2 Wasserpumpe auf Dichtigkeit prüfen	■ Wasserrohranschlüsse, Gehäuseteile und Bohrung unten auf Undichtigkeiten prüfen	-
3 Kühlsystem auf Dichtigkeit prüfen	Systemdrucktester anbauen und unter Druck nach Leckstellen absuchen	Ca. 1 Minute kein Druckabsenkung
4 Zylinderkopf und Kopfdichtung prüfen	CO_2-Test am Kühlsystem durchführen	Kein CO_2 Nachweis

F Lüftermotoren laufen nicht (beide Lüfter laufen nicht)		
Aufgabe	Information	Ergebnis (Sollwerte)
1 Temperaturfühler prüfen	Im Wasserbad erhitzen, Messwiderstand überprüfen	-
2 Relais und Sicherung prüfen	Relais überbrücken	Motor läuft
3 Lüftermotoren prüfen	Anschluss der Motoren an eine Batterie	

Messen und Prüfen

Im Folgenden werden wir Ihnen für das Kapitel »Kühlsystem« die Breschreibung zu typischen Prüfverfahren an die Hand geben. Die Anleitung soll Ihnen nachvollziehbare Messungen an den Bauteilen Ihrer Piaggio MP3 vorstellen. Wir möchten Ihnen einen Einblick in die Funktion und die Aufgabe der Bauteile des Kühlsystems geben. Der Schwerpunkt wird im Folgenden auf den elektrischen Bauteilen des Kühlsystems liegen.

Bauteile der elektrischen Anlage im Kühlsystem

Der elektrische Teil des Kühlsystems besteht aus der Temperaturerfassung über den Motortemperaturfühler, der Ansteuerung des Kühlerlüfters durch das Motorsteuergerät über das Kühlerlüfterrelais und der Spannungsversorgung über die Sicherungen F1, FA5, FA6 und die Sicherung FA10. Bei den älteren Varianten mit dem 26-poligen Motorsteuergerät erfolgt die plusseitige Ansteuerung des Relais über die Sicherung FB10. Die neueren Varianten versorgen das Relais über das Entlastungsrelais für die Einspritzung. Für die Fehlersuche ist das zuerst einmal nicht relevant.

Prüfen der Sicherungen

■ Zuerst steht die Prüfung der Spannungsversorgung an.

Die Einbaulage der Sicherungen haben wir im Kapitel 8 unter der Überschrift »Sicherungen und Relais« beschrieben.

Die Prüfung der Sicherung finden Sie dort im Anschluss unter »Messen und Prüfen«.

Prüfungen am Relais

■ Demontieren Sie die Frontverkleidung oben und legen Sie die Arbeitsrelais auf der rechten Seite frei.
■ Ziehen Sie das Relais für den Kühlerlüfter heraus.
■ Stellen Sie das Multimeter auf 20V DC ein.
■ Schließen Sie die rote Messspitze an den Anschluss »30« des Relaisträgers an. Informationen hierzu finden Sie im Kapitel 8 unter der Überschrift »Steckerbelegung Lichtanlage«.
■ Schließen Sie das schwarze Messkabel an der Fahrzeugmasse (oder Batterieminus) an.

Prüfen der Spannungsversorgung:
■ Schalten Sie die Zündung ein.

Sie sollten die Batteriespannung von etwa 12 V ablesen. Ist das nicht der Fall, prüfen Sie nach dem Schaltplan die Leitungen zur Spannungsversorgung.

Funktionsprüfung Lüftermotor und Verkabelung:
■ Überbrücken Sie mit einem Messkabel die Anschlüsse (30 und 87 im Bild 30).

Der Lüftermotor sollte nun bei eingeschalteter Zündung laufen. Ist das nicht der Fall, prüfen Sie die Anschlüsse am Motor und den Motor selbst.

Prüfungen am Lüftermotor

Widerstandsmessung am Lüftermotor:
■ Ziehen Sie den Steckkontakt des Lüftermotors ab.
■ Stellen Sie das Multimeter auf 200 Ω ein.
■ Schließen Sie die rote Messspitze an den einen Anschluss des Lüftermotorsteckers an.
■ Schließen Sie die schwarze Messspitze an den anderen Anschluss des Lüftermotorsteckers an.

Sie sollten einen Widerstand von 2 - 10 Ω messen können. Fällt das Messergebnis deutlich größer oder kleiner aus, ersetzen Sie den Kühlerlüftermotor.

Spannungsmessung am Stecker für den Lüftermotor:
■ Ziehen Sie den Steckkontakt des Lüftermotors ab.
■ Stellen Sie das Multimeter auf 20V DC ein.
■ Überbrücken Sie mit einem Messkabel die Anschlüsse (30 und 87 im Bild 30).

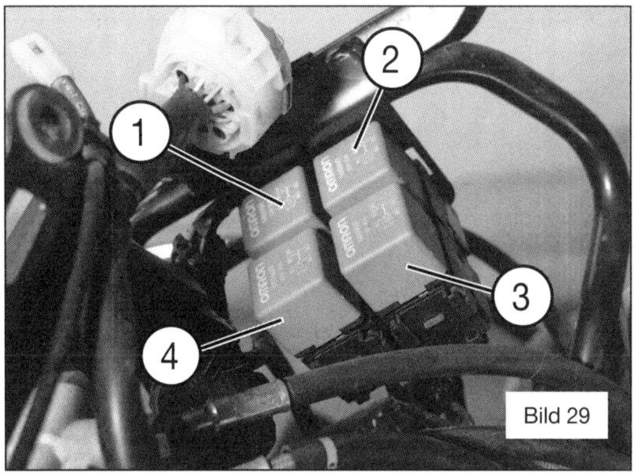

Bild 29

Bild 29
Relais vor dem Tachometer unter der Frontverkleidung oben.
1 Hupenrelais
2 Einspritzrelais
3 Kühlerlüfterrelais
4 Scheinwerferrelais

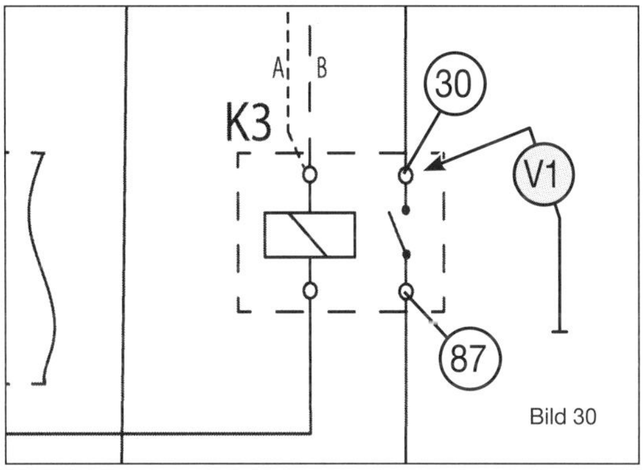

Bild 30

Bild 30
Prüfungen am Relais.
30 Spannungsversorgung Plus (hier Dauerplus)
87 Relaisschalterausgang
V1 Spannungsmessung gegen Masse

■ Schließen Sie die rote Messspitze an den einen Anschluss des Lüftermotoranschlusses an.
■ Schließen Sie das schwarze Messkabel an der Fahrzeugmasse (oder Batterieminus) an.
■ Schalten Sie die Zündung ein.

Sie sollten die Batteriespannung von etwa 12 V ablesen. Ist das nicht der Fall, prüfen Sie nach dem Schaltplan die Leitungen zur Spannungsversorgung.

Spannungsverlustmessung am Lüftermotor

Grundsätzlich könnten auch die Versorgungsleitungen oder auch Anschlusspunkte in der Verdrahtung einen Übergangswiderstand gebildet haben und so die Funktion des Lüftermotors verhindern.

Um das Kühlerlüfterrelais auszuschließen, überbrücken wir zuerst seine Schaltkontakte.

■ Demontieren Sie die Frontverkleidung oben und legen Sie die Arbeitsrelais auf der rechten Seite frei.
■ Ziehen Sie das Relais für den Kühlerlüfter heraus.
■ Überbrücken Sie mit einem Messkabel die Anschlüsse (30 und 87 im Bild 30).
■ Stellen Sie das Multimeter auf 20V DC ein.

Sichtprüfung Messen

Spannungsverlustmessung plusseitig:

- Kontrollieren Sie den Zustand des Steckkontaktes zum Lüftermotor und lassen Sie ihn aufgesteckt.
- Schließen Sie die rote Messspitze an den einen Anschluss des Lüftermotoranschlusses (angeschlossener Lüftermotor) an.
- Schließen Sie das schwarze Messkabel an dem Batterieplusanschluss an.
- Schalten Sie die Zündung ein.

Sie sollten die Batteriespannung von höchstens 0,5 V ablesen können. Liegt diese höher, ist die Plus-Spannungsversorgung zumindest über einen Übergangswiderstand unterbrochen.

Spannungsverlustmessung masseseitig:

- Schließen Sie die rote Messspitze an den anderen Anschluss des Lüftermotoranschlusses (angeschlossener Lüftermotor) an.
- Schalten Sie die Zündung ein.

Sie sollten die Batteriespannung von höchstens 0,5 V ablesen können. Liegt diese höher, ist die Masse-Spannungsversorgung zumindest über einen Übergangswiderstand unterbrochen. Prüfen Sie die Massepunkte am Rahmen.

Prüfung über den Stellgliedtest

Die Ansteuerung des Kühlerlüftermotors erfolgt über das Motorsteuergerät. Bei »werksnahen« Testgeräten ist es möglich, den Lüftermotor über einen »Stellgliedtest« anzusteuern und so die Ansteuerung leicht über den Diagnoseanschluss zu prüfen.

Widerstandsmessung am Temperaturfühler

Als Grundlage für das Zuschalten des Lüftermotors wird der gleiche Temperaturfühler wie für die Gemischanpassung verwendet.

Der Messwert des Motortemperaturfühlers kann so auch über die »Livedaten« dargestellt und bewertet werden.

Die Prüfung des Temperaturfühlers haben wir im Kapitel 9 »Zünd- und Einspritzsysteme« im Bereich »Messen und Prüfen« unter der Überschrift »Motortemperaturfühler« ausführlich mit entsprechenden Messwerttabellen beschrieben.

Schaltplan Kühlsystem

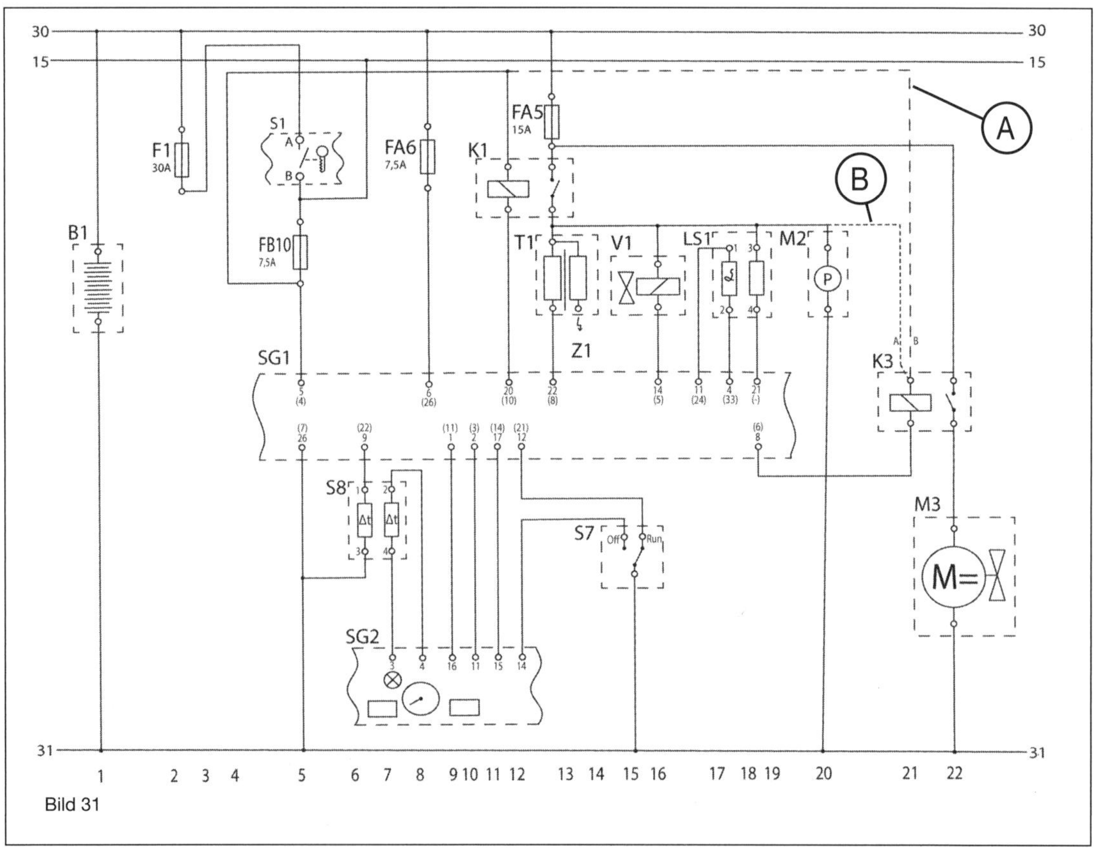

Bild 31
Schaltplan Kühlerlüfter.
Gestrichelte Linie:
A 26-Pin Steuergerät
B 34-Pin Steuergerät
(Pin Motorsteuergerät in Klammern Belegung 34-Pin Steuergerät)
B1 Batterie
FA5 Sicherung Nr. 5 (Sicherungsträger Batterie)
FA6 Sicherung Nr. 6 (Sicherungsträger Batterie)
FB10 Sicherung Nr. 10 (Sicherungsträger Trittbrett)
K1 Einspritzrelais
K3 Kühlerlüfterrelais
M2 Kraftstoffpumpe
M3 Kühlerlüftermotor
S1 Zündschloss
S7 Killschalter
S8 Wassertemperaturfühler
SG1 Motorsteuergerät
SG2 Tachometer
SG3 Steuergerät Kippsperre
T1 Zündspule
V1 Einspritzventil
Z1 Zündkerze

15 Schmiersystem

Alle Stellen im Motor, an denen Metalle aufeinander gleiten, müssen ständig mit Öl versorgt werden: Kolben, Zylinderlaufbahnen, die Lager von Kurbelwelle und Nockenwelle. Das Triebwerk des MP3s hielte lediglich einige wenige Minuten ohne passende Schmierung durch.

Der Ölkreislauf

Auffällig ist zunächst einmal, dass der MP3 kein Schauglas wie die meisten Motorräder besitzt, in dem der Motorölstand bewertet werden kann. Der Ölstand wir ganz klassisch über einen Peilstab ermittelt. Hierbei ist es sehr wichtig, dass das Fahrzeug auf einer geraden Ebene steht. Damit das Öl seine Aufgabe erfüllen kann, strömt es im Motorblock durch ein System von Leitungen und feinen Bohrungen an die unterschiedlichen Schmierstellen.
Eine wichtige Rolle in diesem Kreislauf spielt die Ölpumpe. Sie holt das Motoröl aus dem Motorblock und drückt es in die Leitungen. Zuvor muss die Flüssigkeit den im Hauptstrom des Schmiersystems sitzenden Ölfilter passieren. Dort werden Verunreinigungen wie Ruß, Metallabrieb und Staub herausgefiltert. Ein Überdruckventil im Motorblock öffnet bei zu hohem Druck, sodass ein Teil des Öls in den Motorblock zurückfließen kann und der Druck auf etwa 3 bar reduziert wird. Überwacht wird der Druck des Systems über den Öldruckschalter im Kupplungsdeckel.

Die Ölauswahl

Piaggio gibt für das Motoröl eine Viskosität nach SAE (**S**ociety of **A**utomotive **E**ngineers) an. Die Qualität wird weiterhin über die Normung der API (**A**merican **P**etroleum **I**nstitute) definiert. Achten Sie darauf, dass der Ölhersteller Ihre Motorvariante aufschlüsseln kann. Die Angaben in den Werkstatthandbüchern entsprechen im günstigsten Fall dem Zeitpunkt der Drucklegung. Die Öl-Hersteller entwickeln allerdings stetig weiter. So kann es sein, dass das Öl, die Empfehlung im Fahrerhandbuch, nicht mehr im Handel erhältlich ist. Ein aktuelles Produkt lässt sich aber über die Fahrzeugtypenlisten der Ölhersteller aufschlüsseln. Als Richtwert geben wir Ihnen die Viskositäten in der folgenden Tabelle an.

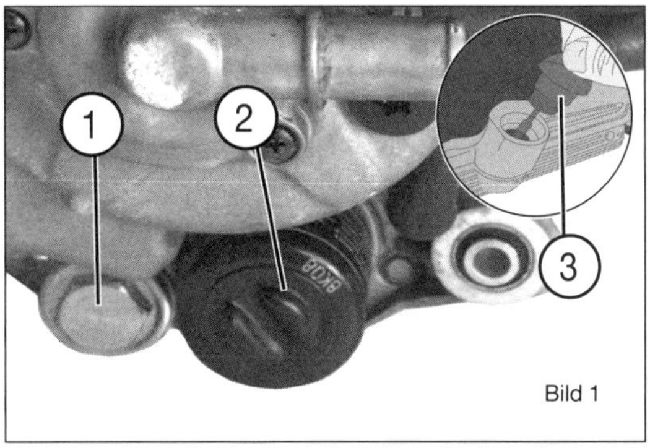

Bild 1

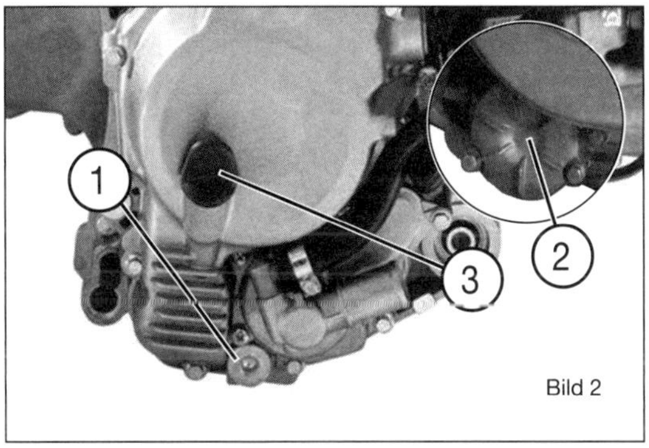

Bild 2

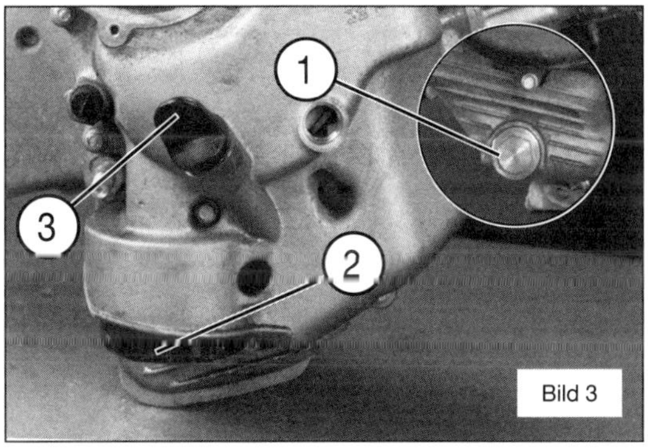

Bild 3

Bild 1
Montageposition mit 125 cm^3 und 250 cm^3.
1 Ablassschraube mit Siebfilter
2 Filterpatrone
3 Ölpeilstab

Bild 2
Montageposition bei 350 cm^3-Motoren.
1 Ablassschraube mit Siebfilter
2 Ölfilter
3 Ölpeilstab

Bild 3
Montageposition bei 350 cm^3-Motoren.
1 Ablassschraube mit Siebfilter
2 Ölfilter
3 Ölpeilstab

Motorisierung (Füllmenge)	*Ölviskosität*
MP3 125 (1,0 l)	SAE 5W40 (API SL)
MP3 250 (1,3 l)	SAE 5W40 (API SL)
MP3 300 (1,3 l)	SAE 5W40 (API SL)
MP3 350 (1,5 l)	SAE 15W50 (API SJ)
MP3 400 (1,7 l)	SAE 5W40 (API SL)
MP3 500 (1,7 l)	SAE 5W40 (API SL)

Achten Sie auf die Freigaben bei der Auswahl des Motoröls. Informationen finden Sie auf den Ölbehältern oder den Herstellerseiten des Öls im Internet. Auch Ihr örtlicher Händler (freier Händler oder Piaggio-Händler)kann Sie hier sehr gut beraten.

Ölwechsel

Die Einhaltung der Ölwechselintervalle sind sehr wichtig. Auch bei Motoren mit langer Standzeit müssen Sie darauf achten, dass Sie regelmäßig das Motoröl wechseln und natürlich auch die anderen Wartungspunkte beachten, die wir Ihnen im Wartungsplan im Kapitel 5 zusammengestellt haben.

Ölstand kontrollieren

- Stellen Sie das Fahrzeug auf einer ebenen Fläche auf dem Hauptständer ab.
- Lassen Sie den Motor abkühlen.
- Drehen Sie den Ölpeilstab (3 in den Bildern 1 bis 3) heraus und wischen ihn mit einem sauberen Lappen ab.
- Drehen Sie den Ölstab bis Anschlag in das Gewinde ein und drehen Sie ihn erneut heraus.
- Lesen Sie den Ölstand am Ölstab ab.

Er sollte zwischen der Maximummarkierung (A im Bild 4) und der Minimummarkierung (B) liegen.

Motoröl und Ölfilter wechseln

- Lassen Sie den Motor abkühlen.
- Stellen Sie einen geeigneten Auffangbehälter unter die Ablassschraube. Er sollte ein Fassungsvermögen von 3 l aufweisen.
- Reinigen Sie den Bereich um die Ablassschraube (1 in den Bildern 1 bis 3) gründlich.
- Lösen Sie die Einfüllschraube (1 im Bild 1 bis 3), damit die Luft in den Motorblock nachströmen kann.
- Drehen Sie die Ablassschraube (1 in den Bildern 1 bis 3) heraus.
- Lassen Sie das Motoröl vollständig ablaufen.
- Reinigen Sie den Siebfilter (1 im Bild 5) in der Ablassschraube gründlich.
- Setzen Sie eine neue Dichtung auf die Ablassschraube (1 in den Bildern 1 bis 3) auf und drehen Sie sie wieder ein.
- Ziehen Sie die Ablassschraube (1) auf Drehmoment fest.

Fahrzeuge mit Ölfilterpatrone:

- Drehen Sie die Ölfilterpatrone (2) heraus.
- Lassen Sie das Restöl in den Auffangbehälter ablaufen oder abtropfen.
- Wischen Sie das Restöl an der Filteraufnahme ab.

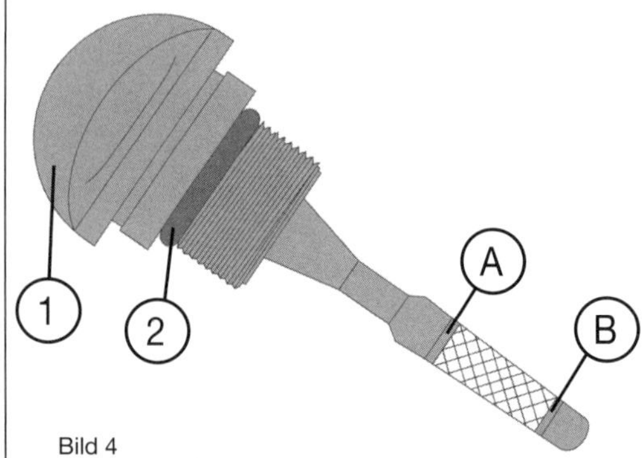

Bild 4

Bild 4
Ölpeilstab.
1 Peilstab
2 Dichtring
A Maximummarkierung
B Minimummarkierung

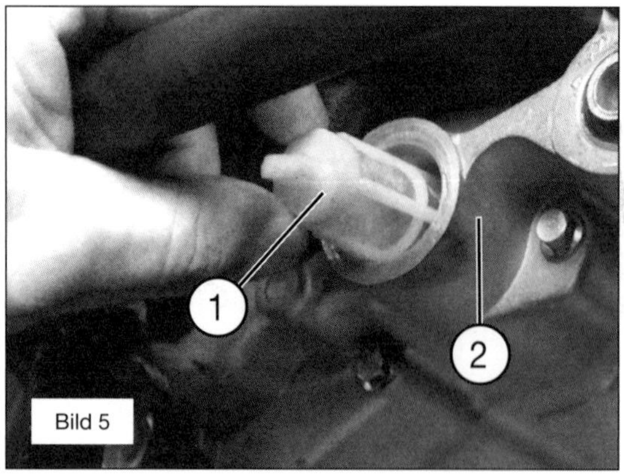

Bild 5

Bild 5
Vorfilter.
1 Siebfilter in der Ablassschraube
2 Motorgehäuse

- Tragen Sie etwas Öl auf den Dichtring als Montagehilfe auf.
- Ziehen Sie die neue Ölfilterpatrone handfest an.

Fahrzeuge mit Ölfiltereinsatz (mit Schraubdeckel):

- Drehen Sie den Deckel zum Ölfiltereinsatz gegen den Uhrzeigersinn los.
- Drehen Sie den Deckel zum Ölfiltereinsatz heraus und nehmen Sie ihn ab.
- Lassen Sie das Restöl ablaufen.
- Nehmen Sie den Ölfiltereinsatz heraus und entsorgen Sie ihn fachgerecht.
- Reinigen Sie das Filtergehäuse im Motorblock und den Ölfilterdeckel gründlich.
- Setzen Sie den neuen Ölfilter mit neuen Dichtungen ein. Tragen Sie etwas Öl auf die Dichtringe als Montagehilfe auf.
- Montieren Sie den Ölfilterdeckel wieder und ziehen Sie ihn auf Drehmoment fest.

Fahrzeuge mit Ölfiltereinsatz (mit verschraubtem Ölfilterdeckel):

- Drehen Sie die Schrauben des Ölfilterdeckels gegen den Uhrzeigersinn los.

■ Nehmen Sie den Deckel zum Ölfiltereinsatz heraus.
■ Lassen Sie das Restöl ablaufen.
■ Nehmen Sie den Ölfiltereinsatz heraus und entsorgen Sie ihn fachgerecht.
■ Reinigen Sie das Filtergehäuse im Motorblock und den Ölfilterdeckel gründlich.
■ Setzen Sie den neuen Ölfilter mit neuen Dichtungen ein. Tragen Sie etwas Öl auf die Dichtringe als Montagehilfe auf.
■ Montieren Sie den Ölfilterdeckel wieder und ziehen Sie ihn auf Drehmoment fest.

Weiter für alle Fahrzeugvarianten:
■ Füllen Sie etwa 2/3 der in der Tabelle für die Ölauswahl angegebenen Menge über die Öleinfüllschaube auf.
■ Kontrollieren Sie den Motorölstand, wie bereits beschrieben. Füllen Sie dann die erforderliche Restmenge auf.

Bauteil	*Drehmoment*
Ablassschraube bis 350 cm³	18 Nm
Ablassschraube 400 und 500 cm³	25 Nm
Öleinfüllschraube	15 Nm
Ölfilter bis 350 cm³	8 Nm
Ölfilter 400 und 500 cm³	15 Nm
Ölfiltergehäuse	7 Nm

Öldruckschalter

Der Öldruckschalter ist auf der rechten Motorseite im unteren Bereich des Generatordeckels, im Motorblock verbaut (Bild 6). Bei den kleineren Motoren seitlich vor dem Generatordeckel, bei den 400er und 500er Motoren zwischen Ölfilter und Wasserpumpe im Generatordeckel (Bild 7).

Aus- und Einbau des Öldruckschalters

■ Lassen Sie den Motor abkühlen.
■ Ziehen Sie die Gummiabdeckung vom Öldruckschalter (2 in den Bildern 6 und 7) ab.
■ Ziehen Sie den Anschlussstecker ab.
■ Drehen Sie den Öldruckschalter gegen den Uhrzeigersinn heraus.

Die Montage erfolgt sinngemäß in umgekehrter Reihenfolge.
■ Reinigen Sie den Bereich um den Öldruckschalter und das Gewinde gründlich.
■ Tragen Sie etwas Flüssigdichtmasse auf das Gewinde des Öldruckschalters auf.
■ Drehen Sie den Öldruckschalter ein und ziehen Sie ihn auf Drehmoment an.

Bauteil	*Drehmoment*
Öldruckschalter	13 Nm

Prüfen des Öldruckschalters

Seitens des Herstellers gibt es keine spezielle Prüfanweisung für den Oldruckschalter. In der Regel sind Druckschalter mit einem Öffnungsdruck vom 0,6 bar verbaut. Vereinzelt ist der Druck mit einer Prägung auf den Schlüsselflächen vermerkt.
■ Bauen Sie den Öldruckschalter wie bereits beschrieben aus.
■ Den Öldruckschalter (1 in den Bildern 6 und 7) in das Prüfgerät einschrauben.
■ Bauen Sie das Prüfgerät mit der Messuhr (5 im Bild 8) an einen Druckminderer (2) an.
■ Drehen Sie den Druck langsam von 0 bar an langsam höher.

Bei einem Druck von 0,6 bar sollte der einpolige Schalter die Verbindung zum Metallkörper des Schalters unterbrechen.

Es gibt Öldruckschalter mit unterschiedlichen Auslösedrücken. Achten

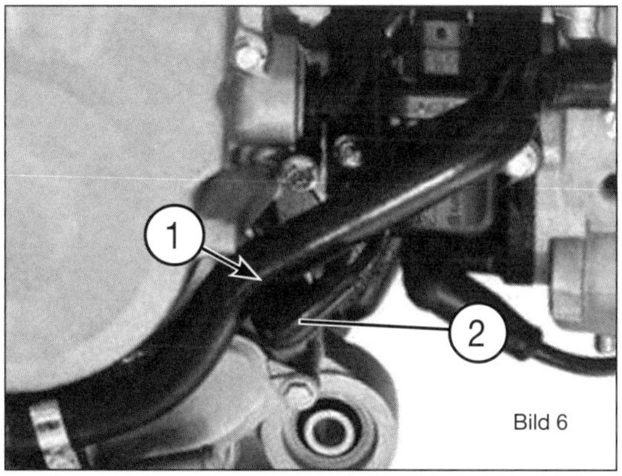

Bild 6
Öldruckschalter bis 350 cm³-Motoren.
1 Öldruckschalter
2 Anschlusskabel und Gummiabdeckung

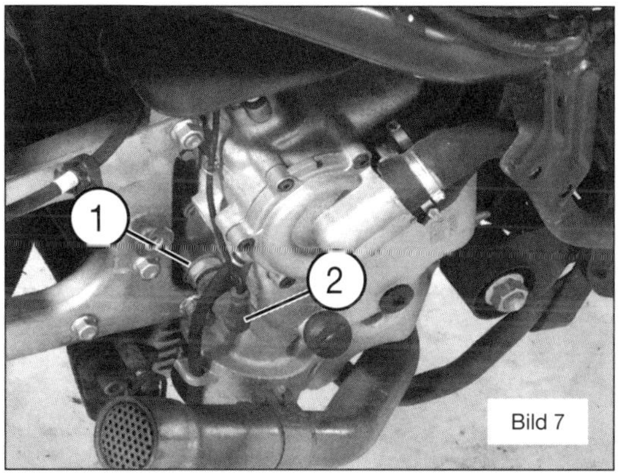

Bild 7
Öldruckschalter 400 cm³ bis 500 cm³-Motoren.
1 Öldruckschalter
2 Anschlusskabel und Gummiabdeckung

Sie auf die Einprägung am Metallkörper (Sechskant des Öldruckschalters oder der Produktbeschreibung des Herstellers).

Die Montage erfolgt sinngemäß in umgekehrter Reihenfolge.

- Reinigen Sie den Bereich um den Öldruckschalter und das Gewinde gründlich.
- Tragen Sie etwas Flüssigdichtmasse auf das Gewinde (nicht in die Messöffnung einbringen) des Öldruckschalters auf.
- Drehen Sie den Öldruckschalter ein und ziehen Sie ihn mit dem unten in der Tabelle angegebenen Drehmoment an.

Bauteil	*Drehmoment*
Öldruckschalter	13 Nm

Ölpumpe

Die Ölpumpe versteckt sich im unteren Teil des Motors im Motorblock. Sie fördert das Öl über den Siebfilter aus der Ölwanne heraus. Das Öl wird durch den Ölfilter gepresst und an die Schmierstellen geleitet.

Aus- und Einbau der Ölpumpe (Motoren bis 300 cm³)

Die Ölpumpe ist auf der Variomatikseite (Motorseite links) verbaut.

- Lassen Sie den Motor abkühlen.

Ausbau der Ölwanne:

- Lassen Sie das Motoröl wie bereits beschrieben ab.
- Drehen Sie die Schrauben der Ölwanne (1 im Bild 9) heraus.
- Nehmen Sie die Ölwanne (2) vorsichtig vom Motorblock ab.
- Nehmen Sie die Kolbenfeder und den Steuerkolben für den Öldruck aus der Ölwanne heraus.
- Achten Sie auf den Verbleib der Passhülsen (A).

Ausbau der Ölpumpe:

- Bauen Sie die Ölwanne wie beschrieben ab.
- Fixieren Sie das Ölpumpenrad mit einem Sechskantschlüssel und lösen Sie die Zentralschraube des Ölpumpenrads (1 im Bild 10).
- Drehen Sie die Zentralschraube heraus

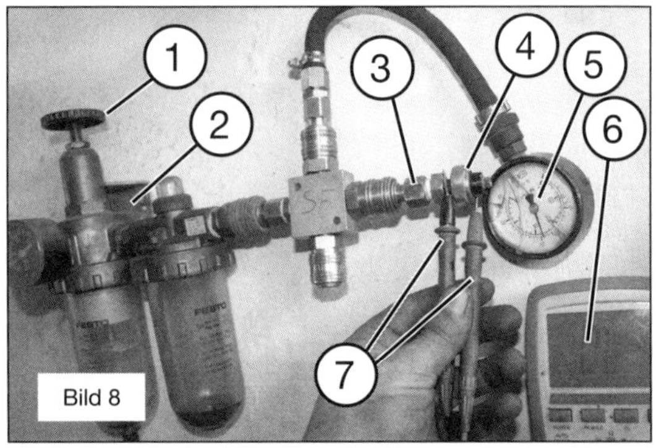

Bild 8
Prüfadapter aus dem Eigenbau:
1 Handrad zur Druckeinstellung
2 Druckminderer
3 Adapterstück
4 Öldruckschalter
5 Druckmessuhr mit Anschlussschlauch
6 Multimeter
7 Messspitzen zur Widerstandsmessung

und nehmen Sie das Antriebsrad der Ölpumpe (1) von der Ölpumpe (3) ab.

- Nehmen Sie das Antriebsrad der Ölpumpe aus der Antriebskette heraus.
- Drehen Sie die beiden Schrauben (4) heraus.
- Hebeln Sie die Ölpumpe von der Dichtung darunter ab.
- Entfernen Sie die alte Dichtung gründlich vom Motorblock und der Ölpumpe.

⚠ Achten Sie darauf, dass keine Rückstände in die Bohrungen oder den Motorblock geraten.

Aus- und Einbau der Ölpumpe (Motoren mit 350 cm³)

Bei den 350er-Motoren erfolgt der Antrieb der Ölpumpe wie bei den kleineren Motoren bis 300 cm³ über eine Antriebskette, allerdings

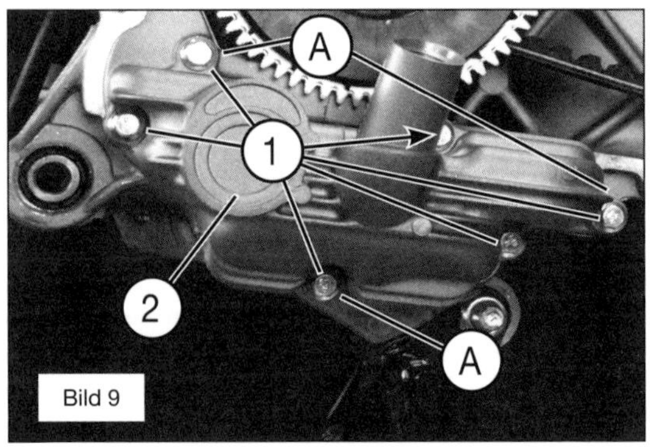

Bild 9
Demontage der Ölwanne (Motoren bis 300 cm³).
1 Schrauben
2 Ölwanne
A Einbauposition Passhülsen

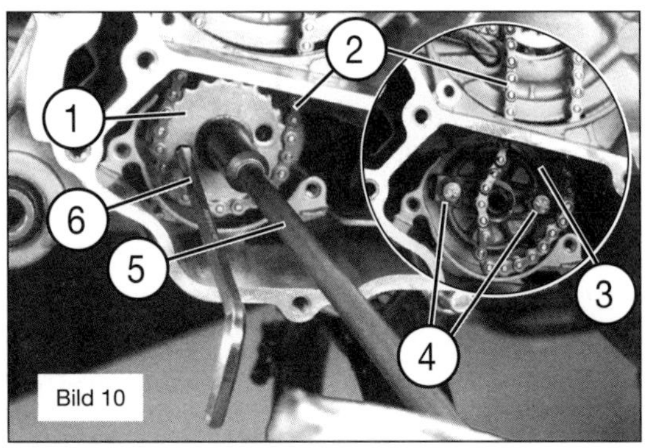

Bild 10
Demontage Ölwanne (Motoren bis 300 cm³).
1 Antriebsrad Ölpumpe
2 Antriebskette Ölpumpe
3 Ölpumpe
4 Schrauben
5 Steckschlüssel
6 Sechskantschlüssel zum Gegenhalten

auf der Generatorseite wie bei den beiden großen Motoren mit 400 cm³ und 500 cm³.

- Lassen Sie das Motoröl wie bereits beschrieben ab.
- Demontieren Sie den Generatordeckel und den Generatorrotor. Die Arbeitsschritte dazu haben wir im Kapitel 6 unter der Überschrift »Generator und Generatorregler« bereits beschrieben.
- Demontieren Sie die Kettenführungsschiene am Motorblock.
- Fixieren Sie das Ölpumpenrad mit einem Sechskantschlüssel und lösen Sie die Zentralschraube des Ölpumpenrads (1 im Bild 10).

Achtung: Es handelt sich um eine Linksgewindeschraube! Das Lösen der Schraube erfolgt im Uhrzeigersinn.

- Drehen Sie die Zentralschraube heraus und nehmen Sie das Antriebsrad der Ölpumpe (1) von der Ölpumpe (3) ab.
- Drehen Sie die beiden Schrauben der Ölpumpe heraus.
- Hebeln Sie die Ölpumpe von der Dichtung darunter ab.
- Entfernen Sie die alte Dichtung gründlich vom Motorblock und der Ölpumpe.

Achtung: Achten Sie darauf, dass keine Rückstände in die Bohrungen oder den Motorblock geraten.

Aus- und Einbau der Ölpumpe (Motoren mit 400 cm³ und 500 cm³)

Bei den großen Motoren wird die Ölpumpe über ein Antriebszahnrad angetrieben. Versteckt ist sie im mittleren Motorblock, verschraubt auf der rechten Motorblockseite. Die Demontagebeschreibungen sind für dieses Buch zu umfangreich. Wir informieren Sie über die Einbauposition (Bild 11).

Tipp: Soweit Sie die Ölpumpe im Rahmen der Motordemontage ausgebaut und eventuell zerlegt haben:

- Erneuern Sie die Dichtung der Ölpumpe zum Motorblock.
- Prüfen Sie zum Abschluss nach der Montage und der Neubefüllung den Öldruck.

Bauteil	*Drehmoment*
Schrauben Ölwanne	13 Nm
Zentralschraube Ölpumpenrad	12 Nm
Gehäuseschrauben Ölpumpe	0,7 Nm

Bild 11
Ölpumpe an Motoren mit 400 cm³ und 500 cm³.
1 Ölpumpenantriebsrad
2 Schrauben
3 Ansaugbohrung Ölpumpe
4 Schrauben
5 Abdeckung Ölpumpe

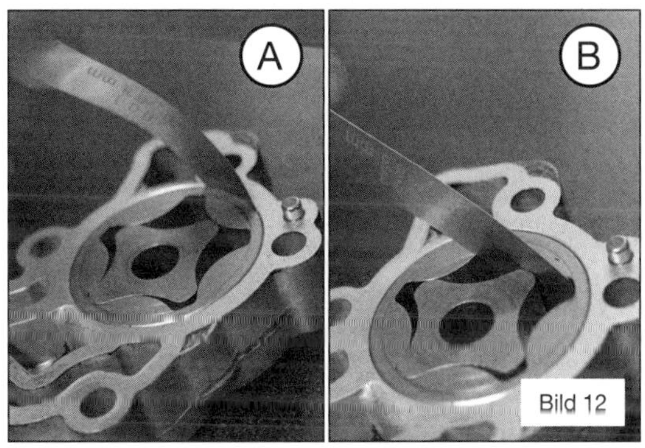

Bild 12
Verschleißprüfung an der Ölpumpe.
A Spiel zwischen Außenrotor und Gehäuse
B Spiel zwischen Innenrotor und Außenrotor

Prüfung der Ölpumpe

Die folgende Beschreibung soll Ihnen helfen, den Verschleiß oder Schäden an der Ölpumpe zu bewerten.

- Bauen Sie die Ölpumpe wie bereits beschrieben aus.
- Drehen Sie die beiden Schrauben auf der Rückseite der Ölpumpe heraus.
- Zerlegen Sie die Ölpumpe und reinigen Sie die Bauteile gründlich.

Kontrollieren Sie den Innenrotor und den Außenrotor auf Verschleißspuren und Riefen.

Prüfen Sie mit einer Fühlerlehre das Spiel (A) zwischen Außenrotor und dem Gehäuse (Laufspiel im Gehäuse).

Prüfen Sie mit einer Fühlerlehre das Spiel (B) zwischen Innenrotor und Außenrotor (Laufspiel der Rotoren).

Bild 13
Messaufbau zur Öldruckprüfung.
1 Anschluss Batterieplus
2 Anschluss am Öldruckschalter
3 Druckmessuhr
4 LED (Kontrolllampe)
5 Ventilsteller
6 Anschluss am T-Stück für den Öldruckschalter oder am Anschlussgewinde

Prüfen Sie das Höhenspiel der Rotoren zur Montagefläche der Abdeckung auf der Rückseite (Rotoren Höhenspiel).

Messung	*bis 350 cm³*	*400 cm³ und 500 cm³*
Laufspiel Gehäuse	0,20 mm	0,25 mm
Laufspiel Rotoren	0,12 mm	0,12 mm
Rotorenhöhenspiel	0,09 mm	0,10 mm

Öldruckprüfung

Die Öldruckprüfung liefert die Messwerte, die Ihnen anzeigen, ob eine ausreichende Schmierstoffversorgung gewährleistet ist.

- Lassen Sie den Motor abkühlen.

Kontrollieren Sie den Ölstand und korrigieren Sie ihn gegebenenfalls.

- Reinigen Sie den Bereich um den Öldruckschalter (1 in den Bildern 6 und 7) gründlich.
- Drehen Sie den Öldruckschalter heraus.
- Drehen Sie den Anschluss (6 im Bild 13) mit dem passenden Adapter in die Bohrung des Öldruckschalter (1) ein.
- Lassen Sie den Motor warm laufen.
- Erhöhen Sie die Motordrehzahl bei warmem Motor auf 6000 1/min.

Lesen Sie den Öldruck ab. Er sollte bei etwa 3,2 bis 4,2 bar liegen.

Ölverbrauchsmessung

Der Motor verbraucht Öl, weil es teilweise in den Verbrennungsraum gelangt und dort verbrennt. Ein undichter Motor, defekte Ventilschaftabdichtungen, auch falsch eingebaute Kolbenringe oder zu viel Spiel zwischen Ventilführung und Ventilschaft treiben den Verbrauch in die Höhe. Wenn der Motor technisch in Ordnung ist, verbraucht er allerdings so wenig, dass zwischen den Ölwechselintervallen nichts oder nur eine geringe Menge nachgefüllt werden muss.

Die Kontrolle fällt durch die Bauweise des Motors etwas schwieriger aus. Das Motoröl sammelt sich nach dem Abstellen des Motors in der Ölwanne, wird zum Teil aber noch im Motorblock an den Wandungen hängen. Um eine sichere Aussage treffen zu können, stellen Sie den Roller auf einer geraden Ebene ab und warten etwa

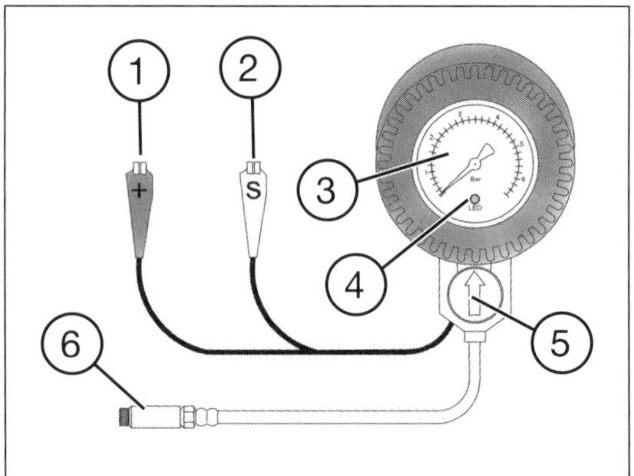

Bild 13

20 Min., bis das Öl zurückgelaufen ist. Um eine Aussage zum Ölverbrauch treffen zu können reicht es aus, die Ölmenge auf 50 ml genau bestimmen zu können.

- Bringen Sie das Fahrzeug auf Betriebstemperatur (etwa 80 °C) und stellen Sie das Fahrzeug genau gerade auf einer ebenen Fläche ab.
- Warten Sie die bereits erwähnten 20 Minuten ab.
- Kontrollieren Sie den Ölstand am Peilstab sehr genau.

Der Ölstand darf nicht über der Maximum-Markierung stehen.

Der Ölstand muss eindeutig erkennbar sein. Alternativ können Sie das Öl in einen Messbecher ablaufen lassen und wieder einfüllen.

Auswertung Ölverbrauch

- Nach etwa 500 bis 1000 km Fahrtstrecke wiederholen Sie die Messung.
- Füllen Sie mit einem Messbecher, soweit erforderlich, den Ölstand bis zur Markierung (auf dem Ölstab) auf. Gehen Sie hier in kleinen Schritten vor (etwa 100 ml).

Berechnen Sie den Ölverbrauch nach der folgenden Formel:

$$\frac{\text{Nachfüllmenge (in Litern)} \times 1000}{\text{Zurückgelegte Strecke (in km)}}$$

Das Ergebnis ergibt den Ölverbrauch auf 1000 km. Angaben hierzu liegen uns seitens des Herstellers nicht vor. Als »Normal« werden noch 1,5 l bezeichnet.

Üblich ist ein Ölverbrauch bis etwa 0,8 Liter auf 1000 km.

Geführte Fehlersuche

A Ölkontrollleuchte flackert im Leerlauf

Aufgabe	Information	Ergebnis (Sollwerte)
1 Prüfen Sie den Ölstand	Kontrollieren Sie den Ölstand und füllen Sie ihn gegebenenfalls auf	Stand auf Maximum
2 Prüfen Sie den Öldruckschalter	Öldruckschalter auf Funktion prüfen Anschlusskabel und Anschluss am Öldruckschalter prüfen	-
3 Prüfen Sie den Öldruck	Öldruckmessung auch im Leerlauf durchführen	Leerlauf ca 0,6 bar 4000 1/min 3,0 bar
4 Ölwechsel mit Filter durchführen	Um die Ölqualität sicherzustellen, führen Sie einen Ölwechsel durch	-
5 Prüfen Sie den Öldruckregler	Kontrollieren Sie, ob Schäden oder Verschmutzungen das Druckregelventil am Schließen hindern	-
6 Prüfen Sie den Zustand der Ölpumpe	Siehe »Prüfung der Ölpumpe« in diesem Kapitel	-

B Ölkontrollleuchte geht nicht aus

Aufgabe	Information	Ergebnis (Sollwerte)
1 Prüfen Sie den Ölstand	Kontrollieren Sie den Ölstand und füllen Sie ihn gegebenenfalls auf	Stand auf Maximum
2 Prüfen Sie den Öldruckschalter	Öldruckschalter auf Funktion prüfen Anschlusskabel und Anschluss am Öldruckschalter prüfen	-
3 Ölwechsel mit Filter durchführen	Um die Ölqualität sicherzustellen, führen Sie einen Ölwechsel durch	-
4 Prüfen Sie den Öldruckregler	Kontrollieren Sie, ob Schäden oder Verschmutzungen das Druckregelventil am Schließen hindern	-
5 Prüfen Sie den Zustand der Ölpumpe	Siehe »Prüfung der Ölpumpe« in diesem Kapitel	-

C Öldruck ist zu niedrig

Aufgabe	Information	Ergebnis (Sollwerte)
1 Prüfen Sie den Ölstand	Kontrollieren Sie den Ölstand und füllen Sie ihn gegebenenfalls auf	Stand auf Maximum
2 Prüfen Sie den Öldruckregler	Kontrollieren Sie, ob Schäden oder Verschmutzungen das Druckregelventil am Schließen hindern	-
3 Kontrollieren Sie den Ölfilter	Kontrollieren Sie, ob sich das Ölfiltersieb oder der Ölfilter zugesetzt hat	-

D Ölverbrauch ist zu hoch

Aufgabe	Information	Ergebnis (Sollwerte)
1 Ölwechsel durchführen	Um die Ölqualität sicherzustellen, führen Sie einen Ölwechsel durch und wiederholen Sie die Verbrauchsmessung	Weniger als 0,8 l / 1000 km
2 Ventilschaftdichtungen erneuern	Für diese Arbeiten muss der Motor ausgebaut und zerlegt werden. Diese Arbeiten sollten Sie in erfahrene Hände vergeben	-
3 Zylinderverschleiß prüfen		

16 Rad und Reifen

Bild 1
Laufrichtungspfeil auf der Reifenflanke des Reifens.

Bedenkt man, dass die Reifen mit einer verblüffend kleinen Aufstandsfläche in allen Fahrsituationen den Kontakt zur Fahrbahn herstellen, wird schnell deutlich, wie viel von dem Zustand der Räder und Reifen abhängt. Natürlich nicht nur von den Reifen, aber sie sind ein entscheidender Faktor und somit ein gewichtiger Grund sie genauer unter die Lupe zu nehmen.

Rad und Reifen in der Serie

Die gesetzliche Situation ist deutlich unklar. Es ist nicht mehr ausreichend den Reifen nach Größe, Traglast und Geschwindigkeitsindex auszuwählen und dann in der richtigen Laufrichtung zu montieren.

Auch wenn die Prüfstelle im Rahmen der Hauptuntersuchung keine Beanstandung hatte, kann die nächste Polizeikontrolle aufgrund einer eventuell nicht erteilten Reifenfreigabe den Verlust der Betriebserlaubnis zur Folge haben.

Serienräder am Piaggio MP3
In den unterschiedlichen Modellreihen und Hubraumklassen wurden unterschiedliche Bereifungen und Räder verbaut. Beachten Sie beim Neukauf der Reifen oder der Umrüstung von Felgen die verbauten, beziehungsweise die in den Fahrzeugpapieren angegeben Dimensionen für die Felgen und die Reifen. Eine Veränderung macht immer eine Eintragung erforderlich.

MP3	Einbau	Felge	Reifen
125	vorne	12 x 3.00	120/70-12
	hinten	12 x 3.00	130/70-12
		14 x 3.75	130/60-14
250	vorne	12 x 3.00	120/70-12
	hinten	12 x 3.00	130/70-12
300	vorne	13 x 3.00	110/70-13
	hinten	14 x 3.75	140/60-14
350	vorne	13 x 3.00	110/70-13
	hinten	14 x 4,50	140/70-14
400	vorne	12 x 3.00	120/70-12
	hinten	14 x 4,50	140/70-14
500	vorne	13 x 3.00	110/70-13
	hinten	14 x 4,50	140/70-14

Bild 1

Ab dem 1.1.2025 gilt für die Fahrzeuge ohne EU-Zulassung die Reifenbindung wieder für die Reifen, die bei der nationalen Zulassung eingetragen wurden. Abweichende Hersteller oder Reifentypen sollten Sie mit der Prüfstelle Ihres Vertrauens besprechen und eventuell sogar eintragen lassen.

Bedeutung der Bezeichnungen
Anhand der Reifenbezeichnungen der Serienbereifung an Ihrem Piaggio MP3 möchten wir Ihnen die Bedeutung der Reifenbezeichnungen an dem Beispiel des Vorderrads vorstellen (110/70-17 M/C 48S):

Kürzel	*Bedeutung (Abmessung)*
110	Reifenbreite der Lauffläche in mm (120 mm)
70	Prozentuale Angabe der Höhe der Reifenflanke zur Reifenbreite (70 % der Reifenbreite)
Z	Kennziffer für die Höchstgeschwindigkeit (über 240 km/h)
R	Reifenbauweise (Radial gewickelte Karkasse)
17	Felgendurchmesser in Zoll (17 Zoll)
M/C	Motorradreifen
58	Tragfähigkeit pro Reifen (263 kg)
W	Höchstgeschwindigkeit des Reifens (bis 270 km/h)
TT	TubeTyp = Reifen mit Schlauch
TL	Tubeless = Schlauchloser Reifen

Eine vollständige Auflistung der Tragfähigkeit können Sie im Internet unter dem Suchbegriff »Lastindex« (LI) finden.

Eine vollständige Auflistung der Kennziffern für die Höchstgeschwindigkeit können Sie im Internet unter dem Suchbegriff »Speedindex« (SI) finden.

Laufrichtung des Reifens (Bild1)

Die Reifen, das heißt die Karkasse und das Profil, sind für bestimmte Aufgaben hinsichtlich Walkverhalten, Haftung und Wasserabfuhr konstruiert. Entsprechend ist es sinnvoll, die Laufrichtung verbindlich festzulegen. Auf der Reifenflanke finden Sie einen (oder auch mehrere) Pfeile, die die Laufrichtung vorgeben. Der Pfeil zeigt in die Drehrichtung bei Vorwärtsfahrt.

Achten Sie bei der Reifenmontage auf die Drehrichtung und die Einbaurichtung der Felge.

Die DOT-Nummer (Bild 2)

Die Reifen sind grundsätzlich mit der Produktionswoche gekennzeichnet, um das Reifenalter nachvollziehen zu können.

Grundsätzlich dürfen Sie davon ausgehen, dass der Reifen, den Sie bestellt haben, vor Ihrer Bestellung produziert wurde und über den Importweg bis zu Ihrem Händler gelangen musste. Auch ein Reifen, der bereits bei der Montage zwei bis drei Jahre alt ist, darf noch als »Neureifen« verkauft werden.

- Die ersten beiden Ziffern beschreiben die Produktionswoche des Reifens. Der Reifen im Bild 2 wurde in der 24. Kalenderwoche zwischen dem 14. Juni 2021 und dem 20. Juni 2021 hergestellt.
- Die letzten beiden Ziffern beschreiben das Produktionsjahr. Die Tatsache, dass die Dotnummer vierstellig ist, weist darauf hin, dass die Jahreszahl mit 20.. beginnen muss.

Bild 2

Für 1990-2000 wurde eine dreistellige Dotnummer mit einem Dreieck am Ende verwendet. Eine DOT-Nummer mit drei Stellen kam zwischen 1980 und 1990 zum Einsatz. Bei beiden dreistelligen Dotnummern wurden wie heute auch die ersten beiden Stellen für die Produktionswoche verwendet.

Prüfungen am Reifen

Tatsächlich ist das Reifenalter kein »KO«-Kriterium für die Hauptuntersuchung oder eine Verkehrskontrolle. Lediglich die technischen Eigenschaften können zur Bewertung herangezogen werden.

Trotzdem sollte klar sein, dass gerade alte Reifen langsam aushärten. Gerade bei langer Standzeit des Motorrades. Die Reifenhaftung kann dann durchaus in Mitleidenschaft gezogen werden.

Optischer Eindruck

- Prüfen Sie den Reifen an der Lauffläche und an den Reifenflanken auf Rissbildung. Die Rissbildung sieht zwar meist noch harmlos aus, ist aber ein sicheres Zeichen, dass die Aushärtung des Gummis bereits eingesetzt hat.
- Achten Sie auf Beschädigungen an den Reifen. Eingesammelte Nägel oder Schrauben lassen sich meist noch entfernen und der Reifen dann auch reparieren. Ausgerissene Gummipartien oder tiefe Schnitte machen einen sofortigen Ersatz erforderlich.
- Verformungen wie Beulen oder Wellen weisen auf Schäden an der Karkasse hin. Hier müssen Sie den Reifen sofort wechseln.
- Achten Sie auch auf den Zustand des Ventils in der Felge. Auch hier kann rissiges Material für Undichtigkeiten oder sogar einen Abriss des Ventils führen.

Luftdruck

Wie schon erwähnt, sollten Sie den Luftdruck regelmäßig kontrollieren. Wenn ein Reifen regelmäßig Luft verliert, müssen Sie dem unbedingt sofort nachgehen.

Kontrollieren Sie den Luftdruck grundsätzlich nur bei kaltem Reifen.

- Drehen Sie die Ventilkappe ab.
- Stecken Sie einen Reifenfüller, eine geeig-

Bild 2
DOT-Nummer auf der Reifenflanke des Reifens.

nete Handpumpe oder ein Druckprüfgerät auf das Ventil auf.

■ Lesen Sie den Luftdruck am Manometer ab.

■ Gleichen Sie den Luftdruck soweit erforderlich an.

MP3	Vorderrad (Sozius)	Hinterrad (Sozius)
125	1,6 bar (1,8 bar)	1,8 bar (2,0 bar)
250		
300	2,0 bar	2,4 bar (2,6 bar)
350		
400	1,6 bar	2,5 bar
500	2,0 bar	2,4 bar (2,6 bar)

Profiltiefe

■ Die Mindestprofiltiefe ist schon über den Marker (2 im Bild 4) erkennbar, die in einigen Profilrillen über den Reifenumfang verteilt sind. Wenn sie die gleiche Höhe haben wie die Lauffläche des Reifens, ist die gesetzliche Mindestprofiltiefe erreicht und der Reifen muss ersetzt werden.

☞ Zu finden sind die Marker recht einfach. Die meisten Reifenhersteller platzieren gerade zur Lauffläche ein Dreieck. Bei Michelin übernimmt ein »Michelinmännchen« diese Funktion. In kurvenreichen Regionen wird das »Michelinmännchen« durch Fahrten bei Schräglage mehr oder weniger »geschädigt«.

■ Genauer erfasst wird die Profiltiefe über einen Profiltiefenmesser (Bild 5). Festgestellt werden soll die geringste Tiefe der Rillen auf der Lauffläche des Reifens.

Räder aus- und einbauen

Eine Besonderheit der MP3 liegt in der Vorderachse. Zwei Vorderräder müssen demontiert werden. Zum Freiheben der vorderen und des hinteren Rades empfiehlt es sich, das Motorrad auf den Hauptständer zu stellen und mit einem Scherenplattformheber und passenden Stützen an den beiden Rahmenunterzügen anzuheben.

Ausbau der Vorderräder

■ Stellen Sie das Motorrad wie zuvor beschrieben, kippsicher auf einer geraden und ebenen Fläche ab.

Soweit alle Räder demontiert werden sollen, achten Sie darauf, dass die Räder etwas Platz vom Boden aufweisen.

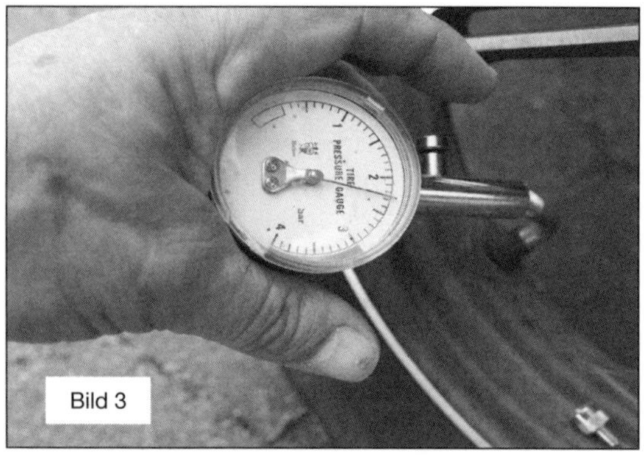

Bild 3
Prüfung des Luftdrucks.

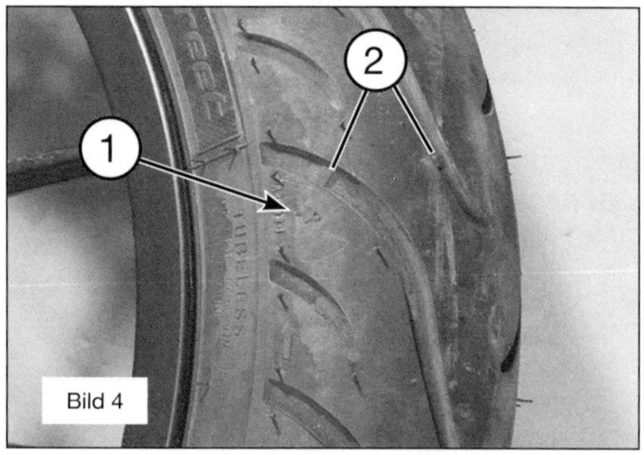

Bild 4
Profiltiefenmarker.
1 Michelinmännchen
2 TWI-Markierungen

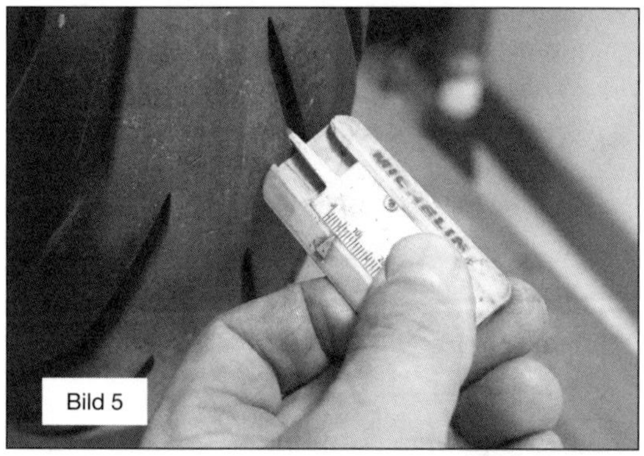

Bild 5
Messen der Profiltiefe.

Bild 6
Aufbocken auf Hauptständer und Motorradheber unter dem vorderen Rahmen.
1 Hauptständer
2 Motorradheber

■ Blockieren Sie die Kippsicherung.

■ Drehen Sie die Radschrauben des Vorderrades heraus.

■ Nehmen Sie das Vorderrad ab.

Die Montage erfolgt sinngemäß in umgekehrter Reihenfolge.

■ Ziehen Sie die Radschrauben wie im Bild 7 gezeigt auf Drehmoment an.

Achten Sie auf die Laufrichtung der Reifen.

Bauteil	Drehmoment
Radschraube Vorderrad	22 Nm

Ausbau des Hinterrades

■ Stellen Sie das Motorrad, wie zuvor beschrieben, kippsicher auf einer geraden und ebenen Fläche ab.

Soweit alle Räder demontiert werden sollen, achten Sie darauf, dass die Räder etwas Platz vom Boden aufweisen.

■ Blockieren Sie die Kippsicherung.

■ Bauen Sie den hinteren rechten Stoßdämpfer aus.

■ Demontieren Sie den Endschalldämpfer wie bereits im Kapitel 13 beschrieben.

■ Bauen Sie den hinteren Radkotflügel aus.

■ Lösen Sie die Leitung (7) des ABS-Sensors für das Hinterrad aus dem Clip (3) und legen Sie sie frei.

■ Biegen Sie den Splint (5 im Bild 8) gerade und ziehen Sie ihn aus der Radachse heraus.

■ Nehmen Sie die Sicherungskrone (1) ab.

■ Drehen Sie die Zentralmutter los und nehmen Sie sie ab.

■ Nehmen Sie den Abstandhalter ab.

■ Drehen Sie die beiden Muttern (2) ab und die Schrauben (8) heraus.

■ Nehmen Sie die Radstütze (6) ab.

■ Nehmen Sie den konischen Abstandhalter ab.

■ Drehen Sie die Radschrauben des Hinterrades heraus.

■ Nehmen Sie das Rad heraus.

Achten Sie darauf, dass Sie das Rad nicht auf der Bremsscheibe oder dem Sensorrad des ABS-Sensors ablegen. Die Bremsscheibe oder der Sensorring können hierdurch beschädigt oder verzogen werden.

Die Montage erfolgt sinngemäß in umgekehrter Reihenfolge.

Achten Sie darauf, die Distanzhülsen wieder in der alten Position einzubauen.

Bauteil	Drehmoment
Radstütze Muttern	30 Nm
Zentralmutter Hinterrad	120 Nm
Radschrauben Hinterrad	25 Nm

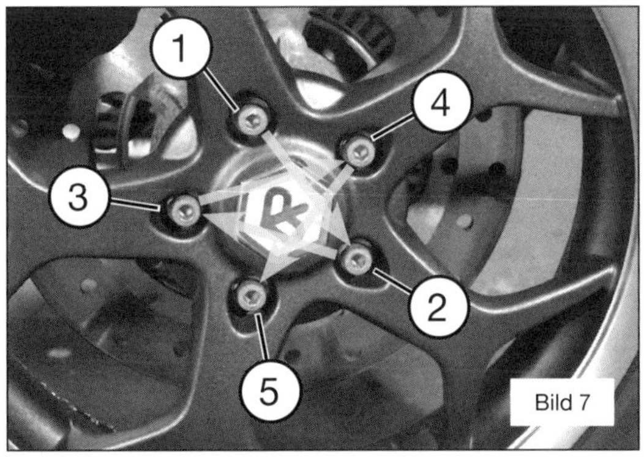

Bild 7
Anzugsfolge Vorderrad.
1-5 Anzugfolge Radschrauben

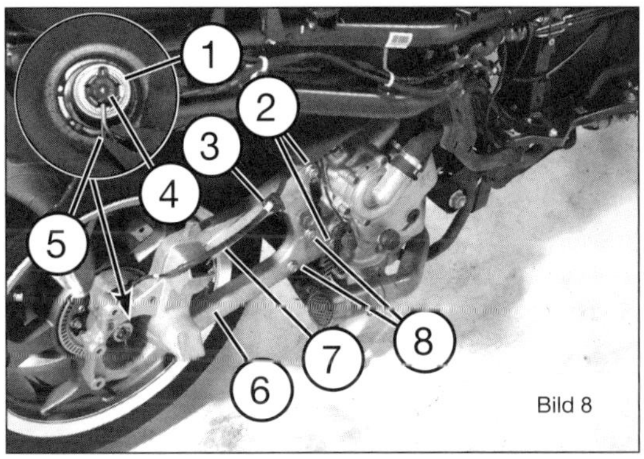

Bild 8
Demontage Hinterrad.
1 Sicherungskrone
2 Muttern
3 Clip
4 Radachse
5 Splint
6 Radstütze
7 Leitung ABS-Sensor
8 Schrauben Ständer

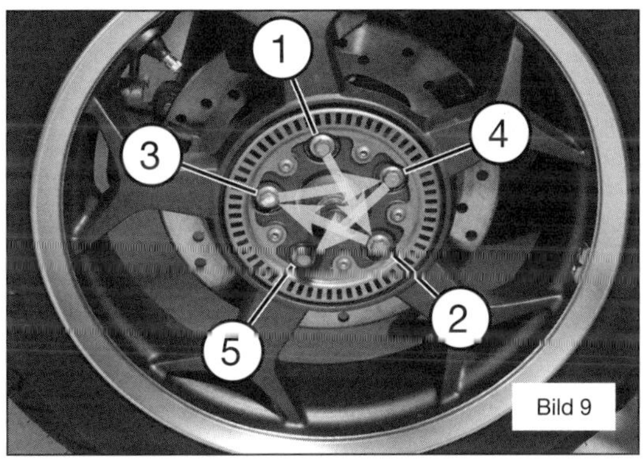

Bild 9
Anzugsfolge Hinterrad.
1-5 Anzugfolge Radschrauben

Radlager und Buchsen

Prüfung des Radlagers

Die Radlager sind mit sehr engen Toleranzen gefertigt. Eine Messung des Seitenspiels ist nicht vorgesehen.

■ Prüfen Sie die Lager auf Korrosionsspuren oder sichtbare Schäden.

■ Drehen Sie jedes Lager von Hand langsam in beide Richtungen durch, um es auf Klemmstellen oder Schwergängigkeit zu überprüfen.

■ Prüfen Sie die Wellendichtringe auf sichtbare Schäden.

Ausbau der Radlager

Radlager im eigentlichen Sinn sind lediglich an den Vorderrädern verbaut.

Sichtprüfung Messen

Bild 10
Bremssattel und Achsschenkel vorne.
1 Bremssattel
2 Schrauben
3 ABS-Sensor
4 Radgeschwindigkeitssensor (Roll-Lock-System)

Bild 11
Radnabe vorne.
1 Bremsscheibe
2 Radnabe
3 Splint
4 Radachse
5 Sicherungskrone
6 Bremssattel

Die Radlagerung für hinten übernehmen das Getriebelager und das Kugellager im Radträger.

Demontage der Radnabe:

■ Bauen Sie das entsprechende Rad wie bereits beschrieben aus.
■ Drehen Sie die Schrauben (2 im Bild 10) heraus und nehmen Sie den Bremssattel (1) ab.
■ Biegen Sie den Splint (9 im Bild 12) gerade und ziehen Sie ihn aus der Radachse heraus.
■ Nehmen Sie die Sicherungskrone (10) ab.
■ Drehen Sie die Zentralmutter (8) los und nehmen Sie sie ab.
■ Ziehen Sie die Radnabe zusammen mit der Bremsscheibe von der Radachse ab.

⚠ Achten Sie darauf, dass Sie das Rad nicht auf den Bremsscheiben ablegen. Die Bremsscheiben können hierdurch beschädigt oder verzogen werden.

Demontage des Radlagersatzes (11 im Bild 12):

■ Bauen Sie die Radnabe wie beschrieben aus.
■ Hebeln Sie den Wellendichtring (3) heraus.
■ Demontieren Sie den Sicherungsring (6).
■ Ziehen Sie mit einem Lagerauszieher für 15-mm-Wellen das Kugellager (5) aus der Radnabe (7) heraus.
■ Ziehen Sie mit einem Lagerauszieher das Nadellager (4) aus der Radnabe (7) heraus.

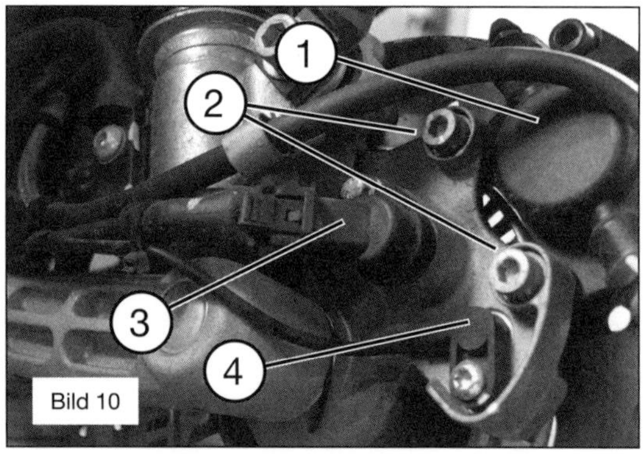

Bild 10

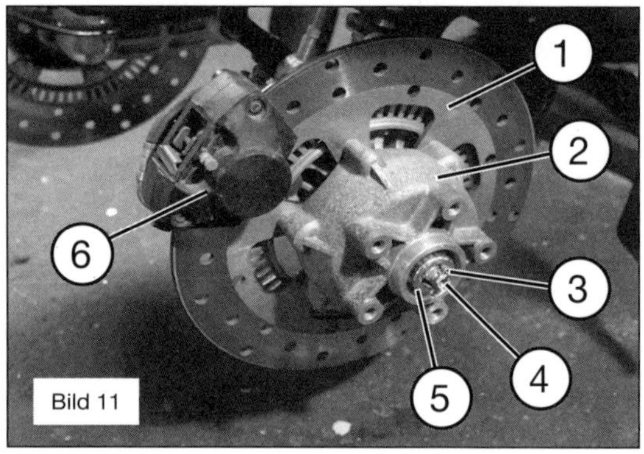

Bild 11

■ Reinigen Sie die Lagersitze, die Radnabe und die Radachse der Schwinge gründlich.
■ Erwärmen Sie die Radnabe (7) mit einem Heißluftfön auf etwa 150 °C.

⚠ Verbrennungsgefahr! Tragen Sie geeignete Montagehandschuhe.

■ Schieben Sie das Nadellager bis Anschlag mit der Dichtlippe zuerst in die Radnabe ein.
■ Schieben Sie das Radlager sofort bis Anschlag in die Radnabe ein.

Bild 12
Radlager vorne.
1 Schwinge vorne links
2 Bremsscheibe
3 Wellendichtring
4 Nadellager
5 Kugellager
6 Sicherungsring
7 Radnabe
8 Mutter
9 Splint
10 Sicherungskrone
11 Radlagersatz
12 Abdeckkappe
13 Ring
14 Ausgleichscheiben
15 Ring
16 Ring
17 Buchse
18 Achsschenkel

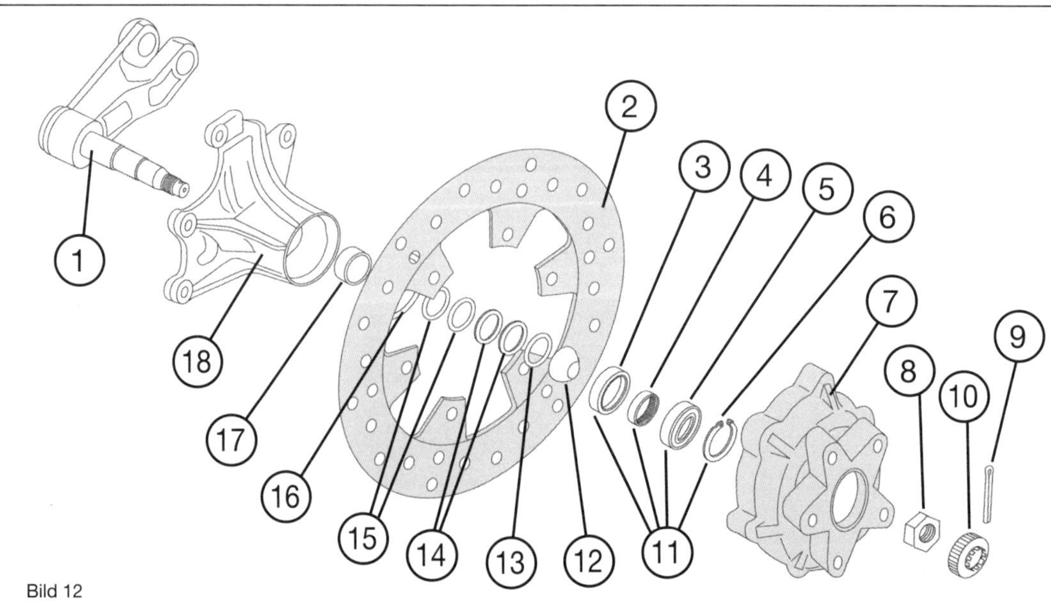

Bild 12

■ Setzen Sie den neuen Wellendichtring gerade in die Radnabe ein.
■ Tragen Sie ausreichend Fett auf das Nadellager und die Radachse auf.

Die weitere Montage erfolgt sinngemäß in umgekehrter Reihenfolge zur Demontage.

Bauteil	*Drehmoment*
Bremssattel am Achsschenkel	23 Nm
Radlager Zentralmutter	81 Nm

Ausbau des Radlagers in der Radstütze
Demontage der Radstütze:
■ Stellen Sie das Motorrad wie zuvor beschrieben kippsicher auf einer geraden und ebenen Fläche ab.
■ Bauen Sie den hinteren rechten Stoßdämpfer aus.
■ Demontieren Sie den Endschalldämpfer wie bereits im Kapitel 13 beschrieben.
■ Bauen Sie den hinteren Radkotflügel aus.
■ Lösen Sie die Leitung (7 im Bild 8) des ABS-Sensors für das Hinterrad aus dem Clip (3) und legen Sie sie frei.
■ Biegen Sie den Splint (5) gerade und ziehen Sie ihn aus der Radachse heraus.
■ Nehmen Sie die Sicherungskrone (1) ab.
■ Drehen Sie die Zentralmutter los und nehmen Sie sie ab.
■ Nehmen Sie den Abstandhalter ab.
■ Drehen Sie die beiden Muttern (2) ab.
■ Nehmen Sie die Radstütze ab.
■ Demontieren Sie den Sicherungsring.
■ Pressen Sie das Lager aus der Radstütze heraus.
■ Reinigen Sie den Lagersitz in der Radstütze gründlich und tragen Sie etwas Fett auf den Lagersitz auf.
■ Pressen Sie das neue Lager in die Radstütze hinein.

Die weitere Montage erfolgt sinngemäß in umgekehrter Reihenfolge zur Demontage.

Bauteil	*Drehmoment*
Radstütze Muttern	30 Nm
Zentralmutter Hinterrad	120 Nm

Prüfungen an der Felge

Die Felge muss die Kräfte von Bremse und/ oder Antrieb übernehmen und weiterleiten.

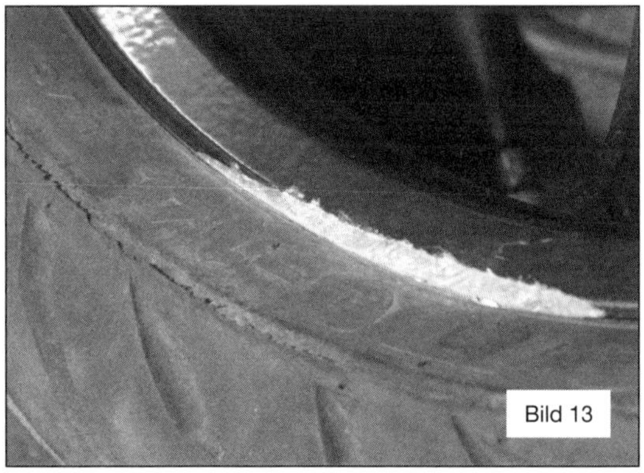
Bild 13

Bild 11
Tiefe Schäden an Reifen und Felge nach einem Unfall.

Sie wird in jeder Fahrsituation beansprucht. Der Zustand der Felge ist sehr wichtig. Jeder Anstoß oder auch ein größeres Schlagloch oder die berühmte Bordsteinkante können Schäden hinterlassen.

Schäden an der Felge

Stellen Sie Schäden an der Felge fest, die über einen Kratzer im Lack hinausgehen, sollten Sie sich die Felge genauer ansehen. Ihr Motorrad kann durchaus mit mehr als 130 km/h unterwegs sein. Schon kleine Schäden mit versteckten Rissbildungen können fatal enden.

Eine Felgenreparatur oder auch nur das Richten der Felge ist seitens des Herstellers nicht freigegeben.

■ Immer dann, wenn Sie für eine Reparatur spachteln müssen, um Material aufzufüllen, ersetzen Sie die Felge besser.
■ Wenn die Felge einen größeren als den zulässigen Höhen- oder Seitenschlag aufweist, ersetzen Sie die Felge lieber.

Schlagprüfung
Fertigungsbedingt wird keine Felge absolut ohne Höhenschlag oder/und Seitenschlag hergestellt. Werkseitig ist für die Felgen ein Höhenschlag 0,5 mm oder weniger angegeben. Der Seitenschlag ist mit 0,5 mm angegeben. Auch ohne Unfall oder besondere Ereignisse läuft eine Felge niemals komplett schlagfrei. Seitens des Herstellers sind die folgenden Abweichungen zulässig:

Abmessungen	*Sollwert*
Seitenschlag	Max. 1,0 mm
Höhenschlag	Max. 1,0 mm

Grundsätzlich ist die Felgenprüfung auch am eingebauten Rad möglich.

Sichtprüfung Messen

Die Schwierigkeit liegt darin, das Motorrad entsprechend zu fixieren, um die Messergebnisse nicht zu verfälschen.

- Bauen Sie das entsprechende Rad wie bereits beschrieben aus.
- Spannen Sie das Rad mit einsprechenden Konusadaptern in einen Wuchtbock für Motorradräder (Bild 16) ein.
- Montieren Sie eine Messuhr wie gezeigt. Stellen Sie eine Vorspannung der Messuhr von 5 mm ein.
- Erfassen Sie den Höhenschlag und den Seitenschlag mit der Messuhr.

Überschreitet eines der Maße die angegebene Toleranz von 1 mm und die Radlager sind schadfrei, muss die Felge ersetzt werden.

Montage und Wuchten

Eine Unwucht ist die Abweichung zwischen dem geometrischen Mittelpunkt eines drehenden Rades von seinem Gewichtsmittelpunkt.

Statische Unwucht (Bild 14):
Die Unwucht (1) liegt genau in der Radmitte. Sie bewirkt, dass die Radmittelebene parallel zur Radachse schlägt (2).

Dynamische Unwucht (Bild 15):
Das Zentrum der Unwucht liegt schräg zur Radachse. Sie bewirkt, dass die Radmittelebene seitlich schlägt (»eiert«).

Ein drehendes Rad wird immer versuchen, sich um seinen Gewichtsmittelpunkt zu drehen.

Statisches und dynamisches Wuchten
Beim statischen Wuchten wird lediglich die Größe der Unwucht auf der Radmittelebene erfasst und korrigiert. Das dynamische Wuchten erfasst die Größe der Unwucht auf den beiden Außenkanten der Felge. Die Auswuchtgewichte werden anteilig zur Position der Unwucht verteilt.

- Bauen Sie das entsprechende Rad wie bereits beschrieben aus.

Achten Sie darauf, dass Sie das Rad nicht auf der Bremsscheibe ablegen.

Statisches Wuchten (Bild 16):

- Prüfen Sie die Radlager, wie bereits beschrieben.

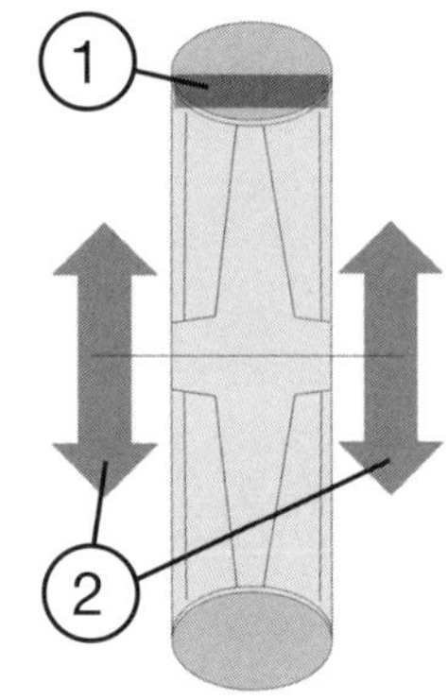

Bild 14

Bild 14
Statische Unwucht.
1 Unwucht am Rad
2 Bewegung der Radachse nach oben und unten

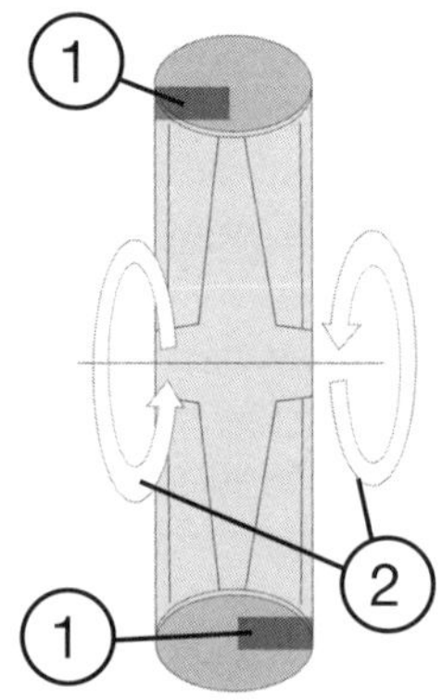

Bild 15

Bild 15
Dynamische Unwucht.
1 Unwucht am Rad
2 »Eiernde« Bewegung der Radachse

Bild 16

Bild 16
Statisches Wuchten.
1 Zentrierklemmen
2 Rad
3 Wuchtachse
4 Wuchtbock

- Spannen Sie das Rad in einen Wuchtbock für Motorradräder (Bild 16) ein.
- Lassen Sie das Rad los. Die schwerste Stelle des Rades wird sich nach unten drehen.
- Zur Kontrolle drehen Sie das Rad 90° aus dieser Position heraus und lassen es erneut einpendeln.
- Heften Sie zum Test ein Gewicht gegenüber der schwersten Stelle (also oben) leicht an die Felge an.

Wenn Sie Klebegewichte verwenden, verteilen Sie die Gewichte hälftig an die linke und die rechte Felgenkante. Schlaggewichte werden auf der Felgenrippe montiert.

- Lassen Sie das Rad erneut auspendeln.

Wird das Wuchtgewicht nach oben gedreht, muss ein schwereres Wuchtgewicht montiert werden.

Gut ausgewuchtet ist ein Rad dann, wenn Sie es an eine beliebige Position drehen können, und es verbleibt in dieser Position.

Dynamisches Wuchten (Bild 17):

- Spannen Sie das Rad über die Radaufnahme im Wuchtgerät ein.
- Erfassen Sie die Felgengröße, die Felgenbreite und den Abstand zum Wuchtgerät.
- Starten Sie die Messung.

Das Rad wird gedreht und die Messwerte werden zusammen mit der genauen Position für die Anbringung der Wuchtgewichte angezeigt.

- Bringen Sie die Wuchtgewichte auf und führen Sie eine Kontrollmessung durch. Eine Unwucht von bis zu 5 g ist als nicht relevant einzuschätzen.

Reifenreparatur

Eine Reifenpanne ist immer besonders ärgerlich und oftmals auch noch gefährlich.

Wenn Sie den Luftverlust noch rechtzeitig bemerkt haben, besteht die Möglichkeit, den Reifen mit unterschiedlichen Methoden wieder flott zu kriegen und die Fahrt je nach der Reparaturmethode fortsetzen zu können.

Pannenspray

Pannensprays sind eine recht kostengünstige und komfortable Notlösung. Der Reifen muss zeitnah erneuert werden. Die Felge muss recht aufwendig gereinigt werden.

Wenn ein Reifen mit einem Reifendichtmittel behandelt wurde, ist eine professionelle Reifenreparatur durch eine qualifizierte Fachwerkstatt nicht mehr erlaubt.

Reifenreparatursatz

Eine Reparaturmethode ist auch von den Fahrzeugherstellern freigegeben. Sicherlich die beste Reparaturmethode ist es, einen Reparaturkörper von innen zu montieren. Zum einen wird der Reparaturkörper eingeklebt und zum anderen kann die Karkasse auch von innen auf Schäden untersucht werden.

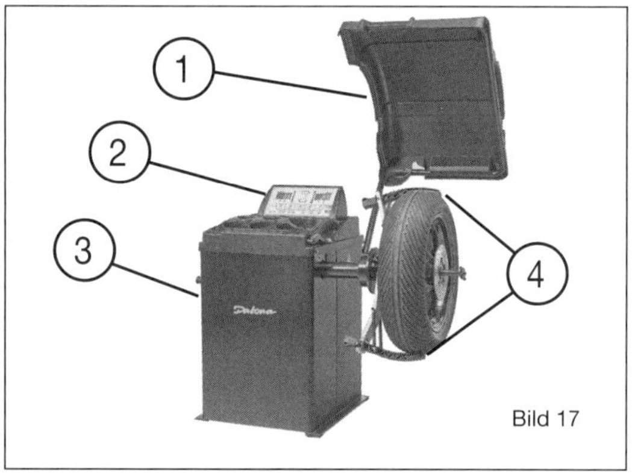

Bild 17

Bild 17
Dynamisches Wuchten.
1 Radschutz
2 Anzeigedisplay für beide Radseiten
3 Wuchtmaschine für Pkw und Motorrad
4 Radhalter

Reparatur mit einem Reparaturkörper:

- Bauen Sie das Rad wie bereits beschrieben aus und demontieren Sie den Reifen auf einer Montiermaschine.
- Ziehen Sie die Schraube aus dem Reifen heraus und reinigen Sie den Stichkanal mit einer Reibahle. Schleifen Sie den Reifen innen mit einem Rotationsschleifer an.
- Tragen Sie auf den Reparaturkörper und auf die geschliffene Fläche um den Einstichkanal Vulkanisierflüssigkeit (der Klebstoff im Reifenflickset) auf.
- Warten Sie bis die Vulkanisierflüssigkeit vollständig abgelüftet ist.
- Stecken Sie den Reparaturkörper von innen in den Einstichkanal ein und ziehen Sie ihn von außen fest heraus, bis der Stift außen abreißt.

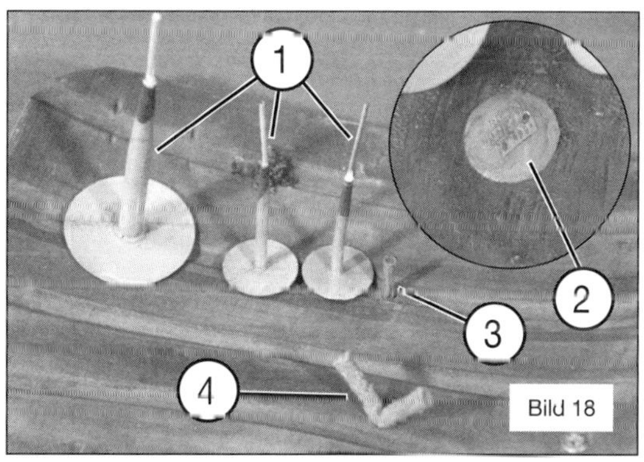

Bild 18

Bild 18
Reparaturarten.
1 Reparatureinzugskörper
2 Eingeklebter Reparaturkörper von der Innenseite
3 Eingeklebter Reparaturkörper von der Außenseite
4 Eingesogener Reparaturfaden

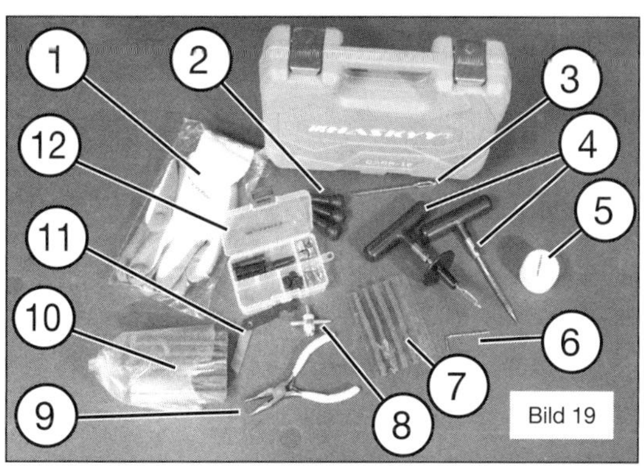

Bild 19

Bild 19
Reparaturkit für Reifen.
1 Handschuhe
2 Ventile
3 Ersatznadel
4 Reibahle und Nadeltrager
5 Montagepaste
6 Sechskantschlüssel
7 Reparaturfäden
8 Multitool
9 Zange
10 Reparaturfäden
11 Messer
12 Kleinteile

Bild 20
Reinigung und Erweitern des Einstichkanals.
1 Reibahle
2 Montagepaste

Bild 21
Reparaturfaden einziehen.
1 Nadelträger
2 Durchstichsicherung
3 Reparaturfaden
4 Nadel

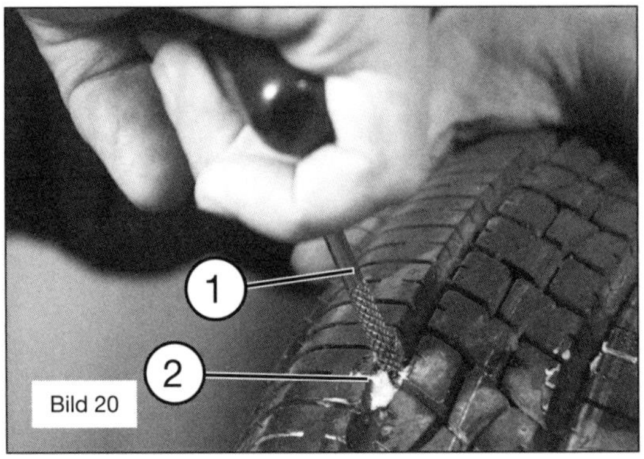

Bild 20

■ Drücken Sie die Stelle innen mit einer Andruckrolle an.
■ Montieren Sie den Reifen wieder mit einer Montiermaschine.
■ Wuchten Sie den Reifen aus und bauen Sie das Rad wieder ein.

Reparatur mit einem Reparaturfaden:

☞ Die Reparatur kann meist vor Ort durchgeführt und die Fahrt fortgesetzt werden.

■ Ziehen Sie die Schraube aus dem Reifen heraus und reinigen Sie den Stichkanal mit einer Reibahle (Bild 20). Der Stichkanal wird hierbei auch etwas vergrößert.

☞ Die fertige Bohrung ist dann passend für die Montage der Reparaturfäden.

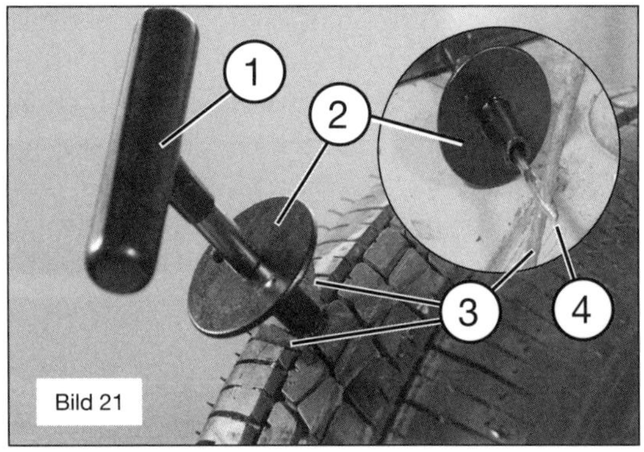

Bild 21

■ Setzen Sie die Durchstichsicherung (2 im Bild 21) auf die Nadel auf.
■ Fädeln Sie einen Reparaturfaden in die Nadel (4) ein.
■ Schieben Sie die Nadel (4) mit dem Reparaturfaden bis Anschlag in den erweiterten Einstichkanal ein.
■ Verdrehen Sie die Nadel um 90° und ziehen Sie die Nadel mit Schwung wieder heraus.

☞ Der Reparaturfaden (3) bleibt dabei im Einstichkanal stecken.

■ Schneiden Sie den Überstand des Fadens in Höhe des Reifens ab.
■ Füllen Sie den Reifen wieder mit Luft und prüfen Sie die Dichtigkeit mit Seifenspray.

Geführte Fehlersuche

A Reifen verliert Luft
Über mehrere Jahre gesehen ist ein Luftverlust als normal anzusehen. Grundsätzlich ist aber zwischen den einzelnen Wartungsterminen nur eine geringe Korrektur zu erwarten.
Der Luftdruck der Vorderreifen muss grundsätzlich gleich sein.

Aufgabe	Information	Ergebnis (Sollwerte)
1 Reifenventil prüfen	■ Dichtigkeit des Ventileinsatzes prüfen ■ Ventil auf Risse oder Schäden prüfen ■ Ventil etwas zur Seite biegen und den Sitz in der Felge prüfen ■ Das Ventil mit Prüfspray (Seifenspray) einsprühen	Keine Schaublasenbildung
2 Lauffläche auf Schäden prüfen	■ Lauffläche auf Schnitte, Nägel oder Schrauben prüfen ■ Die Flächen mit Prüfspray (Seifenspray) einsprühen	
3 Reifenflanken auf Schäden prüfen	■ Reifenflanken auf Schnitte, andere Schäden prüfen	-
4 Sitz der Reifen prüfen	■ Den Übergang zwischen Reifen und Felge mit Prüfspray (Seifenspray) einsprühen	Keine Schaublasenbildung

B Rad schlägt oder »eiert«

Aufgabe	Information	Ergebnis (Sollwerte)
1 Reifen prüfen	Reifen auf Abflachungen (Bremsplatten), Beulen oder erkennbaren Verzug des Profils (Karkassenschäden) prüfen	-
2 Radlager prüfen	Fahrzeug kippsicher auf den Hauptständer und einen Montageheber stellen, sodass alle Räder freigängig sind ■ Radlager der Vorderachse auf Korrosion, Klemmstellen und Spiel prüfen ■ Lagerung in der Radstütze auf Korrosion, Klemmstellen und Spiel prüfen Radgetriebelagerung hinten auf Klemmstellen und Spiel prüfen (Rad ausgebaut)	-
3 Felge prüfen	Felge auf Schäden, Rundlauf und Höhenschlag prüfen	Max. 1,0 mm Höhenschlag, Max. 1,0 mm Seitenschlag
4 Wuchtung der Räder prüfen	Räder dynamisch wuchten lassen	Max. 5 g Unwucht

C Radlager machen Geräusche

Aufgabe	Information	Ergebnis (Sollwerte)
1 Radlager prüfen	Fahrzeug kippsicher auf den Hauptständer und einen Montageheber stellen, sodass alle Räder freigängig sind ■ Radlager der Vorderachse auf Korrosion, Klemmstellen und Spiel prüfen ■ Lagerung in der Radstütze auf Korrosion, Klemmstellen und Spiel prüfen Radgetriebelagerung hinten auf Klemmstellen und Spiel prüfen (Rad ausgebaut)	-
2 Wellendichtringe prüfen	■ Wellendichtringe auf Schäden prüfen ■ Radlager kontrollieren	
3 Radachse prüfen	Radlager auf Verzug (Biegung) prüfen	Max. 0,2 mm Höhenschlag

D Schütteln (Vibrationen) am Lenker

Aufgabe	Information	Ergebnis (Sollwerte)
1 Reifen prüfen	Reifen auf Abflachungen (Bremsplatten), Beulen oder erkennbaren Verzug des Profils (Karkassenschäden) prüfen	-
2 Wuchtung der Räder prüfen	Räder dynamisch wuchten lassen	Max. 5 g Unwucht
3 Felgen prüfen	Felge auf Schäden, Rundlauf und Höhenschlag prüfen	Max. 1,0 mm Höhenschlag, Max. 1,0 mm Seitenschlag
4 Radaufhängung vorne prüfen	■ Fahrwerksfederung vorne auf leichtgängigkeit und Spielfreiheit prüfen ■ Fahrwerksfederung muss vorne gleichmäßig und ruckfrei einfedern ■ Kippsperre (Roll-Lock-System) auf Funktion und Spielfreiheit prüfen	

Sichtprüfung Messen

Bild 1
Bremssystem Piaggio MP3 mit Teil-Integral ABS.
1 Handbremshebel Hinterradbremse
2 Handbremshebel Vorderradbremse
3 Radbremszylinder Vorderrad rechts
4 Fußbremshebel
5 Integralventil Hinterrad
6 ABS-Bremsmodulator
7 Bremszangen für die Hinterrad- und Parkbremse
8 Parkbremshebel
9 Radbremszylinder Vorderrad links
10 Integralventil Vorderräder

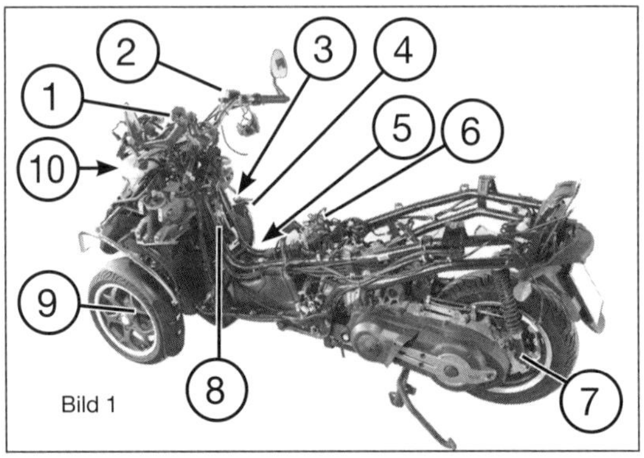

Bild 1

17 Bremsanlage

»Wer bremst, verliert ... zumindest an Geschwindigkeit«, sagt der Volksmund und das trifft es sehr genau. Das Bremssystem ist das wichtigste System des Motorrades. Fehlfunktionen oder sogar Ausfälle können tödliche Folgen haben.

⚠ Grundsätzlich sollten Sie Arbeiten am Bremssystem nur dann angehen, wenn Sie entsprechende Erfahrungen und Kenntnisse haben. Ohne diese sollten Sie die Arbeiten an den Schrauber Ihres Vertrauens weitergeben.

Funktionsprüfung

Die Prüfung der Bremsanlage ist zumindest in der Übersicht noch recht leicht möglich.

Kontrollieren Sie die Leitungsanschlussschläuche an den Bremszangen und den verbauten Verteilerstücken vorne auf Dichtigkeit und Rissbildung an den Schläuchen.

Kontrollieren Sie, dass die Bremsschläuche und die Anschlusskabel mit den vorgesehenen Haltern fixiert werden.

Kontrollieren Sie die Belagstärke und den Zustand der Bremsscheiben. Prüfen Sie die Funktion und den Druckaufbau der Bremse.

Kontrollieren Sie die Bremsenfunktion auf einer Probefahrt. Achten Sie darauf, dass die ABS-Kontrollleuchte ausgeht. Die Funktion der Bremse vorne, der Bremse hinten und die Integralfunktion der Fußbremse müssen geprüft werden.

Kontrollieren Sie die Funktion der Parkbremse im Stand. Das Hinterrad muss das Fahrzeug auch beim Abstellen auf einer Schräge sicher halten können.

Bremshebel

Fußhebelwerk und Einstellung

- Kontrollieren Sie, ob die Bremshebel am Lenker und am Rahmen leichtgängig sind und auf Ihre Bedürfnisse angepasst sind.

Das Fußhebelwerk ist serienmäßig verstellbar.

- Lösen Sie die Kontermutter (6 im Bild 2).
- Verdrehen Sie die Schubstange (7) die in dem Fußbremszylinder steckt.

Wählen Sie den Abstand so, dass Sie das Bremspedal leicht bedienen können aber ausreichend Betätigungsweg zur Verfügung haben.

Bauteil	*Drehmoment*
Kontermutter Kolbenstange	10 Nm

Lagerspiel an den Bremshebeln

Das Lagerspiel ist weder am Fußbremshebel noch am Handbremshebel einstellbar.

- Ist der Hebel schwergängig, müssen die Lagerhülse und die Schraube gereinigt und neu gefettet werden.
- Ist das Spiel zu groß, muss der Hebel und gelegentlich auch die Schraube erneuert werden. Die Lagerung ist zumindest über den Hersteller nicht lieferbar.

Demontage des Fußbremszylinders

Die Bremsbetätigung und der Bremslichtschalter sind am Halter des Bremspedals befestigt.

- Bauen Sie die Verkleidung unter dem Trittbrett ab. Die Arbeitsschritte hierzu finden Sie im Kapitel 11.
- Lösen Sie den gesicherten Bolzen (5 im Bild 2).
- Ziehen Sie den gesicherten Bolzen (5) heraus.

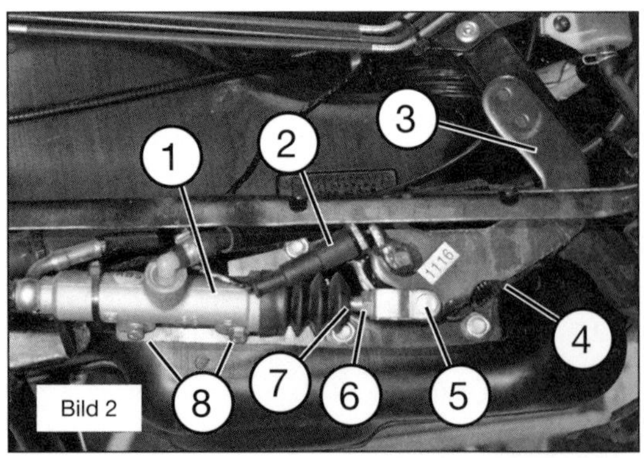

Bild 2

Bild 2
Fußbremszylinder.
1 Fußbremszylinder
2 Bremslichtschalter
3 Fußbremshebel
4 Rückzugsfeder
5 Gesicherter Bolzen
6 Kontermutter
7 Schubstange
8 Schrauben

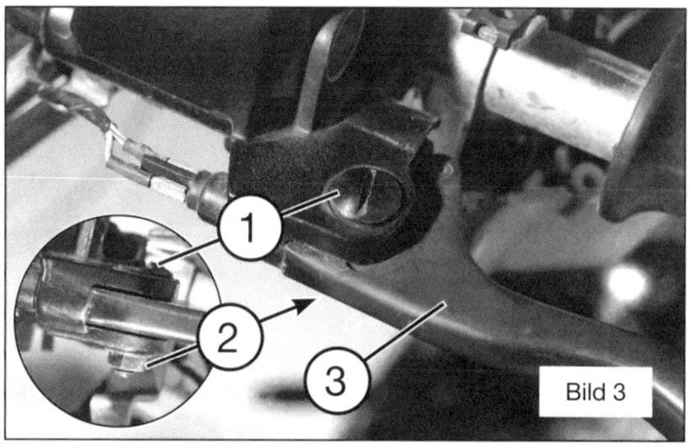

Bild 3
Bremsgriff Montage.
1 Stufenschraube
2 Mutter
3 Handbremshebel

- Lösen Sie den Bremsleitungsanschluss und nehmen Sie die beiden Dichtringe ab.
- Fangen Sie die abtropfende Bremsflüssigkeit auf und verschließen Sie die Anschlüsse mit passenden Stopfen.
- Drehen Sie die beiden Schrauben (8) heraus und nehmen Sie den Fußbremszylinder (1) ab.

Die Montage erfolgt sinngemäß in umgekehrter Reihenfolge.

- Tragen Sie etwas Fett auf die Lagerschraube im Bereich der Lagerhülse auf.

Bauteil	*Drehmoment*
Kontermutter Kolbenstange	10 Nm
Lagerbolzen Fußbremspedal	15 Nm

Demontage eines Handbremshebels

- Bauen Sie die Lenkerverkleidung oben ab.
- Lösen Sie die Kontermutter am Bremshebelhalter.
- Drehen Sie die Kontermutter (2) ab.
- Drehen Sie die Stufenschraube (1) heraus und nehmen Sie den Handbremshebel ab.

Die Montage erfolgt sinngemäß in umgekehrter Reihenfolge.

- Tragen Sie etwas Fett auf die Stufenschraube im Bereich der Lagerhülse im Bremshebel auf.

Bauteil	*Drehmoment*
Schraube Bremshebel	5 Nm
Kontermutter Bremshebel	6 Nm
Bremslichtschalter	handfest
Bremsleitung am Bremszylinder	18 Nm

Demontage eines Handbremszylinders

- Bauen Sie die Lenkerverkleidung oben ab.
- Ziehen Sie die Anschlussstecker am Bremslichtschalter ab.

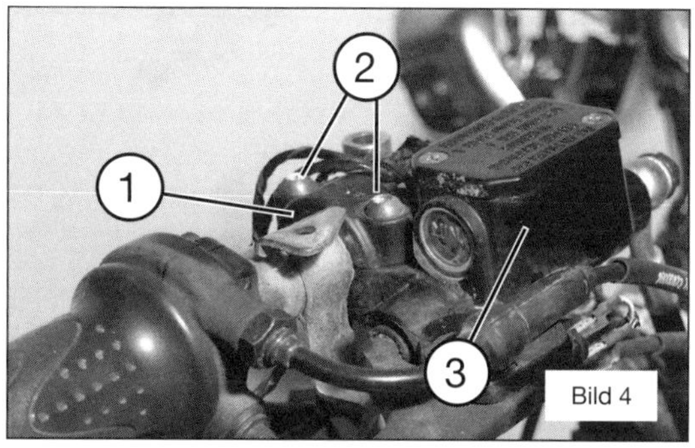

Bild 4
Handbremszylinder demontieren.
1 Lenkerschelle
2 Schrauben
3 Hauptbremszylinder

- Soweit verbaut, demontieren Sie die originalen Rückspiegel.
- Öffnen Sie den Vorratsbehälter und saugen Sie die Bremsflüssigkeit darin ab.
- Verschließen Sie den Ausgleichsbehälter wieder.
- Lösen Sie den Bremsleitungsanschluss und nehmen Sie die beiden Dichtringe ab.
- Fangen Sie die abtropfende Bremsflüssigkeit auf und verschließen Sie die Anschlüsse mit passenden Stopfen.
- Drehen Sie die beiden Schrauben an der Lenkerschelle heraus und nehmen Sie den Handbremszylinder ab.

Bauteil	*Drehmoment*
Deckel Vorratsbehälter (M4)	handfest
Lenkerschelle (M6)	10 Nm
Bremsleitung am Bremszylinder	18 Nm

Bremsflüssigkeit

⚠ Bremsflüssigkeit ist giftig. Tragen Sie Augen- und Hautschutz. Entsorgen Sie die alte Bremsflüssigkeit fachgerecht. Füllen Sie die Bremsflüssigkeit nicht in Getränkeflaschen.

⚠ Bremsflüssigkeit ist aggressiv. Schützen Sie Lack- und Aluminiumteile vor Spritzern. Waschen Sie ausgetretene Bremsflüssigkeit mit Wasser ab.

Bild 5
Vorratsbehälter Handbremszylinder.
1 Deckel
2 Schrauben
3 Membran
4 Handbremszylinder

Sichtprüfung Messen

Bremsflüssigkeit auffüllen

■ Bauen Sie die Lenkerverkleidung oben ab.
■ Stellen Sie das Motorrad so ab, dass der Ausgleichsbehälter, der geöffnet werden soll, möglichst gerade steht.
■ Reinigen Sie den Bereich um den Ausgleichsbehälter herum gründlich.

Handbremszylinder am Lenker:
■ Drehen Sie die beiden Schrauben im Deckel des Ausgleichsbehälters (2 im Bild 5) heraus.
■ Nehmen Sie den Deckel (1) vorsichtig ab.

Fußbremsbehälter:
■ Bauen Sie die Trittbrettverkleidung und die Trittbrettverkleidung seitlich rechts ab.
■ Lösen Sie den Deckel des Ausgleichsbehälters und nehmen Sie ihn vorsichtig ab.

Weiter für beide Systeme:
■ Nehmen Sie die Trennmembran und den Sitz aus dem Deckel heraus oder vom Ausgleichsbehälter ab. Je nachdem, wo die beiden Teile gerade anhaften.
■ Legen Sie den Deckel auf einem saugfähigen Tuch ab.
■ Füllen Sie den Vorratsbehälter bis zur Markierung »MAX« auf.

Beachten Sie, dass der Bremsflüssigkeitsstand mit dem Verschleiß der Bremsbeläge abnimmt. Die Markierung »MAX« darf nur bei neuen Belägen erreicht werden.

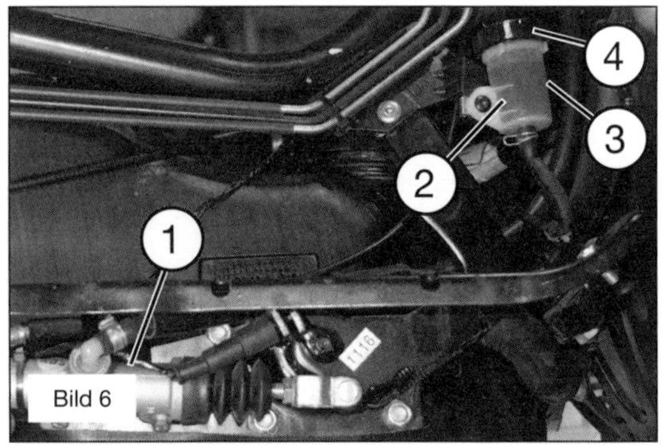

Bild 6

Bild 6
Fußbremszylinder demontieren.
1 Fußbremszylinder
2 Vorratsbehälter
3 Vorratsbehälter
4 Deckel Vorratsbehälter

Bauteil	Drehmoment
Schraube Vorratsbehälter	Handfest
Deckel Fußbremsbehälter	Handfest

Bremsflüssigkeitswechsel

Neben dem ABS-System ist die Bremse als Teilintegralbremssystem ausgelegt. Der Fußbremszylinder (17 im Bild 7) betätigt das Bremssystem vorne und gleichzeitig das Bremssystem hinten. Wir beschreiben Ihnen den Bremsflüssigkeitswechsel für das gesamte Bremssystem.

Die verbliebene Bremsflüssigkeit im ABS-System darf aufgrund der geringen Menge vernachlässigt werden.
■ Bauen Sie die Lenkerverkleidung oben ab.
■ Bauen Sie die Frontverkleidung oben ab.
■ Bauen Sie die Trittbrettverkleidung unten und seitlich ab.
■ Stellen Sie das Motorrad auf eine gerade und ebene Fläche.

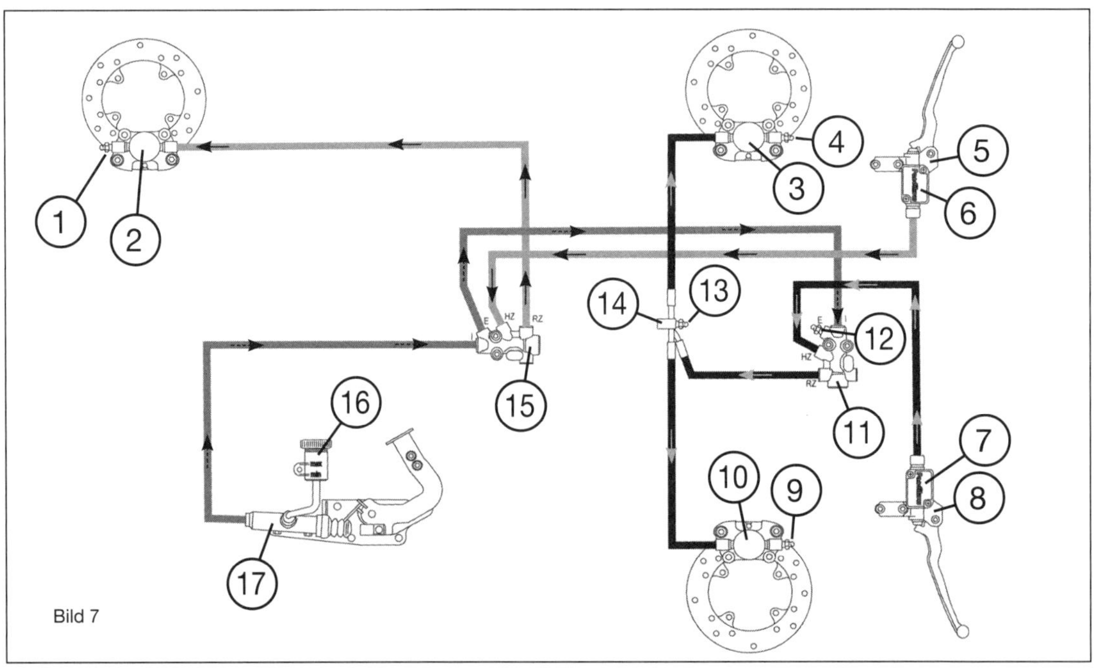

Bild 7

Bild 7
Übersicht zum Bremsenentlüften.
1 Entlüftungsschraube
2 Radbremszange hinten
3 Radbremszange vorne links
4 Entlüftungsschraube
5 Handbremspumpe links
6 Vorratsbehälter
7 Vorratsbehälter
8 Handbremspumpe rechts
9 Entlüftungsschraube
10 Radbremszange vorne rechts
11 Integralventil vorne
12 Entlüftungsschraube
13 Entlüftungsschraube
14 Verteilerstück am Lenkrohr vorne
15 Integralventil im Trittbrett
16 Vorratsbehälter
17 Fußbremszylinder

■ Reinigen Sie den Bereich um den Ausgleichsbehälter herum gründlich.

Bremsflüssigkeitswechsel Bremsen vorne
Vorbereitungsarbeiten:
■ Drehen Sie die beiden Schrauben im Deckel des Ausgleichsbehälters (7 im Bild 7) heraus.
■ Nehmen Sie den Deckel vorsichtig ab.
■ Nehmen Sie die Trennmembrane (3 im Bild 5) vorsichtig heraus.
■ Saugen Sie den Vorratsbehälter (7 im Bild 7) ab und reinigen Sie ihn mit einem fusselfreien und saugfähigen Lappen.
■ Füllen Sie den Vorratsbehälter (7) bis zur Markierung » MAX« auf.

Bremsflüssigkeitswechsel Bremsen vorne links (Handbremszylinder rechts):
■ Ziehen Sie die Staubkappe ab und lösen Sie den Entlüftungsnippel (4) probeweise.
■ Schließen Sie einen Auffangbehälter mit einem Klarsichtschlauch am Entlüftungsnippel (4) an.
■ Öffnen Sie den Entlüftungsnippel und betätigen Sie den Bremshebel der Handbremspumpe rechts (8) ganz langsam.

Tipp: Aus der Entlüftungsbohrung im Bremszylinder wird vor dem Druckaufbau zuerst Bremsflüssigkeit in den Ausgleichsbehälter zurückströmen. Geschieht das zu schnell, entsteht eine Fontäne, die auch aus dem Behälter herausspitzen kann.

■ Schließen Sie den Entlüftungsnippel wieder und lassen Sie den Bremshebel wieder los.
■ Wiederholen Sie diesen Vorgang 10 bis 15 Mal.

Achtung: Achten Sie auf den Flüssigkeitsstand im Vorratsbehälter. Er darf nicht leer gepumpt werden, da sonst Leitungen und Bremszylinder entlüftet werden müssen.

Tipp: Im Klarsichtschlauch dürfen keine Luftbläschen auftreten.

■ Drehen Sie den Entlüftungsnippel (4) wieder fest und reinigen Sie den Bereich um den Entlüftungsnippel gründlich.
■ Drücken Sie die Staubkappe wieder auf.

Bremsflüssigkeitswechsel Bremsen vorne rechts (Handbremszylinder rechts):
■ Ziehen Sie die Staubkappe ab und lösen Sie den Entlüftungsnippel (9 im Bild 7) probeweise.
■ Schließen Sie einen Auffangbehälter mit einem Klarsichtschlauch am Entlüftungsnippel (9) an.
■ Öffnen Sie den Entlüftungsnippel und betätigen Sie den Bremshebel der Handbremspumpe rechts (8) ganz langsam.

Tipp: Aus der Entlüftungsbohrung im Bremszylinder wird vor dem Druckaufbau zuerst Bremsflüssigkeit in den Ausgleichsbehälter zurückströmen. Geschieht das zu schnell, entsteht eine Fontäne, die auch aus dem Behälter herausspitzen kann.

■ Schließen Sie den Entlüftungsnippel wieder und lassen Sie den Bremshebel wieder los.
■ Wiederholen Sie diesen Vorgang 10 bis 15 Mal.

Achtung: Achten Sie auf den Flüssigkeitsstand im Vorratsbehälter. Er darf nicht leer gepumpt werden, da sonst Leitungen und Bremszylinder entlüftet werden müssen.

Tipp: Im Klarsichtschlauch dürfen keine Luftbläschen auftreten.

■ Drehen Sie den Entlüftungsnippel (9) wieder fest und reinigen Sie den Bereich um den Entlüftungsnippel gründlich.
■ Drücken Sie die Staubkappe wieder auf.

Bremsflüssigkeitswechsel Bremsen vorne Abschlussarbeiten:
■ Reinigen Sie den Deckel, die Membran und den Stützring mit Wasser und trocknen Sie alles gründlich.
■ Montieren Sie den Deckel, die Membran und den Stützring wieder.
■ Prüfen Sie den Druckaufbau der Bremse und die Funktion bei einer Probefahrt.

Bremsflüssigkeitswechsel Bremsen hinten
(Handbremszylinder links):
■ Drehen Sie die beiden Schrauben im Deckel des Ausgleichsbehälters (6 im Bild 7) heraus.
■ Nehmen Sie den Deckel vorsichtig ab.
■ Nehmen Sie die Trennmembran (3 im Bild 5) vorsichtig heraus.
■ Saugen Sie den Vorratsbehälter (6 im Bild 7) ab und reinigen Sie ihn mit einem fusselfreien und saugfähigen Lappen.
■ Füllen Sie den Vorratsbehälter (6) bis zur Markierung » MAX« auf.
■ Ziehen Sie die Staubkappe ab und lösen Sie den Entlüftungsnippel (1) probeweise.

■ Schließen Sie einen Auffangbehälter mit einem Klarsichtschlauch am Entlüftungsnippel (1) an.
■ Öffnen Sie den Entlüftungsnippel und betätigen Sie den Bremshebel der Handbremspumpe rechts (5) ganz langsam.

Aus der Entlüftungsbohrung im Bremszylinder wird vor dem Druckaufbau zuerst Bremsflüssigkeit in den Ausgleichsbehälter zurückströmen. Geschieht das zu schnell, entsteht eine Fontäne, die auch aus dem Behälter herausspitzen kann.

■ Schließen Sie den Entlüftungsnippel wieder und lassen Sie den Bremshebel wieder los.
■ Wiederholen Sie diesen Vorgang 10 bis 15 Mal.

⚠ Achten Sie auf den Flüssigkeitsstand im Vorratsbehälter. Er darf nicht leer gepumpt werden, da sonst Leitungen und Bremszylinder entlüftet werden müssen.

Im Klarsichtschlauch dürfen keine Luftbläschen auftreten.

■ Drehen Sie den Entlüftungsnippel (1) wieder fest und reinigen Sie den Bereich um den Entlüftungsnippel gründlich.
■ Drücken Sie die Staubkappe wieder auf.

Bremsflüssigkeitswechsel »Integralbremse« (Fußbremszylinder):

Der Fußbremszylinder betätigt die beiden Integralventile (11 und 14). Der Bremsflüssigkeitswechsel und das Entlüften erfolgt über für das Integralsystem am vorderen Integralventil unter der Frontverkleidung oben.

■ Bauen Sie die Frontverkleidung oben und die Trittbrettverkleidung seitlich auf der rechten Seite ab.
■ Drehen Sie den Deckel des Ausgleichsbehälters (15 im Bild 7) ab.
■ Saugen Sie den Vorratsbehälter (16 im Bild 7) ab und reinigen Sie ihn mit einem fusselfreien und saugfähigen Lappen.
■ Füllen Sie den Vorratsbehälter (16) bis zur Markierung »MAX« auf.
■ Ziehen Sie die Staubkappe ab und lösen Sie den Entlüftungsnippel (12) probeweise.
■ Schließen Sie einen Auffangbehälter mit einem Klarsichtschlauch am Entlüftungsnippel (12) an.
■ Öffnen Sie den Entlüftungsnippel (12) und betätigen Sie den Bremshebel der Fußbremspumpe rechts (5) ganz langsam.

Aus der Entlüftungsbohrung im Bremszylinder wird vor dem Druckaufbau zuerst Bremsflüssigkeit in den Ausgleichsbehälter zurückströmen. Geschieht das zu schnell, kann eine Fontäne entstehen, die aus dem Behälter herausspitzen kann.

■ Schließen Sie den Entlüftungsnippel wieder und lassen Sie den Bremshebel wieder los.
■ Wiederholen Sie diesen Vorgang 10 bis 15 Mal.

⚠ Achten Sie auf den Flüssigkeitsstand im Vorratsbehälter. Er darf nicht leer gepumpt werden, da sonst Leitungen und Bremszylinder entlüftet werden müssen.

Im Klarsichtschlauch dürfen keine Luftbläschen auftreten.

■ Drehen Sie den Entlüftungsnippel (12) wieder fest und reinigen Sie den Bereich um den Entlüftungsnippel gründlich.
■ Drücken Sie die Staubkappe wieder auf.
■ Füllen Sie die Bremsflüssigkeit auf den alten Stand wieder auf.
■ Reinigen Sie den Deckel, die Membran und den Stützring mit Wasser und trocknen Sie alles gründlich.
■ Montieren Sie den Deckel, die Membran und den Stützring wieder.
■ Prüfen Sie den Druckaufbau der Bremse und die Funktion bei einer Probefahrt.

Bauteil	*Drehmoment*
Entlüftungsnippel Bremssattel	10 Nm
Entlüftungsnippel am Integralventil	10 Nm

Bremsbeläge

Bremsbeläge vorne wechseln

Die Bremsbeläge müssen für die Vorderachse grundsätzlich zeitgleich gewechselt werden.

■ Stellen Sie das Motorrad auf den Hauptständer.
■ Unterbauen Sie den vorderen Rahmen mit einem Scheren-Motorradheber.
■ Bauen Sie wie bereits beschrieben, die Vorderräder ab.
■ Drehen Sie die Schrauben (1 im Bild 9) heraus und nehmen Sie den Bremssattel (3) vom Achsschenkel (2) ab.
■ Ziehen Sie den Splint (6) aus dem Sicherungsstift heraus.
■ Drücken Sie die Andruckfeder (5 im Bild 8)

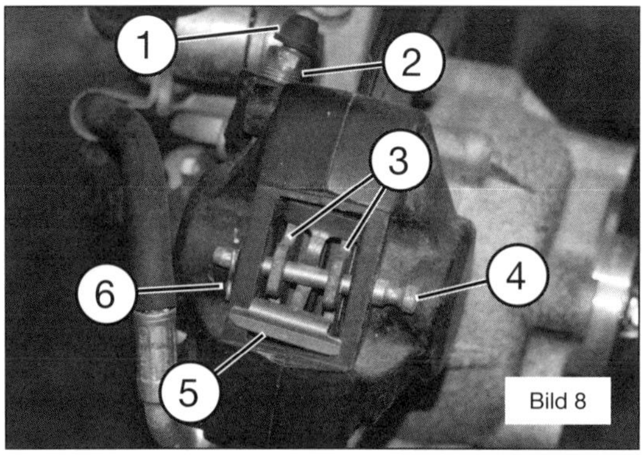

Bild 8

Bremssattel vorne
1 Staubkappe
2 Entlüftungsschraube
3 Bremsbeläge
4 Sicherungsstift
5 Andruckfeder
6 Splint

etwas herunter und ziehen Sie den Sicherungsstift (4) heraus.

- Nehmen Sie die Andruckfeder (5) von den Bremsbelägen (3) ab.
- Ziehen Sie die Bremsbeläge aus dem Bremssattel nach unten heraus.

Wenn die Bremsbeläge weiter verwendet werden sollen, markieren Sie die Einbauposition. Sie dürfen dann nicht vertauscht werden.

- Reinigen Sie den Bremssattel gerade im Bereich der Bremskolben und der Manschetten mit Bremsenreiniger und einem Pinsel.

Kontrollieren Sie, dass der Bremsflüssigkeitsstand im rechten Handbremszylinder nicht zu hoch ist. Ist das der Fall, müssen die Lenkerverkleidung demontiert, der Deckel des Vorratsbehälters abgebaut und der Flüssigkeitsstand korrigiert werden.

- Setzen Sie den Bremsenrücksteller wie im Bild 10 gezeigt in den Bremssattel ein.
- Drücken Sie die beiden Bremskolben in das Sattelgehäuse zurück.
- Setzen Sie die neuen Beläge (3) ein.
- Drücken Sie die Beläge nach oben gegen die Andruckfederplatte (5) und schieben Sie den Sicherungsstift (4) in den Bremssattel und die Beläge ein (siehe Bild 8).
- Schieben Sie die Bremsbeläge an den jeweiligen Kolben dicht heran und montieren Sie den Bremssattel (3 im Bild 9) wieder am Achsschenkel (2).
- Montieren Sie die Räder wieder.
- Legen Sie die Bremsbeläge an den Bremsscheiben an, indem Sie den rechten Handbremszylinder mehrfach betätigen.

Bei Verwendung neuer Bremsbeläge kann die Bremsleistung bis zum Einschleifen der Beläge auf der Bremsscheibe kurzfristig schwächer ausfallen.

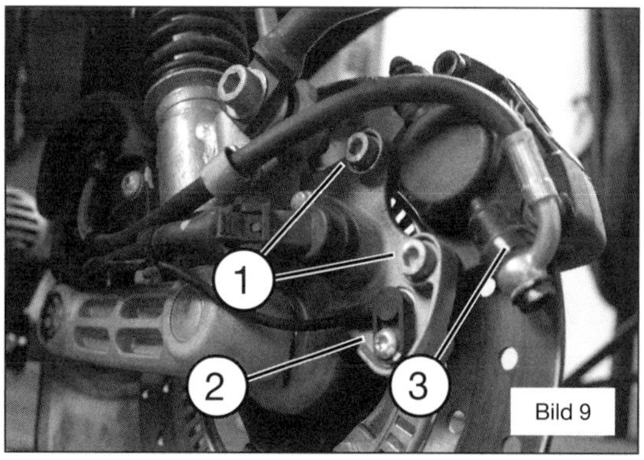

Bild 9

Bremssattel Demontage.
1 Schrauben
2 Achsschenkel
3 Bremssattel

Bild 10

Bremskolbenrücksteller.
1 Bremssattel
2 Bremsenrücksteller

- Prüfen Sie den Druckaufbau der Bremse und die Funktion bei einer Probefahrt.

Bauteil	*Drehmoment*
Bremssattel Verschraubung	23 Nm
Radschrauben Vorderrad	22 Nm

Bremsbeläge hinten wechseln

- Stellen Sie das Motorrad auf den Hauptständer.
- Bauen Sie das Hinterrad aus.
- Demontieren Sie den hinteren Radkotflügel.
- Drehen Sie die Schraube (2 im Bild 11) heraus.
- Lösen Sie die Schrauben (1).
- Lösen Sie die Stifte (1 im Bild 12).
- Drehen Sie die Schrauben (1 im Bild 11)

Bild 11

Bremssattel hinten.
1 Schrauben Bremssattel
2 Schraube Halter
3 Schrauben Halter Bremssättel (Parkbremssattel und Radbremse hinten)

Bild 12
Bremssattel hinten.
1 Stiftschraube
2 Bremsbeläge
3 Bremssattel
4 Bremssattelträger

Bild 13
Bremscheibendicke.
1 Bremsscheibe
2 Angabe der Verschleißgrenze auf der Bremsscheibe
3 Bügelmessschraube

heraus und nehmen Sie den Bremssattel ab.

■ Drehen Sie die Stifte (1) los und nehmen Sie sie heraus.

■ Nehmen Sie die Bremsbeläge aus dem Sattel heraus.

⚠ Wenn die Bremsbeläge weiter verwendet werden sollen, markieren Sie die Einbauposition. Sie dürfen dann nicht vertauscht werden.

■ Stellen Sie die Bremskolben mit einem Kolbenrücksteller wie im Bild 10 gezeigt zurück.

■ Setzen Sie die Beläge ein.

■ Drücken Sie die Beläge etwas gegen die Andruckfederplatte im Bremssattel und schieben Sie die Stifte (1) ein.

■ Drehen Sie die Stifte (1) von Hand fest.

■ Legen Sie die Bremsbeläge ganz am Bremskolben an.

■ Setzen Sie den Bremssattel auf die Bremsscheibe auf.

■ Drehen Sie die beiden Schrauben (1 im Bild 11) von Hand an.

■ Ziehen Sie die beiden Schrauben (1) auf Drehmoment fest.

■ Ziehen Sie die beiden Stifte (1 im Bild 12) auf Drehmoment fest.

■ Betätigen Sie den Handbremshebel so oft, bis die Beläge wieder an den Bremsscheiben anliegen.

■ Prüfen Sie den Druckaufbau der Bremse und die Funktion bei einer Probefahrt.

⚠ Bei Verwendung neuer Bremsbeläge kann die Bremsleistung bis zum Einschleifen der Beläge auf der Bremsscheibe kurzfristig schwächer ausfallen.

Bauteil	*Drehmoment*
Verschraubung Bremssattel	45 Nm
Verschraubung Sattelträger	22 Nm
Stift Bremssattel	20 Nm

Belagverschleiß prüfen

☞ Soweit Sie die Bremsbeläge einsehen können, ist es möglich, diese auch ohne Demontage auf Verschleiß zu prüfen.

Achten Sie darauf, dass die Bremsbeläge der Bremse vorn rechts und links gleichmäßig verschleißen. Ist das nicht der Fall, muss die Entlüftung des vorderen Bremssystems und die der Bremssättel überprüft werden. Die Bremsbeläge in einem Sattel sollten grundsätzlich einen gleichmäßigen Verschleiß aufweisen.

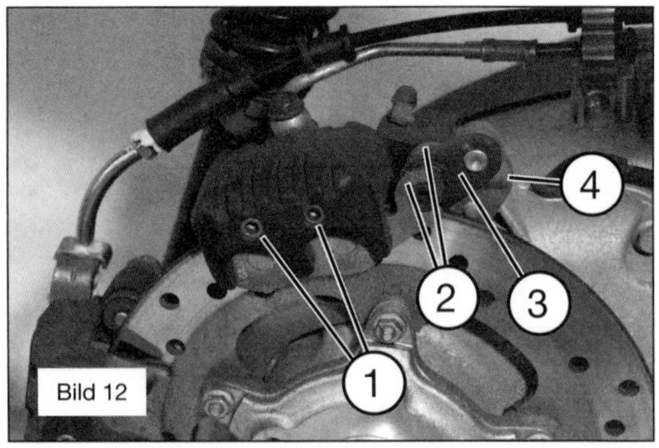

Bild 12

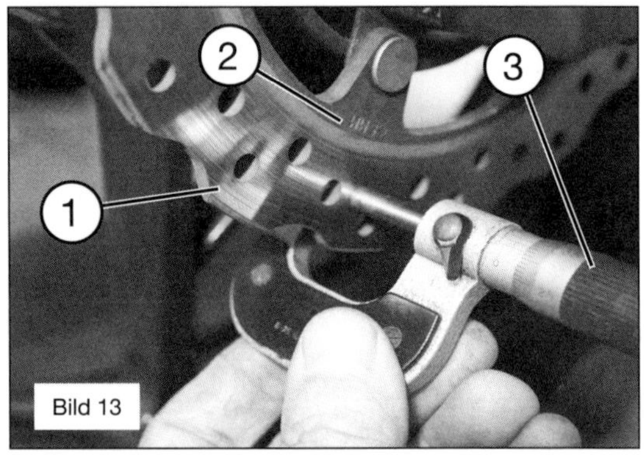

Bild 13

Abmessungen	*Sollwert*
Belagstärke ohne Rückenplatte vorne neu (Verschleißgrenze)	4,0 mm (1,5 mm)
Belagstärke ohne Rückenplatte hinten neu (Verschleißgrenze)	5,0 mm (1,5 mm)

⚠ Erreicht eine Belagseite des vorderen Bremssystems die Mindestbelagstärke, müssen die Beläge beider Seiten ersetzt werden.

Bremsscheiben

Prüfen auf Verschleiß

■ Kontrollieren Sie, ob tiefe Riefen, Verfärbungen oder Korrosionsspuren vorhanden sind.

■ Messen Sie die Bremsscheibendicke an mehreren Stellen mit einer Bügelmessschraube (Bild 13).

Im Neuzustand weist die Bremsscheibe eine Stärke von etwa 4,0 mm auf. Bei einer Stärke von 3,5 mm muss sie ersetzt werden.

Prüfen auf Seitenschlag

■ Stellen Sie das Motorrad auf den Hauptständer.

■ Unterbauen Sie den vorderen Rahmen mit einem Scheren-Motorradheber.

■ Montieren Sie eine Messuhr und einen

Messuhrhalter, sodass Sie den Schlag der Bremsscheibe messen können.

Wählen Sie eine Position des Messstiftes der Messuhr außerhalb der Bohrungslochkreise in der Bremsscheibe.

■ Richten Sie die Messuhr mit einer Vorspannung von 3 mm ein.

■ Verdrehen Sie das Rad vorsichtig und lesen Sie die Abweichungen auf der Messuhr ab.

Bei einer neuen Bremsscheibe werden Sie etwa 0,05 mm messen können. Fällt die Messung größer als 0,10 mm aus, muss die Bremsscheibe erneuert werden.

Das Erneuern der Bremsscheibe bedeutet für das vordere Bremssystem das Erneuern beider Bremsscheiben und der Bremsbeläge.

Demontage der vorderen Bremsscheiben

Die Bremsscheiben müssen für die Vorderachse grundsätzlich zeitgleich gewechselt werden.

■ Unterbauen Sie den vorderen Rahmen mit einem Scheren-Motorradheber.

■ Bauen Sie die Vorderräder wie bereits im Kapitel 16 beschrieben aus.

■ Demontieren Sie die Radnabe, wie wir im Kapitel 16 unter der Überschrift »Radlager und Buchsen« bereits beschrieben haben.

■ Drehen Sie die Schrauben auf der Rückseite heraus (6 – 1 im Bild 14) und nehmen Sie den ABS-Inkrementenring (B) und die Bremsscheibe (A) von der Radnabe ab.

Die Montage erfolgt sinngemäß in umgekehrter Reihenfolge.

■ Achten Sie auf die Anzugsfolge (Bild 14).

■ Ziehen Sie die Schrauben zuerst handfest und anschließend auf Drehmoment an.

Prüfen Sie den Schlag der Bremsscheibe auf einem Wuchtbock vor der Montage des Rades.

Bauteil	Drehmoment
Bremssattel Verschraubung	45 Nm
Bremsscheibe vorne Schrauben	8 Nm
Radlager Zentralmutter	81 Nm
Radschraube Vorderrad	22 Nm

Demontage der hinteren Bremsscheibe

■ Stellen Sie das Motorrad auf dem Hauptständer ab.

■ Bauen Sie das Hinterrad wie bereits im

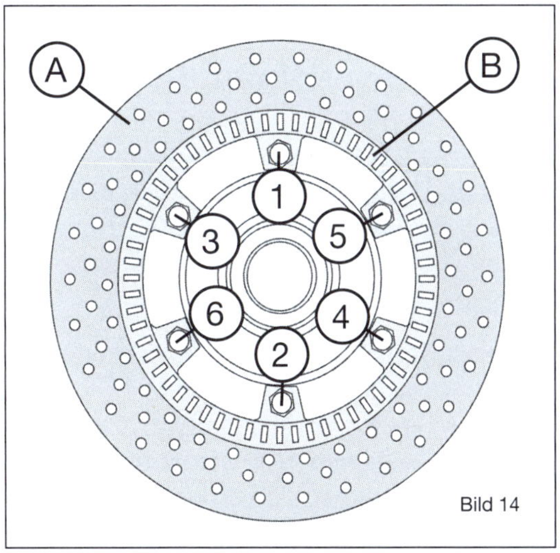

Bild 14
Bremsscheiben hinten.
1-6 Anzugsfolge
A Bremsscheibe
B Inkrementenrad

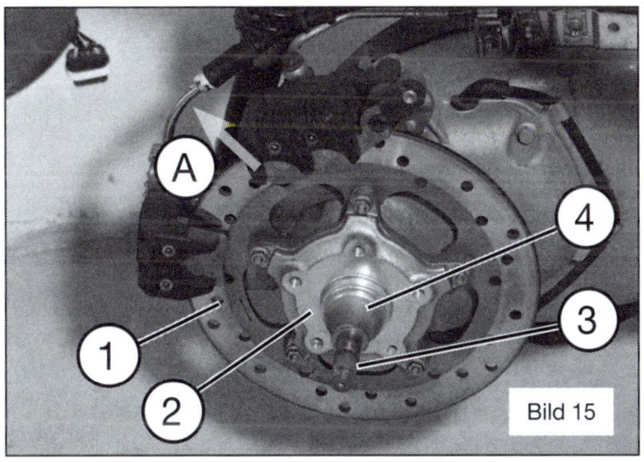

Bild 15
Radnabe hinten.
1 Bremsscheibe
2 Radnabe
3 Radachse
4 Abstandhalter
A Bremssättel abheben

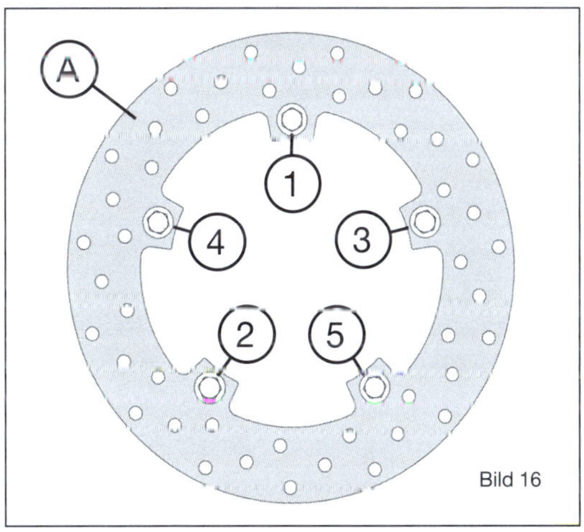

Bild 16
Bremsscheiben hinten.
1-5 Anzugsfolge
A Bremsscheibe

Kapitel 16 unter der Überschrift »Räder aus- und einbauen« beschrieben.

■ Bauen Sie den Radkotflügel hinten aus.

■ Drehen Sie die Verschraubung des Luftfilterkastens an der Variomatik heraus.

■ Biegen Sie das Sicherungsblech für die beiden Schrauben (3 im Bild 11) zurück.

■ Drehen Sie die beiden Schrauben (3) heraus.

■ Heben Sie die beiden Bremssättel von der Bremsscheibe ab.

Bild 17
Integralventil vorne.
RZ Anschluss zum ABS
HZ Anschluss vom Handbremszylinder rechts
E Entlüftungsnippel
I Anschluss zum Entlüftungsanschluss des hinteren Integralventils
1 Integralventil vorne

Bild 18
Integralventil hinten.
RZ Anschluss zum ABS
HZ Anschluss vom Handbremszylinder rechts
E Anschluss zum Integralanschluss des vorderen Integralventils
I Anschluss zum Fußbremszylinder
1 Integralventil vorne

- Nehmen Sie den Abstandshalter (4 im Bild 15 ab.
- Nehmen Sie die hintere Radnabe (2) zusammen mit der Bremsscheibe (1) von der Radachse (3) ab.
- Drehen Sie die Verschraubungen in der Reihenfolge (5 - 1 im Bild 16) los.
- Nehmen Sie die Bremsscheibe von der Radnabe ab.

Die Montage erfolgt sinngemäß in umgekehrter Reihenfolge.

- Achten Sie auf die Anzugsfolge (Bild 16).
- Ziehen Sie die Schrauben zuerst handfest und anschließend auf Drehmoment an.

☞ Prüfen Sie den Schlag der Bremsscheibe auf einem Wuchtbock vor der Montage des Rades.

Bauteil	*Drehmoment*
Bremssättel Verschraubung	20 Nm
Bremsscheibe hinten Schrauben	6 Nm
Zentralmutter Hinterrad	120 Nm
Radschraube Hinterrad	25 Nm

Bremsleitungen und Sättel

Die Bremsleitungen sind werkseitig als Stahlflexleitungen ausgeführt. Achten Sie auf Scheuer- und Knickstellen.

Demontage der Bremsleitungen

⚠ Bremsflüssigkeit ist aggressiv. Schützen Sie Lack und Aluminiumteile vor Spritzern. Waschen Sie ausgetretene Bremsflüssigkeit mit Wasser ab.

☞ Für die Demontage müssen die entsprechenden Verkleidungsteile demontiert werden. Sollen alle Bremsleitungen ersetzt werden, müssen alle Verkleidungen demontiert werden.

- Legen Sie die Bremsleitungen frei.
- Saugen Sie die Bremsflüssigkeit aus dem entsprechenden Vorratsbehälter ab.
- Lösen Sie die Hohlschraube am Leitungsanschluss an der höher liegenden Montagestelle.

☞ Fangen Sie austretende Restbremsflüssigkeit mit einem saugfähigen Lappen auf.

- Lösen Sie die Hohlschrauben an der tieferliegenden Anschlussstelle und lassen Sie die Bremsflüssigkeit gründlich ablaufen.

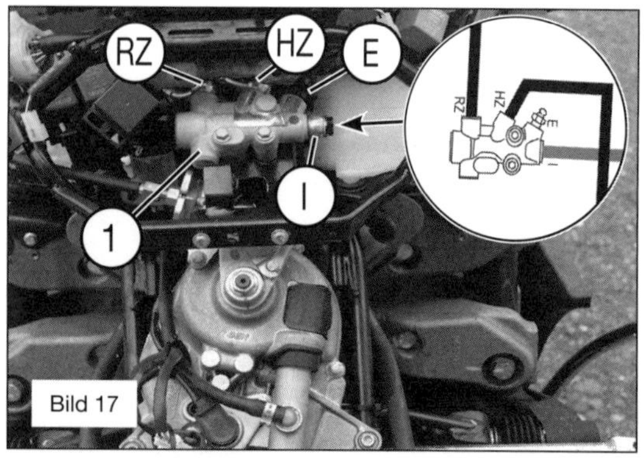

Bild 17

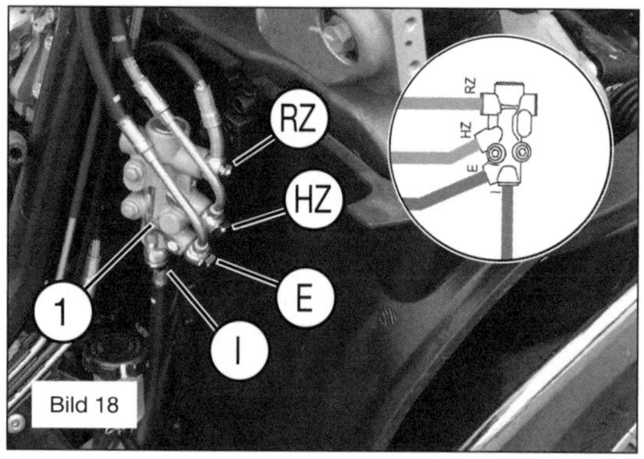

Bild 18

☞ Fangen Sie austretende Restbremsflüssigkeit mit einem saugfähigen Lappen auf.

- Lösen Sie die Halter und Kabelbinder der Bremsleitungen und am Bremsleitungsverteiler.

☞ Demontieren Sie grundsätzlich nur die Hohlschrauben der Bremsleitung, die Sie im nächsten Schritt ersetzen. So kann ein Vertauschen der Anschlussleitungen verhindert werden.

- Kleben Sie die Anschlussstücke der neuen Bremsleitung mit Klebeband ab, um das Eindringen von Verschmutzungen zu verhindern. Binden Sie die neue Bremsleitung an das eine Ende der alten Bremsleitung mit Klebeband an.
- Ziehen Sie die alte Bremsleitung vorsichtig heraus und führen Sie hierbei die neue Bremsleitung in die Position der alten Bremsleitung ein.

☞ Die Leitungen müssen an der gleichen Stelle wie die alten Leitungen befestigt werden.

- Entlüften Sie das Bremssystem wie im Anschluss beschrieben.

Bauteil	*Drehmoment*
Hohlschraube Bremsleitung	20 Nm

Demontage der Bremssättel

Die Demontage der Bremssättel der Bremse vorne und hinten haben wir bereits in der Beschreibung zur Demontage der Bremsbeläge in diesem Kapitel vorgestellt. Die Montagearbeiten rund um die Handbremse werden wir im Anschluss vorstellen.

Zerlegen von Bremsgeräten

Einige Hersteller schreiben im Rahmen der Wartung den Austausch der Gummiteile der Bremsanlage vor. Bei Piaggio gibt es keine Vorgaben hierzu. Trotzdem werden die Bauteile altern und spätestens bei Schäden oder Undichtigkeiten werden Reparatur oder Ersatz erforderlich. Das Zerlegen der Bremsgeräte sollten Sie nur mit einschlägiger Erfahrung angehen oder Ihrer Werkstatt überlassen.

Bremsanlage entlüften

Bremsanlage mit dem Bremsenentlüftungsgerät entlüften

Am meisten verbreitet sind die Systeme, die die Flüssigkeit über Unterdruck aus dem Bremssystem heraussaugen (Bild 20). Der Vorratsbehälter muss bei diesem System immer gut gefüllt sein. Die Druckentlüftung drückt die neue Bremsflüssigkeit mit etwa 1 bis 1,6 bar in den Ausgleichsbehälter hinein und durch das System durch. Da nur die Flüssigkeitsmenge in das System hineinkann, die über die Entlüftungsschraube abgelassen wird, verändert sich der Flüssigkeitsstand im Vorratsbehälter fast nicht.

- Füllen Sie den Vorratsbehälter bis zur Markierung »MAX« auf.
- Ziehen Sie die Staubkappe ab und lösen Sie den Entlüftungsnippel probeweise.
- Schließen Sie einen Auffangbehälter mit einem Klarsichtschlauch an dem Entlüftungsnippel an.
- Bringen Sie den hinteren Bremssattel in Entlüftungsposition wie bereits beschrieben.
- Drücken oder ziehen Sie (je nach System) etwa 0,5 l Bremsflüssigkeit durch jeden Bremskreis durch. So ist das Bremssystem ausreichend gespült.

Achten Sie auf einen ausreichenden Füllstand im Vorratsbehälter.

- Prüfen Sie die Funktion und den Druckaufbau des Bremssystems.

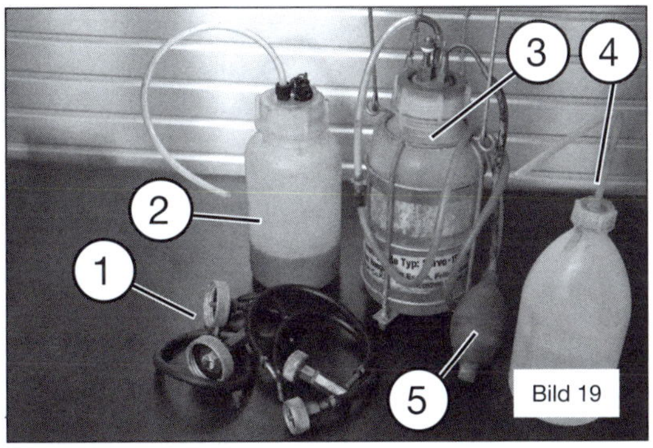

Bild 19

Bild 19
Druckentlüftungssystem. Die Bremsflüssigkeit wird mit Druck über den Ausgleichsbehälter eingebracht.
1 Anschlussadapter
2 Entlüfterflasche mit Klarsichtschlauch
3 Druckbehälter
4 Füllflasche
5 Pumpball

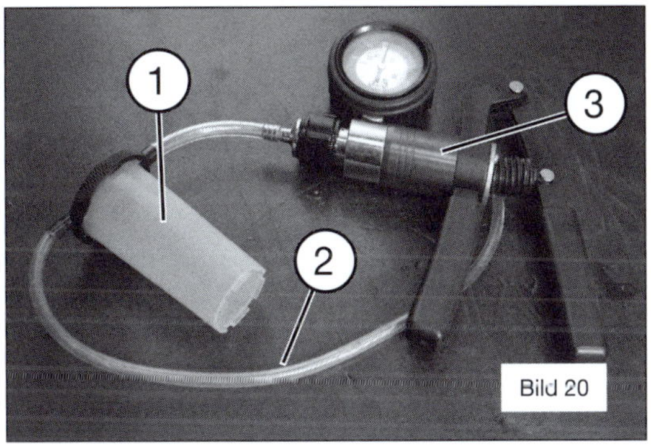

Bild 20

Bild 20
Bremsflüssigkeit mit der MINIVAC-Unterdruckpumpe absaugen.
1 Auffangbehälter
2 Klarsichtschlauch
3 Unterdruckpumpe

Bauteil	*Drehmoment*
Entlüftungsnippel Bremssattel	10 Nm
Schraube Vorratsbehälter	handfest
Deckel Vorratsbehälter	handfest

ABS System

Das ABS-Modul beinhaltet das ABS-Steuergerät, den Pumpenmotor und die Steuerventile. Ein Zerlegen ist im normalen Werkstattbetrieb nicht vorgesehen. Die Fehlerspeicherabfrage für das Bremssystem ist nur über geeignete Testersysteme möglich.

Demontage des ABS-Systems

- Bauen Sie das Helmfach wie im Kapitel 11 beschrieben aus.
- Schalten Sie die Zündung aus und ziehen Sie den Schlüssel ab.

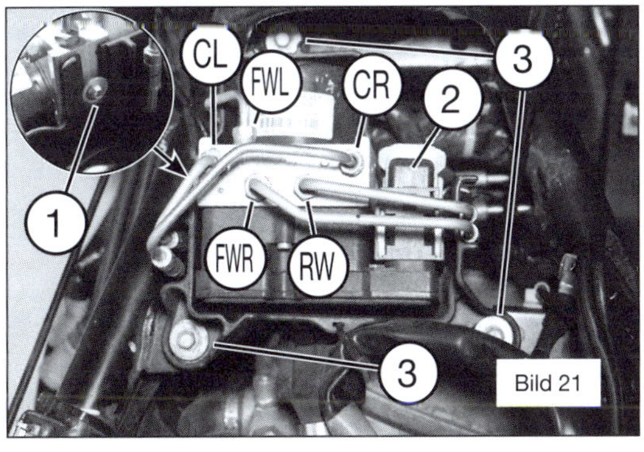

Bild 21

Bild 21
ABS-Modulator.
1 Schraube seitlich
2 Anschlussstecker
3 Schrauben
CL Anschluss (RZ) am Integralventil hinten
CR Anschluss (RZ) am Integralventil vorne
FWL Anschluss Bremssattel vorne links
FWR Anschluss Bremssattel vorne rechts
RW Anschluss Bremssattel hinten

Bild 22
ABS-Sensor am Vorderrad (hier links).
1 Anschlussstecker ABS-Sensoren
2 Raddrehzahlsensor »Roll-Lock«-System
3 ABS-Sensor
4 Schraube

Bild 23
ABS-Sensor an der Radstütze für das Hinterrad.
1 Sensorhalter
2 ABS-Sensor
3 Anschlusskabel ABS-Sensor
4 Schrauben

■ Lösen Sie den Kabelbinder am ABS-Steuergerät.
■ Entsichern Sie den Anschlussstecker des ABS-Steuergerätes und ziehen Sie ihn ab.
■ Demontieren Sie die Anschlussleitungen in der Reihenfolge (CR-RW-CL-FWR-FWL im Bild 21) vom ABS-Modulator ab.

☞ Verschließen Sie die Öffnungen mit passenden Stopfen und fangen Sie die abtropfende Restflüssigkeit mit fusselfreien Lappen auf.

■ Drehen Sie die Schrauben (3) heraus und heben Sie den ABS-Modulator mit dem Träger an.
■ Drehen Sie die Schraube (1) seitlich und die beiden Schrauben von unten heraus.
■ Nehmen Sie den ABS-Modulator heraus.

Die Montage erfolgt sinngemäß in umgekehrter Reihenfolge zur Demontage.
■ Entlüften Sie die Bremsanlage wie bereits beim Wechsel der Bremsflüssigkeit in diesem Kapitel beschrieben.

Bauteil	*Drehmoment*
ABS-Modulhalter am Rahmen	11 Nm
ABS-Modul am Halter	8 Nm
Hohlschrauben am Modulator	15 Nm

Demontage der ABS-Sensoren
ABS-Sensoren vorne:
■ Bauen Sie das Beinschild innen ab.
■ Legen Sie die Anschlussstecker der Sensoren unter dem Parkbremshebel frei.
■ Entsichern Sie den jeweiligen Stecker und ziehen Sie den Steckkontakt ab.
■ Legen Sie das Anschlusskabel frei und führen Sie es zum Radsensor nach vorne.
■ Drehen Sie die Schraube (4 im Bild 22) heraus und ziehen Sie den ABS-Sensor aus dem Achsschenkel heraus.

ABS-Sensoren hinten:
■ Bauen Sie das Helmfach aus. Die erforderlichen Arbeiten hierzu finden Sie im Kapitel 11 dieses Buches.
■ Legen Sie die Anschlussstecker des Sensors am Rahmen frei.
■ Entsichern Sie den Stecker und ziehen Sie den Steckkontakt ab.
■ Legen Sie das Anschlusskabel frei und führen Sie es zum Radsensor nach hinten. Drehen Sie die beiden Schrauben (4 im Bild

Bild 22

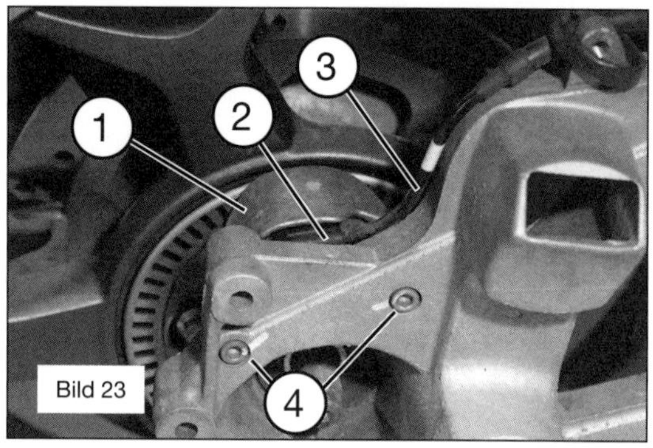

Bild 23

23) heraus und nehmen Sie den Sensorhalter (1) von der Radstütze ab.
■ Drehen Sie die Schraube des ABS-Sensors heraus und ziehen Sie ihn aus dem Sensorhalter (1) heraus.

Die Montage erfolgt sinngemäß in umgekehrter Reihenfolge zur Demontage.
■ Reinigen Sie den Sitz des Sensors im Achsschenkel gründlich.
■ Prüfen Sie den Abstand zwischen Inkrementenrad und Sensor (ca. 0,5 bis 2 mm).

Bauteil	*Drehmoment*
ABS-Sensor Verschraubung	8 Nm
Sensorhalter ABS-Sensor hinten	10 Nm

ABS-Sensoren prüfen
Die Funktionsprüfung für die ABS-Sensoren läuft für alle drei Sensoren gleich ab. Es handelt sich um Hall-Sensoren. Die Prüfung erfolgt mit dem Oszilloskop bei angeschlossenem und eingebautem Sensor.
■ Legen Sie den Anschlussstecker des jeweiligen Sensors frei.

☞ Hierzu muss für den hinteren Sensor das Helmfach und für die vorderen Sensoren die Beinschildverkleidung innen demontiert werden.

■ Entsichern Sie den Steckkontakt und ziehen Sie den Stecker ab.

■ Verbinden Sie die Steckkontakte über zwei Y-Messkabel.
■ Unterbauen Sie das Motorrad so, dass das Rad, an dem der Sensor geprüft werden soll, frei drehen kann.

Sollen alle Sensoren geprüft werden, ist es sinnvoll das Motorrad auf den Hauptständer zu stellen und die Fahrzeugfront über einen Motorradheber am Rahmenträgern rechts und links vom Kraftstofftank anzuheben.

■ Stellen Sie das Oszilloskop auf eine 2V/Teiler und 10ms/Teiler ein.
■ Schalten Sie die Zündung ein und drehen Sie das entsprechende Rad.

Sie sollten eine gleichmäßige Rechteckspannung erkennen können. Die Spannung sollte bei etwa 12 V liegen. Die Signallänge ist von der Raddrehgeschwindigkeit abhängig.

Parkbremse

Die Parkbremse bremst mit dem Hebel in der Mittelkonsole über einen Seilzug den mechanischen Bremssattel am Hinterrad.

Parkbremse einstellen

■ Stellen Sie das Motorrad auf dem Hauptständer ab.
■ Lösen Sie den Parkbremshebel (3 im Bild 26).

Grundeinstellung der Parkbremszuglänge:

Mit dieser Einstellung wird lediglich die Bremszuglänge angepasst.

■ Lösen Sie die Kontermutter (2 im Bild 25) und verdrehen Sie die Einstellschraube (3) so weit, dass der Bremshebel auf Anschlag unten zum Liegen kommt und der Parkbremszug ganz leicht vorgespannt ist.

Einstellung des Lüftspiels:

Mit dieser Einstellung wird der Abstand zwischen Bremsbelägen und Bremsscheibe (Lüftspiel) eingestellt.

■ Drehen Sie die Kontermutter (5) los.
■ Drehen Sie die Einstellspindel (4) so weit ein, dass die Beläge geradeso an der Bremsscheibe anliegen.
■ Klappen Sie den Parkbremshebel (3 im Bild 26) nach oben. Das Hinterrad muss nun blockiert sein.

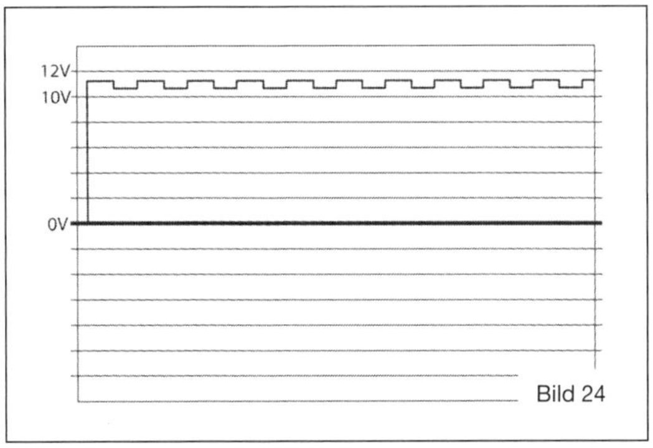

Bild 24
Signalbild ABS-Sensor. Es handelt sich um einen »magnetoresistiven Sensor«. Messbarer Spannungsunterschied (Hub liegt bei etwa 0,2 V).

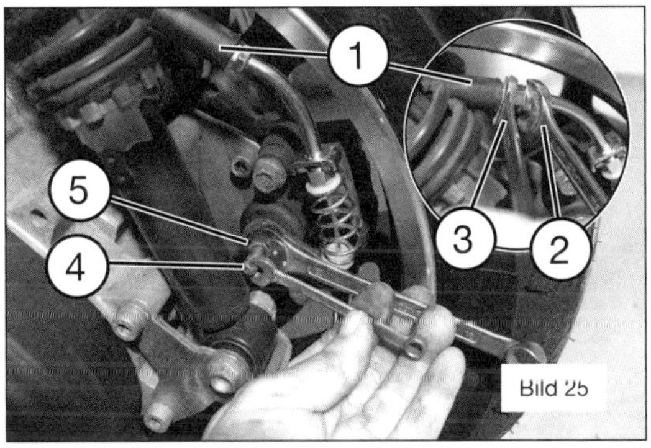

Bild 25
Einstellen des Lüftspiels an der Parkbremse.
1 Bremszug Parkbremse
2 Schlüssel auf der Kontermutter
3 Schlüssel auf der Einstellschraube
4 Einstellspindel
5 Kontermutter

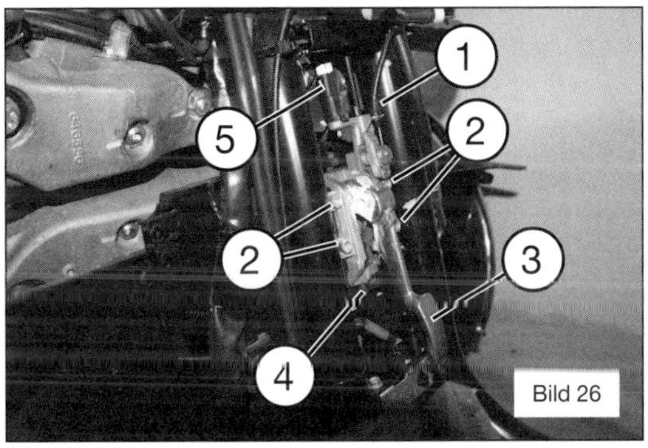

Bild 26
Parkbremshebel am Rahmen zum Lenkrohr.
1 Sperrzug vom Zündschloss
2 Schrauben
3 Parkbremshebel
4 Parkbremsseil
5 Bremslichtschalter Parkbremse

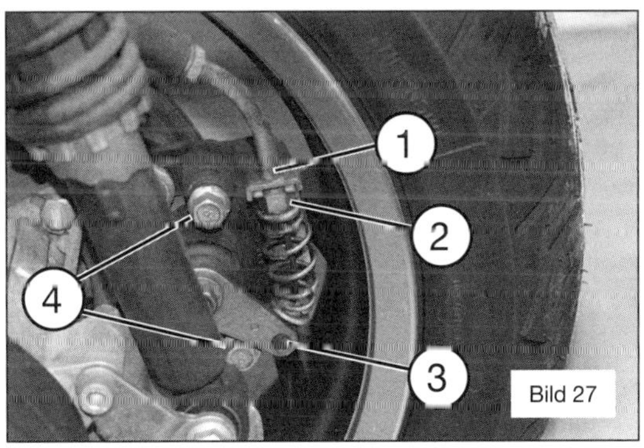

Bild 27
Bremssattel für die Parkbremse.
1 Parkbremsseil
2 Kontermutter
3 Bremshebel am Bremssattel
4 Schrauben

■ Klappen Sie den Parkbremshebel (3) nach unten. Das Hinterrad muss frei drehen.

Weiter für beide Einstellmöglichkeiten:

■ Drehen Sie die Kontermuttern (2 und 5 im Bild 25) auf Drehmoment fest.
■ Schieben Sie die Tülle über die Einstellschraube (1).

Parkbremsseil wechseln

■ Lösen Sie den Parkbremshebel.

■ Lösen Sie die Kontermutter (2 im Bild 27).

■ Heben Sie den Bremshebel (3) am Bremssattel leicht an und hängen Sie den Parkbremszug am Bremszughalter aus.

■ Hängen Sie den Parkbremszug am Bremshebel aus.

■ Betätigen Sie den Parkbremshebel und hängen Sie das Parkbremsseil am Hebel aus.

■ Nehmen Sie den Bowdenzug aus dem Parkbremshebelhalter heraus.

■ Lösen Sie die Kabelbinder und Kabelhalter, mit denen der Bowdenzug am Fahrzeug befestigt ist.

■ Befestigen Sie den alten Bremszug mit Klebeband an dem neuen Bremszug und ziehen Sie den neuen Zug mit dem alten ein.

So wird der neue Bowdenzug genau in der Einbauposition des alten Zuges verlegt.

Bauteil	*Drehmoment*
Parkbremsseil Kontermutter	8 Nm
Parkbremssattel Kontermutter	8 Nm

Bremsbeläge der Parkbremse wechseln

■ Lösen Sie die Stifte (1 im Bild 12).

■ Bauen Sie den Parkbremssattel ab.

■ Drehen Sie die Stifte (1) los und nehmen Sie sie heraus.

■ Nehmen Sie die Bremsbeläge aus dem Sattel heraus.

⚠ Wenn die Bremsbeläge weiter verwendet werden sollen, markieren Sie die Einbauposition. Sie dürfen dann nicht vertauscht werden.

Die Montage erfolgt sinngemäß in umgekehrter Reihenfolge.

Die Belagstärke (ohne Rückenplatte) sollte mindestens 1,5 mm betragen.

Parkbremssattel ausbauen

■ Stellen Sie das Motorrad auf den Hauptständer.

■ Bauen Sie das Hinterrad aus.

■ Demontieren Sie den hinteren Radkotflügel.

■ Lösen Sie den Parkbremshebel.

■ Lösen Sie die Kontermutter (2 im Bild 27).

■ Heben Sie den Bremshebel am Bremssattel (3) leicht an und hängen Sie den Parkbremszug am Bremszughalter aus.

■ Hängen Sie den Parkbremszug am Bremshebel aus.

■ Drehen Sie die beiden Schrauben (4) heraus und nehmen Sie den Bremssattel ab.

Die Montage erfolgt sinngemäß in umgekehrter Reihenfolge.

Kontrollieren Sie die Einstellung des Parkbremsseils und des Lüftspiels der Bremsbeläge.

Bauteil	*Drehmoment*
Parkbremsseil Kontermutter	8 Nm
Bremssattel Parkbremse	25 Nm

Parkbremshebel ausbauen

■ Bauen Sie die Beinschildverkleidung innen ab. Die Arbeitsschritte dazu werden im Kapitel 11 im Detail vorgestellt.

■ Lösen Sie den Parkbremshebel.

■ Lösen Sie die Kontermutter (2 im Bild 27).

■ Heben Sie den Bremshebel (3) am Bremssattel leicht an und hängen Sie den Parkbremszug am Bremszughalter aus.

■ Hängen Sie den Parkbremszug am Bremshebel aus.

■ Betätigen Sie den Parkbremshebel und hängen Sie das Parkbremsseil am Hebel aus.

■ Nehmen Sie den Bowdenzug aus dem Parkbremshebelhalter heraus.

■ Schneiden Sie den Kabelbinder am Bremslichtschalter (5 im Bild 26) durch und ziehen Sie den Steckkontakt ab.

■ Hängen Sie den Sperrzug vom Zündschloss (1) aus.

■ Drehen Sie die Schrauben (2) heraus.

■ Nehmen Sie den Parkbremshebel heraus.

Die Montage erfolgt sinngemäß in umgekehrter Reihenfolge.

Kontrollieren Sie die Einstellung des Parkbremsseils und des Lüftspiels der Bremsbeläge.

Bauteil	*Drehmoment*
Parkbremsseil Kontermutter	8 Nm
Parkbremshebel	10 Nm

Geführte Fehlersuche

A Schlechter Druckaufbau der Bremsanlage

Aufgabe	Information	Ergebnis (Sollwerte)
1 Bremse entlüften	■ Flüssigkeitsstand beachten ■ Bremssystem auf Undichtigkeiten absuchen ■ System entlüften	-
2 Dichtigkeit der Integalventile vorne und hinten prüfen	■ Dichtigkeit der Ventile nach außen prüfen ■ Beobachten, ob sich der Flüssigkeitsstand der unbetätigten Bremsen verändert (interne Undichtigkeit)	
3 Belagführungen prüfen	■ Prüfen Sie, ob die Bremsbeläge im Bremssattel beweglich sind. Sitzen die Beläge durch Korrosion fest, kann die Rückstellung verhindert werden Kontrollieren Sie, ob die Bremsbeläge sich gleichmäßig abnutzen.	-
4 Radlager prüfen	Prüfen Sie das Seitenspiel der Rades	Kein Spiel feststellbar
5 Bremsscheibe prüfen	Prüfen Sie die Bremsscheibe auf Schlag oder Schäden auf der Reibfläche	Max. 0,30 mm
6 Beläge prüfen	Prüfen Sie die Belagstärke und den Zustand der Beläge auf Ablösungen von der Trägerplatte	Min. 1,0 mm ohne Rückenplatte
7 Bremssattel prüfen	Prüfen Sie, ob die Kolben des Bremssattels sich leicht zurückstellen lassen. Bei den verbauten Festsätteln erfolgt dies über die Bremskolben. Ist einer der Bremskolben schwergängiger, erfolgt dort die Rückstellung im geringeren Umfang Kontrollieren Sie, ob die Bremsbeläge sich gleichmäßig abnutzen	-

B Parkbremse ohne oder schlechte Funktion

Aufgabe	Information	Ergebnis (Sollwerte)
1 Belagstärke prüfen	Prüfen Sie die Belagstärke und den Zustand der Beläge auf Ablösungen von der Trägerplatte	Min. 1,0 mm ohne Rückenplatte
2 Einstellung des Lüftspiels prüfen	Abstand zwischen Bremsbelägen und Bremsscheibe	-
3 Einstellung des Parkbremszugs prüfen	Rückstellung des Hebels bis Anschlag	-
4 Funktion des Bremssattels prüfen	Mechanische Funktion prüfen	-

C ABS-Kontrollleuchte leuchtet dauerhaft

Aufgabe	Information	Ergebnis (Sollwerte)
1 Sicherung F2 (40 A) prüfen	KL30 (Dauerplus)	-
2 Sicherung FB10 (7,5 A) prüfen	KL15 (geschaltetes Plus)	-
3 Inkrementenrad prüfen	Seitenschlag, Schäden, Verschmutzung	
4 ABS-Sensoren Abstand prüfen	Zum Inkrementenrad	0,5 - 1,5 mm
5 ABS-Sensoren prüfen	Signalbilder kontrollieren	

Bilder 28 und 29
(28 ohne ABS, 29 mit ABS).
1 Entlüftungsschraube
2 Radbremszange hinten
3 Radbremszange vorne links
4 Entlüftungsschraube
5 Handbremspumpe links
6 Vorratsbehälter
7 Vorratsbehälter
8 Handbremspumpe rechts
9 Entlüftungsschraube
10 Radbremszange vorne rechts
11 Entlüftungsschraube
12 Integralventil vorne
13 Entlüftungsschraube
14 Verteilerstück am Lenkrohr vorne
15 Integralventil im Trittbrett
16 Vorratsbehälter
17 Fußbremszylinder
18 ABS-Modulator

Bild 30
Schaltplan ABS-System.
B1 Batterie
DIA Diagnoseanschluss
F1 Sicherung am Startrelais
F2 Sicherung neben der Batterie
FB10 Sicherung im Trittbrett Nr.10 (KL15)
R1 Radsensor vorne links
R2 Radsensor vorne rechts
R3 Radsensor hinten
SG2 Motorsteuergerät
SG4 Tachometer
SG5 Steuergerät Kippsperre
SG8 ABS-Steuergerät am Modulator
X3 Anschluss Vorbereitung Diebstahlsicherung

Schalt- und Hydraulikpläne

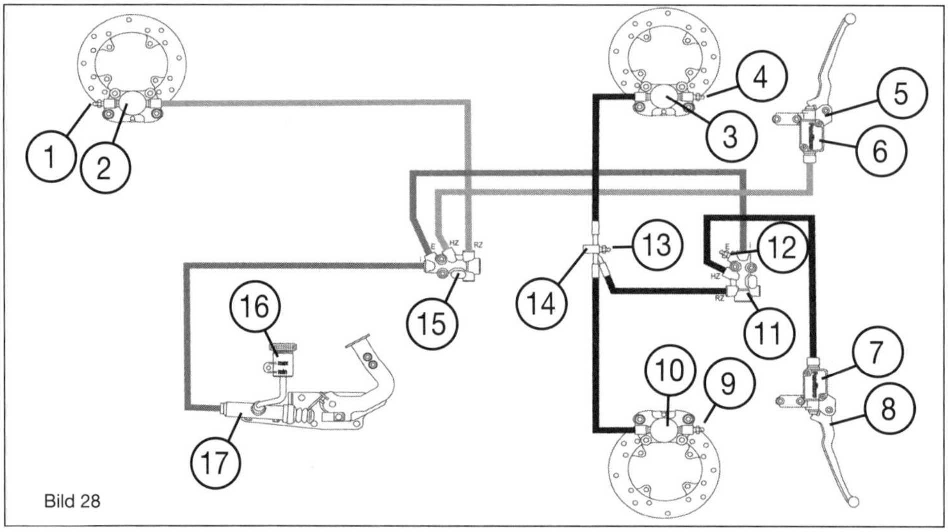

Bild 28

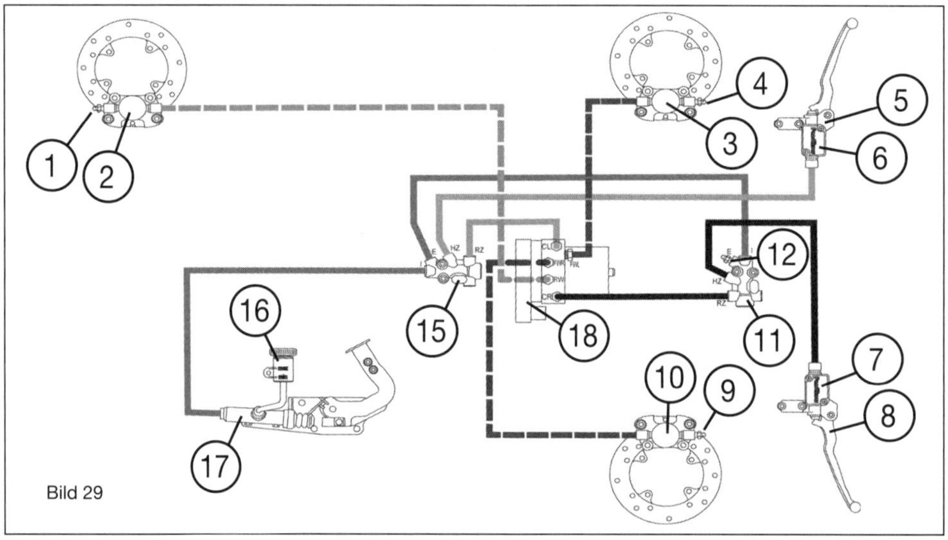

Bild 29

Anschlussbezeichnungen an den hydraulischen Bremsgeräten: RZ Anschluss zum ABS, HZ Anschluss vom Handbremszylinder rechts, E Anschluss zum Integralanschluss des vorderen Integralventils, I Anschluss zum Fußbremszylinder, CL Anschluss (RZ) am Integralventil hinten, CR Anschluss (RZ) am Integralventil vorne, FWL Anschluss Bremssattel vorne links, FWR Anschluss Bremssattel vorne rechts, RW Anschluss Bremssattel hinten

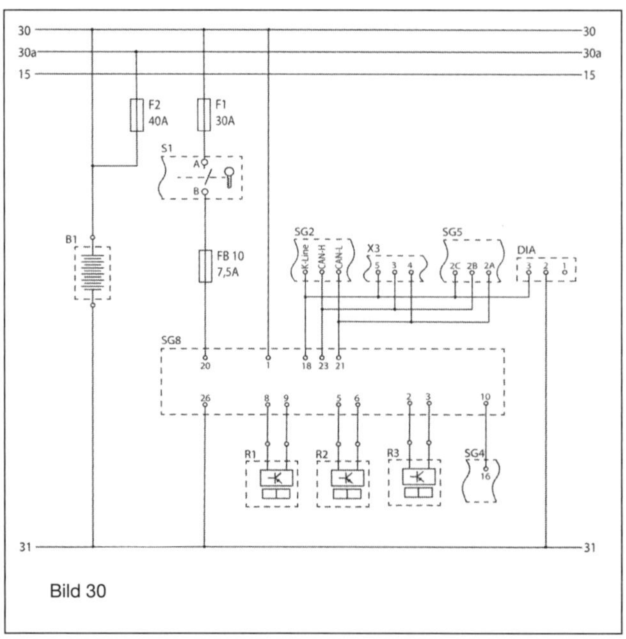

Bild 30

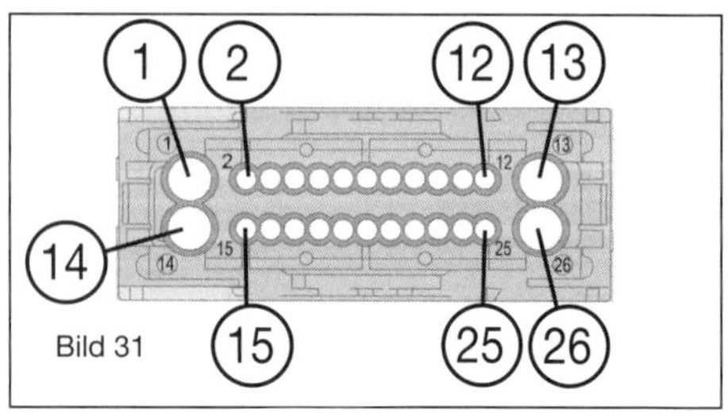

Bild 31

Bild 31
Stecker ABS-Steuergerät (Anschlusspin).
1 Spannungsversorgung (KL30), 2 ABS-Sensor hinten (-), 3 ABS-Sensor hinten (+), 4 Frei, 5 ABS-Sensor vorne rechts (-), 3 ABS-Sensor vorne rechts (+), 7 Frei, 8 ABS-Sensor vorne links (-), 9 ABS-Sensor vorne links (+), 10 ABS-Kontrolllampe, 11 bis 17 Frei, 18 K-Line, 19 Frei, 20 Spannungsversorgung (KL15), 21 CAN-Low, 22 Frei, 23 CAN-High, 24 Frei, 25 Frei, 26 Spannungsversorgung (KL31)

18 Fahrwerk

Im Grunde genommen geht es in diesem Kapitel um die Fahrzeugkomponenten, die die Räder am Boden halten. Also um die Radführung und die Dämpfersysteme.

Stoßdämpfer

⚠ Werden Schäden festgestellt, müssen Stoßdämpfer grundsätzlich paarweise (achsweise) ersetzt werden. Unterschiedliches Einfederverhalten kann fatale Auswirkungen auf die Fahrsicherheit haben.

Stoßdämpfer prüfen

☞ Auch die Stoßdämpfer, Federn und die Aufhängungen unterliegen Verschleiß.

- Prüfen Sie die Stoßdämpfer auf Ölaustritt im Bereich der Kolbenstange.
- Prüfen Sie die Befestigung oben auf Spielfreiheit.
- Überprüfen Sie die Vorderachse unten am Achsschenkel auf Spielfreiheit.
- Überprüfen Sie die Gummilagerung der hinteren Dämpfer auf Spiel oder Schäden.
- Prüfen Sie die Dämpferfedern auf Korrosion und Brüche sowie den Sitz im Stoßdämpfer oben und unten.

Stoßdämpfer vorne ausbauen

☞ Die Arbeiten für die rechte und die linke Seite unterscheiden sich nicht wesentlich.

- Stellen Sie das Fahrzeug auf dem Hauptständer ab und heben Sie es mit einem Motorradheber über die beiden Rahmenträger neben dem Tank so weit an, dass die Räder vorne frei drehen können.
- Demontieren Sie die beiden Vorderräder.
- Bauen Sie die Befestigungsschelle (2 im Bild 1) der Bremsleitung unter dem vorderen Halter des Kotflügels ab.
- Drehen Sie die beiden Schrauben (4) des hinteren Halters des Kotflügels ab.
- Drehen Sie die vordere Befestigungsschraube (2) für den Kotflügelhalter (1) heraus.
- Nehmen Sie den Radkotflügel zusammen mit dem Halter ab.
- Drehen Sie die beiden Befestigungsschrauben des Stoßdämpfers unten (5) am Achsschenkel heraus.

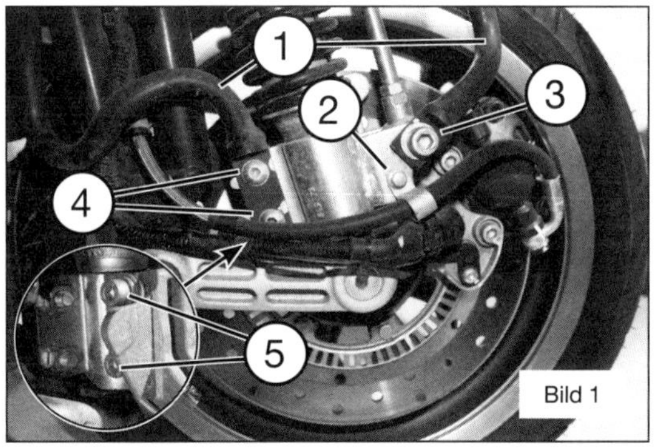

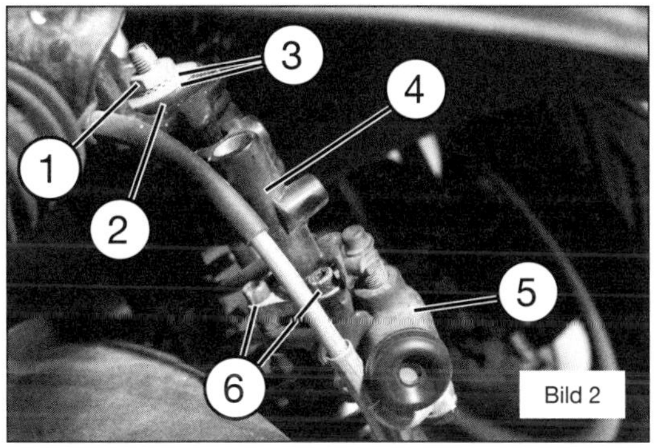

- Drehen Sie die beiden Schrauben (6 im Bild 2) für das »Roll-Lock-System« am Stoßdämpfer oben heraus und nehmen Sie das Gleitrohr mit dem Sperrzylinder (5) vom Stoßdämpfer ab.
- Drehen Sie die Mutter (1) des Stoßdämpfers oben los und nehmen Sie sie zusammen mit den Scheiben (3) und dem Lagergummi (2) ab.
- Nehmen Sie den Stoßdämpfer heraus.

Die Montage erfolgt sinngemäß in umgekehrter Reihenfolge.

Bauteil	*Drehmoment*
Stoßdämpfer vorne oben	25 Nm
Stoßdämpfer vorne unten	22 Nm
Radkotflügelhalter vorne	10 Nm
Roll-Lock-Gleitrohr am Stoßdämpfer unten	16 Nm
Roll-Lock-Sperrzylinder am Stoßdämpfer	10 Nm

Stoßdämpfer hinten ausbauen

☞ Der hintere Stoßdämpfer auf der linken Fahrzeugseite ist mit einem Haltebock am Motorblock verschraubt, auf der rechten Seite am Radbügel. Die Arbeiten für die beiden hinteren Stoßdämpfer unterscheiden sich nicht wesentlich.

Bild 1
Stoßdämpfer vorne unten.
1 Kotflügelhalter
2 Befestigungsschelle
3 Schraube
4 Schrauben
5 Schrauben

Bild 2
Stoßdämpfer vorne oben.
1 Mutter
2 Lagergummi
3 Scheiben
4 Stoßdämpfer
5 Sperrzylinder (Roll-Lock-System)
6 Schrauben

Sichtprüfung Messen

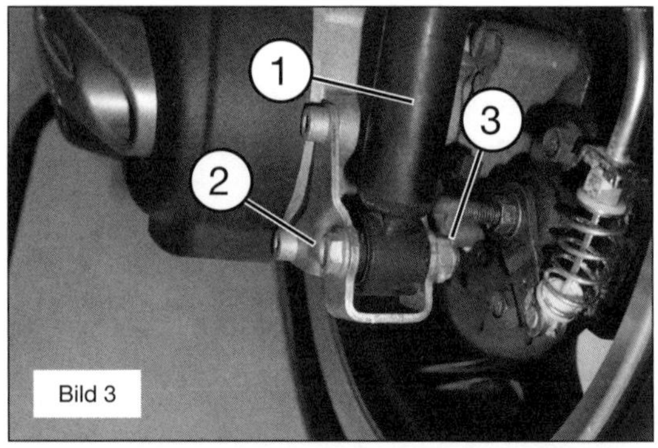

Bild 3

Bild 3
Stoßdämpfer hinten unten.
1 Stoßdämpfer
2 Schraube
3 Mutter

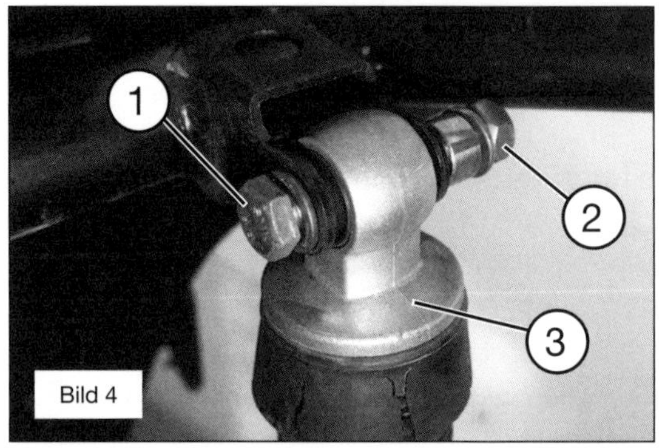

Bild 4

Bild 4
Stoßdämpfer hinten oben.
1 Schraube
2 Mutter
3 Stoßdämpfer

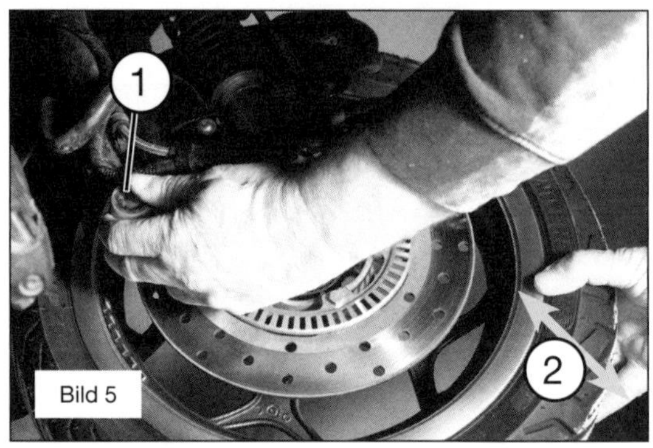

Bild 5

Bild 5
Radschwinge vorne prüfen.
1 Lagerung im Steuerrohr
2 Wackeln am Rad

■ Stellen Sie das Fahrzeug auf dem Hauptständer ab.

Unterlegen Sie das Hinterrad mit einem Stück Holz. So können Sie, unabhängig ob beide Stoßdämpfer gleichzeitig ausgebaut werden, das Rad zum leichteren Einsetzen der Stoßdämpferschrauben anheben.

Stoßdämpfer rechts:
■ Bauen Sie den Schalldämpfer ab.

Weiter für beide Seiten:
■ Drehen Sie die untere Stoßdämpferschraube (2 im Bild 3) heraus. Halten Sie die Mutter (3) mit einem Schraubenschlüssel gegen.
■ Drehen Sie die obere Stoßdämpferschraube (1 im Bild 4) heraus. Halten Sie die Mutter (2) mit einem Schraubenschlüssel gegen.
■ Nehmen Sie den Stoßdämpfer (3) heraus.

Die Montage erfolgt sinngemäß in umgekehrter Reihenfolge.

Bauteil	*Drehmoment*
Stoßdämpfer vorne oben	25 Nm
Stoßdämpfer vorne unten	22 Nm
Endschalldämpfer Schraube	20 Nm
Endschalldämpfer Schelle	17 Nm

Radführung vorne

Die Radführung der Vorderachse ist sehr wichtig für die Fahrstabilität der MP3. Alle Bauteile müssen sich leichtgängig bewegen lassen und spielfrei sein. Schon Klemmstellen können eine unkalkulierbare Fahrsituation bedeuten und auch einen Unfall verursachen. Radführungsteile mit Spiel können ein instabiles Fahrverhalten bewirken.

Prüfen der Radschwingen vorne
■ Stellen Sie das Fahrzeug auf dem Hauptständer ab und heben Sie es mit einem Motorradheber über die beiden Rahmenträger neben dem Tank so weit an, dass die Räder vorne frei drehen können.
■ Prüfen Sie zuerst, ob das jeweilige Radlager spielfrei und leichtgängig ist.
■ Lassen Sie von einem zweiten Mechaniker den Lenker festhalten.
■ Legen Sie einen Finger auf den Übergang der Schwingenlagerung (1 im Bild 5) zum Steuerrohr. Versuchen Sie, das Rad hin und her zu bewegen.

Achten Sie hierbei darauf, dass Sie kein Spiel am Lager der Schwinge feststellen können.

Weder an den Lagerstellen noch an den Lagerdeckeln sollte Fett oder Korrosionsspuren austreten.

Demontage der Radschwingen vorne

Grundsätzlich ist es möglich, die Nadellager und den zugehörigen Lagerbolzen aus der Radschwinge auszupressen und zu erneuern. Die Teile lassen sich sicherlich beschaffen. Die Reparatur fällt aber sehr selten an.

Wir möchten Ihnen aber im Folgenden in einer Bauteilübersicht den Aufbau der

Lagerung vorstellen (Bild 6). Wir verzichten aber auf eine Beschreibung der Demontage und der Neulagerung der Radschwingen der Vorderachse.

Schmieren der Achslenkerlager (Bild 7)

Zum Abschmieren wird jeweils die vordere Verschraubung des Achslenklagers an den Querlenkern durch eine Hohlschraube mit Schmiernippel (1 im Bild 7) ersetzt. Die Hohlschrauben weisen nicht die ausreichende Festigkeit auf. Sie dürfen nur zum Abschmieren eingesetzt werden.

- Stellen Sie das Fahrzeug auf dem Hauptständer ab und heben Sie es mit einem Motorradheber über die beiden Rahmenträger neben dem Tank so weit an, dass die Räder vorne frei drehen können.
- Schalten Sie die Zündung ein und das »Roll-Lock-System« aus.
- Schalten Sie die Zündung aus und ziehen Sie den Schlüssel ab.
- Drehen Sie die obere Verschraubung des Querlenkers heraus und schrauben Sie eine Hohlschraube mit einem Schmiernippel ein.

Die Hohlschraube (1) können Sie bei den einschlägigen Online-Verkaufsplattform für wenige Euro erwerben.

- Schließen Sie eine Fettpresse (3) an und pressen Sie Lagerfett durch die Hohlschraube in das Achslenkerlager ein, bis es im Randbereich austritt.
- Wischen Sie das überschüssige Fett mit einem Lappen ab.
- Führen Sie die Arbeiten für alle vier Achslenkerlager durch.

Die Montagearbeiten erfolgen sinngemäß in umgekehrter Reihenfolge zur Demontage

Bauteil	*Drehmoment*
Querlenker Schrauben	47 Nm
Radschrauben Vorderrad	22 Nm

Prüfen der Achslenkerlager (Bild 8)

Bei zweirädrigen Motorrädern sind im Rahmenlenkkopf Lenkkopflager verbaut, die die leichtgängige und spielfreie Führung und Lagerung der Drehbewegung der Gabel ermöglichen. Der MP3 hat zwei Steuerrohre, die jeweils ein Lenkkopflager aufweisen.

- Stellen Sie das Fahrzeug auf dem Hauptständer ab und heben Sie es mit einem Motorradheber über die beiden Rahmenträger neben dem Tank so weit an, dass die Räder vorne frei drehen können.
- Prüfen Sie zuerst, ob das jeweilige Radlager spielfrei und leichtgängig ist.
- Legen Sie einen Finger auf den Übergang der Steuerrohrlagerung zum Lenkrohr.
- Versuchen Sie, das Steuerrohr hin und her zu bewegen.

Achten Sie hierbei darauf, dass Sie kein Spiel am Lager des Steuerrohrs feststellen können.

Lagerspiel der Achslenkerlager

Sollten sich nach dem Einstellen des Lagerspiels Klemmstellen oder ein Lagerspiel in einer bestimmten Stellung des Lenkrohrs zeigen, prüfen Sie den Zustand der Lagerung des Steuerrohrs und das Steuerrohr auf Verzug.

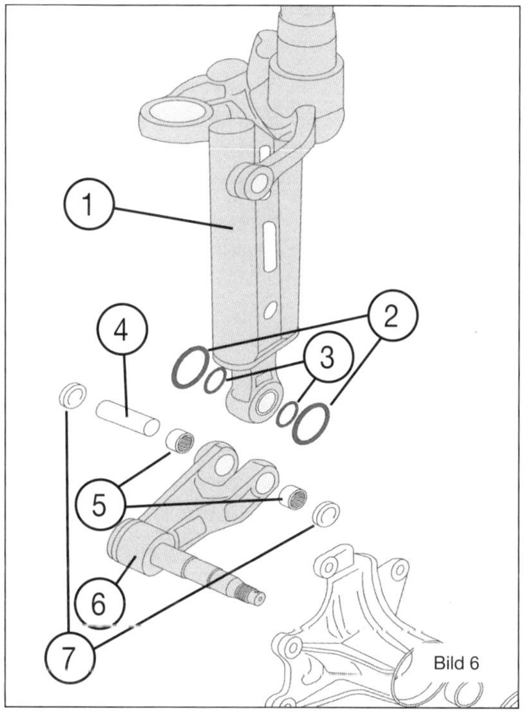

Bild 6
Aufbau der Radschwinge vorne.
1 Steuerrohr
2 O-Ringe
3 O-Ringe
4 Bolzen
5 Nadellager
6 Radschwinge
7 Deckel

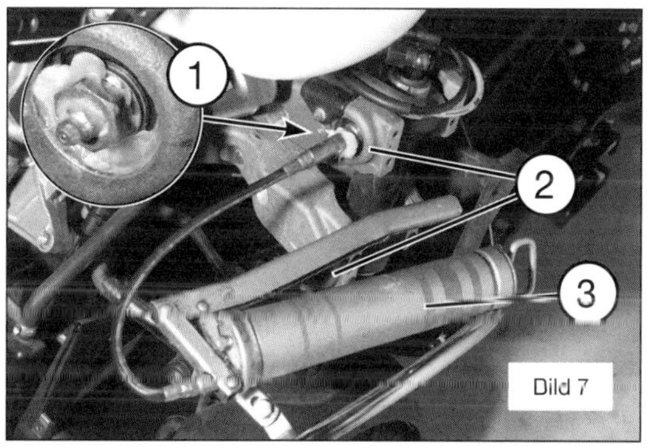

Bild 7
Schmieren der Achslenkerlager am Steuerrohr.
1 Hohlschraube mit Schmiernippel
2 Verschraubung Querlenker
3 Fettpresse

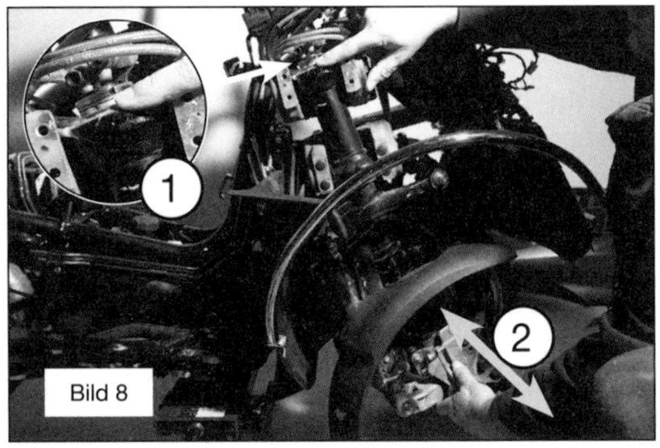

Bild 8
Lagerspiel am Achslenkerlager prüfen.
1 Steuerrohrlager oben
2 Wackeln am Lenkrohr

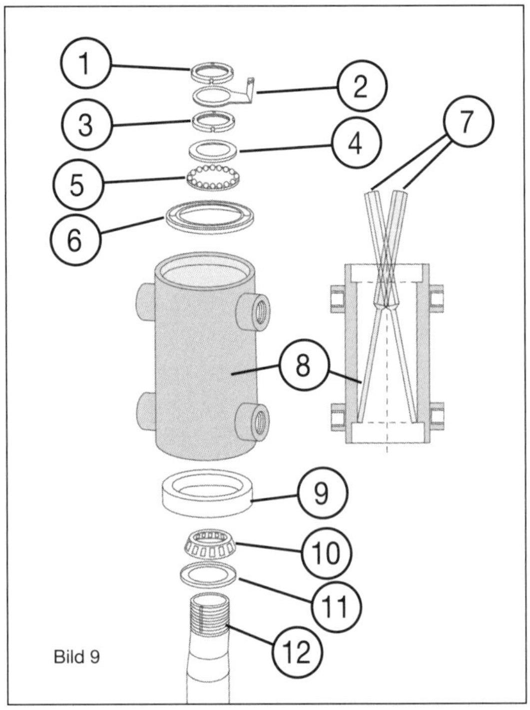

Bild 9
Achslenkerlager in Teilen.
1 Kontermutter
2 Scheibe und Leitungshalter
3 Einstellmutter
4 Staubschutz
5 Kugellager
6 Lagersitz Kugellager
7 Durchschlag zur Demontage
8 Lagerträger
9 Lagersitz Schrägschulterlager
10 Schrägschulterlager
11 Staubschutz
12 Steuerrohr

■ Stellen Sie das Fahrzeug auf dem Hauptständer ab und heben Sie es mit einem Motorradheber über die beiden Rahmenträger neben dem Tank so weit an, dass die Räder vorne frei drehen können.
■ Schalten Sie die Zündung ein und das »Roll-Lock-System« aus.
■ Schalten Sie die Zündung aus und ziehen Sie den Schlüssel ab.
■ Drehen Sie die Kontermutter (1 im Bild 9) los.
■ Ziehen Sie die Scheibe und den Leitungshalter (2) etwas hoch.
■ Drehen Sie die Einstellmutter (3) gerade so weit an, dass das Lagerspiel beseitigt ist, aber die Lagerung leichtgängig ist.

Sind Rastpunkte oder Klemmstellen fühlbar, müssen die Lager (5 und 6) erneuert werden.

■ Schieben Sie die Scheibe und den Leitungshalter (2) wieder zurück.
■ Ziehen Sie die Kontermutter (1) auf Drehmoment an.

Bauteil	*Drehmoment*
Kontermutter Steuerrohr	22 Nm

Wechsel der Achslenkerlager (Bild 9)

Die Arbeiten sind recht aufwendig. Der Ausbau der Achslenkerlager macht den Ausbau der Steuerrohre (12 im Bild 9) und des Steuerrohrlagerträgers (8) erforderlich. Dazu müssen die hydraulischen Leitungen für die Bremsanlage und der Kippsicherung demontiert werden.

Ausbau des Steuerrohrs:

■ Stellen Sie das Fahrzeug auf dem Hauptständer ab und heben Sie es mit einem Motorradheber über die beiden Rahmenträger neben dem Tank so weit an, dass die Räder vorne frei drehen können.
■ Schalten Sie die Zündung ein und das »Roll-Lock-System« aus.
■ Schalten Sie die Zündung aus und ziehen Sie den Schlüssel ab.
■ Bauen Sie die Räder vorne ab.
■ Drehen Sie die Schraube (2) heraus.
■ Lösen Sie die Schrauben (1) und drehen Sie sie heraus.
■ Drehen Sie die Hohlschrauben (3) heraus und verschließen Sie die Anschlussstücke (6 und 7) mit passenden Stopfen.

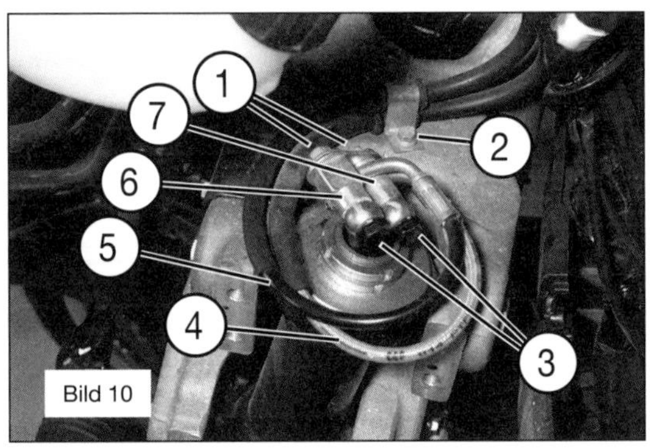

Bild 10
Hydraulikleitungen am Steuerrohr.
1 Schrauben
2 Schraube
3 Hohlschrauben
4 Bremsleitung zum jeweiligen vorderen Bremssattel
5 Hydraulikleitung zum Blockadezylinder (Roll-Lock-System)
6 Anschlussstück Bremszylinder
7 Anschlussstück Blockadezylinder

Fangen Sie die austretende Bremsflüssigkeit mit Lappen auf.

■ Legen Sie die beiden Leitungen (4 und 5) aus dem Arbeitsbereich heraus.
■ Lösen Sie die Schraube für die Kabelführung der Radsensoren und für die Bremsleitung.
■ Entsichern Sie den Steckkontakt (1 im Bild 11) für den Geschwindigkeitsgeber des

»Roll-Lock-Systems« und ziehen Sie ihn ab.

■ Drehen Sie die Befestigungsschraube (3) für den ABS-Sensor los und ziehen Sie den Sensor aus dem Achsschenkel heraus.

■ Lösen Sie das Kabel vom Steuerrohr und legen Sie es frei.

■ Drehen Sie die Schraube (5 im Bild 12) heraus.

■ Drehen Sie die Mutter (4) an der Spurstange ab.

■ Drehen Sie die Kontermutter (1 im Bild 9) ab.

■ Nehmen Sie die Scheibe mit Leitungshalter (2) ab.

■ Halten Sie das Steuerrohr von unten gegen.

■ Drehen Sie die Einstellmutter (3) ab.

■ Nehmen Sie den Staubschutz (4) ab.

■ Nehmen Sie das Kugellager (5) heraus.

■ Ziehen Sie das Steuerrohr (12) nach unten heraus.

Demontage des Kegelrollenlagers:

■ Bauen Sie das Steuerrohr wie zuvor beschrieben aus.

■ Ziehen Sie das Kegelrollenlager mit einem Abzieher vom Steuerrohr ab.

Alternativ können Sie das Lager auch vorsichtig, gerade und gleichmäßig mit einem Durchschlag wechselseitig vom Sitz auf dem Steuerrohr herunterschlagen.

■ Nehmen Sie den Staubschutzring (11) vom Steuerrohr (12) ab.

Demontage der Lagersitzschalen aus dem Lagerträger (9 im Bild 13):

■ Bauen Sie das Steuerrohr wie zuvor beschrieben aus.

■ Ziehen Sie die Lagersitzschale für das Kugellager (4) mit einem Abzieher aus dem Lagerträger (5) heraus.

■ Ziehen Sie den Lagersitz für das Schrägschulterlager (9) mit einem Abzieher aus dem Lagerträger (5) heraus.

Alternativ können Sie den Lagersitz auch vorsichtig und gleichmäßig mit einem Durchschlag wechselseitig gerade aus dem Lagerträger herausschlagen.

Montage der Lagersitze im Lagerträger:

■ Reinigen Sie den Lagerträger gründlich.

■ Setzen Sie die Lagersitze (4 und 9) zusammen mit den passenden Druckstücken (2 und 8) auf eine Spindel (1) auf.

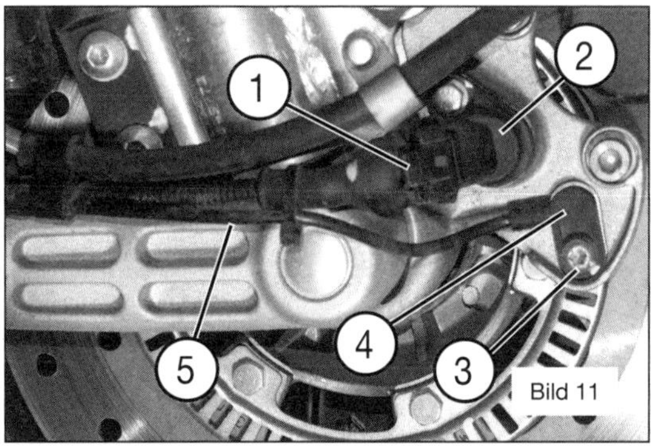

Bild 11

Bild 11
Geschwindigkeitsgeber am Steuerrohr.
1 Stecker mit Raste
2 Geschwindigkeitsgeber (Roll-Lock-System)
3 Schraube
4 ABS-Sensor
5 Anschlusskabel

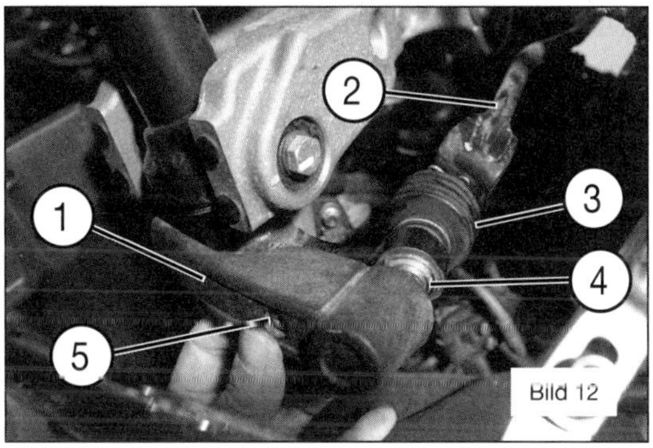

Bild 12

Bild 12
Spurstange und Abdeckung der Spurstange.
1 Abdeckung
2 Spurstange
3 Spurstangenkopf
4 Mutter
5 Schraube

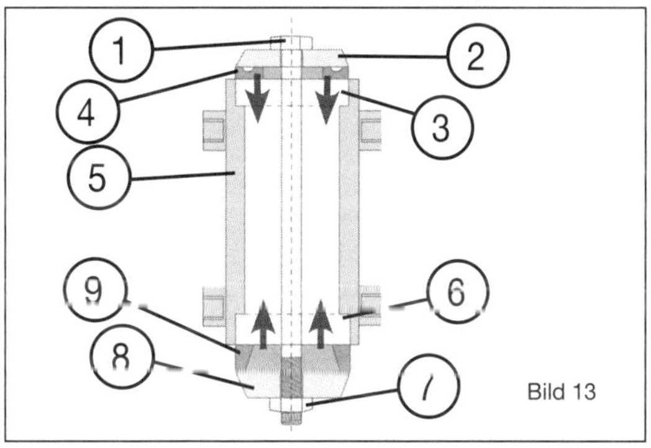

Bild 13

Bild 13
Lagersitz in den Lagerträger einziehen.
1 Schraube (Spindel)
2 Druckstück
3 Lagersitz oben
4 Lagersitz Kugellager
5 Lagerträger
6 Lagersitz unten
7 Mutter
8 Druckstück
9 Lagersitz Schrägschulterlager

■ Drehen Sie die Mutter (7) vorsichtig an.

Achten sie darauf, dass die Lagersitze (2 und 9) absolut gerade in den Lagerträger (5) hineinrutschen.

■ Ziehen Sie die Lager bis zum Anschlag in die Lagersitze (3 und 6) des Lagerträgers ein.

Die Montage erfolgt in umgekehrter Reihenfolge zur Demontage.

■ Stellen Sie das Lagerspiel der Achslenkerlager wie beschrieben ein.

■ Schmieren Sie die Achslenkerlager, wie bereits beschrieben.

Bauteil	*Drehmoment*
Kontermutter Steuerrohr	22 Nm
Hohlschraube Anschlussstück	22 Nm
Spurstangen Mutter	20 Nm
Abdeckung Spurstange	handfest

Bild 14
Lenkrohr, Spurstange und Spurstangenköpfe.
1 Kontermutter
2 Scheibe
3 Einstellmutter
4 Lagerring/Staubschutz
5 Kugellager
6 Lagersitz im Rahmenkopf oben
7 Lagersitz im Rahmenkopf unten
8 Kugellager
9 Lagersitz am Lenkrohr unten
10 Lenkrohr
11 O-Ring
12 Lenkrohrumsetzer
13 Flachscheibe
14 Unterlegscheibe
15 Mutter
16 Dichtring
17 Sicherungsring
18 Mutter
19 Unterlegscheibe
20 Spurstangenkopf
21 Scheibe

Bild 15
Spurstangenkopf prüfen.
1 Lenkspurhebel
2 Spurstangenkopf
3 Spurstange

Bild 16
Lenkrohrumsetzer prüfen.
1 Spurstange
2 Lenkrohrumsetzer

Spurstange und Lenkrohr

Die Spurstange des MP3s verbindet die beiden Steuerrohre mit dem Lenkrohr. Sie ist nicht einstellbar. Ist die Spur verstellt, müssen die Steuerrohre mit den verschweißten Lenkarmen und die Spurstange genau untersucht werden.

Eine kleine Korrektur der Spureinstellung kann eventuell durch Unterlegen von Unterlagscheiben unter die Verschraubung der Spurstangenköpfe erreicht werden. Hier muss aber ausreichend tragendes Gewinde zum Verschrauben der Muttern vorhanden sein.

Prüfen der Spurstangenköpfe (20 im Bild 14)

Der Spurstangenkopf des MP3s ist nicht wie bei den meisten Fahrzeugen üblich als Kugel mit Gelenkpfanne ausgelegt, sondern als deutlich leichtgängigeres Kreuzgelenk, wie Sie das vielleicht von der Lenksäule beim Auto oder aus dem Ratschenkasten kennen.

- Stellen Sie das Fahrzeug auf dem Hauptständer ab und heben Sie es mit einem Motorradheber über die beiden Rahmenträger neben dem Tank so weit an, dass die Räder vorne frei drehen können.
- Schalten Sie die Zündung ein und das »Roll-Lock-System« aus.
- Schalten Sie die Zündung aus und ziehen Sie den Schlüssel ab.
- Umfassen Sie den Spurstangenkopf (2 im Bild 15) fest mit der einen Hand.
- Bewegen Sie das Rad ruckartig schnell hin und her.

Soweit Spiel vorhanden ist, werden Sie das Spiel in der Hand am Spurstangenkopf fühlen.

Prüfen des Lenkrohrumsetzers (12 im Bild 14)

- Stellen Sie das Fahrzeug auf dem Hauptständer ab.
- Umfassen Sie den Lenkumsetzer (2 im Bild 16) und die Lagerung in der Spurstange fest mit der einen Hand.
- Lassen Sie den Lenker von einem zweiten Mechaniker ruckartig schnell hin und her bewegen, ohne die Lenkung zu verdrehen.

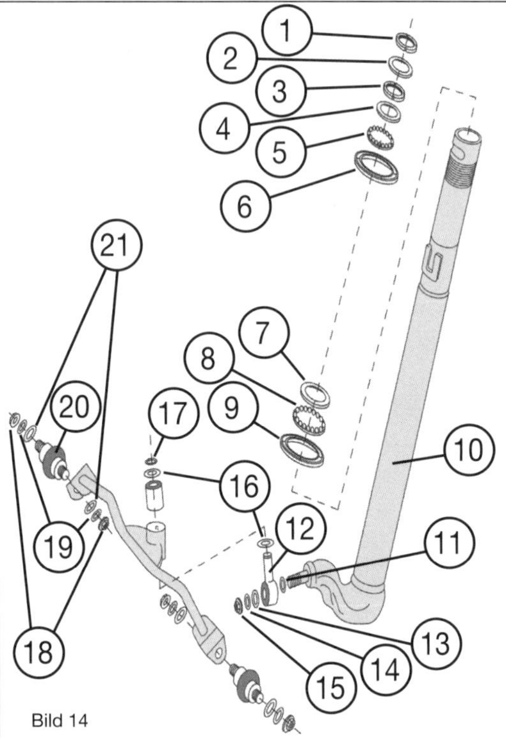

Bild 14

Bewerten Sie das Spiel für das Gelenk auf dem Lenkrohr und in der Spurstange.

Achten Sie darauf, dass Sie weder Hände noch Arme einklemmen.

Soweit Spiel vorhanden ist, werden Sie das Spiel in der Hand am Spurstangenkopf fühlen.

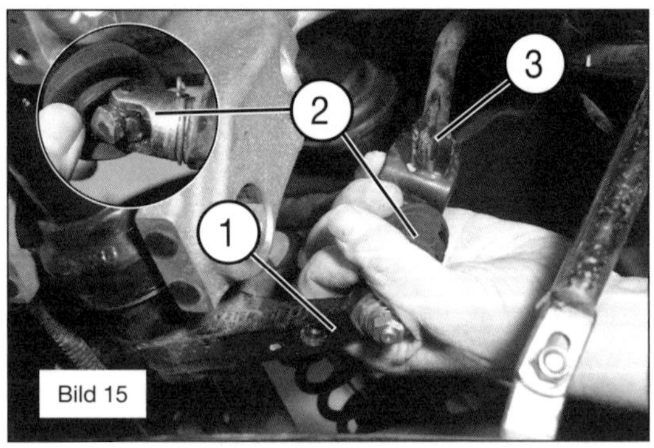

Bild 15

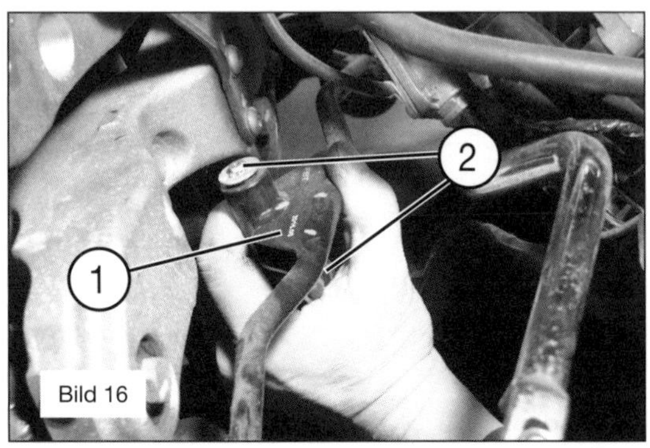

Bild 16

Lenkkopflager prüfen (5 und 8 im Bild 14)

Das Lenkkopflagerspiel, aber auch mögliche Rastpunkte der Lenkung müssen im Auge behalten werden.

- Bauen Sie die Lenkerverkleidung wie im Kapitel 11 beschrieben ab.
- Legen Sie einen Finger oben auf den Übergang zwischen Rahmenkopf und Lenkrohr (Bild 17).
- Ziehen Sie die Vorderradbremse und bewegen Sie das Motorrad gegen die Bremse nach vorne und nach hinten.

Wenn Lagerspiel vorhanden ist, können Sie es meist mit dem Finger über der Lagerstelle »erfühlen«.

Lenkkopflager einstellen

- Bauen Sie die Lenkerverkleidung wie im Kapitel 11 beschrieben ab.
- Drehen Sie die Kontermutter (1 im Bild 14) los.
- Ziehen Sie die Scheibe (2) etwas hoch.
- Drehen Sie die Einstellmutter (3) gerade so weit an, dass das Lagerspiel beseitigt ist, aber die Lagerung leichtgängig ist.

Sind Rastpunkte oder Klemmstellen fühlbar, müssen die Lager (5 und 6) erneuert werden.

- Schieben Sie die Scheibe und den Leitungshalter (2) wieder zurück.
- Ziehen Sie die Kontermutter (1) auf Drehmoment an.

Bauteil	*Drehmoment*
Kontermutter Steuerrohr	22 Nm

Lenkereinstellung korrigieren

Der Lenker kann geringfügig zum Erreichen der genauen Geradeausstellung verstellt werden.

- Fahren Sie das Fahrzeug Probe und kontrollieren Sie die Einstellung des Lenkers. Merken Sie, sich so weit vorhanden, die Abweichung zur Geradeausstellung.

Ein Kreidestrich während der Probefahrt auf der Lenkerverkleidung kann hier hilfreich sein.

- Lösen Sie die Verschraubung (2 im Bild 18).
- Korrigieren Sie die Lenkereinstellung und ziehen Sie die Verschraubung wieder fest.

Bauteil	*Drehmoment*
Lenker Verschraubung	50 Nm

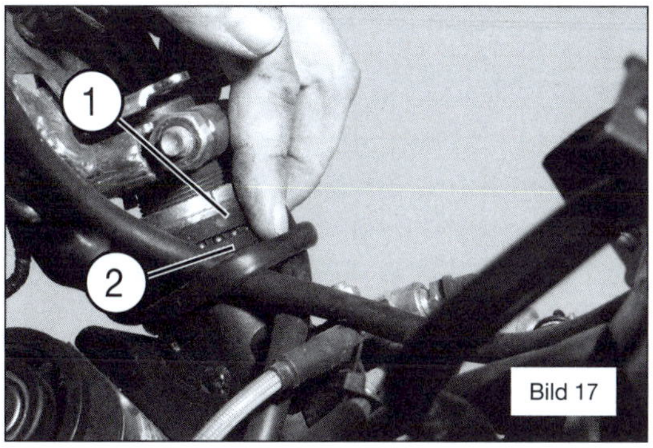

Bild 17
Lenkkopflager prüfen.
1 Lagereinstellschraube
2 Lagersitz oben

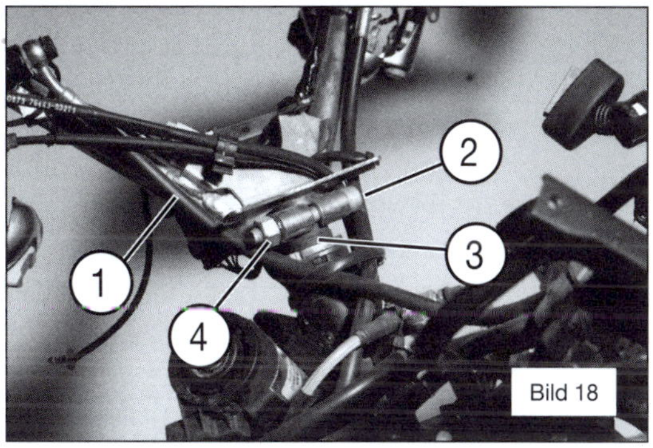

Bild 18
Lenkerbefestigung.
1 Lenker
2 Schraube
3 Lenkrohr
4 Mutter

Spurstangenkopf ein- und ausbauen

- Stellen Sie das Fahrzeug auf dem Hauptständer ab und heben Sie es mit einem Motorradheber über die beiden Rahmenträger neben dem Tank so weit an, dass die Räder vorne frei drehen können.
- Bauen Sie das entsprechende Rad ab.
- Demontieren Sie die Schraube (5 im Bild 12) und nehmen Sie die Abdeckung ab.
- Drehen Sie die Muttern (18 im Bild 14) am Spurstangenkopf, am Lenkhebel des Steuerrohrs und an der Spurstange ab.
- Nehmen Sie den Spurstangenkopf (20) ab.

Achten Sie auf die Position der Scheiben (19 und 21).

Die Montage erfolgt sinngemäß in umgekehrter Reihenfolge.

Bauteil	*Drehmoment*
Spurstangenkopf Mutter	18 Nm

Lenkkopflager nachfetten

Sicherlich ist es sinnvoller, die Lenksäule auszubauen und die Lager händisch zu reinigen. Liegt aber kein Schaden vor und die Lager sollen lediglich gereinigt und gefettet werden, sind die folgenden Arbeitsschritte angemessen und ausreichend.

■ Bauen Sie die Lenkerverkleidung wie im Kapitel 11 beschrieben ab.
■ Drehen Sie die Kontermutter (1 im Bild 14) vom Gewinde herunter.
■ Ziehen Sie die Scheibe (2) hoch.
■ Lösen Sie die Einstellschraube so weit, dass Sie das Lenkkopflager unten sehen können.
■ Ziehen Sie die Lenksäule hoch und reinigen Sie das Lenkkopflager gründlich mit Bremsenreiniger.
■ Lassen Sie die Lenksäule vorsichtig ab.
■ Reinigen Sie das Lenkkopflager gründlich mit Bremsenreiniger.
■ Lassen Sie die Lenkkopflager trocknen.
■ Tragen Sie ausreichend Fett auf das Lager (Lager dabei etwas drehen) und auf den Lagersitz auf.
■ Ziehen Sie die Lenksäule hoch und tragen Sie ausreichend Fett auf das Lager (Lager dabei etwas drehen) und auf den Lagersitz auf.
■ Drehen Sie die Einstellmutter (3) so weit an, dass sie auf dem Lager anliegt.

Die weitere Montage erfolgt sinngemäß in umgekehrter Reihenfolge zur Demontage.
■ Stellen Sie wie bereits beschrieben das Lagerspiel ein.
■ Ziehen Sie die Kontermutter (1) auf Drehmoment an.

Bauteil	*Drehmoment*
Kontermutter Steuerrohr	22 Nm

Lenkrohr ausbauen

■ Bauen Sie die Lenkerverkleidung wie im Kapitel 11 beschrieben ab.

Hängen Sie den Lenker mit angeschlossenen Zügen und der Verkabelung an einem Werkstattkran auf.

■ Drehen Sie die Kontermutter (1 im Bild 14) vom Gewinde herunter.
■ Ziehen Sie die Scheibe (2) hoch.
■ Bauen Sie die Abdeckung (4 im Bild 19) wie im Kapitel 11 beschrieben ab.
■ Lösen Sie die Anschlusskabel an der Längsstrebe und legen Sie sie frei.
■ Drehen Sie die Schrauben (1 und 5) heraus.
■ Nehmen Sie die Längsstrebe heraus.
■ Legen Sie den Kabelstrang (3) zur Seite.
■ Nehmen Sie den Lagerring/Staubschutz (4) (soweit verbaut) und das Kugellager (5) ab.
■ Drehen Sie die Einstellmutter (3) ab.

Bild 19

Bild 19
Längstsstrebe ausbauen.
1 Schrauben
2 Lenkkopf
3 Kabelstrang
4 Abdeckung Längsstrebe
5 Schraube links und rechts

■ Nehmen Sie das Lenkrohr nach unten heraus.

Die Montage erfolgt sinngemäß in umgekehrter Reihenfolge zur Demontage.
■ Stellen Sie wie bereits beschrieben das Lagerspiel ein.
■ Ziehen Sie die Kontermutter (1) auf Drehmoment an.

Bauteil	*Drehmoment*
Kontermutter Steuerrohr	22 Nm

Spurstange ausbauen

■ Stellen Sie das Fahrzeug auf dem Hauptständer ab und heben Sie es mit einem Motorradheber über die beiden Rahmenträger neben dem Tank so weit an, dass die Räder vorne frei drehen können.

Aufgrund der Einbauposition ist die Montage auf einer Motorradhebebühne deutlich einfacher.

■ Drehen Sie die Schrauben (5 im Bild 12) rechts und links heraus und nehmen Sie die beiden Abdeckungen (1) ab.
■ Drehen Sie die Mutter (15 im Bild 14) ab und nehmen Sie die beiden Scheiben (13 und 14) ab.
■ Drehen Sie die beiden Muttern (18 im Bild 14) an der Spurstange ab und nehmen Sie mit den Scheiben (19 und 21) ab.
■ Nehmen Sie die Spurstange heraus.

Die Montage erfolgt sinngemäß in umgekehrter Reihenfolge zur Demontage.
■ Prüfen Sie die Spurstangenköpfe (20) und den Lenkrohrumsetzer (12) wie bereits beschrieben.

Bauteil	*Drehmoment*
Spurstangenkopf Mutter	18 Nm
Lenkrohrumsetzer Mutter	18 Nm

Radführung hinten

Die Radführung hinten erfolgt eigentlich über das Radgetriebe und den Radträger. Allerdings muss die Aufhängung des Motors für die Radführung mit betrachtet werden.

Prüfen der Motoraufhängung (Schwinge)

■ Stellen Sie das Motorrad auf dem Hauptständer ab.

■ Lassen Sie einen zweiten Mechaniker versuchen das Hinterrad nach rechts oder links zu drücken. Hierbei sollte er sich am Heckrahmen abstützen.

■ Prüfen Sie, ob Sie ein Kipp-Spiel in den Lagerungen (5 im Bild 20) ertasten oder sehen können.

Eine kleine aber spielfreie Bewegung in den Silentblocks ist gewollt. Größere Kippbewegungen haben bereits Einfluss auf die Radführung.

Beschädigte Lagerungen können das Fahrverhalten negativ beeinflussen und verfälschen ein Messergebnis bei der Achsvermessung.

Ausbau der Motoraufhängung (Schwinge)

■ Stellen Sie das Motorrad auf dem Hauptständer ab.

Fahrzeuge bis 350 cm³ Hubraum:

■ Demontieren Sie den Befestigungsbolzen der Schwinge am Motor.

■ Ziehen Sie den Motor etwas zurück.

■ Hängen Sie die Feder (1 im Bild 21) mit einem Zughaken (Kapitel 13 Bild 2) zwischen der Schwinge und dem Rahmen aus.

■ Demontieren Sie die Verschraubung (2 im Bild 21).

■ Demontieren Sie die Verschraubung (5).

■ Nehmen Sie die Schwinge heraus.

Fahrzeuge 400 cm³ und 500 cm³ Hubraum:

■ Demontieren Sie die Verschraubung (4 im Bild 22) am Motor.

■ Nehmen Sie den Silentblock auf der Verschraubung ab.

■ Ziehen Sie die Schraube heraus.

■ Demontieren Sie die Mutter (3 im Bild 20) und drehen Sie die Einstellschraube (4) so weit nach außen, bis die Schwinge los ist.

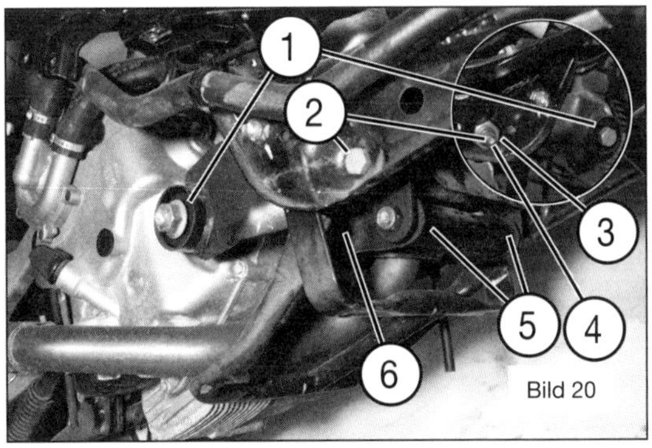

Bild 20

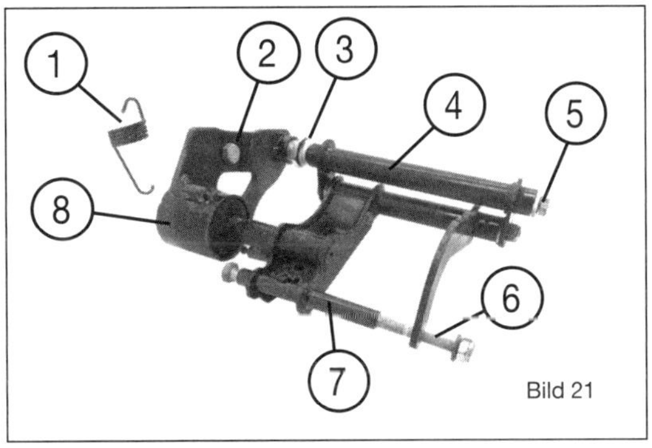

Bild 21

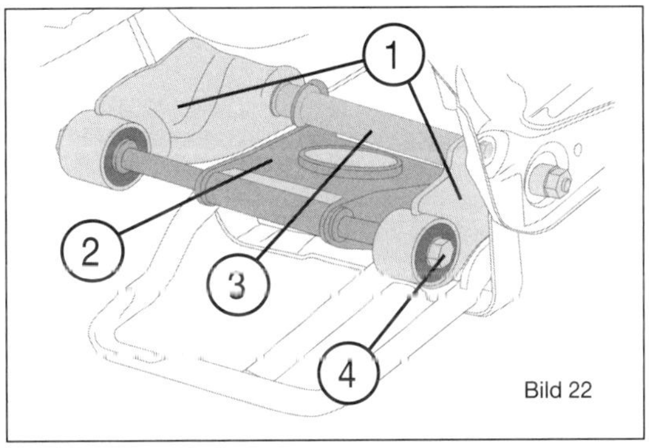

Bild 22

■ Nehmen Sie die Schwinge heraus.

Die Montage erfolgt sinngemäß in umgekehrter Reihenfolge.

■ Prüfen Sie die Bauteile der Schwinge auf Schäden.

Die Lagerungen dürfen nicht ausgeschlagen oder verschlissen sein.

Bauteil	*Drehmoment*
Schwinge/Motor bis 350 cm³	70 Nm
Schwinge/Motor	100 Nm
Einstellschraube	5 Nm
Einstellschraube Mutter	100 Nm
Schraube durch die Einstellschraube bis 350 cm³	70 Nm
Schraube durch die Einstellschraube 400 cm³ und 500 cm³	55 Nm

Bild 20
Schwinge MP3 500.
1 Silentblöcke
2 Verschraubung am Rahmen
3 Mutter
4 Einstellschraube
5 Schwingenlagerung
6 Schwinge

Bild 21
Ständer 400er und 500er.
1 Feder
2 Verschraubung am Rahmen
3 Einstellschraube
4 Lagerung vorne
5 Schraube
6 Schraube
7 Schwinge
8 Silentblock

Bild 22
Übersicht Schwinge MP3 500.
1 Halter am Rahmen
2 Schwinge
3 Lagerung vorne
4 Verschraubung am Motor

Sichtprüfung Messen

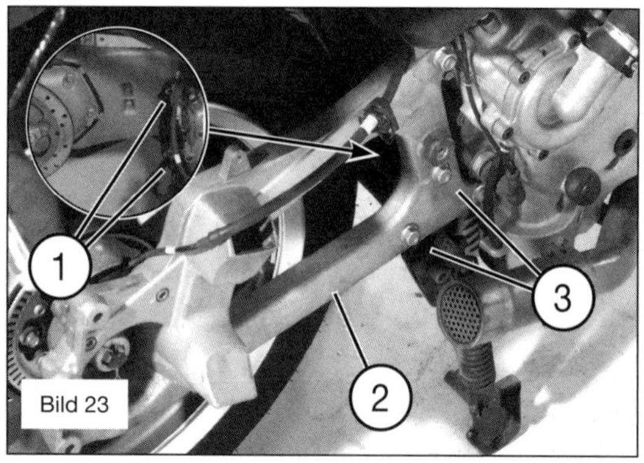

Bild 23

Bild 23
Hauptständer MP3 500.
1 Verschraubung am Motorblock
2 Radstütze
3 Schrauben

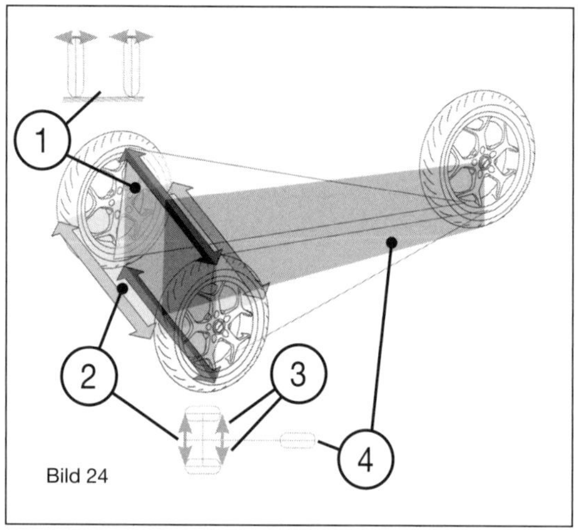

Bild 24

Bild 24
Messebenen bei der Achsvermessung.
1 Sturz (Radneigung oben nach innen oder außen)
2 Spur (Abstand der Räder vorn und hinten)
3 Einzelspur (Abstand der Räder zur Fahrzeugmittellinie)
4 Fahrzeugmittellinie (gerade Linie von der Radmittelebene des Hinterrades zur Mitte der Vorderachse)

Ausbau des Hauptständers

■ Stellen Sie das Motorrad mit gesperrtem »Roll-Lock-System« ab.
■ Klappen Sie den Hauptständer ein.

Fahrzeuge bis 350 cm^3 Hubraum:

■ Hängen Sie die Ständerfedern mit einem Zughaken (Kapitel 13 Bild 2) aus.
■ Schrauben Sie die Mutter von der Ständerschraube ab.
■ Ziehen Sie die Schraube von der rechten Seite aus heraus.
■ Nehmen Sie den Hauptständer ab.

Fahrzeuge mit 400 cm^3 und 500 cm^3:

■ Bauen Sie den Endschalldämpfer wie bereits im Kapitel 13 beschrieben ab.
■ Drehen Sie die beiden Schrauben (3 im Bild 21) heraus.
■ Drehen Sie die Verschraubung (1) ab.
■ Nehmen Sie den kompletten Hauptständer ab.
■ Demontieren Sie auf der Werkbank die beiden Ständerfedern mit einem Zughaken (Kapitel 13 Bild 2).

Die Montage erfolgt sinngemäß in umgekehrter Reihenfolge zur Demontage.
■ Prüfen Sie die Bauteile des Ständers auf Schäden.
■ Fetten Sie die beweglichen Teile an den Anlagestellen nach.

Bauteil	*Drehmoment*
Ständer bis 350 cm^3	35 Nm
Lagerbolzen Ständer 400 cm^3 und 500 cm^3	18 Nm
Verschraubungen M8 Ständer 400 cm^3 und 500 cm^3	18 Nm

Achsvermessung

Das Fahrwerk übernimmt zusammen mit den Rädern die Verbindung zur Fahrbahn. Kleine Fehler können deutlich spürbare und auch gefährliche Auswirkungen auf das Fahrverhalten Ihres MP3 haben.

Das Fahrwerk des MP3 ist sehr komplex. Ein Anstoß auf das Rad kann kleine Auswirkungen bis hin zu Schäden an der Radführung vorne oder sogar am Rahmen haben. Was und in welchem Umfang betroffen ist, muss ausgemessen werden. Piaggio verwendet ein starres Gestell, das zusammen mit Fixierwerkzeugen für die Seitenneigung und die Einlenkung das Vermessen der Spur und des Sturzes in Geradesaustellung erlaubt. Eine Lenkbewegung ist nicht vorgesehen. Einen Bezug zur »spurgebenden« Hinterachse ist nicht vorgesehen.

Begrifflichkeiten

»Spur« (2 im Bild 24) ist der Abstand der Vorderräder vorne und hinten zueinander. Ist der Abstand vorne kleiner, spricht man von Vorspur. Sehr wichtig ist der Abstand des Rades zur Fahrzeugmittelebene, die dann Einzelspur genannt wird.

»Sturz« (1) ist die Neigung des Rades oben nach innen oder außen. Ist das Rad oben nach innen also zur Fahrzeugmitte geneigt, spricht man von negativem Sturz.

Der Zusammenhang von Spur und Sturz

Wer genau hinsieht, wird feststellen, dass die beiden Steuerrohre, an denen die Schwingen und die Vorderräder befestigt sind, oben leicht nach hinten geneigt sind.

Die Neigung verursacht den Nachlauf des jeweiligen Rades und bewirkt einen stabilen Geradeauslauf und auch die Rückstellung der Lenkung in die Geradeausstellung.

Wenn Sie die Lenkung einschlagen, werden die Steuerrohre zusammen mit den Rädern verdreht. Durch den Nachlauf wird das kurveninnere Rad einen positiven Sturz aufweisen (es wird oben nach außen geneigt). Das kurvenäußere Rad wird einen negativen Sturz aufweisen (es wird oben nach innen geneigt).

Was ist einstellbar?

Kurz gesagt: Nichts! Werkseitig sind Korrekturen von Spur und Sturz erstaunlicherweise nicht vorgesehen. Die Messergebnisse lassen Rückschlüsse auf eventuelle Schäden zu. Wir werden in der Tabelle unten einige typische Fehler abarbeiten.

Achsvermessung durchführen

Mit Hilfe des Laser-Messsystems von Profi-Products (MP3 BAT) lässt sich die Stellung der Vorderräder zum Hinterrad schnell und genau erfassen. Die Anschaffung rechnet sich auch für kleine Werkstätten, Sachverständige und den MP3-Club sehr schnell. Ein Schadensereignis kann schnell aus einer zusätzlichen Perspektive bewertet werden. Verdeckte Schäden beim Motorradkauf fallen auf.

Vorbereitungsarbeiten:

■ Stellen Sie das Fahrzeug auf dem Hauptständer auf einer geraden und ebenen Fläche ab.

■ Heben Sie es mit einem Motorradheber über die beiden Rahmenträger neben dem Tank so weit an, dass die Räder vorne frei drehen können.

Prüfen Sie die Lagerungen der Vorderachse auf Spiel und Leichtgängigkeit.

■ Prüfen Sie den Luftdruck der Reifen.

■ Lassen Sie den Motorradheber ab und stellen Sie das Fahrzeug auf die Vorderräder ab.

■ Blockieren Sie das Roll-Lock-System.

Aufbau des Messsystems:

■ Montieren Sie die Ablesekarten und die Kartenhalter mit je einem Haltebügel an den Vorderrädern.

Die hintere Karte sollte am tiefsten Punkt des Rades anliegen. Sie liefert die Messwerte für die Radspur im Bezug zum Hinterrad. Die Vordere steht dann etwas höher und liefert die Messwerte für den Sturz.

■ Montieren Sie die Magnethalter mit Feder rechts und links am Hinterrad.

■ Setzen Sie den Laser auf den rechten Magnethalter auf.

Ausrichten und Messen:

■ Richten Sie die Lenkung so aus, dass die Zahlenwerte auf der unteren Karte auf der vorderen und der hinteren Kante gleich groß sind.

■ Setzen Sie den Laser auf die andere Seite um. Sie sollten den gleichen Zahlenwerte an der vorderen und der hinteren Kante ablesen können.

Grundsätzlich gilt: alle Zahlwerte müssen symmetrisch ausfallen.

Abweichung der Messwerte (Beispiele)

Abweichung	Information	Aufgabe (Sollwerte)
A Zahlenwert auf der rechten unteren Messkarte ist auf den Kanten gleich aber größer als auf der linken Messkarte	Abweichung von der **Fahrzeugmittelachse**	Prüfen der Motorlagerung (Achsführung hinten) Prüfen des Rahmenlenkkopfs
B Zahlenwert auf der rechten unteren Messkarte weist auf der vorderen Kante einen größeren Messwert auf	Abweichung von **»Spur Null«** (bis zu einem Teilstrich ist hinnehmbar)	Kontrollieren Sie, ob der Lenker genau gerade steht. Bei einer größeren Abweichung müssen die Spurstange und die Lenkspurhebel der Steuerrohre geprüft werden
C Zahlenwert auf der rechten oberen Messkarte weist einen anderen Zahlenwert als auf der unteren Karte auf	Abweichung von **»Sturz Null«** (bis zu einem Teilstrich ist hinnehmbar)	Verdrehen Sie den Lenker so weit, dass die Abweichung der vorderen und der hinteren Kante der unteren Messwertkarte gleich groß ist. Stimmen die Sturzwerte nun überein, muss die Spurstange überprüft/erneuert werden

Sichtprüfung | Messen

Roll-Lock-System

Die Kippsicherung des Rollers erlaubt durch die beiden Vorderräder das Anhalten ohne Beinunterstützung. Technisch ist das System recht anspruchsvoll. Um einen stabilen Stand zu gewährleisten, wird die vordere Federung hydraulisch über Gleitrohre blockiert. Zusätzlich wird die Bewegung der Achsquerlenker über eine Segmentscheibe und einen mechanischen Bremssattel festgesetzt.

Sensoren des Roll-Lock-Systems

Das Auslesen oder Anpassen der Sensoren ist ausschließlich mit dem Piaggio Diagnosetester möglich.

Sensor	*Aufgabe*
Microschalter Hebel	Kippsicherung offen melden
Potenziometer Getriebe	Position der Kippsicherung melden
Hydraulischer Druckschalter	Anliegenden Hydraulikdruck für die Federwegsperre melden

Bremsbeläge Roll-Lock-System wechseln

Der Verschleiß der Beläge wird fast nicht relevant sein. Im Laufe der Jahre können die Beläge aushärten oder Schäden aufweisen.

- Bauen Sie die Armaturentafel wie im Kapitel 11 beschrieben aus.
- Drehen Sie die Befestigungsschrauben heraus und nehmen Sie den Bremssattel von der Segmentscheibe ab.
- Drehen Sie die beiden Stiftschrauben heraus und nehmen Sie die Bremsbeläge und die Andruckfeder heraus.

Die Montage erfolgt sinngemäß in umgekehrter Reihenfolge.

- Lösen Sie die Kontermutter und verdrehen Sie die Spindel so weit, dass die Beläge gerade so anliegen.
- Ziehen Sie die Kontermutter auf Drehmoment an.

Bauteil	*Drehmoment*
Bremssattel Roll-Lock-System	25 Nm
Bremssattel Kontermutter	8 Nm
Stiftschrauben Bremssattel	5 Nm

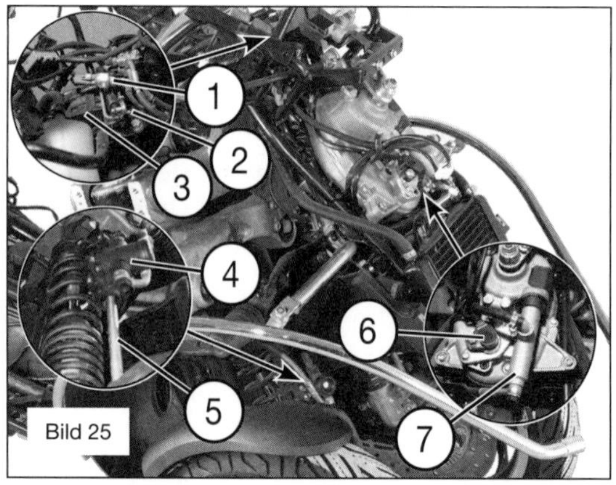

Bild 25

Bild 25
Sensoren Roll-Lock-System.
1 Druckschalter
2 Taster Bremssattel
3 Bremssattel
4 Sperrzylinder Federweg
5 Gleitrohr
6 Potenziometer
7 Geberzylinder Federwegsperre

Bild 26

Bild 26
Bremssattel Roll-Lock-System.
1 Bremssattel
2 Druckschalter
3 Entlüftungsschraube Leitung zum Rad links
4 Entlüftungsschraube Leitung zum Rad rechts
5 Schrauben Bremssattelbefestigung

Bremsflüssigkeit wechseln

Für die Federwegsperre wird im hydraulischen System Bremsflüssigkeit (DOT4) verwendet.

- Bauen Sie die Armaturentafel wie im Kapitel 11 beschrieben aus.
- Demontieren Sie den Deckel des Bremsflüssigkeitsbehälters und nehmen Sie vorsichtig die Membran heraus.
- Saugen Sie den Bremsflüssigkeitsbehälter mit einer Medizinspritze leer.
- Füllen Sie den Bremsflüssigkeitsbehälter bis zur »MAX«-Markierung wieder auf.
- Ziehen Sie die Staubschutzkappe ab und schließen Sie einen Klarsichtschlauch an.
- Öffnen Sie den Entlüftungsnippel und saugen Sie mit einem Entlüftungsgerät die Bremsflüssigkeit durch den Entlüftungsnippel ab.

⚠ Achten Sie darauf den Vorratsbehälter nicht leerzusaugen.

- Spülen Sie so etwa 100 cm³ Bremsflüssigkeit durch das System.
- Verschließen Sie den Entlüftungsnippel und den Vorratsbehälter wieder.
- Reinigen Sie das Umfeld gründlich mit Seifenwasser.

Positionsgeber prüfen

Die Position des Getriebes für die Betätigung des Seilzugs wird über das Potenziometer an das Steuergerät gemeldet. Der Einbau ist nur in einer Position möglich.

Funktion (Roll-Lock-System betätigt)	*Schaltkontakt*
Pin 1 gegen Pin 3	5 V
Pin 2 gegen Pin 1 (offen)	1 V
Pin 2 gegen Pin 1 (blockiert)	4 V

Drucksensor prüfen

Der Druckschalter im hydraulischen System schaltet dann durch, wenn kein hydraulischer Druck im Roll-Lock-System anliegt. Ist das Roll-Locksystem aktiv, es liegt aber kein hydraulischer Druck zum Blockieren des Federwegs vorne an, wird die Hupe ausgelöst.

Funktion	*Schaltkontakt*
Druck liegt an	∞ Ω (Schalter offen)
Drucklos	0 Ω (Schalter geschlossen)

Taster Bremssattel prüfen

Der Taster am Hebel des Bremssattels erfasst die Ruhelage des Bremssattels. Er wird bei unbestätigtem Bremssattel durch den Hebel des Bremssattels, der den Taster betätigt, durchgeschaltet.

Funktion	*Schaltkontakt*
Bremssattel betätigt	∞ Ω (Schalter offen)
Bremssattel unbestätigt	0 Ω (Schalter geschlossen)

Geführte Fehlersuche

A Fahrwerk und Dämpfer

Fehlerbeschreibung	Information	Ergebnis (Sollwerte)
1 Schwammiges Fahrverhalten	■ Prüfen Sie den Reifenluftdruck ■ Prüfen Sie den Zustand der Stoßdämpfer	-
2 Knarrendes Geräusch beim Einfedern	■ Prüfen Sie die Lagerung der Radführung vorne und hinten ■ Prüfen Sie das Gleitrohr der Federwegsperre und den Zylinder des Roll-Lock-Systems	-
3 Rastpunkte beim Einlenken	■ Prüfen Sie das Lenkkopflager und die beiden Steuerrohrlager	spielfrei und leichtgängig
4 Lenker steht bei Geradeausfahrt schief	■ Prüfen Sie den Reifenluftdruck ■ Prüfen Sie die Spureinstellung ■ Prüfen Sie die Lenkereinstellung	Spur »0« (+/- 1,5 mm)

B Kippsicherungssystem (Roll-Lock-System)

Fehlerbeschreibung	Information	Ergebnis (Sollwerte)
1 Die Hupe des Fahrzeugs tönt sofort nach Einschalten der Zündung dauerhaft	Der Drucksensor hat bei aktiviertem Roll-Lock-System keinen Druck im hydraulischen Kreis für die Federwegsperre festgestellt ■ Stellen Sie das Fahrzeug auf den Hauptständer und schalten Sie das Roll-Lock-System mehrfach an und aus ■ Prüfen Sie den Drucksensor	∞ Ω (Schalter offen), 0 Ω (Schalter geschlossen)
2 Knarrendes Geräusch beim Einfedern	■ Prüfen Sie den Stab der Federwegsperre und den Zylinder des Roll-Lock-Systems	-
3 Kippsicherung wird nicht betätigt	■ Prüfen Sie die Funktion des Bremssattels ■ Prüfen Sie den Zustand des Betätigungszugs zwischen Getriebe und Bremssattel ■ Prüfen Sie die Einstellung des Bremsattels	-

Sichtprüfung Messen

Schalt- und Hydraulikpläne

Bild 27
Schaltplan Roll-Lock-System.
B1 Batterie
DIA Diagnoseanschluss
F1 Sicherung im Startrelais
FA3 Sicherung 3 neben der Batterie
FB 9 Sicherung 9 links im Trittbrett
FB 11 Sicherung 11 links im Trittbrett
H1 Hupe
K2 Lichtrelais
K3 Hupenrelais
M1 RLS-Motor
R4 Drehzahlgeber links
R5 Drehzahlgeber rechts
R6 Positionsgeber RLS-Getriebe
S1 Zündschloss
S15 Schalter RLS-Verriegelung
S16 Taster RLS-Bremssattel
S17 Druckschalter im Roll-Lock-System
S18 Sensor Sitzbelegung
S7 Hupentaster
S8 Umschalter Abblendlicht/Fernlicht
SG1 Motorsteuergerät
SG4 Tacho/Anzeigen
SG5 RLS-Steuergerät
SG8 ABS-Steuergerät
X3 Vorbereitung Diebstahlsicherung

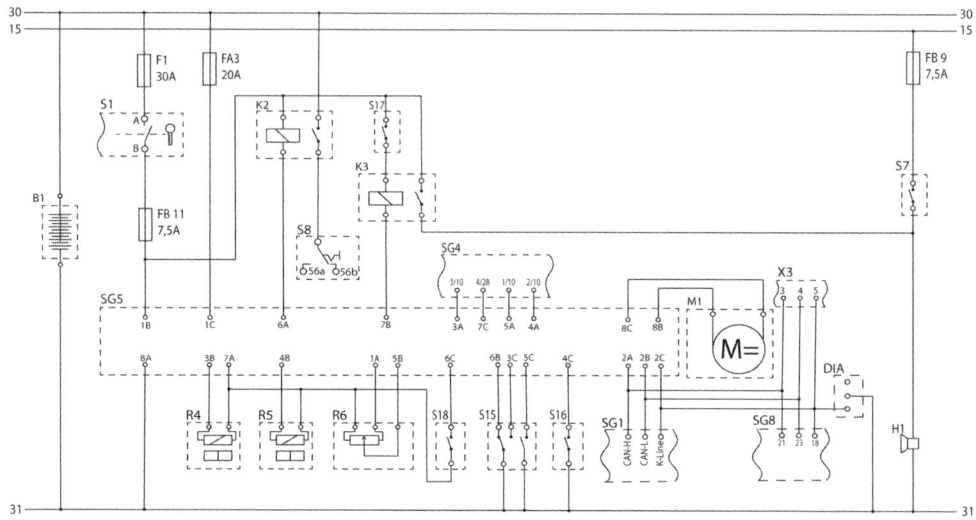

Bild 27

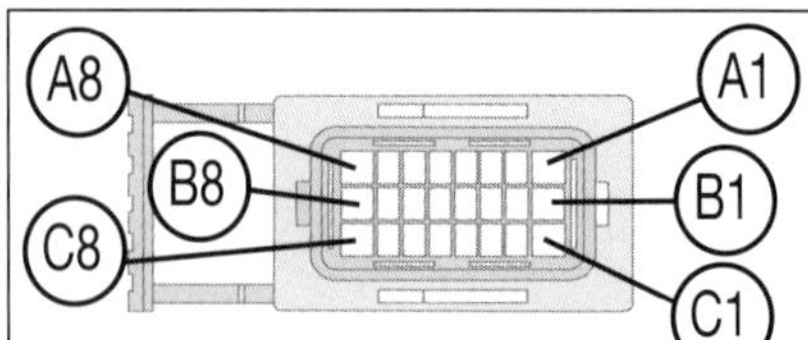

Bild 28

Bild 28
Steckerbelegung Steuergerät Roll-Lock-System (Kippsicherung). Die Kennzeichnung erfolgt in Kontaktreihen (siehe Tabelle unten). Das Bild 27 zeigt den Anschlussstecker von der Seite, die in das Steuergerät eingesteckt wird.

A1 Plus Positionsgeber	B1 Spannungsversorgung KL15	C1 Spannungsversorgung KL30
A2 CAN-Low	B2 CAN-High	C2 K-Line
A3 Kontrollleuchten	B3 Linker Raddrehzahlsensor	C3 Taste RLS verriegeln/entriegeln
A4 RLS-(Einschalt-) Kontrollleuchte	B4 Rechter Raddrehzahlsensor	C4 Taster Bremssattel (unbetätigt)
A5 Fehlerleuchte Einfedersperre	B5 Signal Positionsgeber	C5 Taste RLS verriegeln/entriegeln
A6 Scheinwerferrelais	B6 Taste RLS verriegeln/entriegeln	C6 Sensor Sitzbelegung
A7 Sensormasse	B7 Hupenrelais (RLS-Alarm)	C7 Kontrolle Geschwindigkeit
A8 Masseanschluss	B8 Stellmotor Anschluss a	C8 Stellmotor Anschluss b

Bild 29
Hydraulikplan RLS.
1 Vorratsbehälter
2 Geberzylinder
3 Verteilerblock
4 Druckschalter
5 Federwegsperre links
6 Entlüftungsnippel
7 Federwegsperre rechts

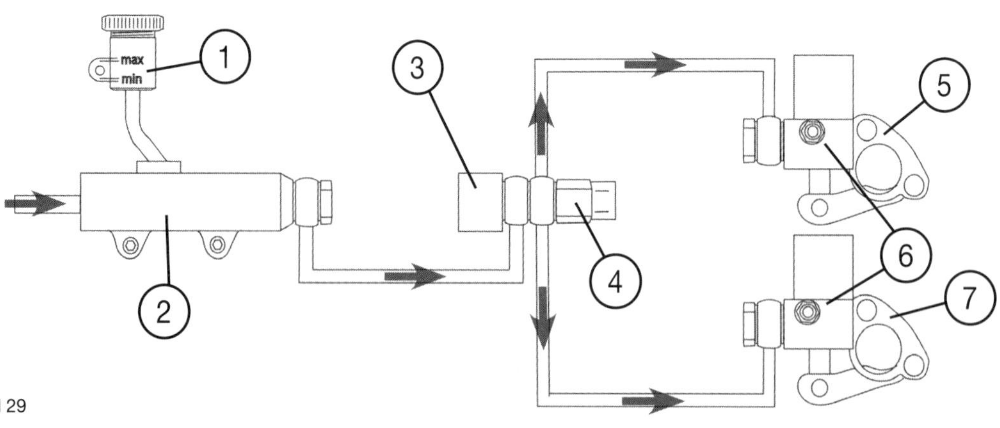

Bild 29

19 Technische Daten

Zur schnellen Übersicht werden oft nur einfach Daten und Messwerte benötigt. Wir stellen Ihnen auf dieser Seite die wichtigsten Daten nach bestimmten Themen sortiert zusammen. Sie finden hier auch Daten, für die wir keine Reparaturschritte beschrieben haben.

Technische Daten Motor

Information in mm	125 cm³	250 cm³	300 cm³	350 cm³	400 cm³	500 cm³
Bohrung	56,980-56,987	71,990-72,018	75,01-75,017	78,010-78,017	85,790-85,797	93,990-93,997
Hub	48,60	60,00	63,00	69,00		71,00
Ovalität	0,05					
Kolben	56,933-56,940	71,953-71,981	74,953-74,967	77,953-77,960	85,754-85,761	93,954-93,961
Bohrung KoBo	15,001-15,006	15,001-15,006	16,001-16,006	17,001-16,006	22,001-16,006	
Spiel Kobo	0,001 - 0,010					
Höhenspiel 1. Kolbenring	0,025 - 0,080	0,015 - 0,07		0,033 - 0,06	0,01 - 0,10	
Höhenspiel 2. Kolbenring	0,015 - 0,070	0,015 - 0,07		0,033 - 0,06	0,02 - 0,10	
Höhenspiel Ölabstreifring	0,015 - 0,070	0,015 - 0,07		0,033 - 0,06	0,01 - 0,10	
Stoßspiel 1. Kolbenring	0,15 - 0,30				0,15 - 0,50	
Stoßspiel 2. Kolbenring	0,10 - 0,30	0,20 - 0,40		0,30 -0,50	0,25 - 0,65	
Stoßspiel Ölabstreifring	0,10 - 0,35	0,20 - 0,40		0,15 - 0,45	0,25 - 0,65	

Technische Daten Elektrik

Information	125 cm³	250 cm³	300 cm³	350 cm³	400 cm³	500 cm³
OT-Geber	100 Ω - 150 Ω (Hallgeber im Zylinderkopf Rechtecksignal)					
Temp. Sensor 20 °C / 80 °C	ca. 2,5 kΩ / 300 Ω					
Relaisspule	40 Ω - 80 Ω					
Zündkerze	NGK CR8EB	NGK PMR7A	NGK CR8EKB	NGK CR7EKB	NGK CR7EKB	NGK CR7EKB
Elektrodenabstand	0,7 - 0,8 mm				0,7 - 0,9 mm	
Zündspule Prim/Sek	0,5 Ω / 3,1 kΩ				0,7-1,0 Ω / 6,5 - 8,5 kΩ	

Technische Daten Fahrwerk

Bezeichnung	Bemerkung	Ergebnis (Sollwerte)
Bremsbelag	Vorne (Min.)	1,0 mm
Bremsbelag	Hinten (Min.)	1,0 mm
Bremsflüssigkeit	DOT 4 / DOT 5.1	ca 1,5 l beim Wechsel
Bremsscheibe	Dicke hinten (Grenzwert)	4,5 mm
Bremsscheibe	Max. Seitenschlag	0,3 mm

Bremsscheibe	Dicke vorne (Grenzwert)	4,5 mm
Spur / Sturz	Nicht einstellbar	0° / 0 +/- 2 mm
Bremsbelag Roll-Lock-System	Vorne (Min.)	1,0 mm
Bremsscheibe Roll-Lock-System	Max. Seitenschlag	0,3 mm
Luftspalt Radsensor	Sensor/Inkrementenrad	1,5 mm

Zylinder und Kolbenpaarung beachten.

125 cm³ - 350 cm³: Paarungen Kennzeichen M-P

400 cm³ - 500 cm³: Paarungen Kennzeichen A-D

Dicke der Fußdichtung beachten.

Der Abstand Kolbenboden zur Kopfdichtungsfläche ergibt das Maß in mm zur Auswahl der Kopfdichtung.

125 cm³:

Abstand in mm	Fußdichtung in mm
1,40 - 1,60	0,6
1,60 - 1,80	0,8

250 und 300 cm³:

Abstand in mm	Fußdichtung in mm
3,30 - 3,40	0,8
3,40 - 3,60	0,6
3,60 - 3,70	0,4

350 cm³:

Abstand in mm	Fußdichtung in mm
0,5 - 0,625	0,4
0,626 - 0,775	0,3
0,776 - 0,875	0,2

400 und 500 cm³:

Abstand in mm	Fußdichtung in mm
+0,11 bis +0,185	0,8
-0,11 bis +0,10	0,6
-0,185 bis -0,10	0,4

20 Anzugsdrehmomente

Wenn die Arbeitsschritte schon bekannt sind, werden oft nur die Anzugsdrehmomente und Informationen zum Anziehen benötigt. Wir stellen Ihnen auf dieser Seite die wichtigsten Informationen nach Themen sortiert zusammen. Sie finden an dieser Stelle auch Informationen, für die wir keine Reparaturschritte beschrieben haben.

Anzugsdrehmomente Motor

Bezeichnung	Anzugsdrehmoment
Ablassschraube bis 350 cm^3	18 Nm
Ablassschraube 400 und 500 cm^3	25 Nm
Ölfilter bis 350 cm^3	8 Nm
Ölfilter 400 und 500 cm^3	15 Nm
Ölfiltergehäuse	7 Nm
Schelle Ansaugstutzen	handfest
Schelle Endschaldämpfer	17 Nm
Schlauchschellen	handfest
Schraube Endschalldämpfer M8	20 Nm
Schraube Halter Einspritzdüse	9 Nm
Schraube Variomatikabdeckung	20 Nm
Schraube Variomatikdeckel	12 Nm
Schraube Ventildeckel	6-7 Nm
Schrauben Generatordeckel	12 Nm
Schrauben Generatorregler M6	12 Nm
Schrauben Getriebedeckel	23 Nm
Schrauben Kettenkasten	11 Nm
Schrauben Kettenspanner	12 Nm
Schrauben Ölwanne	13 Nm
Schrauben OT-Geber (M5)	4 Nm
Schrauben OT-Geber (M6)	10 Nm
Schrauben Startermotor M6	10 Nm
Schwinge/Motor	100 Nm
Zentralmutter Kupplung	65 Nm
Zentralmutter Kupplungsmutter (125 cm^3 - 300 cm^3)	50 Nm
Zentralmutter Kupplungsmutter (400 cm^3 u. 500 cm^3)	70 Nm
Zentralmutter Riemenscheibe-Kurbelwelle (125 cm^3 - 300 cm^3)	80 Nm
Zentralmutter Riemenscheibe-Kurbelwelle (350 cm^3)	125 Nm
Zentralmutter Riemenscheibe-Kurbelwelle (400 cm^3 und 500 cm^3)	170 Nm
Zentralschraube Antriebswelle	120 Nm
Zentralschraube Kupplung (350 cm^3)	75 Nm
Zentralschraube Kupplung (400 cm^3 und 500 cm^3)	95 Nm
Zentralschraube Kupplung (bis 300 cm^3)	50 Nm
Zentralschraube Nockenwelle/Haltekorb (125 - 350 cm^3)	8 Nm
Zentralschraube Nockenwelle/Haltekorb (400 - 500 cm^3)	33 Nm
Zentralschraube Ölpumpenrad	12 Nm
Zylinderkopfmuttern Stufe 1 (bis 350 cm^3)	7 Nm
Zylinderkopfmuttern Stufe 2 (bis 350 cm^3)	10 Nm
Zylinderkopfmuttern Stufe 3 (bis 350 cm^3)	270° Nm
Zylinderkopfmuttern Stufe 1 (400 cm^3 und 500 cm^3)	7 Nm
Zylinderkopfmuttern Stufe 2 (400 cm^3 und 500 cm^3)	90°
Zylinderkopfmuttern Stufe 3 (400 cm^3 und 500 cm^3)	90°

Anzugsdrehmomente Fahrwerk

Bezeichnung	Anzugsdrehmoment
ABS-Sensor Verschraubung	8 Nm
Sensorhalter ABS-Sensor hinten	10 Nm
Entlüftungsnippel am Integralventil	10 Nm
Entlüftungsnippel Bremssattel	10 Nm
Hohlschraube Bremsleitung	20 Nm
Kontermutter Kolbenstange	10 Nm
Lagerbolzen Ständer 400 cm^3 und 500 cm^3	18 Nm
Radschrauben Felge Hinterrad	25 Nm
Radschrauben Vorderrad	22 Nm
Radstütze Muttern	30 Nm
Roll-Lock-Gleitrohr am Stoßdämpfer unten	45 Nm
Roll-Lock-Sperrzylinder am Stoßdämpfer	10 Nm
Stoßdämpfer vorne oben	25 Nm
Stoßdämpfer vorne unten	22 Nm
Schwingachse im Rahmen	12 Nm
Sicherungsmutter Kronenmutter	60 Nm

Anzugsdrehmomente sonstige Verschraubungen

Schraubengröße	M4	M5	M6	M8	M10	M12	M14	M16
Anzugsdrehmoment	0,5 Nm	3 Nm	10 Nm	20 Nm	45 Nm	60 Nm	100 Nm	200 Nm